二级造价工程师职业资格考试辅导用书

建设工程计量与计价实务
（水利工程）

贵州省水利水电建设管理总站 等 编

中国水利水电出版社
www.waterpub.com.cn
·北京·

内 容 提 要

本书按照《全国二级造价工程师职业资格考试大纲》的内容纲要，依据《贵州省水利水电工程系列概（估）算编制规定》《贵州省水利水电工程系列定额》、相关计价文件和规程规范等进行编写。全书分为专业基础知识、水利工程造价构成、水利工程计量与计价、水利工程合同价款管理四篇，包含二十一章内容。

本书为贵州省二级造价工程师职业资格考试专业科目《建设工程计量与计价实务（水利工程）》的考试用书，既可作为高等院校水利类专业教材，又可作为贵州省水利工程造价人员的培训用书。

图书在版编目（CIP）数据

建设工程计量与计价实务. 水利工程 / 贵州省水利水电建设管理总站等编. -- 北京 : 中国水利水电出版社，2021.10
　　ISBN 978-7-5226-0066-6

　　Ⅰ. ①建… Ⅱ. ①贵… Ⅲ. ①水利工程－建筑造价管理－资格考试－自学参考资料 Ⅳ. ①TU723.3

中国版本图书馆CIP数据核字(2021)第210231号

书　　名	二级造价工程师职业资格考试辅导用书 **建设工程计量与计价实务（水利工程）** JIANSHE GONGCHENG JILIANG YU JIJIA SHIWU (SHUILI GONGCHENG)
作　　者	贵州省水利水电建设管理总站　等编
出版发行	中国水利水电出版社 （北京市海淀区玉渊潭南路 1 号 D 座　100038） 网址：www. waterpub. com. cn E - mail：sales@waterpub. com. cn 电话：(010) 68367658（营销中心）
经　　售	北京科水图书销售中心（零售） 电话：(010) 88383994、63202643、68545874 全国各地新华书店和相关出版物销售网点
排　　版	中国水利水电出版社微机排版中心
印　　刷	天津嘉恒印务有限公司
规　　格	184mm×260mm　16 开本　28.25 印张　687 千字
版　　次	2021 年 10 月第 1 版　2021 年 10 月第 1 次印刷
印　　数	0001—4000 册
定　　价	**158.00 元**

本书编写单位

主编单位： 贵州省水利水电建设管理总站

参编单位： 贵州水利水电职业技术学院

贵州省水利工程协会

贵州省水利水电勘测设计研究院有限公司

中国电建集团贵阳勘测设计研究院有限公司

贵州三蒲建设工程（集团）有限公司

贵州普瑞君德工程咨询有限公司

前　言

为了提高水利工程造价从业人员素养和业务水平，帮助造价人员学习掌握二级造价工程师考试"建设工程计量与计价实务（水利工程）"内容，按照2018年7月20日住房和城乡建设部、交通运输部、水利部、人力资源社会保障部（建人〔2018〕67号）发布的《造价工程师职业资格制度规定》和《造价工程师职业资格考试实施办法》，结合《全国二级造价工程师职业资格考试大纲》，依据《贵州省水利水电工程系列概（估）算编制规定》、《贵州省水利水电工程系列定额》、相关计价文件和有关规程规范编写本教材。

本教材共四篇二十一章内容。第一篇：第一章至第四章由贵州水利水电职业技术学院王旋、黄丽华编写；第五章由贵州省水利水电勘测设计研究院有限公司杨晓江编写；第六章由贵州三蒲建设工程（集团）有限公司佘泽、付朝江编写；第七章由贵州省水利工程协会查演编写。第二篇：第一章、第二章由中国电建集团贵阳勘测设计研究院有限公司魏徐良、曹小转、姜章维编写；第三章由贵州省水利水电勘测设计研究院有限公司刘娟、陈万敏编写；第四章由贵州省水利工程协会易远江编写。第三篇：第一章由中国电建集团贵阳勘测设计研究院有限公司魏徐良、曹小转、姜章维编写；第二章、第三章第一节～第四节、第四章、第五章第四节～第六节由贵州普瑞君德工程咨询有限公司王德军编写；第三章第五节由贵州省水利水电勘测设计研究院有限公司陈万敏编写；第三章第六节由贵州三蒲建设工程（集团）有限公司王艳编写；第五章第一节由贵州省水利工程协会易远江编写；第二节、第三节由贵州三蒲建设工程（集团）有限公司邓阿孜、熊刚编写；第六章由贵州省水利工程协会成政宏编写；第七章由贵州省水利工程协会王敏编写。第四篇由贵州三蒲建设工程（集团）有限公司邓阿孜、王艳编写。

本教材编写过程中，结合了二级造价工程师职业资格考试的特点，充分体现《贵州省水利水电工程系列概（估）算编制规定》《贵州省水利水电工程系列定额》的相关内容，并结合水利部行业计价管理规定和相关法律法规的规定，采用大量实例，注重教材的实用性，力求帮助水利工程造价人员充分掌握水利工程造价的相关专业知识。

本教材在组织编写和审定过程中，得到了贵州省水利厅、贵州水利水电职业技术学院等有关单位的大力支持。在此，对支持单位及各位领导、专家表示衷心感谢！本教材在编写过程中，引用了大量文献资料，未能在书中一一注明出处，在此对相关文献作者表示衷心的感谢！

工程造价管理涉及面广，专业技术性强，加工编写时间仓促、编者水平有限，难免有不足和疏漏之处，恳请同行专家给予批评指正、恳请广大读者提出宝贵意见和建议。

编者

2021 年 10 月

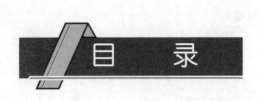

目录

前言

第一篇 专业基础知识

第三篇　水利工程计量与计价

第四篇 水利工程合同价款管理

第一篇

专业基础知识

第一章 水文与工程地质

第一节 工程水文基本知识

水文学是研究地球上各种水体的一门科学。它研究各种水体的存在、循环和分布，探讨水体的物理和化学特性以及它们对环境的作用，包括它们对生物的关系。应用于实际工程的水文学称为工程水文学，它研究与工程的规划、设计、施工以及运营管理有关的水文问题。水文学在工程中的应用主要包括水文测量、水文预报、水文计算、水利计算。

一、水资源

水资源是可作为资源利用的水，是人类生存和发展不可替代的自然资源。人们在长期的生产生活过程中，为了自身和环境的需要在不断地开发和利用水资源，其开发利用包括兴水利、除水害和保护水环境。

我国水资源总量仅次于巴西、俄罗斯、加拿大、美国和印尼，居世界第六位，由于人口众多，人均水资源占有量约为 $2200m^3$，仅为世界人均占有量的 1/4，排在世界第 109 位，是全球 13 个人均水资源最贫乏的国家之一。除去难以利用的洪水径流和零星分布而不具开采价值的水资源，我国现实可利用的淡水资源量则更少，仅为 11000 亿 m^3 左右，人均可利用水资源量约为 $800m^3$，人均水资源量非常紧缺，并且其分布极不均衡。

由于天然来水时空分布不均，会造成一些地区的洪水、干旱等自然灾害。此外，人类社会发展对水资源的过度开发和利用，尤其是人类某些活动对水生态环境的不利影响，会进一步加剧水灾害的程度，甚至造成新的水灾害。

二、水文现象

水文现象是指地球上的水受外部作用而产生的永无休止的运动形式，为降雨、入渗、径流、蒸发等现象的统称。

水文现象是一种自然现象，与其他自然现象一样，是许多复杂影响因素综合作用的结果，它的发生和发展往往既具有必然性也具有偶然性。水文现象的必然性是由于造成水文现象过程的某些因素具有确定性规律，即人们可以认知的成因规律。如河流每年都有洪水期和枯水期的周期性交替；在一条河流流域上降落一场暴雨，这条河流就会出现一次洪水过程，如果暴雨强度大、历时长、笼罩面积大，产生的洪水就大。显然，暴雨与洪水间存在因果关系，这说明水文现象有其客观发生的原因和具体形成的条件，它是服从确定性规律的。必然性因素起主导作用，决定着水文现象发生和发展的趋势和方向。

水文现象的偶然性是众多成因规律未被人们认识造成的，偶然性又称为随机性。如河流某断面各年最大洪峰流量或最高洪水位的大小和出现时间是不定的；枯水期的最小流量或年径流量的大小是变化莫测的。不过通过长期的观测资料可以发现，其多年平均值是一个趋于稳定的数值，大洪水和小洪水出现的概率是稳定的。水文现象的这种随机性规律需要大量统计资料，因而水文随机现象是具备统计规律的。偶然性因素起次要作用，对水文现象的发展起着促进和延缓的作用。

三、水分循环

地球表面的各种水体在太阳的辐射作用下从海洋和陆地表面蒸发上升到空中，并随空气流动，在一定的条件下，冷却凝结形成降水又回到地面。降水的一部分经地面、地下形成径流并通过江河流向海洋，一部分又重新蒸发到空中，继续上述过程。这种水分不断交替转移的现象称为水分循环，也称为水文循环，简称水循环。

水分循环可分为大循环和小循环。大循环是海洋与陆地之间的水分交换过程，而小循环是指海洋或陆地上的局部水分交换过程。比如，海洋上蒸发的水汽在上升过程中冷却凝结形成降水回到海面，或者陆地上发生类似情况，都属于小循环。大循环是包含许多小循环的复杂过程。

水分循环是地球上最重要、最活跃的物质循环之一，它对地球环境的形成、演化和人类生存都有着重大的作用和影响。正是水分循环，才使得人类生产和生活中不可缺少的水资源具有可恢复性，提供了江河湖泊等地表水资源和地下水资源，同时也造成了旱涝灾害，给水资源的开发利用增加了难度。地球上水分循环示意图如图 1-1-1 所示。

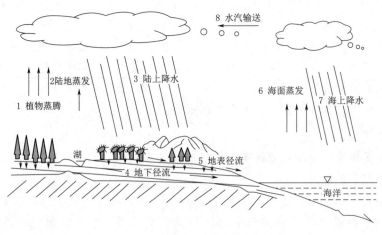

图 1-1-1 地球上水分循环示意图

四、河流与流域

（一）河流

河流是接纳地面径流与地下径流的天然泄水道，它是水文循环的路径之一，由流动的水体和容纳水流的河槽两个要素构成。地表水与地下水可通过地面与地下途径，由高处向低处，汇入小沟、小溪，最后汇成大河流。河流流经的谷地称为河谷，河谷底部有水流的部分称为河床或河槽。一条河流按其流经区域的自然地理和水文特点自高向低分为河源、上游、中游、下游和河口五段，面向下游，左边的河岸称为左岸，右边的河岸称为右岸。

在划分河流上、中、下游时，通常要依据地貌特征和水文特征。其中：上游段直接连接河源，一般落差大、水流急、水流下切能力强，多急流、险滩、瀑布；中游段河道坡降变缓，下切能力减弱，旁蚀力加强，河道有弯曲，河床较为稳定，有滩地出现；下游段一般进入平原，坡降更为平缓，水流放慢，泥沙淤积，常有浅滩出现，河流多汊。河口是河流注入海洋、湖泊或上级河流的地段，内陆地区有些河流最终消失在沙漠之中，没有河口，称为内陆河。

（二）河流特征

1. 河流的纵横断面

河流某一垂直于水流方向的断面称为横断面，又称为过水断面，如图 1-1-2 所示。当水流涨落变化时，过水断面的水位和面积也随之变化。沿河流中心线的纵向截面，即为河道纵断面。

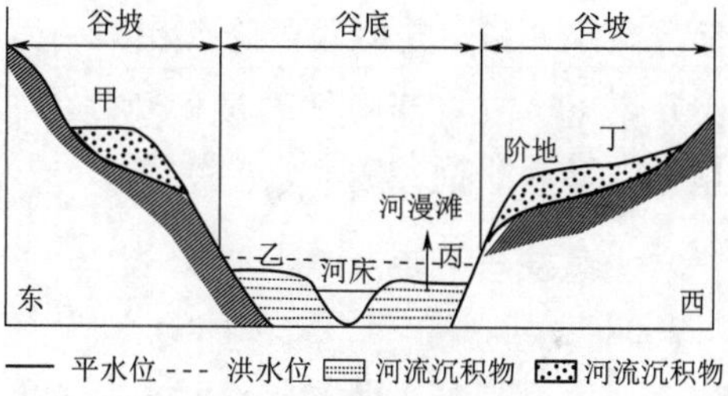

图 1-1-2　河流横断面

2. 河流长度

由河源至河沿中心线量计的平面曲线长度称为河流长度，简称河长，单位为 km，可在适当比例尺的地形图上量得。

3. 河道纵比降

河段两端的河底高程之差称为河床落差，河源与河口的河底高程之差为河床总落差。单位河长的落差称为河道的纵比降，通常以千分数或小数表示。

4. 河网密度

单位流域面积上的河道总长度称为河网密度，单位为 km/km^2。

（三）流域

汇集地面水和地下水的区域称为流域，也就是分水线包围的区域。相邻两流域的界限称为分水线，分水线有地面、地下之分。当地面分水线与地下分水线相重合时，称为闭合流域，否则为非闭合流域。流域是相对于某一出口断面的，当不指明断面时，流域指河口断面以上的区域。

（四）流域基本特征

1. 流域面积

流域面积是指流域分水线包围区域的平面投影面积，以 km^2 计。可在适当比例尺的地形图上勾绘出流域分水线，量出其流域面积。

2. 流域的长度

流域的长度是指流域几何中心轴的长度，以 km 计。对于大致对称的较规则流域，其流域长度为河口至河源的直线长度。对于不对称流域，以流域出口为中心作若干个同心圆，求得各同心圆圆周与流域分水线相交得若干圆弧割线的中点，割线中点的连线长度即为流域长度。

3. 流域平均宽度

流域平均宽度是指流域面积与流域长度的比值，以 km 计。

4. 流域形状系数

流域形状系数是指流域平均宽度与流域长度的比值。扇形流域的形状系数较大，狭长形流域的形状系数较小，流域形状系数在一定程度上以定量的方式反映流域的形状。

五、降水

降水是指空气中的水汽以液态或固态形式从空中到达陆面的各种水分的总称，通常表现为雨、雪、霜、冰雹等，其中最主要的是降雨或降雪。在我国绝大部分地区，影响河流水情变化的是降雨，所以这里的降水主要指降雨。

降水常用几个基本要素来表示，如降水量、降水历时、降水强度、降水面积和暴雨中心等。降水量指一定时段内降落在某一面积上的总水量，用降落在地面上相应的水层深度表示，以 mm 计。我国气象部门按 12h 或 24h 的降雨量将降雨分为小雨、中雨、大雨、暴雨、大暴雨和特大暴雨 6 个等级。

六、蒸发与下渗

（一）蒸发

蒸发是水文循环及水量平衡的基本要素之一，对径流有直接影响。蒸发过程是水由液态或固态转化为气态的过程，是水分子运动的结果。流域的蒸发分为以下几种。

（1）水面蒸发。水面蒸发是指江、河、水库、湖泊和沼泽等地表水体水面上的蒸发现象。水面蒸发是在充分供水条件下的蒸发。水面蒸发的主要影响因素有温度、湿度、风速和水面大小等。

（2）土壤蒸发。蒸发面为土壤表面时称为土壤蒸发。

（3）植物散发。蒸发面是植物茎叶时则称为植物散发，植物散发是指植物根系从土壤中吸取水分，通过其自身组织输送到叶面，再由叶面散发到空气中的过程。由于植物生长在土壤中，因而植物散发和土壤蒸发是同时并存的，两者合称为陆面蒸发。

（4）流域总蒸发。流域总蒸发是流域内所有的水面、土壤、植被蒸发或散发的总和。目前采用的方法是从全流域综合角度出发，用水量平衡原理来推算流域总蒸发量。

（二）下渗

下渗是指降落到地面上的降水从地表渗入土壤的运动过程，作为降雨径流形成过程中的一项重要环节，下渗不仅直接影响到地面径流量的大小，也影响到土壤含水量的增长以及地下径流量的形成。因此，分析下渗的物理过程和规律，对认识径流形成的物理机制有重要的意义。下渗过程按水分所受的作用力及运动特征，可分为三个阶段。

（1）渗润阶段。下渗水分主要是在分子力的作用下，被土壤颗粒吸附而形成薄膜水。

（2）渗漏阶段。入渗的雨水在毛管力和重力作用下，沿土壤孔隙向下作不稳定运动。并逐步充填土壤孔隙。直到全部孔隙被水充满而饱和，此时毛管力消失。

（3）渗透阶段。当土壤孔隙被水充满而饱和时，水分在重力作用下呈稳定流动。

七、径流

(一) 径流的形成过程

流域上的降雨量除去各种损失后，经由地面和地下汇入河网，最终形成流域出口断面的水流称为河川径流，简称径流。径流随时间的变化过程称为径流过程，它是水文学研究的核心。根据径流途径的不同，可以把径流分为地面径流和地下径流。

(二) 径流的表示方法和度量单位

河川径流一年内和多年期间的变化特性，称为径流情势，前者称为径流的年内变化或年内分配，后者称为年际变化。河川径流情势常用流量、径流量、径流深、流量模数和径流系数来表示。

工程水文中常用的流量有年最大洪峰流量、日平均流量、旬平均流量、月平均流量、季平均流量、年平均流量、多年平均流量和指定时段的平均流量等。

（1）流量。单位时间内通过河流某一断面的水量称为流量，以 m^3/s 计。

（2）径流量。时段 T 内通过河流某一断面的总水量称为径流量，以 m^3、万 m^3 或亿 m^3 计。

（3）径流深。将径流量平铺在整个流域面积上所得的水层深度称为径流深，以 mm 计。

（4）流量模数。流域出口断面流量与流域面积的比值称为流量模数。

（5）径流系数。某时段径流深与形成该径流深相应的流域平均降水量的比值称为径流系数。

第二节 工程地质基本知识

一、土的工程分类与特性

(一) 土的工程分类

土的种类繁多，其分类方法也很多。不同的工程将岩土用于不同的目的，如建筑物将岩土作为地基，隧道将岩土作为环境，堤坝将岩土作为材料。不同的目的，对土评价的侧重面有所不同，也就形成了不同行业的不同分类习惯和分类标准。

在水利工程工程量计算中，土方开挖工程、石方开挖工程和土石方回填工程的计算需要对不同级别的土分开进行计算，土质级别共分为四级，见表 1-1-1。

表 1-1-1 　　　　　　　　　　一般工程土类分级表

土质级别	土质名称	坚固系数	自然湿容 /(kN/m³)	外形特征	鉴别方法
I	1. 砂土 2. 种植土	0.5~0.6	16.19~17.17	疏松，黏着力差或易透水，略有黏性	用锹或略加脚踩开挖
II	1. 壤土 2. 淤泥 3. 含壤种植土	0.6~0.8	17.17~18.15	开挖时能成块，并易打碎	用锹需用脚踩开挖

续表

土质级别	土质名称	坚固系数	自然湿容 /(kN/m³)	外形特征	鉴别方法
Ⅲ	1. 黏土 2. 干燥黄土 3. 干淤泥 4. 含少量砾石黏土	0.8～1.0	17.66～9.13	黏手，看不见砂粒或干硬	用锹需用力加脚踩 开挖
Ⅳ	1. 坚硬黏土 2. 砾质黏土 3. 含卵石黏土	1.0～1.5	18.64～20.60	土壤结构坚硬，将土分裂 后成块状或含黏粒砾石较多	用镐、三齿耙撬挖

（二）土的三相组成

土是由固体（矿物）颗粒、液体水和气体三部分组成的，通常称为土的三相组成。三相物质的质量和体积的比例不同，土的状态和工程性质也不相同。固体＋气体（液体＝0）为干土，干黏土较硬，干砂松散；固体＋液体＋气体为湿土，湿的黏土多为可塑状态；固体＋液体（气体＝0）为饱和土。

土的工程性质，即组成土的三相为：固相、液相和气相。

1. 土的固相

土的固相是决定土的工程性质的主要因素。它的矿物成分、颗粒大小、形状与级配是影响土的物理性质的重要因素。

2. 土的液相

水在土中以固态、液态、气态三种形式存在，工程中所说的土中水主要是指液态水。按照水与土相互作用程度的强弱，可将土中液态水分为结合水和自由水两大类。

结合水是指受电分子吸引力吸附于土粒表面的土中水。结合水可分为强结合水和弱结合水。强结合水（又称吸着水），可塑状态黏土仅含此水时呈固态；弱结合水（又称薄膜水），可塑状态黏土多含此水，对黏性土的性质影响特别大。

自由水是土孔隙中位于结合水以外的水。自由水可分为重力水和毛细水。重力水指地下水位以下透水层中的水；毛细水指孔隙中的自由水，也能在地下水位以上存在。

3. 土的气相

气相即土中气，包括与大气连通的自由气体和与大气隔绝的封闭气体两类，称为通畅气和封闭气。通畅气常存在于粗粒土中；封闭气常存在于细粒土中。

（三）土的工程特性

土的工程特性对土方工程的施工方法及工程进度影响较大，主要的工程性质有表观密度、含水率、可松性、压实性、自然倾斜角等。

1. 表观密度

土壤表观密度就是单位体积土壤的质量。土壤保持其天然组织、结构和含水率时的表观密度称为自然表观密度。单位体积湿土的质量称为湿表观密度。单位体积干土的质量称为干表观密度。表观密度是体现黏性土密实程度的指标，常用它来控制黏性土的压实质量。

2. 含水率

含水率是土壤中水的质量与干土质量的百分比。它表示了土壤孔隙中含水的程度，含水率直接影响土压实质量。

3. 可松性

自然状态下的土经开挖后因变松散而使体积增大的特性，称为土的可松性。

4. 压实性

实践经验表明，对过湿的土进行夯实或碾压时就会出现软弹现象（俗称橡皮土），此时土的密实度是不会增大。对很干的土进行夯实或碾压，显然也不能把土充分压实。所以，要使土的压实效果最好，其含水率一定要适当。在一定的压实能量下土最容易被压实，并能达到最大密实度时的含水率，称为土的最优含水率（称最佳含水率），相对应的干容重称为最大干容重。另外，在同类土中，土的颗粒级配对土的压实效果影响很大。

颗粒级配不均匀的容易压实，均匀的则不易压实。所谓最优含水率，是针对某一种土，在一定的压实机械、压实能量和填土分层厚度等条件下测得的。如果这些条件改变，就会得出不同的最优含水率。因此，要指导现场施工，还应该进行现场试验。

二、岩石的分类与特性

岩石是矿物的自然集合体，矿物是存在于地壳中具有一定化学成分和物理性质的自然元素和化合物。目前，自然界中已发现的矿物有 3300 多种，但常见的只有五六十种，而构成岩石主要成分的不过二三十种。

（一）岩石的分类

1. 岩石按成因分类

（1）岩浆岩。岩浆岩又称火成岩。岩浆岩的矿物成分主要有石英、正长石、斜长石、白云母、角闪石、辉石、黑云母、橄榄石等。如玄武岩、花岗岩、辉绿岩。

（2）变质岩。变质岩的矿物成分主要有石英、长石、云母、方解石、白云石、石榴子石、红柱石、绿泥石、滑石等。如板岩、片麻岩、大理岩、石英岩。

（3）沉积岩。沉积岩又称为水成岩。如砂岩、石灰岩。

2. 岩石按坚硬程度分类

（1）岩石坚硬程度分类见表 1-1-2。

表 1-1-2　　　　　　　　　　　岩石按坚硬程度分类

坚硬程度	坚硬岩	较硬岩	较软岩	软岩	极软岩
饱和单轴抗压强度/MPa	$fr>60$	$60≥fr>30$	$30≥fr>15$	$15≥fr>5$	$fr≤5$

（2）岩石坚硬程度定性划分，见表 1-1-3。

表 1-1-3　　　　　　　　　　　岩石按坚硬程度分类

坚硬程度等级		定 性 鉴 定	代 表 性 岩 石
硬质岩	坚硬岩	锤击声清脆，有回弹，振手，难击碎，基本无吸水反应	未风化～微风化花岗岩、闪长岩、辉绿岩、玄武岩、安山岩、片麻岩、石英岩、石英砂岩、硅质砾岩、硅质石灰岩等
	较硬岩	锤击声较清脆，有轻微回弹，稍振手，较难击碎，有轻微吸水反应	1. 微风化坚硬岩； 2. 未风化～微风化大理岩、板岩、石灰岩、白云岩、钙质砂岩等

续表

坚硬程度等级		定　性　鉴　定	代　表　性　岩　石
软质岩	较软岩	锤击声不清脆，无回弹，较易击碎，浸水后指甲可刻出印痕	1. 中等风化～强风化坚硬岩或较硬岩； 2. 未风化～微风化凝灰岩、千枚岩、泥灰岩、砂质泥岩等
	软岩	锤击声哑，无回弹，有凹痕，易击碎，浸水后手可掰开	1. 强风化坚硬岩或较硬岩； 2. 中等风化～强风化较软岩； 3. 未风化～微风化页岩、泥岩、泥质砂岩
极软岩		锤击声哑，无回弹，有较深凹痕，手可捏碎，浸水后可捏成团	1. 全风化的各种岩石； 2. 各种半成岩

3. 岩石按风化程度分类

岩石按风化程度划分见表 1-1-4。

表 1-1-4　　　　　　　　　　岩石按风化程度分类

风化程度	野　外　特　征	风化程度参数指标	
		波速比 K_v	风化系数 K_f
未风化	岩质新鲜，偶见风化痕迹	0.9～1.0	0.9～1.0
微风化	结构基本未变，仅节理面有渲染或略有变色，有少量风化裂隙	0.8～0.9	0.8～0.9
中等风化	结构部分破坏，沿节理面有次生矿物、风化裂隙发育，岩体被切割成岩块，用镐难挖，岩芯钻方可钻进	0.6～0.8	0.4～0.8
强风化	结构大部分破坏，矿物成分显著变化，风化裂隙很发育，岩体破碎，用镐可挖，干钻不易钻进	0.4～0.6	<0.4
全风化	结构基本破坏，但尚可辨认，有残余结构强度，可用镐挖，干钻可钻进	0.2～0.4	—
残积土	组织结构全部破坏，已风化成土状，锹镐易挖掘，干钻易钻进，具可塑性	<0.2	—

注　1. 波速比为风化岩石与新鲜岩石压缩波速度之比。

　　　2. 风化系数为风化岩石与新鲜岩石饱和单轴抗压强度之比。

4. 岩石按软化程度分类

岩石按软化系数 K_R 可分为软化岩石和不软化岩石。当软化系数 $K_R \leqslant 0.75$ 时，为软化岩石；当软化系数 $K_R > 0.75$ 时，为不软化岩石。

当岩石具有特殊成分、特殊结构或特殊性质时，应定为特殊性岩石，如易溶性岩石、膨胀性岩石、崩解性岩石、盐渍化岩石等。

5. 岩石按级别分类

一般岩石类别分级，见表 1-1-5。

表 1-1-5 一般岩石类别分级表

岩石级别	岩石名称	实体岩石自然湿度时的平均容重/(kN/m³)	净钻时间/(min/m) 用直径30mm合金钻头，凿岩机打眼（工作气压为0.46Pa）	极限抗压强度/MPa	坚固系数
V	1. 砂藻土及软的白垩岩	14.72	≤3.5（淬火钻头）	≤19.61	1.5~2
	2. 石炭纪硬黏土	19.13			
	3. 胶结不紧的砾岩	18.64~21.58			
	4. 各种不坚实的页岩	19.62			
VI	1. 软的有孔隙的节理多的石灰岩及贝壳石灰岩	21.58	4（3.5~4.5）（淬火钻头）	19.61~39.23	2~4
	2. 密实的白垩岩	25.51			
	3. 中等坚实的页岩	26.49			
	4. 中等坚实的泥灰岩	22.56			
VII	1. 水成岩卵石经石灰质胶结而成的砾岩	21.58	6（4.5~7）（淬火钻头）	39.23~58.84	4~6
	2. 风化节理多的黏土质砂岩	21.58			
	3. 坚硬的泥质页岩	27.47			
	4. 坚实的泥灰岩	24.53			
VIII	1. 角砾状花岗岩	22.56	6.8（5.7~7.7）	58.84~78.46	6~8
	2. 泥灰质石灰岩	22.56			
	3. 黏土质砂岩	21.58			
	4. 云母页岩及砂质岩石	22.56			
	5. 硬石膏	28.45			
IX	1. 软的风化较甚的花岗岩、片麻岩及正长岩	24.53	8.5（7.8~9.2）	78.46~98.07	8~10
	2. 滑石质的蛇纹岩	23.54			
	3. 密实的石灰岩	24.53			
	4. 水成岩卵石经硅质胶结的砾岩	24.53			
	5. 砂岩	24.53			
	6. 砂质石灰质的页岩	24.53			
X	1. 白云岩	26.49	10（9.3~10.8）	98.07~117.68	10~12
	2. 坚实的石灰岩	26.49			
	3. 大理石	25.51			
	4. 石灰质胶结的质密的砂岩	25.51			
	5. 坚硬的砂质页岩	25.51			
XI	1. 粗粒花岗岩	27.47	11.2（10.9~11.5）	111.68~137.30	12~14
	2. 特别坚实的白云岩	28.45			
	3. 蛇纹岩	25.51			
	4. 火成岩卵石经石灰质胶结的砾岩	27.47			
	5. 石灰质胶结的坚实的砂岩	26.49			
	6. 粗粒正长岩	26.49			

续表

岩石级别	岩石名称	实体岩石自然湿度时的平均容重/(kN/m³)	净钻时间/(min/m) 用直径30mm合金钻头，凿岩机打眼 （工作气压为0.46Pa）	极限抗压强度/MPa	坚固系数
XII	1. 有风化痕迹的安山岩及玄武岩	26.49	12.2 (11.6～13.3)	137.30～156.91	14～16
	2. 片麻岩、粗面岩	25.51			
	3. 特别坚实的石灰岩	28.45			
	4. 火成岩卵石经硅质胶结的砾岩	25.51			
XIII	1. 中粒花岗岩	30.41	14.1 (13.1～14.8)	156.91～176.53	16～18
	2. 坚实的片麻岩	27.47			
	3. 辉绿岩	26.49			
	4. 玢岩	24.53			
	5. 坚实的粗面岩	27.47			
	6. 中粒正长岩	27.47			
XIV	1. 特别坚实的细粒花岗岩	32.37	15.5 (14.9～18.2)	176.53～196.14	18～20
	2. 花岗片麻岩	28.45			
	3. 闪长岩	28.45			
	4. 最坚实的石灰岩	30.41			
	5. 坚实的玢岩	26.49			
XV	1. 安山岩、玄武岩、坚实的角闪岩	30.41	20 (18.3～24)	196.14～245.18	20～25
	2. 最坚实的辉绿岩及闪长岩	28.45			
	3. 坚实的辉长岩及石英岩	27.47			
XVI	1. 钙钠长石质橄榄石质玄武岩	32.37	＞24	＞245.18	＞25
	2. 特别坚实的辉长岩、辉绿岩、石英岩及玢岩英岩及玢岩	29.43			

（二）岩石的工程特性

岩石是建造各种工程建筑物的地基、环境和天然建筑材料，因此了解岩石的工程地质特性对工程设计、施工等都十分重要。

岩石的工程性质包括物理性质和力学性质。岩石和土一样也是由固体、液体、气体三相组成，岩石的物理性质是指岩石三相组成部分的相对比例关系不同所表现出的物理状态。水利水电工程设计中最常用岩石物理性质参数有重度（天然、干燥、饱和）、颗粒密度（原比重）、含水率、吸水率、软化系数等。对一些特定用途或特定种类的岩石，也需要一些特殊的物理性质参数，如在高寒地区的块石料，需了解其抗冻性；对软岩、膨胀性岩石需了解其崩解性、膨胀性等。常用的岩石力学性质参数有单轴和三轴抗压强度（干燥、饱和）、泊松比、岩体抗剪断（抗剪）强度、岩体弹性模量及变形模量、岩石抗拉强度，以及在特殊条件下进行研究的岩石的流变特性、长期强度等。

三、岩体的分类

在岩体力学中，通常将在一定工程范围内的自然地质体称为岩体。岩体结构包括两个要素，即结构面和结构体。结构面是指岩体中存在的不同成因、不同特性的各种地质界面的统称，是在地质发展的历史中，在岩体内形成的具有不同方向、不同规模、不同形态以及不同特性的面、缝、层、带状的地质界面；结构体是由结构面切割而成的块体或岩块单元体。

1. 岩体按完整程度分类

（1）岩体完整程度的定量划分，见表1-1-6。

表1-1-6　　　　　　　　　　岩体完整程度分类

完整程度	完整	较完整	较破碎	破碎	极破碎
完整性指数（K_v）	$K_v>0.75$	$0.75 \geqslant K_v>0.55$	$0.55 \geqslant K_v>0.35$	$0.35 \geqslant K_v>0.15$	$K_v \leqslant 0.15$

注 岩体完整性指数 K_v 为岩体与岩块的压缩波速度之比的平方，选定岩体和岩块应注意其代表性。

（2）岩体完整程度的定性划分，见表1-1-7。

表1-1-7　　　　　　　　　　岩体完整程度的定性分类

完整程度	结构面发育程度		主要结构面的结合程度	主要结构面类型	相应结构类型
	组数	平均间距			
完整	1～2	>1.0	结合好或结合一般	裂隙、层面	整体状或巨厚层状结构
较完整	1～2	>1.0	结合差	裂隙、层面	块状或厚层状结构
	2～3	1.0～0.4	结合好或结合一般		块状结构
较破碎	2～3	1.0～0.4	结合差	裂隙、层面、小断层	裂隙块状或中厚层状结构
	≥3	0.4～0.2	结合好		镶嵌碎裂结构
			结合一般		中、薄层状结构
破碎	≥3	0.4～0.2	结合差	各种类型结构面	裂隙块状结构
		≤0.2	结合一般或结合差		碎裂状结构
极破碎	无序	—	结合很差		散体状结构

注 平均间距指主要结构面（1～2组）间距的平均值。

2. 岩体基本质量等级分类

岩体基本质量等级划分，见表1-1-8。

表1-1-8　　　　　　　　　　岩体基本质量等级分类

完整程度	完整	较完整	较破碎	破碎	极破碎
坚硬岩	Ⅰ	Ⅱ	Ⅲ	Ⅳ	Ⅴ
较硬岩	Ⅱ	Ⅲ	Ⅳ	Ⅳ	Ⅴ
较软岩	Ⅲ	Ⅳ	Ⅳ	Ⅴ	Ⅴ
软岩	Ⅳ	Ⅳ	Ⅴ	Ⅴ	Ⅴ
极软岩	Ⅴ	Ⅴ	Ⅴ	Ⅴ	Ⅴ

四、地质构造

地质构造是指在漫长的地质发展过程中，地壳在内外力地质作用下，不断运动演变，所遗留下来的各种构造形态，如地壳中岩体的位置、产状及其相互关系等。地质构造的规模有大有小，但即便是大型复杂的地质构造，也是由一些基本构造形态组合而成的，常见的地质构造主要如下：

（一）产状

地质构造（或岩层）在空间的位置称为地质构造面或岩层层面的产状。岩层的产状要素由走向、倾向和倾角（真倾角、假倾角）组成，如图1-1-3所示。

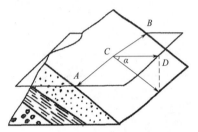

图1-1-3 岩层产状要素
AB—走向；CD—倾向；α—倾角

（1）走向。走向是指地质构造面、倾斜面或倾斜岩层层面与水平面交线的两端的延伸方向，它表示地质构造或岩层在空间的水平延伸方向。

（2）倾向。倾向是指垂直于走向线的地质构造面或岩层倾斜方向线在水平面上的投影，即地质构造面或岩层层面的倾斜方向，倾向与走向正交。

（3）倾角。倾角指地质构造面或倾斜岩层层面与水平面之间所夹的锐角。

（二）褶皱构造

岩层受挤压作用发生的弯曲变形称褶皱；褶皱的基本类型有背斜和向斜两种；背斜两侧岩层倾向相背，中部为老岩层；向斜两侧岩层倾向相向，中部为新岩层。褶皱构造使岩层层面的倾斜方向和倾角发生了变化，从而改变了岩体的稳定条件和渗漏条件。

（三）裂隙（节理）

岩石中的断裂，沿断裂面没有（或有很微小）位移称裂隙（节理）。裂隙的主要类型如下：

（1）按成因分为原生裂隙和次生裂隙。

（2）按力的来源分为构造裂隙和非构造裂隙。

（3）按力的性质分为剪裂隙和张裂隙。

（四）断层

断裂两侧的岩石沿断裂面发生明显位移者称断层。处于断层面两侧相互错动的两个断块中位于断层面之上的称为上盘，位于断层面之下的称为下盘。

断层的类型可按以下进行分类：

（1）按断层上下盘的相对位移可分为正断层、逆断层（冲断层、逆掩断层、辗掩断层、叠瓦式断层）和平移断层，如图1-1-4所示。

（2）按断层走向与岩层走向的关系分为走向断层、倾向断层和斜交断层。

（3）按断层走向与褶曲轴向的关系分为纵断层、横断层和斜断层。

（4）按断层组合形态可分为阶梯状断层、地垒、地堑、叠瓦式断层。

断层面往往是有一定宽度的断层带。断层破碎带和层间错动破碎带均易风化、软化，其力学性质较差，属于构造软弱带。原则上应避免将建筑物跨放在断层带上，尤其要注意避开近期活动的断层带。

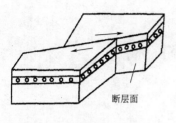

（a）平移断层

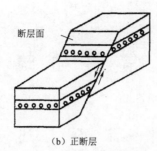

（b）正断层

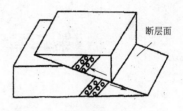

（c）逆断层

图 1-1-4 断层类型

第二章 常用建筑材料

第一节 综 述

建筑材料的定义有广义与狭义两种。广义的建筑材料是指建造建筑物和构筑物的所有材料，包括使用的各种原材料、半成品、成品等的总称，如黏土、铁矿石、石灰石、生石膏等。狭义的建筑材料是指直接构成建筑物和构筑物实体的材料，如混凝土、水泥、石灰、钢筋、黏土砖、玻璃等。水利工程一般都需要消耗大量的建筑材料，材料费占工程直接成本的 50％～70％。

一、建筑材料的分类

建筑材料的分类方法很多，常按材料的化学成分、使用功能进行分类，见表 1－2－1。

表 1－2－1   建 筑 材 料 的 分 类

建筑材料的分类	按建筑材料的化学组成分	无机材料	金属材料	黑色金属	钢、铁等
				有色金属	铝、铜等及其合金
			非金属材料	天然石材	砂、石及石材制品
				烧土制品	黏土砖、瓦
				玻璃	普通玻璃、特种玻璃
				无机胶凝材料	石灰、石膏、水泥等
				无机纤维材料	玻璃纤维、硼纤维、陶瓷纤维等
		有机材料	植物材料	木材、竹材、植物纤维等
			沥青材料	煤沥青、石油沥青及其制品等
			合成高分子材料	塑料、涂料、合成橡胶等
		复合材料	有机与无机非金属复合材料	聚合物混凝土、玻璃纤维增强塑料等
			金属与无机非金属复合材料	钢筋混凝土、钢纤维砼等
			金属与有机材料的复合材料	PVC钢板、有机涂层铝合金板等
	按建筑材料的使用功能分	结构材料	主要是指构成建筑物受力构件和结构所用的材料，如梁、板、柱、基础、框架及其他受力构件和结构等所用的材料。对这类材料主要技术性能的要求是强度和耐久性
		墙体材料	主要指建筑物内、外及分隔墙体所用的材料，有承重和非承重两类。目前大量采用的墙体材料为粉煤灰砌块、混凝土及加气混凝土砌砖等。此外，还有混凝土墙板、石板、金属板材和复合墙板等
		功能材料	主要指负担某些建筑功能的非承重用材料。如防水材料、绝热材料，吸声和隔声材料、采光材料、装饰材料等

二、建筑材料的基本性质

（一）与质量有关的性质

（1）密度。密度是指材料在绝对密实状态下，单位体积的质量。除了钢材、玻璃等少数材料接近于绝对密实外，绝大多数材料都有一些孔隙，如砖、石材等块状材料。密度 ρ 的计算公式为

$$\rho = \frac{m}{V} \qquad (1-2-1)$$

式中　ρ——材料的密度，g/cm^3 或 kg/m^3；

　　　m——材料在干燥状态下的质量，g 或 kg；

　　　V——材料在绝对密实状态下的体积，称密实体积，cm^3 或 m^3。

（2）表观密度。表观密度是指材料在自然状态下单位体积的质量。材料在自然状态下的体积是指材料的密实体积与材料内所含全部孔隙体积之和。材料的表观密度与材料的含水状态有关，当材料内部的孔隙内含有的水分不同时，其质量和体积均将有所变化，故测定表观密度时，应注明含水率。表观密度 ρ_0 的计算公式为

$$\rho_0 = \frac{m}{V_0} \qquad (1-2-2)$$

式中　ρ_0——材料的表观密度，g/cm^3 或 kg/m^3；

　　　m——材料的质量，g 或 kg；

　　　V_0——材料在自然状态下的体积，或称表观体积，cm^3 或 m^3。

（3）堆积密度。堆积密度是指散粒材料在堆积状态下单位体积的质量。材料在堆积状态下的体积不但包括材料的表观体积，还包括颗粒间的空隙体积，其值的大小与材料颗粒的表观密度、堆积的密实程度和材料的含水状态有关。堆积密度 ρ_0' 的计算公式为

$$\rho_0' = \frac{m}{V_0'} \qquad (1-2-3)$$

式中　ρ_0'——散粒材料的堆积密度，g/cm^3 或 kg/m^3；

　　　m——材料的质量，g 或 kg；

　　　V_0'——散粒材料的松散体积，cm^3 或 m^3。

（4）密实度。密实度是指材料体积内被固体物质所充实的程度，即材料的密实体积与总体积之比的百分率。

（5）孔隙率。孔隙率是指材料中孔隙体积与总体积之比的百分率。建筑材料的许多工程性质，如强度、吸水性、抗渗性、抗冻性、导热性、吸声性等都与材料的致密程度有关。

（6）空隙率。空隙率是指散状材料颗粒之间的空隙体积与总体积之比的百分率。

（二）与水有关的性质

（1）亲水性与憎水性。材料与水接触时，根据其能否被水润湿，分为亲水性和憎水性材料两大类。砖、混凝土、木材等属亲水性材料；沥青、石蜡、橡胶等属憎水性材料。材料的润湿性示意图如图 1-2-1 所示。

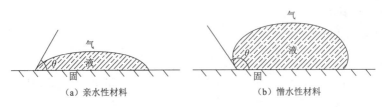

(a) 亲水性材料 (b) 憎水性材料

图 1-2-1 材料的润湿性示意图

（2）吸水性。材料在水中吸收水分的性质称为吸水性。材料的吸水性用吸水率表示。吸水率有质量吸水率和体积吸水率之分。质量吸水率是指材料吸入水的质量占材料干燥质量的百分率，体积吸水率是指材料吸水饱和时吸收水分的体积占干燥材料自然体积的百分率。

（3）吸湿性。材料在潮湿的空气中吸收空气中水分的性质称为吸湿性。吸湿性的大小用含水率表示。材料含水后，性能会改变，对工程产生不良影响。可使材料的质量增加，强度降低，绝热性能下降，抗冻性能变差，有时还会发生明显的体积膨胀。

（4）耐水性。材料长期在饱和水作用下不破坏，其强度也不显著降低的性质称为耐水性。材料因含水会减弱其内部的结合力，因此其强度都会有不同程度的降低。材料的耐水性用软化系数表示。

（5）抗渗性。材料抵抗压力水渗透的性质称为抗渗性（或称不透水性），用渗透系数 K 表示，K 值越大，表示其抗渗性能越差。材料的抗渗等级，是指规定的试件在标准的试验方法下试件不透水时所能承受的最大水压力，用 W 表示，如 W4、W6 表示材料能承受 0.4MPa、0.6MPa 的水压力作用而不渗透。抗渗等级常用来表示混凝土和砂浆的抗渗能力，W 越大，材料的抗渗能力越强。

（三）材料的耐久性

在使用过程中，材料受各种内外因素或腐蚀介质的作用而不破坏，保持其原有性能的性质，称为材料耐久性。材料耐久性是一项综合性质，一般包括抗冻性、耐化学腐蚀性、耐磨性、抗老化性等。抗冻性是指材料在饱和水的作用下，能经受多次冻融循环的作用而不被破坏，强度不显著降低，且其质量也不显著减小的性质。抗冻等级用 F 表示，如 F25、F50，分别表示材料抵抗 25 次、50 次冻融循环，强度损失未超过规定值。抗冻性常是评价材料耐久性的重要指标。

（四）材料的力学性能

材料的力学性能主要是指材料在外力作用下，抵抗破坏和变形能力的有关性能。

1. 材料的强度

材料在外力作用下抵抗破坏的能力称为强度。其值是以材料受外力破坏时，单位面积上所承受的力来表示。根据外力作用方式不同，材料强度有抗压强度、抗拉强度、抗弯强度及抗剪强度等。

不同种类的材料具有不同的抵抗外力的特点。相同种类的材料，随着其孔隙率及构造特征的不同，材料的强度也有很大的差异，一般孔隙率越大的材料强度越低。砖、石材、混凝土等脆性材料的抗压强度较抗拉强度高很多，木材则顺纹抗拉强度高于抗压强度。钢材的抗拉、抗压强度都很高。

2. 材料的弹性与塑性

材料在外力作用下产生变形，当外力取消后，材料变形即可消失并能完全恢复原来形状的性质称为弹性，这种变形称为弹性变形或可恢复的变形。材料在外力作用下产生变形，但不破坏，并且外力停止后，不能自动恢复原来形状的性质称为塑性，这种不能消失的变形称为塑性变形或不可恢复变形。

3. 材料的脆性和韧性

在外力作用达到一定限度后，材料突然破坏且又无明显的塑性变形，材料的这种性质称为脆性。具有这种性质的材料称为脆性材料，其特点是材料在外力作用下，达到破坏荷载时的变形值是很小的。它抵抗冲击荷载或震动作用的能力很差，其抗压强度比抗拉强度高很多倍，如混凝土、砖、石材、玻璃、陶瓷、铸铁等都属于此类。在冲击、震动荷载作用下，材料能产生一定的变形而不致破坏的性质称为韧性（冲击韧性）。建筑钢材、木材等属于韧性材料，用作承受冲击荷载和有抗震要求的结构都要考虑材料的韧性。

第二节　主要建筑材料

一、水泥

（一）水泥基本知识

水泥品种很多，按其用途和性能可分为通用水泥、专用水泥与特种水泥三大类。按其矿物组成可分为硅酸盐水泥、铝酸盐水泥、硫铝酸盐水泥等。

凡以硅酸盐水泥熟料和适量的石膏及规定的混合材料掺入后经磨细而成的水硬性胶凝材料都统称为通用硅酸盐水泥。按掺入混合材料的品种及掺入量的不同，可分为硅酸盐水泥、普通硅酸盐水泥、矿渣硅酸盐水泥、火山灰质硅酸盐水泥、粉煤灰硅酸盐水泥、复合硅酸盐水泥。掺入混合材料的目的是改善水泥特性、调节水泥强度、节约水泥熟料、降低成本。专用水泥是指有专门用途的水泥，如砌筑水泥，道路水泥等；而特性水泥是指有比较特殊性能的水泥，如快硬硅酸盐水泥、抗硫酸盐水泥等。各水泥的组成成分、代号见表 1－2－2。

表 1－2－2　　　　　　　　硅酸盐系水泥按性能及用途分类

类　　别		主　要　品　种	用　途
通用硅酸盐水泥		硅酸盐水泥、普通硅酸盐水泥、矿渣硅酸盐水泥、火山灰质硅酸盐水泥、粉煤灰硅酸盐水泥、石灰石硅酸盐水泥等	用于一般土木建筑工程
专用硅酸盐水泥		砌筑水泥、耐酸水泥、道路水泥、油井水泥等	用于某种专用工程
特种硅酸盐水泥	按快硬性分	快硬水泥、特快硬水泥	用于对混凝土某些性能有特殊要求的工程
	按水化热分	中热水泥、低热水泥	
	按抗硫酸盐腐蚀性分	中抗硫酸盐腐蚀水泥、高抗硫酸盐腐蚀水泥	
	按膨胀性分	膨胀水泥、自应力水泥	

（二）水泥的技术指标

1. 细度

细度是指水泥颗粒的粗细程度。一般情况下，水泥颗粒越细，其总表面积越大，与水反应时接触的面积也越大，水化反应速度就越快，所以相同矿物组成的水泥，细度越大，凝结硬化速度越快，早期强度越高。但颗粒过细，硬化时收缩较大，易产生裂缝。水泥颗粒细度提高也会导致生产成本提高。

2. 标准稠度用水量

在检测水泥的凝结时间和安定性时，为使检测结果具有可比性，必须采用标准稠度的水泥净浆进行检测。

3. 凝结时间

凝结时间是指水泥从加水开始，到水泥浆失去可塑性所需要的时间。水泥在凝结过程中经历了初凝和终凝两种状态，水泥凝结时间分为初凝时间和终凝时间。初凝时间是指水泥从加水到水泥浆开始失去可塑性所经历的时间；终凝时间是指从水泥加水到水泥浆完全失去可塑性所经历的时间。

水泥凝结时间对工程施工有重要的意义。水泥的初凝时间不宜过短，终凝时间不宜过长。水泥的初凝时间太短，则在施工前即已失去流动性和可塑性而无法施工；水泥的终凝时间过长，则将延长施工进度和模板周转期。

4. 体积安定性

水泥体积安定性是指水泥在凝结硬化过程中体积变化的均匀程度。如果这种体积变化是轻微的、均匀的，则对建筑物的质量没什么影响，但是如果混凝土硬化后，由于水泥中某些有害成分的作用，在水泥石内部产生了剧烈的、不均匀的体积变化，则会在建筑物内部产生破坏应力，导致建筑物的强度降低。若破坏应力发展到超过建筑物的强度，则会引起建筑物开裂、崩塌等严重质量事故，这种现象称为水泥的体积安定性不良。

5. 强度

水泥强度等级按规定龄期的抗压强度和抗折强度来划分，硅酸盐水泥的强度与熟料矿物的成分和细度有关。水泥强度是水泥技术要求中最基本的指标，它直接反映了水泥的质量水平和使用价值。

（三）硅酸盐水泥的品种

1. 硅酸盐水泥

由硅酸盐水泥熟料、0～5％石灰石或粒化高炉矿渣、适量石膏磨细制成的水硬性胶凝材料，称为硅酸盐水泥。硅酸盐水泥分两种类型：不掺加混合材料的称Ⅰ型硅酸盐水泥，其代号P.Ⅰ；水泥熟料研磨时掺加不超过水泥质量5％的石灰石或粒化高炉矿渣混合材料的称Ⅱ型硅酸盐水泥，其代号P.Ⅱ。根据其3d、28d抗折强度、抗压强度划分强度等级，可分为42.5、42.5R、52.5、52.5R、62.5、62.5R六个等级。

2. 普通硅酸盐水泥

其代号P.O，是由硅酸盐水泥熟料、6％～15％混合材料、适量的石膏磨细制成的水硬性胶凝材料。根据其3d、28d抗折强度、抗压强度划分强度等级，分为42.5、42.5R、52.5、52.5R四个等级。

3. 矿渣硅酸盐水泥

矿渣硅酸盐水泥简称矿渣水泥，其代号 P.S，是硅酸盐水泥熟料和粒化高炉矿渣、适量的石膏磨细制成的水硬性胶凝材料。

4. 火山灰质硅酸盐水泥

火山灰质硅酸盐水泥简称火山灰水泥，其代号 P.P，是硅酸盐水泥熟料和 20%～50% 火山灰质混合材料、适量的石膏磨细制成的水硬性胶凝材料。

5. 粉煤灰硅酸盐水泥

粉煤灰硅酸盐水泥简称粉煤灰水泥，其代号 P.F，是硅酸盐水泥熟料和 20%～40% 粉煤灰、适量的石膏磨细制成的水硬性胶凝材料。

6. 复合硅酸盐水泥

复合硅酸盐水泥简称复合水泥，其代号 P.C，复合水泥耐腐蚀性强，水化热小，抗渗性好，早期强度大于同强度等级的矿渣水泥、火山灰水泥和粉煤灰水泥。因此复合水泥的用途较其他掺混合材料的硅酸盐水泥更为广泛。

矿渣硅酸盐水泥、火山灰质硅酸盐水泥、粉煤灰硅酸盐水泥、复合硅酸盐水泥根据其 3d、28d 抗折强度、抗压强度划分强度等级，分为 32.5、32.5R、42.5、42.5R、52.5、52.5R 六个等级。通用硅酸盐水泥各龄期强度见表 1-2-3。

表 1-2-3　　　　　　　　　通用硅酸盐水泥各龄期强度

品　　种	强度等级	抗压强度		抗折强度	
		3d	28d	3d	28d
硅酸盐水泥	42.5	≥17.0	≥42.5	≥3.5	≥6.5
	42.5R	≥22.0		≥4.0	
	52.5	≥23.0	≥52.5	≥4.0	≥7.0
	52.5R	≥27.0		≥5.0	
	62.5	≥28.0	≥62.5	≥5.0	≥8.0
	62.5R	≥32.0		≥5.5	
普通硅酸盐水泥	42.5	≥17.0	≥42.5	≥3.5	≥6.5
	42.5R	≥22.0		≥4.0	
	52.5	≥23.0	≥52.5	≥4.0	≥7.0
	52.5R	≥27.0		≥5.0	
矿渣硅酸盐水泥 火山灰质硅酸盐水泥 粉煤灰硅酸盐水泥 复合硅酸盐水泥	32.5	≥10.0	≥32.5	≥2.5	≥5.5
	32.5R	≥15.0		≥3.5	
	42.5	≥15.0	≥42.5	≥3.5	≥6.5
	42.5R	≥19.0		≥4.0	
	52.5	≥21.0	≥52.5	≥4.0	≥7.0
	52.5R	≥23.0		≥4.5	

二、砂石骨料

砂石料是指砂、卵石、碎石、块石、条石等材料，其中砂、卵石和碎石统称为骨料。

骨料根据料源情况分为天然骨料和人工骨料。天然骨料是指开采砂砾料经筛分、冲洗加工而成，通常是由天然岩石经自然条件作用而形成的卵（砾）石和砂。人工骨料是指用爆破方法开采岩石作为原料（块石、片石统称为碎石原料），经过机械破碎、碾磨而成的碎石和机制砂。骨料按粒径大小分为细骨料和粗骨料，粒径 0.15～4.75mm 的称为细骨料，粒径大于 4.75mm 的称为粗骨料。砂石骨料是混凝土组成材料的一部分，在混凝土中起骨架和填充作用。

（一）细骨料

砂主要作为细骨料，有天然砂和机制砂之分。天然砂按其形成环境可分为河砂、海砂、山砂、湖砂，河砂和海砂颗粒较圆滑，比较洁净，粒度较为整齐；而山砂、人工砂颗粒多具有棱角，表面粗糙。砂与胶凝材料水泥、石灰或石膏等配制成砂浆或混凝土使用。砂的主要有以下一些质量要求。

1. 砂的颗粒级配

砂的颗粒级配是指不同粒径的砂粒的组合情况。当砂子由较多的粗颗粒、适当的中颗粒及少量的细颗粒组成时，细颗粒填充在粗、中颗粒间，使其空隙率及总表面积都较小，即构成良好的级配。使用较好级配的砂子，不仅节约水泥，而且还可以提高混凝土的强度及密实性，如图 1-2-2 所示。

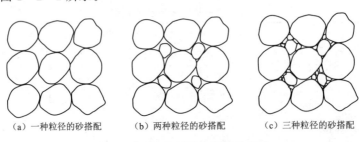

（a）一种粒径的砂搭配　　（b）两种粒径的砂搭配　　（c）三种粒径的砂搭配

图 1-2-2　骨料颗粒搭配示意图

2. 砂粗细程度

砂粗细程度是指不同粒径的砂粒混在一起后的平均粗细程度。砂的粗细程度用细度模数表示，按细度模数的大小，可将砂划分为粗砂、中砂、细砂、特细砂，粗砂细度模数为 3.7～3.1，中砂细度模数为 3.0～2.3，细砂细度模数为 2.2～1.6，特细砂细度模数为 1.5～0.70。砂的细度模数不能反映砂的级配优劣，细度模数相同的砂，其级配不一定相同，而且还可能存在较大差异。因此，混凝土用砂，除考虑细度模数外，还应同时考虑颗粒级配。

3. 有害杂质

用来配制混凝土的砂要求清洁不含杂质，以保证混凝土的质量。然而实际上砂中常含有云母、黏土、淤泥、粉砂等有害杂质。这些杂质黏附在砂的表面，妨碍水泥与砂的黏结，降低混凝土的强度、抗渗性、抗冻性，同时还增加混凝土的用水量，从而加大混凝土的收缩，降低混凝土的耐久性，应加以限制。此外，一些有机杂质、硫化物及硫酸盐，还对水泥有腐蚀作用，也应加以限制。砂中杂质含量一般应符合表 1-2-4 中规定［见《普通用砂石质量检验标准》（JGJ 52—2006）］。

表 1-2-4 砂中有害杂质含量

项　目	质量指标
云母含量（按重量计,%)	≤2.0
轻物质含量（按重量计,%)	≤1.0
硫化物及硫酸盐的含量（折算成 SO_3 按重量计,%)	≤1.0
有机物含量（用比色法试验）	颜色不应深于标准色,若深于标准色,则应按水泥胶砂试验进行强度对比试验,抗压强度比不应低于 0.95
氯化物（以氯离子占干砂质量百分比率）	对于钢筋混凝土用砂,其氯离子含量不得大于 0.06%;对于预应力混凝土用砂,其氯离子含量不得大于 0.02%

4. 含泥量、石粉含量和泥块含量

天然砂中含泥量指砂中粒径小于 0.075mm 的颗粒含量；泥块含量是指砂中粒径大于 1.18mm，经水洗手捏后小于 0.60mm 的颗粒含量；人工砂中石粉含量是指机制砂中粒径小于 0.075mm，且矿物组成和化学成分与被加工母岩相同的颗粒含量。

天然砂中的含泥量影响混凝土的强度，天然砂中的泥与人工砂中石粉的成分不同，石粉能够完善混凝土中细骨料的级配，提高混凝土的密实性，但含量也要进行控制。而泥和泥块对混凝土的抗压、抗渗、抗冻均有不同程度的影响，尤其是包裹型泥更为严重。泥遇水成浆，胶结在砂石表面，不易分离，影响水泥与砂石的黏结力。

5. 砂的坚固性

砂的坚固性是指砂在自然风化和其他外界物理化学因素作用下抵抗破裂的能力。

6. 碱-骨料反应

碱-骨料反应是指混凝土原料水泥、外加剂、混合材料和水中的碱与骨料中的活性成分反应，在混凝土浇筑成型后若干年逐渐反应，其生成物吸水膨胀使混凝土产生应力，膨胀开裂（体积可增大 3 倍以上），导致混凝土质量下降失去设计功能。

对于长期处于潮湿环境的重要混凝土结构用砂，应采用砂浆棒（快速法）或砂浆长度法进行骨料碱活性检验。经上述检验判断为有潜在危害时，应控制混凝土中的碱含量不超过 $3kg/m^3$，或采用能抑制碱-骨料反应的有效措施。

（二）粗骨料

砂石料中粒径大于 4.75mm 的称为粗骨料，混凝土中粗骨料有碎石和卵石两种。碎石是由天然岩石或大卵石经破碎、筛分而得的粒径大于 4.75mm 的岩石颗粒。卵石是由天然岩石经自然风化、水流搬运、堆积形成的粒径大于 4.75mm 的岩石颗粒。粗骨料的主要有以下一些质量要求。

1. 最大粒径、颗粒级配

粗骨料公称粒径的上限值，称为骨料最大粒径。相同质量的骨料，当骨料粒径增大时，其表面积随之减小，所需水泥浆或砂浆数量也相应减少，有利于节约水泥，降低水化热。试验表明，骨料最佳的最大粒径影响混凝土的水泥用量。当最大粒径在 150mm 以下变动时，最大粒径增大，水泥用量明显减少；但当最大粒径大于 150mm 时，对节约水泥并不明显。在大体积混凝土中，只要条件允许，拌制混凝土时粗骨料最大粒径应尽可能选用大些。在水利、港口等大型工程中常采用的粒径为 120mm 或 150mm。

骨料级配有连续级配和间断级配两种，粗骨料和细骨料一样，也要求有良好的颗粒级配，以减小空隙率，增强密实性，以便节约水泥，保证混凝土的和易性及强度。特别是配置高强度混凝土时，粗骨料的级配特别重要。粗骨料级配有连续级配和间断级配，连续级配是按颗粒尺寸由小到大连续分级，每级骨料都占有一定比例。连续级配具有颗粒级差小，颗粒上下限粒径之比较大，配置的混凝土拌和物和易性好，不易发生离析现象等特点。间断级配是人为剔除某些中间粒级颗粒，间断级配容易导致混凝土拌和物产生离析现象，而且它与骨料天然存在的级配情况不相适应，所以工程中较少应用。

2. 超径、逊径

某一粒级粗骨料中所含大于该公称粒级上限粒径的颗粒，称为该粒级的超径颗粒；所含小于该公称粒级下限粒径的颗粒，称为该粒级的逊径颗粒。混凝土配制时，应严格控制各粒级粗骨料的超、逊径颗粒含量。

3. 针、片状颗粒含量

粗骨料中还存在针状、片状颗粒的情况（凡卵石、碎石颗粒的长度大于该颗粒所属粒级的平均粒径 2.4 倍者为针状颗粒；厚度小于平均粒径 0.4 倍者为片状颗粒），针、片状颗粒不仅在受力时容易折断，影响混凝土的强度，而且其架空作用会增大骨料的空隙率，增加水泥用量，会使混凝土强度降低受力后容易被折断破坏。因此卵石、碎石中的针状、片状颗粒含量不得过多。

4. 颗粒形状及表面特征

粗骨料的颗粒形状及表面特征会影响其与水泥的黏结性和混凝土的和易性。碎石有棱角、表面粗糙，具有吸收水泥浆的孔隙特性，与水泥的黏结性较好；卵石多为圆形，表面光滑且少棱角，与水泥的黏结性较差，但混凝土拌合物的和易性较好。

5. 强度

用于混凝土的粗骨料，应具有足够的强度，碎石的强度可用岩石的抗压强度和压碎值指标表示。

三、混凝土

混凝土是目前世界上用量最大的人工复合材料，是当代最主要的建筑材料之一。普通混凝土的基本组成材料是水泥、水、砂和石子，另外还常掺入适量的外加剂和掺和料。一般砂石的总量占其总体积的 80% 以上，主要起到骨架作用。水泥加水形成水泥浆，包裹在砂粒表面并填充砂粒间的空隙而形成水泥砂浆，水泥砂浆又包裹石子并填充石子间的空隙而形成混凝土，如图 1-2-3 所示。在混凝土硬化前，水泥浆起润滑作用，使混凝土拌和物具有一定的流动性，便于施工。在水泥浆硬化后，起胶结作用，把砂石骨料胶结在一起，成为坚硬的人造石材，并产生力学强度。

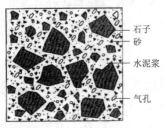

图 1-2-3 混凝土结构

混凝土的质量和技术性能很大程度上是由原材料的性质

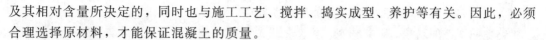

及其相对含量所决定的，同时也与施工工艺、搅拌、捣实成型、养护等有关。因此，必须合理选择原材料，才能保证混凝土的质量。

（一）混凝土的分类

（1）按所用胶凝材料的不同可分为石膏混凝土、水泥混凝土、沥青混凝土及树脂混凝土等。

（2）按掺合料的不同可分为粉煤灰混凝土、硅灰混凝土、纤维混凝土、钢砂混凝土。

（3）按表观密度的大小分类。

1）重混凝土：干表观密度大于 $2800kg/m^3$。

2）普通混凝土：干表观密度为 $2000 \sim 2800kg/m^3$。

3）轻混凝土：干表观密度小于 $2000kg/m^3$。

（4）按使用功能的不同可分为结构混凝土、水工混凝土、道路混凝土及特种混凝土等。

（5）按施工方法不同可分为普通浇筑混凝土、离心成型混凝土、喷射混凝土及泵送混凝土等。

（6）按配筋情况不同可分为素混凝土、钢筋混凝土、纤维混凝土、钢丝混凝土及预应力混凝土等。

（二）混凝土的主要质量要求

1. 和易性

混凝土硬化前的拌和物必须经过拌和、运输、浇筑和振捣等施工过程，为了保证新拌混凝土不发生分层、离析、泌水等现象，并形成质量均匀、成型密实的混凝土，就必须考虑其和易性。和易性是指混凝土拌和物的施工操作难易程度和抵抗离析作用程度的性质。和易性是一项综合的技术性质，包括有流动性、黏聚性和保水性等三方面的含义。

（1）流动性。流动性指混凝土拌和物在本身自重或施工机械振捣的作用下，能产生流动，并均匀密实地填满模板的性能。

（2）黏聚性。黏聚性指混凝土拌和物在施工过程中其组成材料之间有一定的黏聚力，不致产生分层和离析的现象。

（3）保水性。保水性指混凝土拌和物在施工过程中具有一定的保水能力，不致产生严重的泌水现象。发生泌水现象的混凝土拌和物，由于水分分泌出来会形成容易透水的孔隙，而影响混凝土的密实性，降低质量。

混凝土拌和物的流动性、黏聚性、保水性既互相联系，又互相矛盾，当流动性大时，黏聚性和保水性往往较差，反之亦然。良好的和易性是这三方面性质在某种具体条件下的矛盾统一。

2. 和易性测定方法

混凝土拌和物的流动性，可用"坍落度"或"维勃稠度"指标表示。

（1）坍落度法。将混凝土拌和物按规定方法装入坍落度筒内，垂直提起坍落度筒后，拌和物因自重而向下坍落，量出坍落的高度即为坍落度。

（2）维勃稠度。先按规定在圆柱形容器内做坍落度试验，提起坍落度筒后，在拌和物顶面放一透明圆盘，开启振动台并计时，到混凝土拌和物顶面的透明圆盘底面布满水泥浆时止，所用的时间（常用秒表示），称为维勃稠度。

（3）黏聚性的观察。将捣棒在已坍落的混凝土锥体侧面轻轻敲打，如果混凝土锥体渐下降，表示黏聚性良好，如果锥体倒塌或崩裂，说明黏聚性不好。

（4）保水性的观察。若提起坍落度筒后发现较多浆体从筒底流出，说明保水性不好。

3. 影响混凝土和易性的因素

（1）水泥浆的数量。在水灰比不变的情况下，单位体积拌和物内，如果水泥浆越多，则拌和物的流动性也越大。但水泥浆过多时，将会出现流浆、泌水现象，黏聚性、保水性变差；水泥浆过少，使其不能填满骨料空隙或不能很好包裹骨料表面时，就会产生崩坍现象，黏聚性变差。因此，混凝土拌和物中水泥浆的含量应以满足流动性要求为度，不宜过量。

（2）水灰比。水泥浆的稠度是由水灰比决定的。水灰比越大，拌和物流动性越大，水灰比过小，会使拌和物流动度过低，影响施工。但水灰比过大，会造成拌和物黏聚性和保水性不良，同时也影响后期强度大小。

（3）砂率。砂率是指混凝土中砂的质量占砂石总质量的百分率。砂率过大，砂的总表面积增大，包裹砂的水泥浆数量需要增大，水泥浆量相对减少，流动性降低；砂率过小，流动性会有所增加，但砂量不足，不能保证有足够的砂浆量包裹和润滑粗骨料，容易离析、分层、泌水。因此，必须通过试验确定最佳砂率，使混凝土拌合物获得最佳流动性。最佳砂率是指在用水量及水泥用量一定时，能使混凝土拌和物获得最大流动性，且黏聚性及保水性良好的砂率值。

（4）组成材料的性质。水泥对拌和物和易性的影响主要是水泥品种和水泥细度的影响。用硅酸盐水泥及普通水泥品种，流动性较大，保水性较好；用矿渣水泥和某些火山灰水泥，流动性较小，保水性较差；用粉煤灰水泥比普通水泥流动性更好，保水性及黏聚性也很好。此外水泥的细度对拌和物的和易性也有影响，水泥磨得细，则流动性小，但黏聚性和保水性较好。

骨料对拌和物的影响主要有：骨料的级配、颗粒形状、表面特征及粒径。通常来看，级配好的混凝土拌和物的流动性较大，黏聚性和保水性也好；表面光滑的骨料，流动性较大；骨料的粒径增大，总表面积减小，流动性增大。一般卵石拌制的混凝土拌和物比碎石拌制的流动性好；河砂拌制的混凝土拌和物比山砂拌制的流动性好。

（5）外加剂与掺和料。在拌制混凝土时，加入很少量的外加剂能使混凝土拌和物在不增加水泥用量的条件下，获得很好的和易性，增大流动性和改善黏聚性、降低泌水性。由于改善了混凝土的结构，还能提高混凝土的耐久性。

引气剂可以增大拌和物的含气量，因此在用水量一定的条件下使浆体体积增大，改善混凝土的流动性并减小泌水、离析，提高拌和物的黏聚性。加入适量的减水剂，可在不增加用水量的情况下，获得较好的和易性。掺有需水量较小的粉煤灰或磨细矿渣时，拌和物需水量降低，在用水量、水胶比相同时流动性明显改善，以粉煤灰代替部分砂子，通常在保持用水量一定的条件下使拌和物变稀。

（6）施工方面。施工中温度升高会使混凝土拌和物的坍落度减小。空气湿度小，拌和物水分蒸发过快，坍落度减小。其他条件相同时，施工工艺不同，坍落度会有所不同。如

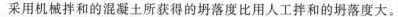

采用机械拌和的混凝土所获得的坍落度比用人工拌和的坍落度大。

4. 混凝土的强度

强度是硬化混凝土最重要的性质，常作为评定混凝土质量的指标。混凝土的其他性能与强度均有密切关系，混凝土的强度也是配合比设计、施工控制和质量检验评定的主要技术指标。混凝土的强度主要有抗压、抗拉、抗弯、抗剪强度等。其中抗压强度最大，抗拉强度最小。混凝土的抗压强度是结构设计的主要参数，也是工程施工中控制和评定混凝土质量的重要指标。

(1) 混凝土立方体抗压强度。混凝土的抗压强度是指其标准试件在压力作用下直到破坏的单位面积所能承受的最大应力。按照《混凝土物理力学性能试验方法标准》（GB/T 50081—2019）的规定，按照标准的制作方法制成边长 150mm 的立方体标准试件，在温度（20±2）℃，相对湿度 95％以上的标准条件下，养护到 28d 龄期，用标准试验方法测得的抗压强度值，称为立方体抗压强度，用 f_{cu} 表示。用上述标准试验方法测得的具有 95％的保证率（强度低于该值的百分率不超过 5％）的抗压强度，称为立方体抗压强度标准值，用 $f_{cu,k}$ 表示。

在实际工作中允许采用非标准尺寸的试件。当混凝土强度等级小于 C60 时，采用非标准试件测得的抗压强度值均应乘以尺寸换算系数，其值为：边长 200mm 试件为 1.05，边长 100mm 试件为 0.95。混凝土强度等级大于 C60 时，宜采用标准试件。

(2) 强度等级。混凝土按强度分成若干等级，即强度等级。混凝土强度等级是根据立方体抗压强度标准值确定的。普通混凝土划分为 14 个强度等级：C15、C20、C25、C30、C35、C40、C45、C50、C55、C60、C65、C70、C75 和 C80。如 C30 表示混凝土立方体抗压强度标准值 $f_{cu,k}$ 为 30MPa。不同的建筑工程及建筑部位需采用不同强度等级的混凝土。

5. 耐久性

硬化后的混凝土除应具有设计要求的强度，以保证其能安全地承受设计荷载外，还应根据其周围的自然环境及在使用上的特殊要求，具备各种特殊性能。例如，承受压力水作用的混凝土，需要具有一定的抗渗性能；遭受反复冰冻作用的混凝土，需要有一定的抗冻性能；遭受环境水侵蚀作用的混凝土，需要具有与之相适应的抗侵蚀性能；处于高温环境中的混凝土，则需要具有较好的耐热性能等。混凝土的耐久性包括抗渗性、抗冻性、抗侵蚀性、抗碳化性、抗磨性等性能。

(1) 抗渗性。抗渗性是指混凝土抵抗压力水、油等液体渗透的性能。它直接影响混凝土的抗冻性和抗侵蚀性。混凝土的抗渗性主要与其密实性及内部孔隙的大小和构造有关。水工混凝土的抗渗性用抗渗等级（W）表示，即以 28d 龄期的标准试件，按标准试验方法进行试验所能承受的最大水压力来确定。混凝土的抗渗等级可划分为 W2、W4、W6、W8、W10、W12 六个等级，相应表示混凝土抗渗试验时一组 6 个试件中 4 个试件未出现渗水时的最大水压力分别为 0.2MPa、0.4MPa、0.6MPa、0.8MPa、1.0MPa、1.2MPa。

(2) 抗冻性。混凝土的抗冻性是指混凝土在含水饱和状态下能经受多次冻融循环而不被破坏，同时强度不严重降低的性能。混凝土的抗冻性以抗冻等级 F 表示。抗冻等级按 28d 龄期的试件用快冻试验方法测定，分为 F50、F100、F150、F200、F250、F300、

F400 七个等级，相应表示混凝土抗冻性试验能经受 50 次、100 次、150 次、200 次、250 次、300 次、400 次的冻融循环。

（3）混凝土的碳化。混凝土的碳化是指空气中的二氧化碳渗透进入混凝土后，与混凝土内水泥石中的氢氧化钙作用，生成碳酸钙和水，使混凝土碱度降低的过程，此现象也称为中性化。碳化使混凝土碱度降低，减弱了对钢筋的保护作用，可能导致钢筋锈蚀，并由此引起混凝土的体积细微膨胀，使保护层出现裂缝及剥离等破坏现象，混凝土强度降低。此外碳化现象将显著增加混凝土的收缩，使混凝土表面产生细微裂缝。但碳化也有有利的一面，表层混凝土碳化时生成的碳酸钙，可填充水泥石的孔隙，提高密实度，防止有害物质的侵入。

（4）提高混凝土耐久性的主要措施。

1）严格控制水胶比。水胶比的大小是影响混凝土密实性的主要因素，为保证混凝土耐久性，必须严格控制水胶比。

2）混凝土所用材料的品质，应符合有关规范的要求。

3）合理选择骨料级配。可使混凝土在保证和易性要求的条件下，减少水泥用量，并有较好的密实性。这样不仅有利于混凝土耐久性也较经济。

4）掺用减水剂及引气剂。可减少混凝土用水量及水泥用量，改善混凝土孔隙构造。这是提高混凝土抗冻性及抗渗性的有力措施。

5）保证混凝土施工质量。在混凝土施工中，应做到搅拌透彻、浇筑均匀、振捣密实、加强养护，以保证混凝土的耐久性。

（三）新型混凝土

1. 碾压混凝土

碾压混凝土是以适宜干稠的混凝土拌合物，薄层铺筑，用振动碾碾压密实的混凝土，由于使用碾压方式施工而得名。自 20 世纪 80 年代以后，碾压混凝土筑坝由于可加快工程建设速度和具有巨大经济效益而得到迅速发展，碾压混凝土材料也在研究和应用过程中得到不断改善。碾压混凝土坝既具有混凝土体积小、强度高、防渗性能好、坝身可溢流等特点，又具有土石坝施工程序简单、快速、经济、可使用大型通用机械的优点。

2. 塑性混凝土

塑性混凝土是指水泥用量较低，并掺入较多的膨润土、黏土等材料的大流动性混凝土，具有低强度、低弹模和大应变等特性。由于其变形能力强、抗渗性能好、易于施工，因此极适宜应用于防渗墙工程。按抗压强度和弹性模量，防渗墙混凝土可以分为刚性和塑性两类。刚性混凝土的抗压强度一般大于 5MPa，弹性模量大于 2000MPa；塑性混凝土的抗压强度一般小于 5MPa，弹性模量小于 2000MPa。

3. 水下浇筑（灌注）混凝土

在陆上拌制在水下浇筑（灌注）和凝结硬化的混凝土，称为水下浇筑混凝土，分为普通水下浇筑混凝土和水下不分散混凝土两种。普通水下浇筑混凝土是将普通混凝土以水下灌注工艺浇筑混凝土。其施工方法可用导管法、泵压法、开底容器法、装袋叠层法及倾注法等。水下不分散混凝土是一种新型混凝土，其混凝土拌和物具有水下抗分散性。将其直接倾倒于水中，当穿过水层时，很少出现由于水流作用而出现的材料分离现象。

4. 喷射混凝土

喷射混凝土是用压缩空气喷射施工的混凝土。喷射方法有干式喷射法、湿式喷射法、半湿喷射法及水泥裹砂喷射法等。喷射混凝土施工时,将水泥、砂、石子及速凝剂按比例加入喷射机中,经喷射机拌匀、以一定压力送至喷嘴处加水后喷至受喷射部位形成混凝土。

在喷射过程中,水泥与骨料被剧烈搅拌,在高压下被反复冲击和击实,因此混凝土较密实,强度也较高。同时,混凝土与岩石、砖、钢材及老混凝土等具有很高的黏结强度,可以在黏结面上传递一定的拉应力和剪应力,使其与被加固材料一起承担荷载。

喷射混凝土广泛应用于地下工程、边坡及基坑的加固、结构物维修、耐热工程、防护工程等。在高空或施工场所狭小的工程中,喷射混凝土更有明显的优越性。

5. 纤维混凝土

纤维混凝土是以混凝土(或砂浆)为基材,掺入纤维而组成的水泥基复合材料。纤维在纤维混凝土中的主要作用在于限制在外力作用下水泥基料中裂缝的扩展。在受荷(拉、弯)初期,当配料合适并掺有适宜的高效减水剂时,水泥基料与纤维共同承受外力,而前者是外力的主要承受者;当基料发生开裂后,横跨裂缝的纤维成为外力的主要承受者。

在水利工程中纤维混凝土广泛应用于抗冲磨结构,如溢洪道、泄洪隧洞等,也常用于结构修复。

6. 生态混凝土

生态混凝土又名"植被混凝土"。生态混凝土是能够适应绿色植物生长又具有一定的防护功能的混凝土及其制品,具有一定强度,其表面又可繁衍花草。它由作为主体的植被与其载体的被面、被床、床絮和床基等有机结合而成。可在高陡边坡生态防护以及河道、库区护岸等工程中广泛使用。生态混凝土护坡是在基材中加入常规硬性凝结材料水泥,从而使基材强度更高、抗冲刷性更强,适用于坡度为 $50°\sim80°$ 的各类坡面的生态修复。

四、外加剂和掺和料

(一) 外加剂

外加剂指在混凝土拌和过程中掺入的,且能使混凝土按要求改性的物质。混凝土外加剂的特点是品种多、掺量小、在改善新拌和硬化混凝土性能中起着重要的作用。外加剂的研究和实践证明,在混凝土中掺入功能各异的外加剂,满足了改善混凝土的工艺性能和力学性能的要求,如改善和易性、调节凝结时间、延缓水化放热、提高早期强度、增加后期强度、提高耐久性、增加混凝土与钢筋的握裹力、防止钢筋锈蚀等的要求。

由于外加剂对混凝土技术性能的改善,它在工程中应用的比例越来越大,不少国家使用掺外加剂的混凝土已占混凝土总量的 $60\%\sim90\%$。因此,外加剂已成为混凝土中除四种基本材料以外的第五种组分。混凝土外加剂按功能分为四类,具体如下:

(1) 改善混凝土拌和物流变性能的外加剂,如各种减水剂、泵送剂、保水剂等。

(2) 调节混凝土凝结时间,硬化性能的外加剂,如缓凝剂、早强剂、速凝剂等。

(3) 改善混凝土耐久性能的外加剂,如引气剂、防水剂和阻锈剂等。

(4) 改善混凝土其他性能的外加剂,如引气剂、膨胀剂、防冻剂、着色剂、防水剂、碱-骨料反应抑制剂、隔离剂、养护剂等。

（二）掺和料

在混凝土拌和物制备时，为了节约水泥、改善混凝土性能、调节混凝土强度等级而加入的天然或人造的矿物材料，统称为混凝土掺和料。混合材料分为活性混合材料和非活性混合材料。建筑工程常用的活性混合材料有粒化高炉矿渣、粉煤灰、火山灰质混合材料和硅灰等。活性混合材料的掺入，可改善新拌混凝土的和易性及硬化混凝土的耐久性，还可以节约水泥；非活性混合材料有石英砂、石灰石粉等，可改善新拌混凝土的和易性及节约水泥。混凝土掺和料的掺量一般不少于水泥质量的 5%。

五、钢材

建筑钢材是指建筑工程中使用的各种钢材，包括钢结构用各种型材（如圆钢、角钢、工字钢、管钢）、板材，以及混凝土结构用钢筋、钢丝、钢绞线等。

（一）钢材的分类

1. 按化学成分分类

钢筋按化学成分不同可分为碳素结构钢和普通低合金钢两类。碳素钢的化学成分主要是铁，其次是碳，故也称铁—碳合金。合金钢是指在炼钢过程中，有意识地加入一种或多种能改善钢材性能的合金元素而制得的钢种。各种化学成分含量的多少，对钢筋机械性能和可焊性的影响极大。一般建筑用钢筋在正常情况下不做化学成分的检验，但在选用钢筋时，仍需注意钢筋的化学成分。

2. 按生产工艺分类

可分为热轧钢筋、热处理钢筋、冷拉钢筋和钢丝（直径不大于 5mm）四类。热轧钢筋由冶金厂直接热轧制成，按强度不同分为Ⅰ级、Ⅱ级、Ⅲ级和Ⅳ级，随着级别增大，钢筋的强度提高，塑性降低，其中Ⅲ级和Ⅳ级钢筋即为高强钢筋。热处理钢筋是由强度大致相当于Ⅳ级的某些特定钢号钢筋经淬火和回火处理后制成，钢筋强度能得到较大幅度的提高，但其塑性降低并不多。冷拉钢筋由热轧钢筋经冷加工而成，其屈服强度高于相应等级的热轧钢筋，但塑性降低。钢丝包括光面钢丝、刻痕钢丝、冷拔低碳钢丝和钢绞线等。

3. 按力学性能分类

钢筋按力学性能不同可分为有物理屈服点的钢筋和无物理屈服点的钢筋。前者包括热轧钢筋和冷拉热轧钢筋，后者包括钢丝和热处理钢筋。

4. 按外形分类

钢筋按其外形不同可分为光面钢筋和带肋钢筋两种。Ⅰ级钢筋（Q235 钢筋）均轧制为光面圆形截面，供应形式有盘圆，直径不大于 10mm。带肋钢筋有螺纹、人字纹和月牙纹三种，带肋钢筋直径不小于 10mm，一般Ⅱ级、Ⅲ级钢筋轧制成人字形，Ⅳ级钢筋轧制成螺旋形及月牙形。

5. 按产品类型分类

（1）型材。型材是指用于钢结构中的角钢，工字钢，槽钢，方钢，吊车轨，轻钢门窗，钢板桩等。

（2）板材。板材指用于建造房屋，桥梁及建筑机械的中厚钢板，用于屋面、墙面、楼板等的薄钢板。

（3）线材。线材是指用于钢筋混凝土和预应力混凝土中的钢筋，钢丝和钢绞线等。

（4）管材。管材是指用于钢桁架和供水，供气（汽）的管线等。

（二）建筑钢材的技术性质

建筑钢材的主要性能包括钢材的力学性能和工艺性能，这些性能是选用钢材和检验钢材质量的主要依据。建筑钢材作为受力结构材料，不仅要求具有一定的力学性能，同时要求有一定的加工性能。

1. 力学性能

（1）拉伸性能。拉伸是建筑钢材的主要受力形式，因此拉伸性能是表示钢材性能和选用的钢材的重要指标。通过拉伸试验可测得屈服点、抗拉强度和伸长率，这些均是钢材的重要技术指标。

（2）冲击韧性。冲击韧性是指钢材抵抗冲击荷载而不被破坏的能力。

（3）耐疲劳性。钢材在交变荷载的反复作用下，往往在最大应力远小于其抗拉强度，甚至还低于屈服点的情况下突然发生破坏，这种现象称为钢材的疲劳性。

（4）硬度。硬度指金属材料在表面局部体积内，抵抗硬物压入表面的能力，即材料表面抵抗塑性变形的能力。

2. 工艺性能

良好的工艺性能，可以保证钢材顺利通过各种加工，而使钢材制品的质量不受影响。冷弯、冷拉、冷拔及焊接性能均是建筑钢材的重要工艺性能。

（1）冷弯性能。冷弯性能是指钢材在常温下承受弯曲变形的能力，是建筑钢材的重要工艺性能。

（2）焊接性能。焊接性能是指钢材在通常的焊接与工艺条件下获得良好焊接接头的性能，也称为可焊性。在建筑工程中，各种型钢、钢板、钢筋及预埋件等需用焊接加工，钢结构有 90％以上是焊接结构，这就要求钢材有良好的焊接性能。一般来说，低碳钢有良好的焊接性能，高碳钢的焊接性能较差。

（3）冷加工性能。冷加工强化处理是指将钢材在常温下进行冷加工（如冷拉、冷拔或冷轧），使之产生塑性变形，从而提高屈服强度。

六、防水材料

建筑防水是为防止水对建筑物某些部位渗透所采取的措施。按其采取的措施和手段不同，分为材料防水和构造防水两大类。材料防水是靠建筑材料阻断水的通路，达到防水的目的或增加抗渗漏的能力，如卷材防水，涂膜防水、混凝土及水泥砂浆刚性防水等。构造防水则是采取合适的构造形式，阻断水的通路，以达到防水的目的，如止水带。

常用的防水材料有防水卷材、建筑防水涂料、刚性防水材料、建筑密封材料四大种类。防水卷材是建筑工程防水材料的重要品种之一。目前主要包括沥青系防水卷材、高聚物改性沥青防水卷材、合成高分子防水卷材三大系列。

七、木材

木材产品按其加工程度和用途不同，常分为原条、原木、板枋材等。

（1）原条。原条是指去根、去梢、去皮，未经加工成固定尺寸、规格的木材，常用作脚手杆、屋架材等。

（2）原木。原木是指由原条按一定尺寸加工成规定直径和长度的木材。原木可分为直接使用原木和加工用原木两种。

（3）板枋材。板枋材是指由加工用原木加工而成一定尺寸的木料。凡宽度为厚度 3 倍以上的称为板材，不足 3 倍的为枋材。

八、管材

（一）钢管

按其制造方法分为焊接钢管和无缝钢管两种。

1. 焊接钢管

又称有缝钢管。是由卷成管形的钢板以对缝或螺旋缝焊接而成。焊接钢管按管材的表面处理形式不同可分为镀锌管（俗称白铁管）和非镀锌管（俗称黑铁管）。表面镀锌的发白色，又称为白铁管；表面不镀锌的即普通焊接钢管，也称黑铁管。

2. 无缝钢管

由整块优质碳素钢或合金钢制成，表面上没有接缝。钢管有热轧、冷轧（拔）之分。无缝钢管可用于各种液体、气体管道等。无缝钢管按制造方法分为热轧管和冷拔（轧）管。冷拔（轧）管的最大公称直径为 200mm，热轧管最大公称直径为 600mm。在管道工程中，管径超过 57mm 时，常选用热轧管，管径小于 57mm 时常用冷拔（轧）管。无缝钢管按外径和壁厚供货，在同一外径下有多种壁厚，承受的压力范围较大。

（二）混凝土管

混凝土管分为素混凝土管、普通钢筋混凝土管、自应力钢筋混凝土管和预应力混凝土管四类。按混凝土管内径的不同，可分为小直径管（内径 400mm 以下）、中直径管（内径 400～1400mm）和大直径管（内径 1400mm 以上）。按管子承受水压能力的不同，可分为低压管和压力管，压力管的工作压力一般有 0.4MPa、0.6MPa、0.8MPa、1.0MPa、1.2MPa 等。混凝土管按管子接头形式的不同，又可分为平口式管、承插式管和企口式管。

混凝土管与钢管比较，可以大量节约钢材，延长使用寿命，且建厂投资少，铺设安装方便，已在工厂、矿山、油田、港口、城市建设和农田水利工程中得到广泛的应用。

混凝土管的优点是抗渗性和耐久性能好，不会腐蚀及腐烂，内壁不结垢等；缺点是质地较脆易碰损、铺设时要求沟底平整，且需做管道基础及管座。在输水工程中，管材的选择根据工程的具体情况，要做技术、经济、安全、工期等方面分析比较，综合平衡后再确定。

（三）塑料管道

塑料管一般是以塑料树脂为原料、加入稳定剂、润滑剂加工而成。由于它具有质轻、耐腐蚀、外形美观、无不良气味、加工容易、施工方便等特点，在工程中获得了越来越广泛的应用。常见管材有硬聚氯乙烯（UPVC）管、聚乙烯（PE）管、聚丙烯（PP）管、聚氯乙烯（PVC）。

（四）其他

除上述管材外，水利工程常用的管材还有钢丝网骨架聚乙烯复合管、球墨铸铁管、玻璃钢管等。

九、火工材料

常见的火工材料有乳化炸药、硝铵炸药、电雷管、数码雷管、非电毫秒管、导爆管、导电线等民用爆炸物品。火工材料在搬运装卸时，必须轻拿轻放，不得抛掷。

（一）炸药

一般工程爆破使用的炸药大部分是硝铵类粉状炸药，硝铵类炸药以硝酸铵为主要成分，以 TNT 为敏感剂，以木粉为可燃剂和松散剂，以石蜡和沥青为抗水剂，以食盐为消焰剂。硝铵类炸药的品种较多，分为岩石硝铵炸药、露天硝铵炸药、岩石铵沥蜡炸药、浆状炸药、胶质硝化甘油炸药、水胶炸药及乳胶炸药等。

在水利工程中，一般使用乳化炸药等。

（二）雷管

雷管由于构造、性质和引爆方法的不同，分为普通电雷管与数码雷管。电雷管是加电引爆装置组成。电雷管有瞬发电雷管、秒延期电雷管、毫秒延期电雷管、抗杂散电流电雷管四种。

（三）导电线

导电线是传递电流引爆雷管的电线。

十、土工合成材料

土工合成材料是一种新型的岩土工程材料，目前广泛应用于土建工程防渗。它是以人工合成的聚合物（如塑料、化纤、合成橡胶等）为原料，制成各种类型的产品，置于土体内部、表面或各种土体之间，发挥加强或保护土体的作用。土工合成材料可分为土工织物、土工膜、土工复合材料和土工特种材料四大类。我国目前在工程实际中使用最多的是土工织物和土工膜。

（一）土工织物

土工织物包括织造（含机织和针织，又称有纺）及非织造（又称无纺）。土工织物的优点是质量轻，可做成较大面积的整体，施工方便，抗拉强度较高，耐腐蚀和抗微生物侵蚀性好。缺点是未经特殊处理，抗紫外线能力低，如暴露在外，受紫外线直接照射容易老化，但如不直接暴露，则抗老化及耐久性能仍较高。

（二）土工膜

土工膜由聚合物和沥青制成的一种相对不透水薄膜，分为沥青土工膜和聚合物土工膜两大类。具有良好的不透水性、耐老化性、弹性和适应变形的能力，突出的防渗和防水性能。

（三）土工复合材料

土工复合材料是由两种或两种以上的单一材料结合而成的产品。通过材料复合，将不同材料的性质结合起来，更好地满足具体的工程需要。

（1）复合土工膜。复合土工膜是将土工膜和土工织物复合在一起的产品，在水利工程建设中被广泛应用。

（2）塑料排水带。塑料排水带是指由不同凹凸截面形状并形成连续排水槽的带状塑料芯材，外包非织造土工织物（滤膜）构成的排水材料。在码头、水闸等软基加固工程中被广泛应用。

（3）软式排水管。软式排水管又称为渗水软管，它由支撑骨架和管壁包裹材料两部分构成，软式排水管可用于各种排水工程中。

（四）土工特种材料

土工特种材料是为工程特定需要生产的产品，常见的有以下几种。

1. 土工格栅

土工格栅是由有规则的网状抗拉条带形成的土工合成材料。土工格栅强度高、延伸率低，常用作加筋土结构的筋材或复合材料的筋材等。土工格栅分为塑料土工格栅、钢塑土工格栅、玻璃纤维土工格栅和玻纤聚酯土工格栅四大类。

2. 土工网

土工网是由聚合物经挤塑成网或由粗股条编织或由合成树脂压制而成的具有较大孔眼和一定刚度的平面网状结构材料，如图1-2-4所示。一般土工网的抗拉强度都较低，延伸率较高。土工网常用于坡面防护、植草、软基加固垫层和制造复合排水材料。

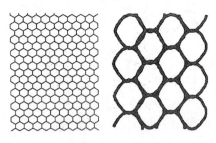

图 1-2-4 土工网

3. 土工模袋

由上、下两层土工织物制成的大面积连续袋装材料，袋内充填混凝土或水泥砂浆，凝固后形成整体混凝土板，适用于护坡。模袋上下两层之间用一定长度的尼龙绳拉接，用以控制填充时的厚度。按加工工艺不同，模袋可分为工厂生产的机织模袋和手工缝制的简易模袋两类。

4. 土工格室

土工格室是由土工格栅、土工织物或土工膜、条带构成的蜂窝状或网格状三维结构材料。格室张开后，可填土料。它用于处理软弱地基，增大其承载力。沙漠地带可用于固沙，还可用于护坡等。

5. 土工管、土工包

土工管、土工包是用经防老化处理的高强度土工织物制成的大型管袋及包裹体，可用于护岸、崩岸抢险和堆筑堤防。

6. 土工合成材料黏土垫层

土工合成材料黏土垫层是由两层或多层土工织物或土工膜中间夹一层膨润土粉末（或其他低渗透性材料）以针刺（缝合或黏结）而成的一种复合材料。它与压实黏土垫层相比，具有体积小、质量轻、柔性好、密封性良好、抗剪强度较高、施工简便、适应不均匀沉降等优点，可代替一般的黏土密封层，用于水利或土木工程中的防渗或密封设计。

十一、灌浆材料

灌浆材料是一类利用液压、气压或自重等方式注入结构的预留部位、裂缝、裂隙和孔隙中，并可以在其中凝结、硬化形成具有一定强度、防水抗渗性能良好、化学性能稳定的"结石体"的流体材料。根据使用目的不同可分为帷幕灌浆、固结灌浆、接触灌浆、回填灌浆、接缝灌浆及各种建筑物的补强灌浆。根据灌浆材料的分散状态，可分为固体灌浆材

料和化学灌浆材料。

（一）固体灌浆材料

固体灌浆材料是指由固体颗粒和水组成的灌浆体，其中的固体颗粒处于悬浮分散的状态，主要包括黏土灌浆材料、水泥基灌浆材料、水泥黏土灌浆材料和粉煤灰灌浆材料等。

（二）化学灌浆材料

化学灌浆材料又称溶液型灌浆材料，是将在一定条件下能发生凝结的化学材料（如水玻璃、丙烯酸盐等）配制成溶液，将其作为灌浆材料。与固体灌浆材料相比，化学灌浆材料的浆液一般不会出现颗粒的离析，黏度较低，易于进入细小裂缝中，注浆能力较强。

化学灌浆材料种类繁多，包括水玻璃类灌浆材料、木质素类灌浆材料、丙烯酰胺类灌浆材料、丙烯酸盐类灌浆材料、聚氨酯类灌浆材料和环氧树脂灌浆材料等。

第三章 水工建筑物

第一节 水工建筑物分类

为满足防洪、发电、灌溉、供水、治涝等任务，用来控制和支配水流的建筑物，称为水工建筑物。为完成除水害、兴水利，将若干不同类型的水工建筑物修建在一起构成的建筑综合体，称为水利枢纽或水利工程。

一、水工建筑物的类型

（一）按功能分类

按功能分，水工建筑物可分为挡水建筑物、泄水建筑物、输（引）水建筑物、取水建筑物、水电站建筑物、过坝建筑物和整治建筑物等，如图 1-3-1 所示。

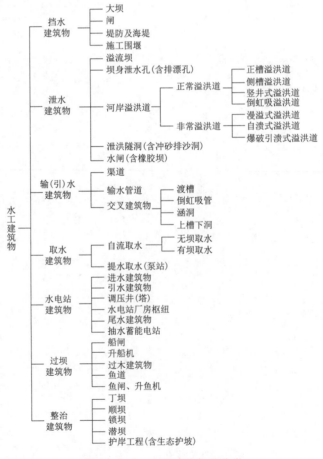

图 1-3-1 水工建筑物的分类

1. 挡水建筑物

挡水建筑物是指用以拦截江河，形成水库或壅高水位。如各种类型的拦河坝和水闸，修筑于江河两岸以抗洪的堤防、施工围堰等。

2. 泄水建筑物

泄水建筑物是用以排放水库、湖泊、河渠的多余水量，防止水流决口漫溢以保证挡水建筑物和其他建筑物安全，必要时或为降低库水位乃至放空水库而设置的水工建筑物。泄水建筑物可设于坝身（如溢流坝、坝身泄水孔等），也可设于河岸（如溢洪道、泄洪隧洞等），是水利枢纽中的重要组成建筑物。

3. 输（引）水建筑物

输（引）水建筑物是指为满足灌溉、发电、城市或工业给水等需要，将水输送至用水处的建筑物。其中直接自水源输水的也称引水建筑物，如引水隧洞、引水涵管、渠道、渡槽、倒虹吸管、输水涵洞等。

4. 取水建筑物

取水建筑物是指引水建筑物的上游首部建筑物，如取水口、进水闸、扬水站等。

5. 水电站建筑物

水电站建筑物是指水电站中拦蓄河水，抬高水头，装设机电设备以及将水引经水轮发电机组发电的一系列建筑物的总称。典型的水电站枢纽一般包括挡水建筑物、泄水建筑物、进水建筑物、引水建筑物、平水建筑物、水电站厂房枢纽及尾水建筑物。

6. 过坝建筑物

过坝建筑物是指为水利工程中某些特定的单项任务而修建的建筑物，如专用于通航过坝的船闸、升船机、过木建筑物、鱼道、鱼闸、升鱼机等。

7. 整治建筑物

整治建筑物是指用以改善河道水流条件，调整河势，稳定河槽，维护航道和保护河岸的各种建筑物，如丁坝、顺坝、锁坝、潜坝、导流堤、防波堤、护岸等。

（二）按使用的时间分类

水工建筑物按使用的时间长短，可分为永久性建筑物和临时性建筑物两类。

1. 永久性建筑物

永久性建筑物是指工程长期使用的建筑物，根据其在工程中的重要性又分为主要建筑物和次要建筑物。主要建筑物系指该建筑物失事后将造成下游灾害或严重影响工程效益的建筑物，如闸、坝、泄水建筑物、输水建筑物及水电站厂房等；次要建筑物系指失事后不致造成下游灾害和对工程效益影响不大，且易于检修的建筑物，如挡土墙、导流墙、工作桥及护岸等。

2. 临时性建筑物

临时性建筑物是指仅在工程施工期临时使用的建筑物，如施工围堰、导流建筑物等。

（三）其他涉水工程水工建筑物

在传统水利工程之外，近年来逐渐出现了和经济社会发展相适应的涉水工程，包括水土保持工程、水生态工程、水处理工程、环境水利工程和海绵城市以及相应的水工建筑物等。

此外，由于水利水电工程规模一般都比较大，还可能涉及移民搬迁与征地工程等。

二、水工建筑物的特点

水利水电工程与一般土建工程相比，除了工程量大、投资多、工期长之外，还有以下一些特点。

1. 工作条件的复杂性

水工建筑物工作条件复杂，如挡水建筑物要承受相当大的水压力，由渗流产生的渗透压力；泄水建筑物泄水时，对河床和岸坡具有强烈的冲刷作用等。

2. 设计选型的独特性

水工建筑物受所处地形、地质、水文等自然条件约束，需因地制宜地根据具体条件进行设计。

3. 施工条件的艰巨性

水工建筑物施工难度大，江河中兴建的水利工程，需要妥善解决施工导流、截流和施工期度汛；此外，复杂地基的处理以及地下工程、水下工程等的施工技术都较复杂。

4. 失事后果的严重性

大型水利工程的挡水建筑物失事将会给下游带来巨大灾难或严重影响工程效益。

5. 国民经济的影响巨大性

一个综合性水利枢纽工程和单项水工建筑物不仅可以承担防洪、灌溉、发电、航运等任务，同时又可以调节当地气候，改良土壤植被，美化环境，发展旅游，甚至建成优美的城市等，但是处理不当也可能产生消极的影响。河流中筑坝建库后，上下游水位、流量将发生变化。水库蓄水造成上游淹没损失，可能会导致大量移民和迁建，直接影响到工农业生产，甚至影响生态环境；水库大坝如果失事，将会给下游人民生命财产和工农业生产带来巨大的灾害，其损失远远超过建筑物本身的价值。

第二节　挡水建筑物

挡水建筑物主要是大坝，也包括闸、堤防及海堤、施工围堰等。大坝类型很多，既可按结构特性分，也可按筑坝材料和施工方法分，如图 1-3-2 所示。

一、重力坝

重力坝在水压力及其他荷载作用下，主要依靠坝体自重产生的抗滑力来满足稳定要求，一般用混凝土或浆砌石建成，基本剖面接近直角三角形，上游面近于铅直，下游面坡度为 0.7～0.8。按坝体结构型式分，有实体重力坝、宽缝重力坝、空腹重力坝和预应力锚固坝，如图 1-3-3 所示；按坝身是否泄水分，有溢流坝和非溢流坝两种型式，如图 1-3-4 所示。

重力坝坝轴线一般为直线，垂直坝轴线方向设横缝，将坝体分成若干独立工作的坝段，以免因坝基发生不均匀沉陷和温度变化而引起坝体开裂。为了防止漏水，在缝内设多道止水。

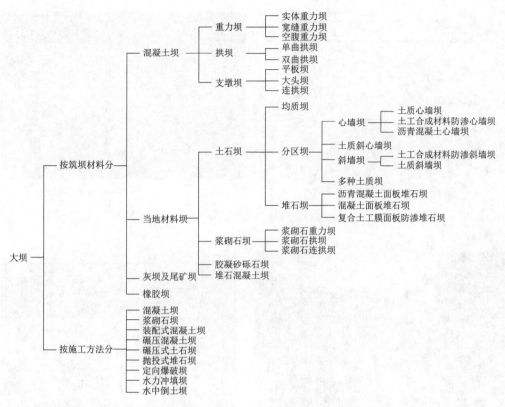

图 1-3-2 大坝的分类

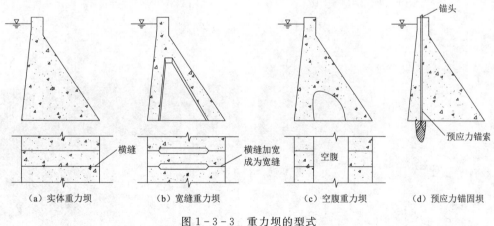

（a）实体重力坝　　　（b）宽缝重力坝　　　（c）空腹重力坝　　　（d）预应力锚固坝

图 1-3-3 重力坝的型式

　　按筑坝材料分类：混凝土重力坝、浆砌石重力坝和堆石混凝土重力坝。混凝土重力坝和浆砌石重力坝如图 1-3-5 所示。堆石混凝土重力坝如图 1-3-6 所示。

　　堆石混凝土施工技术是指将大粒径的块石直接堆放入仓，然后从堆石体的表面浇筑，无须任何振捣的专用自密实混凝土，并利用专用自密实混凝土高流动性、高穿透性的特

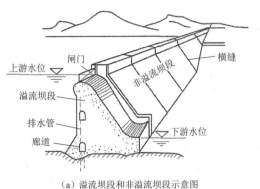
（a）溢流坝段和非溢流坝段示意图

（b）光照水电站大坝

图 1-3-4　溢流坝段和非溢流坝段及光照水电站大坝

（a）乌江渡水电站混凝土重力坝

（b）绥阳县朱老村水电站浆砌石重力坝

图 1-3-5　典型重力坝实景图

图 1-3-6　小乌江堆石混凝土坝

点，依靠自重完全填充堆石的空隙，形成完整、密实、水化热低、满足强度要求的大体积混凝土。堆石混凝土技术施工工艺简单，综合单价低，水化温升小，易于现场质量控制，施工效率高，工期短。堆石混凝土坝就是利用这一技术修筑的挡水建筑物。该技术也是最近几年才逐步研发应用于实际工程的较新的一种坝工技术。

二、拱坝

拱坝是固接于基岩的空间壳体结构，在平面上呈凸向上游的拱形，坝体结构可近似看作是由一系列水平拱圈和一系列竖向悬臂梁所组成，其承受的荷载一部分通过拱的作用传至两岸基岩，另一部分通过竖直梁的作用传至坝底基岩，如图1-3-7所示。

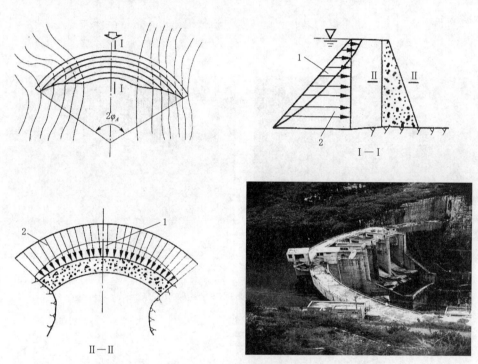

图1-3-7　拱坝平面、剖面图及普定水电站拱坝实景图
1—拱荷载；2—梁荷载

适用于地质条件良好的坚硬完整岩石基础，对称的V形或U形河谷河段。

按照不同分类原则，拱坝可分为如下类型：

（1）按建筑材料和施工方法可分为常规混凝土拱坝、碾压混凝土拱坝和砌石拱坝。

（2）按厚高比（拱坝最大坝高处的坝底厚度 T 与坝高 H 之比，称为拱坝厚高比 T/H）可将拱坝划分为：薄拱坝，$T/H<0.2$；中厚拱坝，$T/H=0.2\sim0.35$；厚拱坝（或重力拱坝），$T/H>0.35$。

（3）按坝面曲率可分为单曲拱坝和双曲拱坝。只有水平曲率，而各悬臂梁的上游面呈铅直的拱坝称为单曲拱坝；水平向和竖直向都有曲率的拱坝称为双曲拱坝，如图1-3-8所示。

（4）按水平拱圈的形式可分为单圆心拱、多心拱（二心、三心、四心等）、抛物线拱、椭圆拱、对数螺旋线拱。水平拱圈的形式如图1-3-9所示。

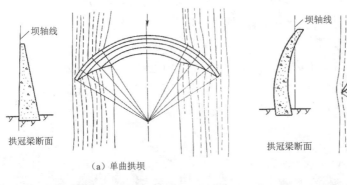

坝轴线

拱冠梁断面

（a）单曲拱坝

坝轴线

拱冠梁断面

（b）双曲拱坝

（c）修文水电站单曲拱坝

（d）构皮滩水电站双曲拱坝

图 1-3-8 单曲、双曲拱坝及其典型实景图

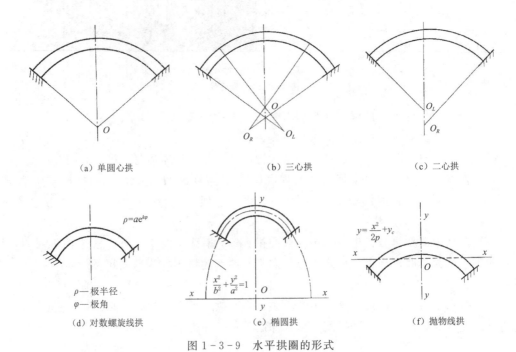

（a）单圆心拱

（b）三心拱

（c）二心拱

$\rho = ae^{k\varphi}$

ρ—极半径
φ—极角

（d）对数螺旋线拱

$\frac{x^2}{b^2} + \frac{y^2}{a^2} = 1$

（e）椭圆拱

$y = \frac{x^2}{2p} + y_c$

（f）抛物线拱

图 1-3-9 水平拱圈的形式

三、土石坝

土石坝是一种极为古老的坝型，它是由散粒体、石料等当地材料填筑而成的挡水建筑物。其自然的剖面形状为梯形，如图 1-3-10 所示。

（a）红枫湖水电站土石坝　　　　　　　　　（b）平坝区石朱桥水库土石坝

图 1-3-10　土石坝

土石坝按坝体材料所占的比例可分为三种，具体如下：

（1）土坝。土坝的坝体材料以土和砂砾为主。

（2）土石混合坝。当两种材料均占相当比利时，称为土石混合坝。

（3）堆石坝。以石渣、卵石、爆破石料为主，除防渗体以外，坝体的绝大部分或者全部由石料筑起来的称为堆石坝。

土石坝的主要类型如图 1-3-11 所示。

混凝土面板堆石坝系是以堆石体为支承结构，用钢筋混凝土作上游防渗面板的堆石坝，简称面板坝。它由面板、垫层区、过渡区和堆石区等部分组成。混凝土面板堆石坝应用最为广泛，如图 1-3-12 所示。

四、支墩坝

支墩坝由一系列顺水流方向的支墩和支撑在墩子上游的盖板所组成。盖板形成挡水面，将水压力传递给支墩，支墩沿坝轴线排列，支撑在岩基上。支墩坝按盖板形式不同分为平板坝、连拱坝和大头坝，如图 1-3-13 所示。按支墩形式不同分为单支墩、双支墩、框格式支墩、空腔支墩等，如图 1-3-14 所示。

五、橡胶坝

橡胶坝也称尼龙坝、织物坝、可充胀坝等，它是 20 世纪 50 年代随着高分子合成材料工业的发展而出现的一种新型水工建筑物。橡胶坝是用胶布按设计要求的尺寸，锚固于底板上成封闭状的坝袋，通过连接坝袋和充胀介质的管道及控制设备，用水（气）将其充胀形成的袋式挡水坝，如图 1-3-15 所示。需要挡水时用水（气）充胀，形成挡水坝；不需要挡水时，泄空坝袋内的水（气），便可恢复原有河（渠）的过水断面。坝高调节自如，溢流水深可控，起到闸门、滚水坝和挡水坝的作用，可用于防洪、灌溉、发电、供水、航运、挡潮、地下水回灌及城市园林美化等工程中。

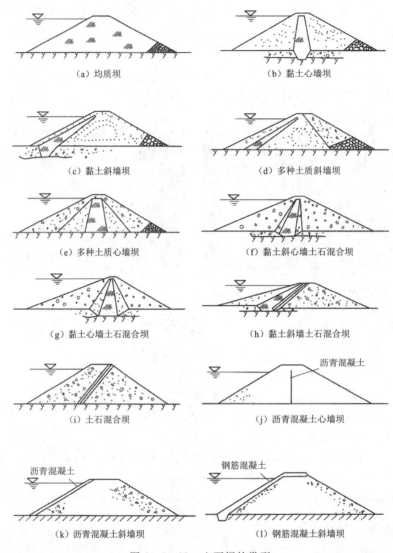

（a）均质坝

（b）黏土心墙坝

（c）黏土斜墙坝

（d）多种土质斜墙坝

（e）多种土质心墙坝

（f）黏土斜心墙土石混合坝

（g）黏土心墙土石混合坝

（h）黏土斜墙土石混合坝

（i）土石混合坝

（j）沥青混凝土心墙坝

（k）沥青混凝土斜墙坝

（l）钢筋混凝土斜墙坝

图 1-3-11 土石坝的类型

（a）三板溪水电站混凝土面板堆石坝

（b）夹岩水库混凝土面板堆石坝

图 1-3-12 钢筋混凝土面板堆石坝

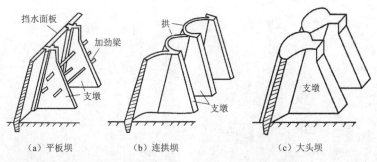

（a）平板坝　　　　　（b）连拱坝　　　　　（c）大头坝

图 1-3-13　支墩坝的形式

（a）江苏省溧阳市平桥石坝（浆砌石连拱坝）

（b）安徽省金寨县梅山水库支墩坝

图 1-3-14　支墩坝

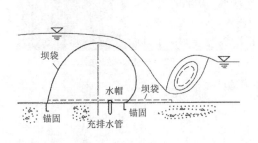

（a）橡胶坝示意图

（b）石阡县老大桥河道综合治理工程橡胶坝

图 1-3-15　橡胶坝

六、翻板坝

　　翻板坝也称翻板闸，利用水力和挡水坝（面板）重量相互制衡，通过增设阻尼反馈系统来达到调控水位的目的；若上游水位升高，则面板绕"横轴"逐渐开启泄流；反之，上游水位下降，则面板逐渐蓄水，使上游水位始终保持在设计要求的范围内，如图1-3-16所示。

　　翻板坝适用于上下游水位差较小，对水位控制要求严格的河段。

图 1-3-16 南明河翻板坝

七、河道堤防

修建在河流两岸的堤防，是防洪工程的重要组成部分，其主要作用是约束水流，抵挡风浪，属于永久性挡水建筑物。它使同等流量的水深增加，流速增大，有利于输水输沙；修堤或造陆，可扩大人类生产生活空间。如图 1-3-17 所示。

（a）遵义花茂村河道治理工程　　　　　　（b）乌当区南明河松溪河段河道治理工程

图 1-3-17 河道堤防

八、闸坝

闸坝是水利工程，由闸和坝组成。闸坝的主要功能包括防洪排涝、拒咸蓄淡、浇灌供水、通航养殖、景观娱乐、生态保护等方面。

在水利工程中，作为工程建筑来说，除堤防外，要算闸坝工程发展最早了。由引水灌溉工程发展起来的无坝引水到有坝引水，在透水地基河床上修建低滚水坝（堰）等。

九、施工围堰

施工围堰是保护大坝、厂房等水工建筑物在干地条件下施工的挡水建筑物，一般属临时性工程，但也常与主体工程结合而成为久性工程的一部分。按填筑材料不同，施工围堰可分为土石围堰、混凝土围堰、草土围堰、木笼围堰、竹笼围堰、钢板桩格形围堰等；按与水流方向的相对位置，施工可分横向、纵向围堰；按导流期间基坑是否允许被淹没，施工可分为过水围堰、不过水围堰等。过水围堰除需要满足一般堰的基本要求外，还要满足顶过水的要求。

第三节 泄 水 建 筑 物

泄水建筑物是用以排放水库、湖泊、河渠的多余水量，防止水流决口漫溢以保证挡水建筑物和其他建筑物安全，必要时或为降低库水位乃至放空水库而设置的水工建筑物。泄水建筑物可设于坝身（如溢流坝、坝身泄水孔等），也可设于河岸（如溢洪道、泄洪洞等），是水利枢纽中的重要组成建筑物。设于坝身的泄水建筑物，按其进口高程不同可布置成表孔、中孔、深孔或底孔，其中表孔泄流能力大，运行方便可靠，是溢流坝的主要型式。设于河岸的溢洪道，按地形地质和水流条件可布置成正溢洪道、侧溢洪道、竖井式溢洪道、虹吸式溢洪道和泄洪道等。

一、溢流坝

溢流坝亦称滚水坝、溢流堰，是通过坝顶把水流泄往下游的过水坝。溢流坝一般由混凝土或浆砌石筑成。坝下常用的消能方式有底流消能、挑流消能、面流消能和消力戽消能等。

按坝型分为溢流重力坝、溢流拱坝、溢流支墩坝和溢流土石坝。后者仅限于溢流面和坝脚有可靠防护设施、单宽流量比较小的低坝。

（一）溢流重力坝

溢流重力坝既能挡水，又能通过坝顶泄水，所以它既是挡水建筑物，也是泄水建筑物。

溢流重力坝的泄水方式有堰顶溢流式和设有胸墙的大孔口溢流式两种。如图 1-3-18 所示。

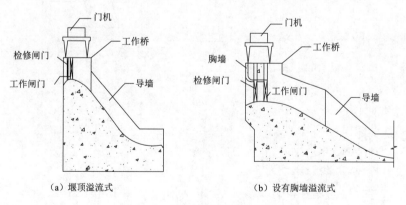

（a）堰顶溢流式　　　　　　　（b）设有胸墙溢流式

图 1-3-18　溢流坝的泄水方式

（二）溢流拱坝

拱坝枢纽中的泄水建筑物可以布置在坝体以外，也可与坝体结合在一起。通过拱坝坝身的泄水方式可以归纳为自由跌流式、鼻坎挑流式、滑雪道式及坝身泄水孔式等，如图 1-3-19～图 1-3-21 所示。

（a）索风营大坝堰顶溢流　　　　　　　　　　（b）毕节市倒天河水库胸墙溢流堰

图 1-3-19　溢流重力坝的泄水实景图

（三）土石坝溢洪道

土石坝溢洪道主要为河岸溢洪道。河岸溢洪道是修建在河道岸边，用于主要或辅助排泄水库的多余水量、必要时放空水以及施工期用于施工导流，以满足安全和其他要求的建筑物。

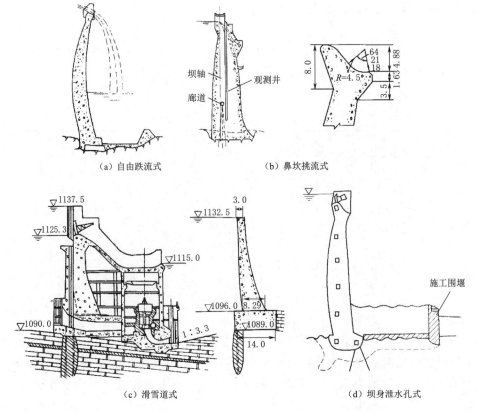

（a）自由跌流式　　　　　　　　　　（b）鼻坎挑流式

（c）滑雪道式　　　　　　　　　　（d）坝身泄水孔式

图 1-3-20　拱坝泄流方式

（a）金沙文家桥大坝自由跌流

（b）贵阳市渔洞峡水库鼻坎挑流

（c）修文窄巷口水电站大坝滑雪道

（d）清水河大花水水电站大坝坝身泄水孔

图1-3-21　典型拱坝泄流方式

河岸溢洪道主要有正槽式、侧槽式、井式、虹吸式四种。

1. 正槽式溢洪道

正槽式溢洪道是由面向水库上游的溢流控制堰控制水流的坝外溢洪道。蓄水时控制坎（其上有闸门或无闸门）与拦河坝一起组成挡水前缘，泄洪时堰顶高程以上的水由堰顶溢流而下。这种溢洪道的泄槽轴线与溢流堰轴线垂直（与过堰水流方向一致），过堰水流平顺稳定，如图1-3-22所示。

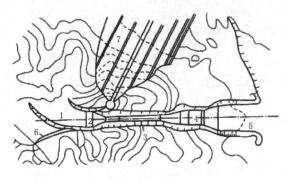

（a）正槽式溢洪道示意图

（b）夹岩水库正槽式溢洪道

图1-3-22　正槽式溢洪道

2. 侧槽式溢洪道

当布置正槽式溢洪道会导致巨大开挖量时，可考布置侧槽式溢洪道。槽式溢洪道一般由溢流堰、侧槽、泄水道和出口消能段等部分组成。与正槽式不同的是控制堰轴线大致顺河岸等高线布置，水流过堰后流向急转下泄的溢洪道。一般布置方式是水流自水库溢过侧堰，进入与堰轴线几乎平行的侧槽内，流向平面上急转约 $90°$，再经紧接侧槽的陡坡泄槽以及消力池等消能工流入尾水渠，与下游河道衔接，如图 1-3-23 所示。

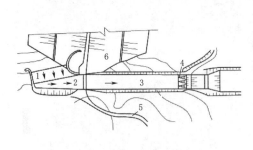

（a）侧槽式溢洪道示意图　　　　　　（b）织金县大新桥水库侧槽式溢洪道

图 1-3-23　侧槽式溢洪道

1—溢流堰；2—侧槽；3—泄水槽；4—出口消能段；5—上坝公路；6—土石坝

3. 井式溢洪道

井式溢洪道主要由溢流喇叭口、渐变段、竖井、弯道段、泄水隧洞和出口消能段等部分组成，如图 1-3-24 所示。

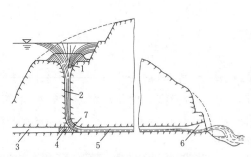

图 1-3-24　井式溢洪道

1—喇叭口；2—竖井；3—导流隧洞；4—混凝土塞；5—泄洪隧洞；6—出口段；7—弯道段

4. 虹吸式溢洪道

虹吸式溢洪道是一种利用虹吸原理将水流泄往下游的封闭式溢洪道，封闭式进口的前沿低于溢流堰顶，该型式溢洪道通常包括进口（遮）、虹吸管、具有自动加速发生虹吸作用和停止虹吸作用的辅助设备、泄槽及下游消能设备，如图 1-3-25 所示。

二、坝身泄水孔

坝身泄水孔（含排漂孔）是位于水库水面以下的坝身泄水孔道，包括进口段、孔身段和出口段。按孔内流态不同，分为有压泄水孔和无泄水孔。按其高程分，有中孔和底孔，中孔位置较高，除可供给下游用水外，常用作泄洪底孔位置较低，由进水口、孔身段和出口消能段组成，用以调洪预泄和放空水库，或供给下游用水或辅助泄洪及排沙，甚至兼作施工导流。如图1-3-26所示。

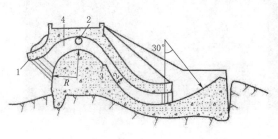

图1-3-25　虹吸式溢洪道
1—遮檐；2—通气孔；3—挑流坎；4—曲管

图1-3-26　坝身泄水孔实景图
[构皮滩水电站大坝底孔导（溢）流]

三、泄洪隧洞（含冲砂排沙洞）

由于地形条件的限制，且当泄量较大、布置坝身泄水建筑物泄量不够或挡水建筑物为土石坝、设岸边溢洪道有困难时，可采用在山体内开挖洞室（即泄洪洞）的方法宣泄水库多余水量，如图1-3-27和图1-3-28所示。根据洞内流态，泄洪隧洞可分为有压泄洪隧洞和无压泄洪隧洞。有压泄洪隧洞正常运行时洞内满流；无压泄洪隧洞正常运行时洞身横断面不完全充水，存在与大气接触的自由水面，故亦称明流。

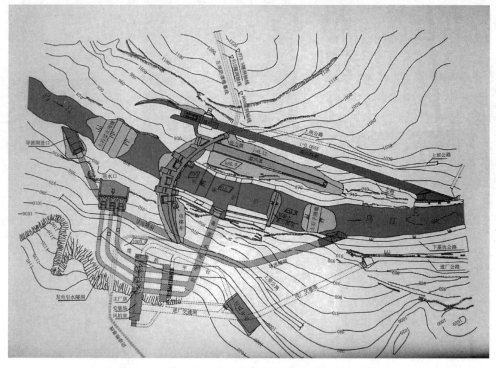

图1-3-27　乌江东风水电站枢纽平面布置示意图

（a）乌江东风水电站左岸泄洪隧洞　　　　　　　（b）三板溪水电站左岸泄洪隧洞

图 1-3-28　水电站泄洪隧洞

泄洪洞是地下建筑物，其设计、建造和运行条件与承担类似任务的建于地面的水工建筑物相比，应注意地质条件、荷载特性、水流条件、施工作业以及运行排沙等方面的要求。

四、泄洪建筑物消能防冲

泄水建筑物的下泄水流具有较大的能量，对河床会产生强烈的冲刷。下游消能防冲常是泄水建筑物设计要解决的主要问题。

溢流坝坝趾、溢洪道泄槽末端以及各种泄水孔洞出口处明流的常用消能方式有底流水跃消能、挑流消能、面流消能等几类，但某些特殊水流条件下要考虑采用特殊消能方式或兼用两种联合消能方式。

第四节　水闸及进水建筑物

一、水闸

水闸是一种利用闸门挡水和泄水的低水头水工建筑物，多建于河道、渠系及水库、湖泊岸边。关闭闸门，可以拦洪、挡潮、抬高水位以满足上游引水和通航的需要；开启闸门，可以泄洪、排涝、冲砂或根据下游用水需要调节流量。水闸在水利工程中的应用十分广泛，如图 1-3-29 所示。

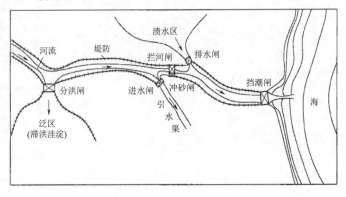

图 1-3-29　水闸分类及布置示意图

（一）水闸类型

水闸是控制水位和调节流量的低水头水工建筑物，具有挡水和泄水双重作用。水闸可按照其功能作用好结构形式划分类型。

1. 水闸按其所承担的主要任务分类

水闸按其所承担的主要任务，可分为进水闸、节制闸、冲砂闸、分洪闸、排水闸和挡潮闸等。

（1）进水闸（取水闸）。进水闸（取水闸）建在天然河道、水库、湖泊的岸边及渠道的首部，用于引水流量，以满足发电或供水的需要。

（2）节制闸。拦河或在渠道上建造，用于拦洪、调节水位以满足上游引水或航运的需要，控制下泄流量，保证下游河道安全或根据下游用水需要调节放水流量。位于河道上的节制闸也称为拦河闸。

（3）冲砂闸（排砂闸）。冲砂闸（排砂闸）多建在多泥沙河上的引水枢纽处或渠道系中布置有节制闸的分水枢纽处及沉沙池的末端，用于排除泥沙，一般与节制闸并排布置。

（4）分洪闸。分洪闸建在天然河道的一侧，用于将超过下游河道安全泄量的洪水泄入湖泊、洼地等抗洪区，以削减洪峰保证下游河道的安全。

（5）排水闸。排水闸建在江河沿岸排水渠道的出口处，以排除其附近低洼地区的积水，当外河水位高时，关闸以防河水倒灌。排水闸具有闸底板高程较低，且受双向水头作用的特点。

（6）挡潮闸。挡潮闸建在入海河口附近，涨潮时关闸，防止海水倒灌；退潮时开放水。挡潮闸也具有双向承受水头作用的特点，且操作频繁。

2. 水闸按闸室的结构型式分类

水闸按闸室结构型式，可分为开敞式和涵洞（封闭）式，如图1-3-30所示。

（1）开敞式水闸。开敞式水闸闸室上面是露天的、不填土封闭的水闸，可分为无胸墙和有胸墙两种形式，如图1-3-30（a）、（b）所示。

1）无胸墙的开敞式。当闸门全开时，过闸水流通畅，一般在有泄洪、排水、过木等要求时，多采用不带胸墙的开敞式水闸，多用于拦河闸，排水闸等。

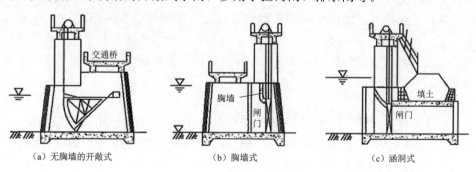

|（a）无胸墙的开敞式|（b）胸墙式|（c）涵洞式|

图1-3-30　水闸闸室结构分类图

2）有胸墙的开敞式。闸室结构基本同上，当上游水位变化大，而下泄流量又有限制时，为了减少闸门和工作桥的高度或为控制下泄单宽流量而设胸墙以代替部分闸门挡水，挡潮闸、进水闸、泄水闸常用这种形式。

（2）涵洞式水闸。闸（洞）身上面填土，闸室结构为封闭的涵洞，又称为封闭式水闸。在进口或出口设闸门，洞顶填土与闸两侧堤顶平接即可作为路基，而不需要另设交通桥。此类水闸多用于穿堤引（排）水，排水闸多用这种形式，如图 1-3-30（c）所示。

3. 按最大过闸流量分类

流量大于 5000m³/s 为大（1）型，流量 1000～5000m³/s 为大（2）型，流量 100～1000m³/s 为中型，流量 20～100m³/s 为小（1）型，流量小于 20m³/s 为小（2）型。

（二）水闸的组成

水闸一般由上游连接段、闸室和下游连接段三部分组成，如图 1-3-31 所示。

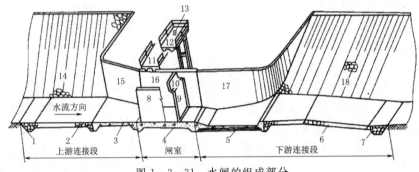

图 1-3-31 水闸的组成部分

1—上游防冲槽；2—上游护底；3—铺盖；4—底板；5—护坦（消力池）；6—海漫；7—下游防冲槽；
8—闸墩；9—闸门；10—胸墙；11—交通桥；12—工作桥；13—启闭机；14—上游护坡；
15—上游翼墙；16—边墩；17—下游翼墙；18—下游护坡

1. 上游连接段

上游连接段一般由上游防冲槽、护坦、铺盖、上游护坡和两岸翼墙等部分组成，用以引导水流平顺地进入闸室，保护两岸及河床免遭冲刷，并与闸室等共同构成防渗地下轮廓，确保在渗透水流作用下两岸和闸基的抗渗稳定性。

2. 闸室

闸室是水闸的主体，包括闸门、闸墩、边墩（岸墙）、底板、胸墙、工作桥、检修便桥、交通桥、启闭机等。闸门用来挡水和控制流量。闸墩用以分隔闸孔和支撑闸门、胸墙、工作桥、交通桥、检修便桥。底板是闸室的基础，用以将闸室上部结构的重量及荷载传至地基，并兼有防渗和防冲的作用。工作桥、交通桥和检修便桥用来安装启闭设备、操作闸门和联系两岸交通。

3. 下游连接段

下游连接段包括护坦、海漫、防冲槽以及两岸的翼墙和护坡等。用以消除过闸水流的剩余能量，引导出闸水流均匀扩散，调整流速分布和减缓流速，防止水流出闸后对下游的冲刷。

典型工程的水闸如图 1-3-32 所示。

二、进水建筑物

在水利水电工程中，为了从天然河道或水库中取水而修建的专门水工建筑物，称为进水建筑物，简称进水口，其主要是为引进符合发电要求的用水。进水口也可以修建成综合利用的形式，如发电灌溉或发电泄洪功用的进水口。按水流流态，进水口可分为有压进水

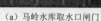

（a）马岭水库取水口闸门　　　　　　　　　　（b）马岭水库溢流堰闸门

图 1-3-32　典型工程的水闸

口和无压进水口。

（一）有压进水口

有压进水口的类型主要取决于水电站的开发和运行方式、引用流量、枢纽布置要求以及地形地质条件等因素，可分为岸塔式、塔式、竖井式、坝式四种主要类型。

1. 岸塔式进水口

岸塔式进水口的进口段和闸门段均布置在山体之外，形成一个紧靠在山岩土的墙式建筑物，如图 1-3-33 所示。

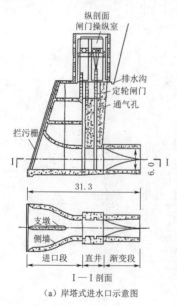

（a）岸塔式进水口示意图　　　　　　　　　　（b）洪家渡水电站进水口

图 1-3-33　岸塔式进水口

2. 塔式进水口

塔式进水口的进口段和闸门段组成一个竖立于水库边的塔式结构，通过工作桥与岸边相连，如图 1-3-34 所示。

3. 竖井式进水口

竖井式进水口的进口段和闸门井均从山体中开凿而成，如图 1-3-35 所示。进口段开挖成喇叭形，以使入水流平顺。闸门段经渐变段与引水隧洞衔接。

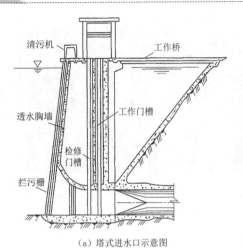

（a）塔式进水口示意图

（b）马岭水库塔式进水口

图 1-3-34 塔式进水口

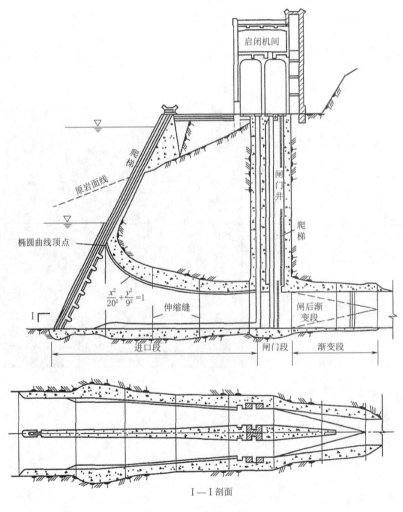

I—I 剖面

图 1-3-35 竖井式进水口

4. 坝式进水口

坝式进水口的基本特征是进水口依附在坝体上，进口段和闸门段常合二为一，布置紧凑，如图 1-3-36 所示。

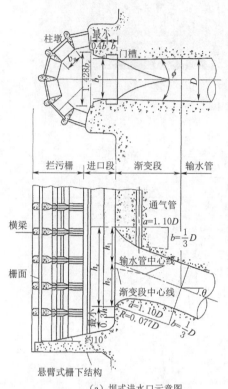

（a）坝式进水口示意图　　　　　　　（b）沙沱水电站坝式进水口

图 1-3-36　坝式进水口

（二）无压进水口

无压进水口也称开敞式进水口，一般适用于无压引水式电站或者灌溉等供水工程。其特点是进水口水流为无压流，如图 1-3-37 所示。从枢纽组成来说，无压进水口分为有坝进水口和无坝进水口两种。当水电站的引用流量占河流流量的一小部分时，在河流上可不建坝。这种取水方式称为无坝取水。如果电站的引用流量占河流流量的较大部分，或者需要拦蓄一部分水量进行日调节时，就要在河流上建造低坝，这种取水方式称为有坝取水。由于无坝进水口只能引用河道流量的一部分，不能充分利用河流资源，故较少采用。

组成开敞式进水口的建筑物一般有坝（拦河闸）、进水闸、冲砂闸及沉沙池等，如图 1-3-38 所示。

开敞式进水口的主体进水建筑物是开敞式水闸，以及为满足进水要求的挡水建筑物、冲砂建筑物、拦污拦冰建筑物等，如图 1-3-39 所示。

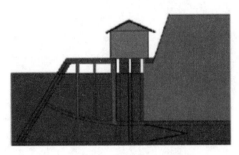
（a）无压进水口示意图

（b）渔洞峡水库分层进水口

图 1-3-37 无压进水口

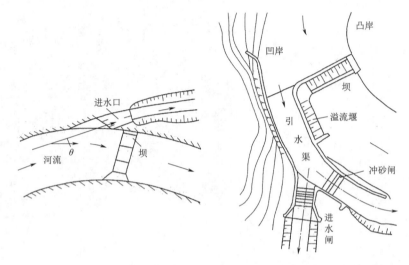

图 1-3-38 开敞式有坝进水口

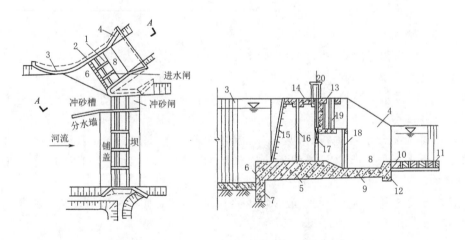

图 1-3-39 设有冲砂槽的进水口布置图

1—闸墩；2—边墩；3—上游翼墙；4—下游翼墙；5—闸底板；6—拦砂坎；7—截水墙；8—消力池；
9—护坦；10—穿孔混凝土板；11—乱石海漫；12—齿墙；13—胸墙；14—工作桥；15—拦污栅；
16—检修门；17—工作闸门；18—下游检修门；19—下游闸板存放槽；20—启闭机

第五节 输 水 建 筑 物

输水建筑物是把水从取水处送到用水处的建筑物,实际上它和取水建筑物是不可分割的。

输水建筑物可以按结构型式分为开敞式和封闭式两类,也可按水流形态分为无压输水和有压输水两种。最常用的开敞式输水建筑物是渠道,自然它只能是无压明流。封闭式输水建筑物有隧洞及各种管道(埋于坝内的或者露天的),既可以是有压的,也可以是无压的。

输水建筑物除应满足安全、可靠、经济等一般要求外,还应保证足够大的输水能力和尽可能小的水头损失。

一、明流输水建筑物

明流输水建筑物有多种用途,包括供水、灌溉、发电、通航、排水、过鱼、综合等,按其水流流态有稳定与不稳定之分;按其结构型式有渠道、渡槽、输水涵洞、水工隧洞、输水管道、倒虹吸管等多种形式。

(一)渠道

渠道是明流输水建筑物中最常用的一种,渠道是在地面上开挖或填筑的输送无压水流的通道,如图 1-3-40 和图 1-3-41 所示。

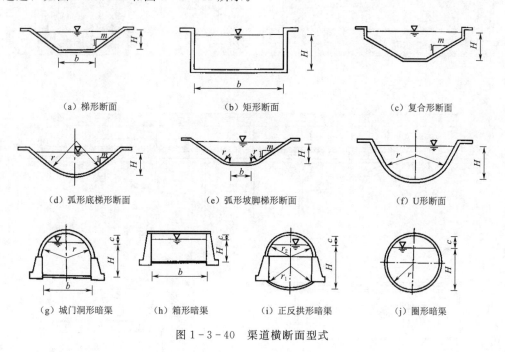

(a)梯形断面	(b)矩形断面	(c)复合形断面
(d)弧形底梯形断面	(e)弧形坡脚梯形断面	(f)U形断面
(g)城门洞形暗渠	(h)箱形暗渠	(i)正反拱形暗渠	(j)圈形暗渠

图 1-3-40 渠道横断面型式

(二)渡槽

渡槽是渠道跨越山谷、河流、道路等的架空输水建筑物。渡槽一般由槽身、支承结构、基础及进出口建筑物组成。渡槽常见的形式为梁式和拱式,如图 1-3-42 和图 1-3-43

所示。槽身断面形式有矩形断面、梯形断面及 U 形断面，贵州典型渡槽如图 1-3-44 所示。

图 1-3-41 贵州典型渠道

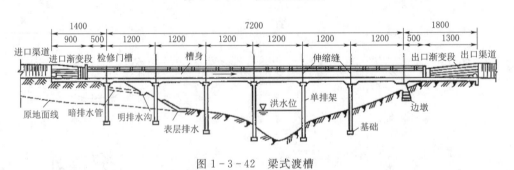

图 1-3-42 梁式渡槽

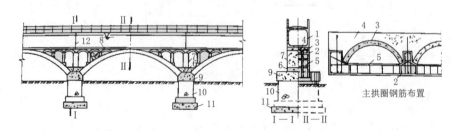

图 1-3-43 拱式渡槽

（a）菜子冲渡槽

（b）桂松干渠大坡渡槽

（c）青年队渡槽

（d）龙场渡槽

图 1-3-44　贵州典型渡槽

（三）输水涵洞

当渠道跨越公路、渠道、沟谷等时，为顺利过水而不影响公路交通、交叉渠道过水、沟谷泄洪等而采用的埋在公路、渠道等下面的过水通道，称为过水涵洞。

涵洞主要由进出段、洞身、基础和翼墙等组成，常用砖、石、混凝土和钢筋混凝土等材料筑成。一般孔径较小，形状有管形、箱形及拱形等，当涵洞有自由水面时为无压流涵洞，如图 1-3-45 所示。

图 1-3-45　输水涵洞

二、有压输水建筑物

（一）水工隧洞

水工隧洞是在山体中或地下开凿的、具有封闭断面的过水通道，典型水工隧洞如图

1-3-46 所示。通过的水流无自由水面为有压流。断面形式有圆形、圆拱直墙形、马蹄形、蛋形等形式，如图 1-3-47 所示。

（a）索风营地下隧洞

（b）天生桥水电站引水隧洞

图 1-3-46 典型水工隧洞

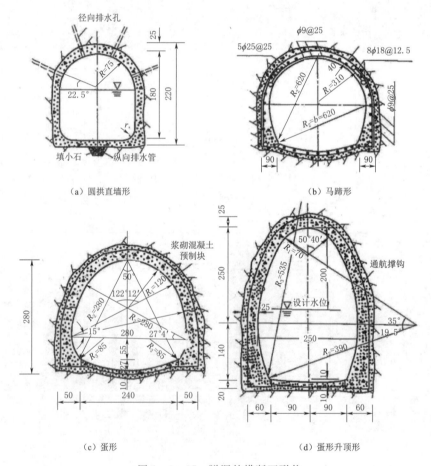

（a）圆拱直墙形

（b）马蹄形

（c）蛋形

（d）蛋形升顶形

图 1-3-47 隧洞的横断面形状

（二）输水管道

输水管道是从水库、调压室、前池向水轮机、自来水厂、农田或由水泵向高处送水，以及埋设在土石坝坝体底部、地面下或露天设置的过水管道，如图1-3-48所示。通过的水流一般为有压水流。管道一般采用钢管、塑料管或钢筋混凝土管。

（a）毕大泵站提水管道   （b）三穗县塘冲水库输水管道

图1-3-48 输水管道

（三）倒虹吸管

倒虹吸管也属于交叉建筑物，它是指设置在渠道与河流、山川、谷地、道路等相交叉处的压力输水管道，其管道特点是两端与渠道相接，而中间向下弯曲。常用钢筋混凝土及预应力钢筋混凝土材料制成，也有用混凝土、钢管制成，主要根据承压水头、管径和材料供应情况选用。倒虹吸管由进口段、管身段、出口段三部分组成。

倒虹吸管根据高差可采用竖井式、斜管式、曲线式、桥式等，如图1-3-49所示。工程典型倒虹吸管如图1-3-50所示。

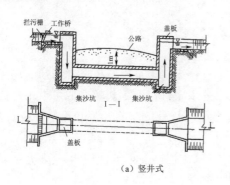

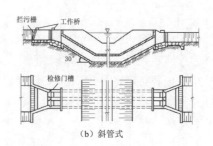

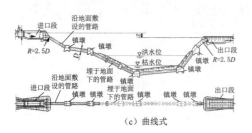

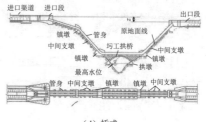

（a）竖井式   （b）斜管式

（c）曲线式   （d）桥式

图1-3-49 倒虹吸管

(a) 白甫河倒虹管（倒虹管桥施工）

(b) 乌箐河倒虹管

(c) 普定县黔中水利枢纽工程总干渠古家寨倒虹管

(d) 乌箐河倒虹右侧斜坡段球墨铸铁管

图 1-3-50　典型倒虹吸管

第六节　厂区建筑物

水电站厂区是水能转变为电能的生产场所，也是运行人员进行生产和活动的场所。其任务是通过一系列的工程措施，将水流平顺地引进水轮机，使水能转变成可供用户使用的电能，并将各种必需的机电设备安置在恰当的位置，创造良好的安装、检修及运行条件，为运行人员提供良好的工作环境。

水电站厂房是水工建筑物、机械及电气设备的综合体，如图 1-3-51 所示。一般由主厂房、副厂房、主变压器场、高压开关站四大部分组成。

水电站厂区枢纽建筑物一般由水电站主厂房、副厂房、主变压器场和高压开关站及厂区交通等组成，一般称为厂区枢纽。厂区是完成发电、变电和配电的主体。

一、主厂房

主厂房系指用来安装水轮发电机组及各种辅助设备的房间，是水电站厂房的主要组成部分，如图 1-3-52 所示。

按照水电站特征，主厂房可分为引水式厂房、坝后式厂房、河床式厂房，如图 1-3-53 所示。按机组主轴布置方式分立式机组厂房、卧式机组厂房。

立式机组厂房一般由发电机层、水轮机层、蜗壳尾水管层组成。

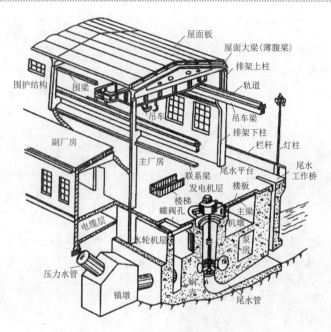

图 1-3-51 水电站厂房整体示意图

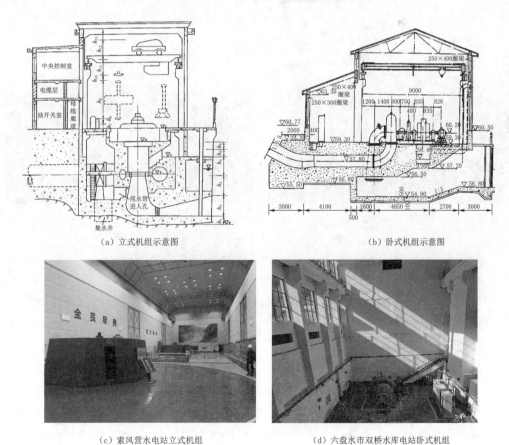

（a）立式机组示意图 　　　　（b）卧式机组示意图

（c）索风营水电站立式机组 　　（d）六盘水市双桥水库电站卧式机组

图 1-3-52 水电站主厂房

二、副厂房

副厂房是设置机电设备运行、控制、试验、管理和运行管理人员工作及生活的厂房建筑。副厂房布置包括中央控制室、集缆室、继电保护室、通信室、开关室、母线廊道、厂用电设备室、电气实验室、值班调度室、办公室和生活用房等，如图1-3-54所示。

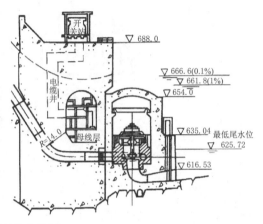

（a）乌江渡水电站坝后式厂房

（b）沙沱水电站河床式厂房

（c）天生桥二级水电站引水式厂房

图1-3-53 典型水电站主厂房

三、主变压器场

安装升压变压器的地方称为主变压器场。水电站发出的电能经主变压器升压后，再经输电线路送给用户，如图1-3-55所示。

四、高压开关站

安装高压配电装置的地方称为开关站。为了按需要分配功率及保证正常工作和检修，发电机和变压器之间以及变压器与输电线路之间有不同电压的配电装置。发电机侧（低压侧）的配电装置通常设在厂房内，而其高压侧的配电装置一般在户外，称为高压开关站。开关站装设高压开关、高压母线和保护设施，高压输电线由此将电能送给电网和用户，如图1-3-56所示。

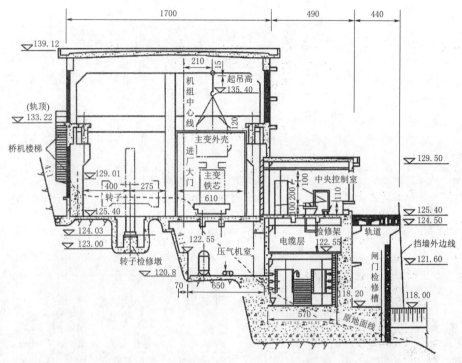

图 1-3-54 水电站副厂房布置图（单位：高程，m；尺寸，cm）

（a）马岭水库发电厂主变器

（b）贞丰县大地水力发电厂变压器

图 1-3-55 主变压器场

（a）马岭水库高压开关站

（b）安顺市关脚电站开关站

图 1-3-56 高压开关站

第七节 泵 站 建 筑 物

泵站是指由机电设备、建筑设施和管道部分等构成,将水由低处抽提至高处的综合体。泵站工程按功能的不同,可分为灌溉泵站、排涝泵站、排灌结合泵站、城镇给水泵站以及工业给水泵站、城镇排水泵站以及工业排水泵站、农村集中供水泵站、加压泵站、跨流域调水泵站、蓄能泵站等。不同类型的泵站,其布置形式也不同,其中灌溉泵站、排涝泵站、排灌结合泵站是水利工程最常用的泵站。

机电设备主要为水泵和动力机(通常为电动机和柴油机),辅助设备包括充水、供水、排水、通风、压缩空气、供油、起重、照明和防火等设备。建筑设施包括进出水建筑物、泵房、变电站和管理用房等,如图 1-3-57 所示。

(a)马岭水库泵站

(b)六盘水市双桥水库一级泵站主厂房

(c)缆车型泵房

(d)浮船型泵房

图 1-3-57 典型水泵站

进出水建筑物主要有引水渠、前池、进水池、进水流道、出水流道和出水池等。水泵站的管道包括进水管和出水管(分别代替大型泵站的进水流道和出水流道)。

根据动力分为电力泵站、机动泵站、水轮泵站、风力泵站、太阳能泵站。

根据所使用的水泵的类型分为离心泵站、轴流泵站、混流泵站。

泵房根据其是否可以移动分为固定式和移动式两大类。固定式泵房又可根据所采用的基础结构型式的不同,通常分为分基型、干室型、湿室型、块基型四种;移动式泵房分为浮船型及缆车型两种。

第八节　供水建筑物

集中式供水工程指为满足城镇居民生活和企业生产用水，在适当地点修建的永久性供水工程，是从水源集中取水，在自来水厂经净化和消毒，水质达到饮用水标准后，利用输配水管网统一送到用户或集中供水点的供水工程，如图1-3-58所示。

（a）织金县城供水厂　　　　　　　　　　　　（b）桐梓县管仓水厂

图1-3-58　自来水厂（集中）

自来水厂一般由取水工程、反应池、沉淀池、滤池、清水池、输配水管网等部分组成。

对于农村地区，以户为单位和联户建设的供水工程为分散式供水工程。分散式供水从水源取水后，仅通过简单处理（沉淀或加药）就直接供水给用户，如图1-3-59所示。

图1-3-59　望谟县农村安全饮水（分散）

第九节　过坝建筑物

河流是天然的水道，在河道上修建拦河闸和大坝后，往往会加大上游水深，改善上游航行条件，扩大了水产养殖水域，但同时大坝截断了河流并形成了集中的上下游水位差，阻碍了船舶通航、木材流放和鱼类洄游生长。因此，必须在筑坝、建闸的同时，根据实际运用需要，在水利枢纽中设置过船、过木、过鱼的专门水工建筑物，这些统称过坝建筑物。

过坝建筑物根据其用途，大致可分为通航建筑物、过木建筑物和过鱼建筑物等三类。

一、通航建筑物

（一）船闸

船闸是用以保证船舶顺利通过航道上集中水位落差的厢形水工建筑物。通船能力大，安全可靠。船闸由闸室、上下游闸首、上下游引航道等三部分组成，如图1-3-60所示。

闸室按级数可分为单级船闸和多级船闸。单级船闸只建有一级闸室，多级船闸是建有两级以上闸室的船闸，如图1-3-61所示。

船闸按船闸线数可分为单线船闸和多线船闸。单线船闸是在一个枢纽中只建有一条通航线路的船闸。多线船闸即在一个枢纽中建有两条或两条以上通航线路的船闸。

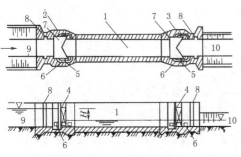

图1-3-60 船闸示意图

1—闸室；2—上游闸首；3—下游闸首；4—闸门；
5—阀门；6—输水廊道；7—门龛；8—检修门槽；
9—上游引航道；10—下游引航道

（二）升船机

升船机是将船提升过坝的机械结构系统。升船机一般由承船厢、垂直支架或斜坡槽、闸首、机械传动机构、事故装置和电气控制系统等几部分组成。

按承船厢的运行线路，一般可分为垂直升船机和斜面升船机，如图1-3-62和图1-3-63所示。

（a）构皮滩水电站升船机船闸　　　　（b）沙沱水电站升船机船闸

图1-3-61 水电站船闸

二、过鱼建筑物

在河道中兴建水利枢纽后为库区养殖提供了有利条件，同时也使鱼类生活的水域生态环境发生了变化，给渔业生产带来了不利影响。为此，需要在水利枢纽中修建过鱼建筑

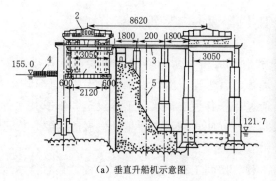

（a）垂直升船机示意图

（b）构皮滩水电站升船机

图1-3-62　垂直升船机

1—船厢；2—桥式提升机；3—轨道；4—浮堤；5—坝轴线

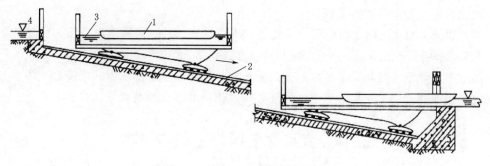

图1-3-63　斜面升船机示意图

1—船只；2—轨道；3—承船厢；4—上闸首

物，以作为鱼类洄游路线的一项通道。

枢纽中的过鱼建筑物主要包括鱼道、鱼闸、升鱼机等，其中以鱼道最为常用。

鱼道是最早采用的一种过鱼建筑物，适用于低水头水利枢纽。鱼道由进口、槽身、出口及诱鱼补给水系统等组成。鱼道按其结构型式有斜槽式、水池式和隔板式等三类。

第十节　冲沉沙池建筑物

一、沉沙池

沉沙池是用于将水流中的泥沙沉积下来，保证取水（引水）枢纽对水质泥沙要求的建筑物。

沉沙池一般由池身，进水闸、溢流坎、冲砂闸（管）等建筑物组成。

二、冲砂建筑物

冲砂建筑物是用于将水库库区、进水闸前、压力前池内或沉沙池内等淤积的泥沙排往下游，防止泥沙淤积或保证进水要求的建筑物。常用的有冲砂闸、冲砂孔或冲砂管等。

冲砂建筑物一般与进水建筑物紧密结合布置。

第十一节 农田水利工程

农田水利工程主要是指为解决耕地灌溉和农村人畜饮水而修建的田间灌溉和排水工程、小型灌区、抗旱水源工程、小型水库、塘坝、蓄水池、水窖、水井、引水工程和中小型泵站等。小型农田水利工程的基本任务是通过兴修各种农田水利工程设施和采取其他各种措施，调节和改良农田水分状况和地区水利条件，使之满足农业生产发展的需要，促进农业的稳产高产，以及解决农村人畜安全饮水等。

农田水利工程主要包括水源工程、渠道工程、田间工程、高效节水工程、具有排水服务的河道工程等。

田间工程通常指最末一级固定渠道（农渠）和固定沟道（农沟）之间的条田范围内的临时渠道、排水小沟、田间道路、稻田的格田和田埂、旱地的灌水畦和灌水沟、小型建筑物以及土地平整等农田建设工程。

做好田间工程是进行合理灌溉、提高灌水工作效率、及时排除地面径流和控制地下水位、充分发挥灌排工程效益、实现旱涝保收，建设高产、优质、高效农业的基本建设工程。

高效节水灌溉是对除渠道输水和地表漫灌之外所有输水、灌水方式的统称。灌水方式则在地表漫灌的基础上发展为喷灌、滴灌，以及喷灌与滴灌相结合等。

第十二节 水土保持工程建筑物

水土保持工程是利用工程措施拦截、调蓄水流，防护边坡稳定，防止水土流失，保护、改良、合理利用水土资源等的综合治理工程体系。

水土保持工程包括生产类工程、生态类工程两大部分。

一、生产类工程

生产类工程指为减轻或避免因开发建设造成植被破坏和水土流失而兴建的永久性水土保持工程，包括拦渣坝工程、拦渣墙工程、防洪排导工程、边坡防护工程等。如图 1-3-64 所示。

（a）拦渣坝工程　　　　　　　　　　　　　（b）拦渣墙工程

图 1-3-64（一）　生产类工程

（c）防洪排导工程

（d）边坡防护工程

图 1-3-64（二） 生产类工程

二、生态类工程

生态类工程指主要为了生态保护而修建的蓄水池工程、梯田工程、小流域工程、水窖工程、淤地坝工程、引水工程、治沟骨干工程、机械固沙工程等。

第四章　工程等别及水工建筑物级别

不同的水利工程，在社会经济中的重要性和对社会经济的影响程度不同。为了使工程的安全可靠性与其造价的经济合理性适当统一起来，水利枢纽及其组成的水工建筑物要分等级，即先按工程的规模、效益和在经济社会中的重要性，将水利枢纽分等，然后再对工程中各组成建筑物按其所属枢纽等别、建筑物作用及重要性进行分级，枢纽工程、建筑物的等级不同，对其规划、设计、施工、运行管理的要求也不同，等级越高者要求也越高。这样，就把工程的安全性、经济性和重要性科学合理地结合起来。

水利枢纽工程的分等和水工建筑物的分级，有利于使建筑物的安全性、可靠性与其在社会经济中的重要性相称；有利于选取和确定工程抗御灾害的能力，如洪水标准；有利于确定建筑物设计的强度与稳定计算的安全系数；有利于选取建筑材料的品质；有利于确定运行的可靠性，使工程达到既安全又经济的目的。

第一节　工　程　等　别

一、水利水电工程等别划分

水利水电工程等级划分，既关系工程自身的安全，也关系到下游人民生命财产安全，对工程效益的正常发挥、工程造价和建设速度有直接影响。根据现行规范《水利水电工程等级划分及洪水标准》（SL 252—2017），水利水电工程的等别，应根据其工程规模、效益和在经济社会中的重要性划分为五等，按表1-4-1确定。

表1-4-1　　　　　　　　　　水利水电工程分等指标

| 工程等别 | 工程规模 | 水库总库容 /10^8m³ | 防洪 | | | 治涝 | 灌溉 | | 供水 | 发电 |
			保护人口 /10^4人	保护农田面积 /10^4亩	保护区当量经济规模 /10^4人	治涝面积 /10^4亩	灌溉面积 /10^4亩	供水对象重要性	年引水量 /10^8m³	发电装机容量 /MW
Ⅰ	大（1）型	≥10	≥150	≥500	≥300	≥200	≥150	特别重要	≥10	≥1200
Ⅱ	大（2）型	<10, ≥1.0	<150, ≥50	<500, ≥100	<300, ≥100	<200, ≥60	<150, ≥50	重要	<10, ≥3	<1200, ≥300
Ⅲ	中型	<1.0, ≥0.10	<50, ≥20	<100, ≥30	<100, ≥40	<60, ≥15	<50, ≥5	中等	<3, ≥1	<300, ≥50

续表

| 工程等别 | 工程规模 | 水库总库容 /$10^8 m^3$ | 防洪 | | | 治涝 | | 灌溉 | 供水 | 发电 |
			保护人口 /10^4人	保护农田面积 /10^4亩	保护区当量经济规模 /10^4人	治涝面积 /10^4亩	灌溉面积 /10^4亩	供水对象重要性	年引水量 /$10^8 m^3$	发电装机容量 /MW
Ⅳ	小（1）型	<0.1, ≥0.01	<20, ≥5	<30, ≥5	<40, ≥10	<15, ≥3	<5, ≥0.5	一般	<1, ≥0.3	<50, ≥10
Ⅴ	小（2）型	<0.01, ≥0.001	<5	<5	<10	<3	<0.5		<0.3	<10

注　1. 水库总库容指水库最高水位以下的净库容；治涝面积指设计治涝面积；灌溉面积指设计灌溉面积；年引水量是指供水工程渠首设计年均引（取）水量。

　　2. 保护区当量经济规模指标仅限于城市保护区；防洪、供水中的多项指标满足1项即可。

　　3. 按供水对象的重要性确定工程等别时，该工程应为供水对象的主要水源。

对综合利用的水利水电工程，当按各综合利用项目的分等指标确定的等别不同时，其工程等别应按其中最高等别确定。

二、引水、提水枢纽工程等别划分

（一）引水枢纽工程

根据《灌溉与排水工程设计标准》（GB 50288—2018），引水枢纽工程等别应根据引水设计流量的大小，按表1-4-2确定。

表1-4-2　　　　　　　　　　引水枢纽工程等别

工程等别	规模	设计流量/(m^3/s)
Ⅰ	大（1）型	≥200
Ⅱ	大（2）型	<200，≥50
Ⅲ	中型	<50，≥10
Ⅳ	小（1）型	<10，≥2
Ⅴ	小（2）型	<2

（二）提水枢纽工程

提水枢纽工程等别应根据单站装机流量或者单站装机功率大小，按表1-4-3确定。当按单站装机流量或者单站装机功率分属两个不同工程等别时，应按较高者确定。

表1-4-3　　　　　　　　　　提水枢纽工程等别

工程等别	规模	单站装机流量/(m^2/s)	单站装机功率/MW
Ⅰ	大（1）型	≥200	≥30
Ⅱ	大（2）型	<200，≥50	<30，≥10
Ⅲ	中型	<50，≥10	<10，≥1
Ⅳ	小（1）型	<10，≥2	<1，≥0.1
Ⅴ	小（2）型	<2	<0.1

注　装机系指包括备用机组在内的全部机组。

三、水土保持工程等到划分

水土保持工程包括梯田工程、淤地坝工程、拦沙坝工程、塘坝和滚水坝工程、沟道滩岸防护工程、坡面截排水工程、弃渣场及拦挡工程、土地整治工程、支毛沟治理工程、小型蓄水工程、农业耕作措施、固沙工程、林草工程、封育工程等，其等别划分应符合《水土保持工程设计规范》（GB 51018—2014）相关规定。

第二节　水工建筑物级别

一、一般规定

水工建筑物级别划分的一般规定如下：

（1）水利水电工程永久性水工建筑物的级别，应根据工程的等别或永久性水工建筑物的分级指标综合确定。

（2）综合利用水利水电工程中承担单一功能的单项建筑物的级别，应按其功能、规模确定；承担多项功能的建筑物级别，应按规模指标较高的确定。

（3）失事后损失巨大或影响十分严重的水利水电工程的2～5级主要永久性水工建筑物，经论证并报主管部门批准，建筑物级别可提高一级；水头低、失事后造成损失不大的水利水电工程的1～4级主要永久性水工建筑物，经论证并报主管部门批准，建筑物级别可降低一级。

（4）对2～5级的高填方渠道、大跨度或高排架渡槽、高水头倒虹吸等永久性水工建筑物，经论证后建筑物级别可提高一级，但洪水标准不予提高。

（5）当永久性水工建筑物采用新型结构或其基础的工程地质条件特别复杂时，对2～5级建筑物可提高一级设计，但洪水标准不予提高。

（6）穿越堤防、渠道的永久性水工建筑物的级别，不应低于相应堤防、渠道的级别。

二、永久性水工建筑物级别

1. 水库及水电站工程永久性水工建筑物级别

（1）水库及水电站工程永久性水工建筑物级别，应根据其所在工程的等别和永久性水工建筑物的重要性按照表1-4-4确定。

表 1-4-4　　　　　　　　　　永久性建筑物级别

工程等别	主要建筑物	次要建筑物	工程等别	主要建筑物	次要建筑物
Ⅰ	1	3	Ⅳ	4	5
Ⅱ	2	3	Ⅴ	5	5
Ⅲ	3	4			

（2）水库大坝按表1-4-5规定为2级、3级，如坝高超过表1-4-5规定的指标时，其级别可提高一级，但洪水标准可不提高。

表 1-4-5　　　　　　　　　　水 库 大 坝 提 级 指 标

级别	坝型	坝高/m
2	土石坝	90
	混凝土坝、浆砌石坝	130
3	土石坝	70
	混凝土坝、浆砌石坝	100

（3）水库工程中最大高度超过 200m 的大坝建筑物，其级别应为Ⅰ级，其设计标准应专门研究论证，并报上级主管部门审查批准。

（4）当水电站厂房永久性水工建筑物与水库工程挡水建筑物共同挡水时，其建筑物级别应与挡水建筑物级别一致，并按表 1-4-4 确定。当水电站厂房永久性水工建筑物不承挡水任务、失事后不影响挡水建筑物安全时，其建筑物级别应根据水电站装机容量按表 1-4-6 确定。

表 1-4-6　　　　　　　　水电站厂房永久性水工建筑物级别

发电机装机容量/MW	主要建筑物	次要建筑物	发电机装机容量/MW	主要建筑物	次要建筑物
≥1200	1	3	<50，≥10	4	5
<1200，≥300	2	3	<10	5	5
<300，≥50	3	4			

2. 拦河闸永久性水工建筑物级别

（1）拦河闸永久性水工建筑物的级别，应根据其所属工程的等别按照表 1-4-4 确定。

（2）拦河闸永久性水工建筑物按照表 1-4-4 规定为 2 级、3 级，其校核洪水过闸流量分别大于 5000m³/s、1000m³/s 时，其建筑物级别可提高一级，但洪水标准可不提高。

3. 防洪工程永久性水工建筑物级别

（1）防洪工程中堤防永久性水工建筑物的级别应根据其保护对象的防洪标准按表 1-4-7 确定。当经批准的流域、区域防洪规划另有规定时，应按其规定执行。

表 1-4-7　　　　　　　　　堤防永久性水工建筑物级别

防洪标准/[重现期（年）]	≥100	<100，≥50	<50，≥30	<30，≥20	<20，≥10
堤防级别	1	2	3	4	5

（2）涉及保护堤防的河道整治工程永久性水工建筑物级别，应根据堤防级别并考虑损毁后的影响程度综合确定，但不宜高于其影响的堤防级别。

（3）蓄滞洪区围堤永久性水工建筑物的级别，应根据蓄滞洪区类别、堤防在防洪体系中的地位和堤段具体情况，按批准的流域防洪规划、区域防洪规划的要求确定。

（4）蓄滞洪区安全区的堤防永久性水工建筑物级别宜为 2 级。对于安置人口大于 10 万人的安全区，经论证后堤防永久性水工建筑物级别可提高为 1 级。

（5）分洪道（渠）、分洪与退洪控制闸永久性水工建筑物级别，应不低于所在堤防永久性水工建筑物级别。

4. 治涝、排水工程永久性水工建筑物级别

（1）治涝、排水工程中的排水渠（沟）永久性水工建筑物级别，应根据设计流量按表1-4-8确定。

表1-4-8　　　　　　　排水渠（沟）永久性水工建筑物级别

设计流量/(m³/s)	主要建筑物	次要建筑物	设计流量/(m³/s)	主要建筑物	次要建筑物
≥500	1	3	<50, ≥10	4	5
<500, ≥200	2	3	<10	5	5
<200, ≥50	3	4			

（2）治涝、排水工程中的水闸、渡槽、倒虹吸管、管道、涵洞、隧洞、跌水与陡坡等永久性水工建筑物级别，应根据设计流量按表1-4-9确定。

表1-4-9　　　　　　　排水渠系永久性水工建筑物级别

设计流量/(m³/s)	主要建筑物	次要建筑物	设计流量/(m³/s)	主要建筑物	次要建筑物
≥300	1	3	<20, ≥5	4	5
<300, ≥100	2	3	<5	5	5
<100, ≥20	3	4			

注　设计流量指建筑物所在断面名单设计流量。

（3）治涝、排水工程中的泵站永久性水工建筑物级别，应根据设计流量及装机功率按表1-4-10确定。

表1-4-10　　　　　　　泵站永久性水工建筑物级别

设计流量/(m³/s)	装机功率/MW	主要建筑物	次要建筑物
≥200	≥30	1	3
<200, ≥50	<30, ≥10	2	3
<50, ≥10	<10, ≥1	3	4
<10, ≥2	<1, ≥0.1	4	5
<2	<0.1	5	5

注　1. 设计流量指建筑物所在断面名单设计流量。

　　2. 装机功率指泵站包括备用机组在内的单站装机功率。

　　3. 当泵站按分级指标分属两个不同级别时，按其中高者确定。

　　4. 由连续多级泵站串联组成的泵站系统，其级别可按系统总装机功率确定。

5. 灌溉工程永久性水工建筑物级别

（1）灌溉工程中的渠道及渠系永久性水工建筑物级别，应根据设计灌溉流量按表1-4-11确定。

表 1-4-11　　　　　　　　　灌溉工程永久性水工建筑物级别

设计流量/(m³/s)	主要建筑物	次要建筑物	设计流量/(m³/s)	主要建筑物	次要建筑物
≥300	1	3	<20, ≥5	4	5
<300, ≥100	2	3	<5	5	5
<100, ≥20	3	4			

（2）灌溉工程中的泵站永久性水工建筑物级别，应根据设计灌溉流量按表 1-4-11 确定。

6. 供水工程永久性水工建筑物级别

（1）供水工程永久性水工建筑物级别，应根据设计流量按表 1-4-12 确定。供水工程中的泵站永久性水工建筑物级别，应根据设计流量及装机功率按表 1-4-12 确定。

表 1-4-12　　　　　　　　　供水工程的永久性水工建筑物级别

设计流量/(m³/s)	装机功率/MW	主要建筑物	次要建筑物
≥50	≥30	1	3
<50, ≥10	<30, ≥10	2	3
<10, ≥3	<10, ≥1	3	4
<3, ≥1	<1, ≥0.1	4	5
<1	<0.1	5	5

注　1. 设计流量指建筑物所在断面名单设计流量。
　　2. 装机功率系指泵站包括备用机组在内的单站装机功率。
　　3. 泵站建筑物按分级指标分属两个不同级别时，按其中高者确定。
　　4. 由连续多级泵站串联组成的泵站系统，其级别可按系统总装机功率确定。

（2）承担县级市及以上城市主要供水任务的供水工程永久性水工建筑物级别不宜低于 3 级，承担建制镇主要供水任务的供水工程永久性水工建筑物级别不宜低于 4 级。

7. 引水、提水枢纽工程永久性水工建筑物级别

引水、提水枢纽工程中的永久性水工建筑物级别，应根据所属枢纽工程的等级与建筑物重要性，按表 1-4-4 进行确定。

8. 调水工程及其永久性水工建筑物级别

（1）调水工程的等别，应按工程规模、供水对象在地区经济社会中的重要性，按表 1-4-13 研究确定。

表 1-4-13　　　　　　　　　调水工程分等指标

工程等别	规程规模	分　等　指　标			
		供水对象重要性	设计流量/(m³/s)	年引水量/10⁸m³	灌溉面积/10⁴亩
Ⅰ	大（1）型	特别重要	≥50	≥10	≥150
Ⅱ	大（2）型	重要	<50, ≥10	<10, ≥3	<150, ≥50
Ⅲ	中型	中等	<10, ≥2	<3, ≥1	<50, ≥5
Ⅳ	小型	一般	<2	<1	<5

（2）以城市供水为主的调水工程，应按供水对象重要性、引水流量和年引水量3个指标拟定工程等别，确定等别时至少应有2项指标符合要求；以农业灌溉为主的调水工程，应按灌溉面积指标确定工程等别。

9. 水利水电工程进水口建筑物级别

整体布置进水口建筑物级别应分别与所在大坝、河床式水电站、拦河闸等枢纽工程主要建筑物级别相同。

独立布置进水口建筑物级别应根据进水口功能和规模，按表1-4-14确定；对于堤防涵闸式进水口级别还应符合《堤防工程设计规范》（GB 50286—2013）的规定，并按最高者确定。

表1-4-14　　　　　　　　独立布置进水口建筑物级别

进水口功能	水电站进水口装机容量/MW	泄洪工程进水口库容/$10^8 m^3$	灌溉工程进水口灌溉面积/10^4亩	供水工程进水口重要性	建筑物级别	
					主要建筑物	次要建筑物
规模	≥1200	≥10	≥150	特别重要	1	3
	<1200, ≥300	<10, ≥1	<150, ≥50	重要	2	3
	<300, ≥50	<1, ≥0.1	<50, ≥5	中等	3	4
	<50, ≥10	<0.1, ≥0.01	<5, ≥0.5	一般	4	5
	<10	<0.01, ≥0.001	<0.5		5	5

10. 水工挡土墙级别

（1）水工建筑物中的挡土墙级别，应根据所属水工建筑物级别按表1-4-15确定。

表1-4-15　　　　　　　　水工建筑物中的挡土墙级别划分

所属水工建筑物级别	主要建筑物中的挡土墙级别	次要建筑物中的挡土墙级别
1	1	3
2	2	3
3	3	4

注　主要建筑物中的挡土墙是指一旦失事将直接危及所属水工建筑物安全或者严重影响工程效益的挡土墙；次要建筑物中的挡土墙是指失事后不致直接危及所属水工建筑物安全或者对工程效益影响不大并易于修复的挡土墙。

（2）位于防洪（挡潮）堤上具有直接防洪（挡潮）作用的水工挡土墙，其级别不应低于所属防洪（挡潮）堤的级别。

11. 水利水电工程边坡级别

（1）水利水电工程边坡级别确定应考虑下列因素：①对建筑物安全和正常运用的影响程度；②对人身和财产安全的影响程度；③边坡失事后的损失大小；④边坡规模大小；⑤边坡所处位置；⑥临时边坡还是永久边坡；⑦社会和环境因素。

（2）边坡的级别应根据相关水工建筑物的级别及边坡与水工建筑物的相互间关系，并对边坡破坏造成的影响进行论证后按表1-4-16的规定确定。

（3）若边坡的破坏与两座及其以上水工建筑物安全有关，应分别按照表1-4-16的规定确定边坡级别，并以最高的边坡级别为准。

表 1-4-16　　　边坡级别与水工建筑物级别对应关系

建筑物级别	对水工建筑物的危害程度			
	严重	较严重	不严重	较轻
	边坡级别			
1	1	2	3	4、5
2	2	3	4	5
3	3	4	5	
4	4	5		

注　1. 表示严重，即相关水工建筑物完全破坏或者功能完全丧失。

　　2. 表示较严重，即相关水工建筑物遭到较大的破坏或者功能受到比较大的影响，需进行专门的除险加固后才能投入正常运用。

　　3. 表示不严重，即相关水工建筑物遭到一些破坏或者功能受到一些影响，及时修复后仍能使用。

　　4. 表示较轻，即相关水工建筑物仅受到很小的影响或者间接地受到影响。

（4）对于长度大的边坡应根据不同区段与水工建筑物的关系和各段建筑物的重要性，分区段按上述第（2）条的规定分别确定边坡级别。

（5）对于施工期，当相关水工建筑物建成后没有发生破坏或超常变形的边界条件的临时边坡，其级别最低可定为5级。

（6）对于与水工建筑物安全和运用不相关的水利水电工程边坡，应考虑水利水电工程的特点，进行技术、经济比较论证后确定边坡级别。

三、临时性水工建筑物级别

（1）水利水电工程施工期使用的临时挡水、泄水等水工建筑物的级别，应根据保护对象、失事后果、使用年限和临时性挡水建筑物规模按表1-4-17确定。

表 1-4-17　　　　　　　　临时性水工建筑物级别

级别	保护对象	失事后果	使用年限/年	临时性挡水建筑物规模	
				围堰高度/m	库容/$10^8 \mathrm{m}^3$
3	有特殊求的1级永久性水工建筑物	淹没重要城镇、工矿企业、交通干线或推迟工程总工期及第一台（批）机组发电，推迟工程发挥效益，造成重大灾害和损失	>3	>50	>1.0
4	1级、2级永久性水工建筑物	淹没一般城镇、工矿企业或影响工程总工期及第一台（批）机组发电，推迟工程发挥效益，造成较大经济损失	<3, ≥1.5	<50, ≥15	<1.0, ≥0.1
5	3级、4级永久性水工建筑物	淹没基坑，但对总工期及第一台（批）机组发电影响不大，对工程发挥效益影响不大；经济损失较小	<1.5	<15	<0.1

（2）当临时性水工建筑物根据表1-4-17中指标分属不同级别时，应取其中最高级

别，但列为 3 级临时性水工建筑物时，符合该级别的指标不得少于两项。

（3）利用临时性水工建筑物挡水发电、通航时，经技术经济论证，临时性水工建筑物级别可提高一级。

（4）失事后造成损失不大的 3 级、4 级临时性水工建筑物，其级别经论证后可适当降低。

四、水土保持工程建筑物级别

水土保持工程建筑物级别划分应符合《水土保持工程设计规范》（GB 51018—2014）的相关规定。

第三节　水库特征水位及洪水标准

一、水库特征水位

（1）校核洪水位。水库遇大坝的校核洪水时在坝前达到的最高水位。

（2）设计洪水位。水库遇大坝的设计洪水时在坝前达到的最高水位。

（3）防洪高水位。水库遇下游保护对象的设计洪水时在坝前达到的最高水位。

（4）正常蓄水位（正常高水位、设计蓄水位、兴利水位）。水库在正常运用的情况下，为满足设计的兴利要求在供水期开始时应蓄到的最高水位。

（5）防洪限制水位（汛前限制水位）。水库在汛期允许兴利的上限水位，也是水库汛期防洪运用时的起调水位。

（6）死水位。水库在正常运用的情况下，允许消落到的最低水位。它在取水口之上并保证取水口有一定的淹没深度。

水库特征水位和相应库容关系，如图 1-4-1 所示。

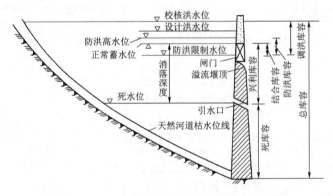

图 1-4-1　水库特征水位和相应库容示意图

二、洪水标准

在水利水电工程设计中不同等级的建筑物所采用的按某种频率或重现期表示的洪水（包括洪峰流量、洪水总量及洪水过程）称为洪水标准。洪水标准根据《水利水电工程等级划分及洪水标准》（SL 252—2017）进行确定。

1. 永久性建筑物

设计永久性水工建筑物所采用的洪水标准，有设计洪水和校核洪水。设计洪水是正常运用情况的洪水，校核洪水是非常运用情况的洪水。洪水标准根据建筑物类型、级别来选定。见表 1-4-18。

表 1-4-18　　　　山区、丘陵区水利水电工程永久性水工建筑物洪水标准　单位：重现期（年）

项　　目		水工建筑物级别				
		1	2	3	4	5
设计		1000～500	500～100	100～50	50～30	30～20
校核	土石坝	可能最大洪水（PMF）或 1000～5000	5000～2000	2000～1000	1000～300	300～200
	混凝土坝、浆砌石坝	5000～2000	2000～1000	1000～500	500～200	200～100

2. 临时性建筑物

临时性水工建筑物洪水标准，应根据建筑物的结构类型和级别，按表 1-4-19 的规定综合分析确定。临时性水工建筑物失事后果严重时，应考虑发生超标准洪水时的应急措施。

表 1-4-19　　　　　　　　临时性水工建筑物洪水标准　　　　　　　单位：重现期（年）

建筑物结构类型	临时性水工建筑物级别		
	3	4	5
土石结构	50～20	20～10	10～5
混凝土、浆砌石结构	20～10	10～5	5～3

第五章 机电、金属结构设备

第一节 机 电 设 备

一、水轮机

(一) 水轮机的主要类型

水轮机是一种将水能转换成旋转机械能的机械装置。水轮机通过主轴带动发电机又将旋转机械能转换成电能。水轮机与发电机由主轴连接而成的整体称为水轮发电机组，简称机组，它是水电站的主要设备之一。

水轮机种类很多，目前常按其对水流能量的转换特征的不同，将其分为两大类，即反击式和冲击式。其中，每一大类根据其转轮区内水流的流动特征和转轮的结构特征的不同又可分成多种形式。

(1) 反击式水轮机。反击式水轮机按转轮区内水流相对于主轴流动方向的不同又可分为混流式、轴流式、斜流式和贯流式四种。

(2) 冲击式水轮机。冲击式水轮机按射流冲击转轮的方式不同可分为水斗式、斜击式和双击式三种。

(二) 水轮机的型号

根据《水轮机、蓄能泵和水泵水轮机型号编制方法》（GB/T 28528—2012）的规定，水轮机、蓄能泵和水泵水轮机产品型号由三部分或四部分代号组成，第四部分仅用于蓄能泵和水泵水轮机，各部分之间用"—"（其长度相当于半个汉字宽）隔开。

1. 型号的第一部分代号的意义

(1) 水轮机型号的第一部分由水轮机型式和转轮的代号组成。

水轮机型式用汉语拼音字母表示，其代号规定见表 1-5-1。

对于一根轴上有两个或多个转轮的水斗式水轮机，在水斗式水轮型号前加上与转轮个数相同的阿拉伯数字表示。

转轮代号采用模型转轮编号和/或水轮机原型额定工况比转速表示，模型转轮编号与比转速之间采用"/"符号分隔。比转速代号用阿拉伯数字表示，单位为米千瓦（m·kW）。

(2) 蓄能泵型号的第一部分由蓄能泵型式及叶轮的代号组成。

蓄能泵型式用字母"B"及汉语拼音字母表示，其代号规定见表 1-5-1。

对于两级或多级蓄能泵，在蓄能泵型号前加上与级数相同的阿拉伯数字表示。

叶轮代号采用模型叶轮编号和/或蓄能泵原型额定工况比转速表示，模型叶轮编号与比转速之间采用"/"符号分隔。比转速代号用阿拉伯数字表示，单位为米千瓦（m·kW）。

(3) 水泵水轮机型号的第一部分由水泵水轮机型式及转轮或与叶轮的代号组成。

2. 型号的第二部分代号的意义

型号的第二部分由水轮机、蓄能泵和水泵水轮机的主轴布置形式和结构特征的代号组成。

主轴布置形式用汉语拼音字母表示，其代号规定：立轴用字母"L"表示；卧轴用字母"W"表示；斜轴用字母"X"表示。

3. 型号的第三部分代号的意义

型号的第三部分由水轮机转轮直径 D_1（以 cm 为单位）或转轮直径和其他参数组成，用阿拉伯数字表示；或由水泵叶轮直径 D_1（以 cm 为单位）表示（适用于蓄能泵）；或同时由水轮机转轮直径队及水泵叶轮直径 D_1（以 cm 为单位）表示（适用于组合式水泵水轮机）。

对于水斗和斜击式水轮机，型号的第三部分用下列方式表示：转轮直径/喷嘴数目×射流直径。

对于双击式水轮机，型号的第三部分用下列方式表示：转轮直径/转轮宽度。

4. 型号的第四部分代号的意义

型号的第四部分由原型水泵在电站实质使用范围内的最高扬程（m）及最大流量（m^3/s）值表示。

表 1-5-1　　　　　　　　　　水 轮 机 类 别 及 型 号

类别	型 号						
	第一部分			第二部分			第三部分
	水轮机型号		转轮型号	主轴布置型式		引水室特征	转轮标称直径 D_1
	代号	含义	比转速号：数字	代号	含义	代号	含义	数字表示单位：cm
反击式	HL	混流式		L	立轴	J	金属蜗壳	
	ZZ	轴流转桨式		W	卧轴	H	混凝土蜗壳	
	ZD	轴流定桨式				M	明槽是引水	
	XL	斜流式				P	灯泡式	
	GZ	贯流转桨式				G	罐式	
	GD	贯流定桨式				Z	轴伸式	
冲击式	GJ	冲击（水斗）式						
	XJ	斜击式						
	SJ	双击式						
蓄能泵	BHL	混流式						
	BZZ	轴流转桨式						
	BZD	轴流定桨式						
	BXL	斜流式						

续表

类别	型　号						
	第一部分		第二部分				第三部分
	水轮机型号	转轮型号	主轴布置型式		引水室特征		转轮标称直径 D_1
	代号	含义	比转速号：数字	代号	含义	代号	含义	数字表示单位：cm
水泵水轮机	NHL	混流式					
	NZZ	轴流转桨式					
	NZD	轴流定桨式					
	NXL	斜流式					
	NGZ	贯流转桨式					
	NGD	贯流定桨式					

注　1. 可逆式水轮机，在机型代号后加"N"。

2. 水斗式水轮机，用加在机型代号前的阿拉伯数字表示转轮数字。

对于蓄能泵，在电站实质使用范围内的最高扬程用阿拉伯数字及单位（m）表示，在电站实质使用范围内的最大流量用阿拉伯数字及单位（m^3/s）表示。

对于可逆式水泵水轮机，只用水泵在电站实质使用范围内的最高扬程（m）及最大流量（m^3/s）值表示。

对于组合式水泵水轮机，只用水泵在电站实质使用范围内的最高扬程（m）及最大流量（m^3/s）值表示。

举例：HL110-LJ-140：表示混流式水轮机，转轮型号为110；立轴；金属蜗壳；转轮标称 D1 为 140cm。

XLN195-LJ-250：表示斜流可逆式水轮机，转轮型号为195；立轴；金属蜗壳；转轮标称 D1 为 250cm。

GD600-WP-250：表示贯流定桨式水轮机，转轮型号为6010；卧式；灯泡式引水；转轮标称 D1 为 250cm。

二、水轮发电机

由水轮机驱动，将机械能转换成电能的交流同步电动机称为水轮发电机。它发出的电能通过变压器升压输送到电力系统中。水轮机和水轮发电机合称为水轮发电机组（或主机组）。

在抽水蓄能电站中使用的一种三相凸极同步电动机，称为发电电动机。发电电动机既可以用于水库放水时，由水轮机带动发电机运行，把水库中水的位能转化成电能供给电网，又可以作为电动机运行，带动水泵水轮机把下游的水抽入水库。

（一）水轮发电机的类型

1. 卧式和立式

按照转轴的布置方式可分为卧式和立式。卧式水轮发电机一般适用于小型混流式及冲击式机组和贯流式机组；立式水轮发电机适用于大中型混流式机组、轴流式机组和冲击式机组。

2. 悬式和伞式

根据推力轴承位置划分，立式水轮发电机可分为悬式和伞式。

(1) 悬式水轮发电机的结构特点是推力轴承位于转子上方，把整个转动部分悬吊起来，通常用于较高转速机组。大容量悬式水轮发电机装有两部导轴承，上部导轴承位于上机架内，下部导轴承位于下机架内；也有取消下部导轴承只有上部导轴承的。其优点是推力轴承损耗较小，装配方便，运转稳定，转速一般在 100r/min 以上；缺点是机组较大，消耗钢材多。

(2) 伞式水轮发电机的结构特点是推力轴承位于转子下方，通常用于较低转速机组。导轴承有一个或两个，有上导轴承而无下导轴承时称为半伞式水轮发电机；无上导轴承而有下导轴承时称为全伞式水轮发电机；上、下导轴承都有为普通伞式水轮发电机。伞式水轮发电机的转速一般在 150r/min 以下。其优点是上机架轻便，可降低机组及厂房高度，节省钢材；缺点是推力轴承直径较大，设计制造困难，安装维护不方便。

3. 空气冷却式和内冷却式

按冷却方式可分为空气冷却式和内冷却式。

(1) 空气冷却式。将发电机内部产生的热量，利用循环空气冷却。一般采用封闭自循环式，经冷却后又加热的空气，再强迫通过经水冷却的空气冷却器冷却，参加重复循环。

(2) 内冷却式。当发电机容量太大，空气冷却无法达到预期效果时，对发电机就要采用内冷却。将经过水质处理的冷却水或冷却介质，直接通入定子绕组进行冷却或蒸发冷却。定子、转子均直接通入冷却水冷却时，则称为全水内冷式水轮发电机。转子励磁绕组与铁芯仍用空气冷却时，则称为半水内冷式水轮发电机。

(二) 水轮发电机的型号

水轮发电机的型号，由代号、功率、磁极个数及定子铁芯外径等数据组成。

SF 代表水轮发电机，SFS 代表水冷水轮发电机，L 代表立式竖轴，W 代表卧式横轴。

举例：SFS150-48/1260，水冷式水轮发电机，表示功率为 150MW，有 48 个磁极，定子铁芯外径为 1260mm；励磁机（包括副励磁机）是指供给转子励磁电流的立式直流发电机。

举例：SF12-12/4250，水轮发电机，表示立式竖轴水轮发电机，额定功率为 12MW，转子磁极 12 个，定子铁芯外径 4250mm。

举例：SFW1250-8/1430，表示卧式横轴水轮发电机，额定功率为 1250kW，转子磁极 8 个，定子铁芯外径 1430mm。

举例：ZLS380/44-24，表示直流励磁机，S 代表与水轮发电机配套用，电枢外径为 380cm，电枢长度为 44cm，有 24 个磁极。

永磁发电机是用来供水轮机调速器的转速频率信号及机械型调速器飞摆电动机的电源（永磁机本身有两套绕组）。

举例：TY136/13-48 型式中，T 代表阔步，Y 代表永磁发电机，136 表示定子铁芯外径为 136cm，13 表示定子铁芯长度为 13cm，48 表示有 48 个磁极。

感应式永磁发电机的作用同永磁发电机，如 YFC423/2 X10-40，表示定子铁芯外径为 423cm，2×10 表示 2 段铁芯，每段铁芯长 10cm，有 40 个磁极。

三、调速器

（一）功能

水轮机调速器的主要功能是检测机组转速偏差，并将它按一定的特性转换成接力器的行程差，借以调整机组功率，使机组在给定的负荷下以给定的转速稳定运行。给定的转速范围与额定转速的差为±0.2%~±0.3%。

（二）油压装置

1. 油压装置的工作原理

水轮机调速系统的油压装置是为调速系统提供操作用压力油的装置，利用气体的可压缩性，在压力油罐中油的容积变化时可以保持调节系统所需要的一定压力，让压力波动在较小范围内，使调节系统和控制机构可靠运行。其保持压力的模式可分为两种，一种是以压缩空气作为保压介质的传统型油压装置 CYZ 型和 HYZ 型，另一种是以充氮皮囊作为保压介质的蓄能罐式液压站。

水轮机调速系统的油压装置也可作为进水阀、调压阀以及液压操作元件的压力中小型调速器的油压装置与调速柜组成一个整体，大型调速器的油压装置是单独的。

2. 油压装置的组成

（1）油压装置由压力油罐、集油箱、油泵和其他附件组成。

（2）油压装置形式与型号。大中型油压装置的压力油罐和集油箱采用分离式布置，型号以 YZ 开头；小型油压装置的压力油罐装在集油箱之上，称组合式油压装置，型号以 HYZ 开头。

四、水泵机组

泵是把原动机的机械能或其他外加的能量，转换成流经其内部的液体的功能和势能的流体机械。

泵的种类很多，按其作用原理可分为叶片泵、容积泵和其他类型泵三大类。叶片泵是指通过工作叶轮的高速旋转运动，将能量传递给流经其内部的液体，使液体能量增加的泵，如离心泵、轴流泵、混流泵等；容积泵是指通过泵体工作室容积的周期性变化，将能量传递给流经其内部的液体，使液体能量增加的泵，如活塞泵、齿轮泵、螺杆泵等；其他类型泵是指除叶片泵和容积泵以外的其他特殊类型泵，如射流泵、气升泵、水锤泵、水轮泵、螺旋泵、漩涡泵等。

叶片泵是应用最广泛的泵类，在水利工程中所采用的绝大多数是叶片泵，以下重点介绍叶片泵的分类、性能及安装。

（一）叶片泵的分类

（1）按工作原理可分为离心泵、混流泵和轴流泵。

（2）按泵轴的工作位置可分为卧式泵、立式泵和斜式泵。

（3）按泵壳压出室的型式可分为蜗壳式泵和导叶式泵。

（4）按叶轮的吸入方式可分为单吸式泵和双吸式泵。

（5）按叶轮的个（级）数可分为单级泵和多级泵。

（二）叶片泵的性能参数

叶片泵性能参数包括流量（Q，单位为 m^3/s）、扬程（H，单位为 m）、功率（P，单

位为 W 或 kW)、效率 (η，单位为%)、转速 (n，单位为 r/min)、允许吸上真空高度 (H_s，单位为 m) 或必需汽蚀余量 ($NPSH$ 或 h，单位为 m)。

(三) 叶片泵的型号

在水泵样本及使用说明书中，均有对该泵型号的组成及含义的说明。目前我国大多数泵的结构型式及特征，在泵型号中均是用汉语拼音字母表示的，表 1-5-2 给出了常用泵型中汉语拼音字母及其含义。

表 1-5-2　　　　　　　常用泵型中汉语拼音字母及其含义

字母	表示的结构型式	字母	表示的结构型式
B	单级单吸悬臂式离心泵	S	单级双吸卧式离心泵
D	节段式多级离心泵	DL	立式多级节段式离心泵
R	热水泵	WG	高扬程卧式污水泵
F	耐腐蚀泵	ZB	自吸式离心泵
Y	油泵	YG	管道式离心泵
ZLB	立式半调节式轴流泵	ZWB	卧式半调节式轴流泵
ZLQ	立式全调节式轴流泵	ZWQ	卧式全调节式轴流泵
HD	导叶式混流泵	HW	蜗壳式混流泵
HL	立式混流桨	QJ	井用潜水泵

但有些按国际标准设计或从国外引进的泵，其型号除少数为汉语拼音字母外，一般为该泵某些特征的外文缩略语。例如，IS 表示符合有关国际标准 (ISO) 规定的单级单吸悬臂式清水离心泵；IH 表示符合有关国际标准规定的单级单吸化工泵。

(四) 水利工程中常用的叶片泵

1. 离心泵

通常在扬程大于 25m 时宜选用离心泵。离心泵的典型结构型式有单级单吸式、单级双吸式和多级式三种。

(1) 单级单吸式离心泵是指泵轴上装有一个叶轮，叶轮的前盖板中间有一个进水口的泵。因为泵轴的两个支承轴承都位于泵轴的同一侧，装有叶轮的泵轴处于自由悬臂状态，故把这种具有悬臂式结构的泵称为悬臂式泵。单级单吸泵的特点是流量较小，通常小于 400m³/h；扬程较高，为 20~125m。

(2) 单级双吸式离心泵是指泵轴上装有一个叶轮，叶轮的前、后盖板中间各有一个进水口的泵。单级双吸泵是侧向吸入和压出的，并采用水平中开式的泵壳，泵的进口和出口均与泵体铸为一体。单级双吸泵的特点是流量较大，通常为 160~1800m³/h，扬程较高，为 12~125m。

(3) 多级式离心泵是指泵轴上串装两个及两个以上叶轮的泵，叶轮个数即为泵的级数，如提取深层地下水的深井多级泵 (也称长轴井泵) 及用于向锅炉供给高压高温水的锅炉给水泵等。多级泵的特点是流量较小，一般为 6~450m³/h，扬程则特别高，一般都在数十米至数百米范围内，高压多级泵甚至高达数千米。

2. 轴流泵

轴流泵是一种低扬程、大流量的泵型。通常在扬程小于 10m 时选用轴流泵，特别 6m 以下扬程的泵站更为合适。

（1）根据轴流泵泵轴的工作位置可分为卧式、斜式和立式三种结构型式。

（2）根据轴流泵叶轮的叶片角度是否可以调节，通常将轴流泵分为固定式、半调节式和全调节式三种结构型式。全调节式的轴流泵设有专门的叶片调节机构，调节机构的操作架的位移，一般采用油压操作和电动机械操作两种方式。

3. 混流泵

混流泵通常用于扬程为 6~25m 的场合。混流泵的结构形式可分为蜗壳型和导叶型两种。混流泵也有卧式与立式之分。按其叶片能否调节的状况，又分为固定式、半调节式和全调节式三种形式。

4. 潜水泵

潜水泵是水泵和电动机与轴联成一体并潜入水下工作的抽水装置。根据叶轮型式的不同，潜水泵有潜水离心泵、潜水轴流泵和潜水混流泵。

潜水泵常用的安装型式有井筒式、导轨式和自动耦合式等几种。井筒式安装有悬吊式、弯管式和封闭进水流道式三种安装形式。

5. 贯流泵

贯流泵是指水流沿泵轴通过泵内流道，没有明显转弯的轴流泵和混流泵。贯流泵没有蜗壳，流道自圆锥形管组成。通常采用卧轴式布置，从流道进口到露水管出口，水流沿轴向几乎呈直线流动，避免了水流拐弯形成的流速分布不均导致的水流损失和流态变坏，水流平顺，水力损失小，水力效率高。

贯流泵主要有三种型式，即灯泡贯流式、轴伸贯流式和竖井贯流式。其流道水力损失灯泡贯流式最小，其次为轴伸贯流式。

目前使用最多的是灯泡贯流式，其水泵叶轮可以是叶片固定式，也可以是叶片可调式。灯泡贯流泵有两种结构型式，一是机电一体结构，电动机装于叶轮后方的灯泡形泵体内，电动机与叶轮直联；二是机电分体结构，电动机安装在泵体外，采用锥齿轮正交传动机构与叶轮相连，因此，电动机可采用普通立式电动机，泵内结构紧凑，密封和防渗漏问题易于解决，检修方便，运行可靠。

6. 蓄能泵

蓄能泵是特指在抽水蓄能泵站或抽水蓄能电站中将水从下游水库提升至上游水库，从而达到蓄能目的的水泵。蓄能泵的水力设计理论和基本结构与普通水泵大致相同。

按蓄能泵主轴的工作位置可分为立式和卧式；按主轴上串联的叶轮个数可分为单级式和多级式；按叶轮型式可分为混流式、轴流定桨式、轴流转桨式、斜流式等不同型式；按叶轮的进水形式可分为单吸式和双吸式。

（五）水泵机组

泵和动力机及其传动设备称为主机组；为主机组服务的设备称为辅助设备。辅助设备包括为水泵启动前充水用的充水设备，为主机组的轴承、油箱、轴封等部位提供冷却水、润滑水和密封水的供水设备，为排除泵房内部积水用的排水设备，为大功率机组提供高、

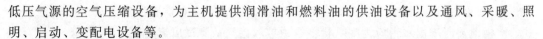

低压气源的空气压缩设备，为主机提供润滑油和燃料油的供油设备以及通风、采暖、照明、启动、变配电设备等。

目前水泵机组最常用的传动方式有直接传动、齿轮传动和皮带传动等。随着机电排灌和机械工业的发展，水泵机组将向高速化和自动化方向发展，液力传动和电磁传动将被广泛应用。

泵站主泵通常采用三相交流电动机作为动力机。当功率小于100kW时，一般选用Y系列普通鼠笼型异步电动机，额定电压是220V/380V（或500V）。当功率在100~300kW时，可选用YS、YC或YR系列的异步电动机，S、C和R分别表示双鼠笼型转子、深槽成笼型转子和绕线型转子，额定电压是220V/380V、3kV、6kV或10kV。当功率大于300kW时，可以采用JSQ、JRQ系列的异步电动机或T系列的同步电动机，Q表示特别加强绝缘，T表示同步，额定电压是3kV、6kV和10kV。

五、阀门

阀门一般由阀体、阀瓣、阀盖、阀杆及手轮等部件组成。水利工程中常见的阀门种类有蝶阀、球阀、闸阀、锥形阀、截止阀等。

（一）阀门的类型

1. 蝶阀

蝶阀组成部件包括阀体、阀轴、活门、轴承及密封装置、操作机构（指接力器、转臂等）。蝶阀阀板可绕水平轴或垂直轴旋转，即立轴和卧轴两种型式。卧轴的接力器位于蝶阀一侧，立轴的接力器位于阀上部。蝶阀操作方式包括手动、电动及液压操作。其中，手动和手动电动两用操作主要用于小型蝶阀，液压操作常用于大中型蝶阀。蝶阀的优点是启闭力小、体积小、质量轻、操作方便迅速、维护简单；缺点是阀全开时水头损失大、全关时易漏水。

2. 球阀

球阀组成部件主要包括阀体、阀轴、活门、轴承、密封装置和操作机构。球阀的名义直径等于压力钢管的直径。其优点为水头损失小，止水严密；缺点为体积太大且重，价格较高。

球阀的操作方式有手动、手动电动两用和液压操作，分立轴和卧轴两种。立轴球阀因结构复杂，运行中存在积沙、易卡等缺点，基本上被淘汰。卧轴球阀有单面密封和双面密封两种，双面密封可在不放空压力钢管的情况下对球阀的工作密封等进行检修。

偏心半球阀是一种比较新型的球阀类别，它有着自身结构所独有的一些优越性，如开关无摩擦、密封不易磨损、启闭力矩小等。

3. 闸阀

闸阀又称闸门阀或闸板阀，它是利用闸板升降控制开闭的阀门流体通过阀门时流向不变，因此阻力小。闸阀密封性能好，流体阻力小，开启、关闭力较小，也有调节流量的作用，并且能从阀杆的升降高低看出阀的开度大小，主要用在一些大口径管道上。

4. 锥形阀

锥形阀由阀体、套筒、执行机构、连接管等部件组成。执行机构有螺杆式、液压式、电动推杆式等种类。锥形阀通过执行机构驱动外套筒来实现开启或关闭。锥形阀安装于压力管道出口处，通过调节开度来控制泄水流量。出口方式有空中泄流与淹没出流两种形式，空中泄流时喷出水舌应为喇叭状，空中扩散掺气；淹没出流则在水下消能，是需要消能且下泄流量较大时的理想控制设备。

固定锥形阀是水利工程中重要的管道控制设备，在高水头、大流量、高流速的工况下使用，常用于水库、拦河坝的蓄水排放、农田灌溉及水轮机的旁通排水系统，固定锥形阀可安装在管道中部，起截止、减压、调节流量等作用，也可安装在管道末端，起排放、泄压、水位控制等作用。

（二）进水阀

水力发电工程用的阀门一般称为进水阀（也称主阀），装设在水轮机输水管道的进水口及水轮机前，以便在需要时截断水流。目前常采用的进水阀有蝶阀、球阀、闸阀等，进水阀一般不做调节流量用。进水阀包括以下一些附件。

1. 伸缩节

伸缩节的作用是使钢管沿轴线自由伸缩，以补偿温度应力，用于分段式管道中。为了使进水阀方便地安装和拆卸，在阀门的上游侧或下游侧装有伸缩节。

2. 旁通阀

旁通阀装于阀门两侧压力钢管上，其作用是在进水阀正常开启前，先打开旁通阀，将进水阀活门上游侧的压力水引入阀门下游侧。接近平压后，再开启进水阀。旁通阀的过水能力应大于导叶的漏水量，旁通阀和旁通管的直径一般可近似按 1/10 的进水阀直径选取。

3. 空气阀

空气阀位于进水阀下游侧伸缩节或压力钢管的顶部，当开启旁通阀向下游侧充水时或打开排水阀放空压力钢管和蜗壳内的积水时，空气阀自动开启以排气或充气，使压力钢管内真空消失，保护压力钢管不被外压破坏。

4. 排水阀

排水阀在压力钢管最低点设置。排除管内积水，便于检修。

六、水力机械辅助设备

包括油系统设备、压气系统设备、水系统设备以及相应的管路及其安装。

（一）油系统设备

油系统由一整套设备、管路、控制元件等组成，用来完成用油设备的给油、排油及净化处理等工作。油系统的任务是用油罐来接收新油、储备净油；用油泵给设备充油、添油、排出污油；用滤油机烘箱来净化油、处理污油。油净化设备主要包括压力滤油机、真空净油机、透平油净油机。

油主要分为透平油和绝缘油，两种油的功能不同，成分有差异，因此两套油系统必须分开设置。透平油用于水轮机和发电机，透平油的作用是润滑、散热以及对液压设备进行操作，以传递能量；绝缘油主要用于变压器等，其作用是绝缘、散热和消除电弧。

一个电站的油系统可以独立设置，也可以与邻近电站共用。若几个电站相距不远，油系统可考虑联合设置，以节省投资。

（二）压气系统设备

功能及组成水力发电工程所用的压缩空气通常有两个压力等级：一个是低压气系统，用于发电机制动系统、风动工具、吹扫等，压力等级为 0.8MPa；另一个是高压系统，用于给传统油压装置供气，常用的有 4MPa（对应于油压装置压力 4MPa）和 6.3MPa（对应于油压装置压力 6.3MPa）。

每个压力等级压缩空气系统独立运行，都由空气压缩机、储气罐、管道、阀门及相关自动化元件组成，对压缩空气含水率有较高要求的，在空气压缩机与储气罐间还设有冷冻干燥机。低压气系统的空气压缩机一般采用螺杆式压缩机，适用于大产气量的系统，但是压力不能高于 2MPa；高压气系统的空气压缩机一般采用活塞式压缩机。

水力发电工程的空气压缩机，通常采用风冷型压缩机，特殊情况下才需使用水冷压缩机。

（三）水系统设备

水系统包括技术供水系统、消防供水系统、渗漏排水系统、检修排水系统、室外排水系统。

1. 技术供水系统

技术供水系统为机组提供冷却水及密封压力水，为机组的运行服务，适用于水头低于 40m。该系统对水质有较高要求，因此需对原水进行过滤，通常采用旋转滤水器，可以在线清污（清污时不中断供水）。

2. 消防供水系统

消防供水系统为全厂的消防系统提供压力水，该系统与技术供水系统相比，水质要求略低，压力略高。供水方式有自流供水（没有水泵，配有滤水器）、自流加压供水（水泵和滤水器都有）、尾水取水供水（水泵和滤水器都有）、减压供水（没有水泵，有滤水器和减压阀）等。

3. 其他系统

渗漏排水系统用于排除厂房及大坝内所有渗漏水、冷凝水；检修排水系统用于机组检修时排除流道积水；室外排水系统用于排除厂区积雨范围内无法自流排除的水体。

（四）管路

水系统管路多用镀锌钢管，DN15 以下的管道一般采用不锈钢无缝管。

油系统、压气系统管路采用无缝钢管或者不锈钢无缝管。油、水、气管件的耐压试验：所有油、水、气管路及附件在安装完成后均应进行耐压和严密性试验，耐压试验压力为 1.5 倍额定工作压力，保持 10min 无渗漏及裂纹等异常现象发生。

七、通风空调

（一）通风机

通风机按气体进入叶轮后的流动方向可分为离心式风机、轴流式风机、混流式（又称斜流式）风机和贯流式（又称横流式）风机等类型；按照加压的形式也可以分单级风机、双级风机或者多级加压风机；按压力大小可分为低压风机、中压风机、高压风机；按用途可分为防烟通风机、排烟通风机、射流通风机、防腐通风机、防爆通风机等类型。

（二）空调系统

空调机组设备的种类很多，大致可分为整体式空调器（窗式空调器、冷风机、恒温恒湿空调器、除湿机）和冷源集中而可分散安装的风机盘管空调器。

（三）风管

风管是通风空调系统的重要构件，是连接各种设备的管道。水利工程中常用的有镀锌钢板风管、不锈钢板风管、玻璃钢风管等。

八、电气设备

电气设备包括发电电压设备、控制保护系统、计算机监控系统、工业电视系统、直流系统、厂用电系统、电气试验设备、电缆、母线、接地、保护网和铁构件制。

（一）发电电压设备

发电电压设备包括发电机中性点设备、发电机定子主引出线至主变压器低压套管间的电气设备、分支线电气设备，以及随发电机供应的电流互感器和电压互感器等设备的安装。

（二）控制保护系统

控制保护系统包括发电厂控制、保护、弱电控制、励磁、温度巡检、直流控制、充电屏等设备的安装。

（三）计算机监控系统

计算机监控系统包括 LCU 屏、网络柜、上位机系统（含工程师站、操作员站）及前端设备的安装。

（四）工业电视系统

工业电视系统包括山前端设备（摄像机、防护罩、交换机及其他辅助设备）、后台设备（监视主机服务器、图形管路服务器等）、普通超五类传输网线敷设等视频监视系统设备的安装。

（五）直流系统

直流系统包括蓄电池支架、免维护铅酸蓄电池、蓄电池充放电、蓄电池屏（柜）、直流屏等的安装。

（六）厂用电系统

厂用电系统包括电力变压器、箱式变压器、高压开关柜、低压配电屏（箱）、低压电器、盘柜配线、柴油发电机及接线箱（盒）等的安装。

（七）电缆

电缆包括电缆管设，电缆敷设，电缆支架、桥架，电缆头等安装内容。

第二节 金属结构设备

水工金属结构也称水工钢结构，是指水利水电工程中所有的过流金属构件（不包括机组过流构件），即采用型钢、钢板通过焊接或螺栓连接等方法，按照一定规律组成的承载结构。一般来说，水工金属结构包括各种闸门及其启闭机械、拦污栅及清污机械、压力钢管、升船机等。它主要布置在水利枢纽的施工导流系统、泄水系统、电站引水系统、电站排沙系统、取水灌溉系统、航运系统等。

　　水工金属结构的制造、安装、运输计价方式一般按照吨位单价计算，根据技术参数、材质等要求而变化，可向市场主流厂家咨询。

一、闸门

　　闸门是水工金属结构中采用最多的一种设备。它的作用是关闭水工建筑物孔口，并按照需要全部和局部开启孔口，用来放水，调节上、下游水位，泄放流量，通过船只、木材，排放浮冰、污物、泥沙等。闸门一般设置于水利枢纽的泄水系统、引水发电系统、水闸及排灌系统以及交通航运系统中。它是水工建筑物的重要组成部分。闸门的灵活开启，关系到水利枢纽各系统的正常运行及安全。

　　闸门一般由活动部分（门叶）和固定部分（埋件）组成。活动部分指关闭或打开孔口的堵水装置；固定部分指埋设在建筑物结构内的构件，它把门叶所承受的荷载、门叶的自重传递给建筑物。门叶由门叶结构、支承行走部件（定轮、滑块）、止水装置等部件构成；埋件则分为支承行走埋件（如主轨、反轨、侧轨等）、止水埋件和护衬埋件。

　　闸门的组成如图 1-5-1 所示，闸门门叶的组成如图 1-5-2 所示。

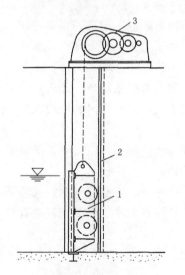

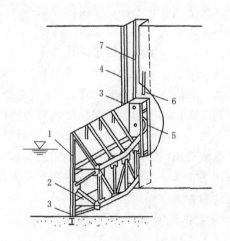

图 1-5-1　闸门的组成
1—门叶；2—埋设部分；
3—启闭设备

图 1-5-2　闸门门叶的组成
1—面板；2—构架；3—止水部分；
4—止水埋件；5—支承行走装置（滚轮）；
6—支承行走装置埋设件；7—吊具

（一）闸门的分类

（1）按用途分为工作闸门、事故闸门、检修闸门。

（2）按闸门在孔口中的位置分为露顶式闸门、潜孔式闸门。

（3）按闸门的材质分为金属闸门、混凝土闸门。

（4）按闸门构造特征分为平板闸门、弧形闸门、船闸闸门、翻板闸门、一体化智能闸门。

（二）防腐蚀

水工金属结构设备防腐蚀措施一般有涂料保护、金属喷热涂保护和牺牲阳极阴极保护等。

二、阀门

阀门是在流体系统中，用来控制流体的方向、压力、流量的装置，是使配管和设备内的介质（液体、气体、粉末）流动或停止并能控制其流量的装置。

阀门是管路流体输送系统中的控制部件，用来改变通路断面和介质流动方向，具有导流、截止、节流、分流或溢流卸压等功能。

阀门的控制可采用多种传动方式，如手动、电动、液动、气动、涡轮驱动、电磁动、电磁液动、电液动、气液动、正齿轮驱动、伞齿轮驱动等；可以在压力、温度或其他形式传感信号的作用下，按预定的要求动作，或者不依赖传感信号而进行简单的开启或关闭，阀门依靠驱动或自动机构使启闭件作升降、滑移、旋摆或因转运动，从而改变其流道面积的大小以实现其控制功能。

（一）阀门的分类

1. 按用途和作用分类

（1）关断阀。这类阀门是起开闭作用的，常设于冷、热源进、出口，设备进出口，管路分支线（包括立管）上，也可用作放水阀和放气阀，常见的关断阀有闸阀、截止阀、球阀和蝶阀等。

（2）止回阀。这类阀门用于防止介质倒流，利用流体自身的动能自行开启，反向流动时自动关闭，常设于水泵的出口、疏水器出口以及其他不允许流体反向流动的地方，止回阀分旋启式、升降式和对夹式三种。

（3）调节阀。阀门前后压差一定，普通阀门的开度在较大范围内变化时，其流量变化不大，而到某一开度时，流量急剧变化，即调节性能不佳。

（4）真空类阀门。真空类阀门包括真空球阀、真空挡板阀、真空充气阀、气动真空阀等。其作用是在真空系统中，用来改变气流方向，调节气流量大小。切断或接通管路的真空系统元件称为真空阀门。

（5）特殊用途类阀门。特殊用途类阀门包括清管阀、放空阀、排污阀、排气阀、过滤器等。

2. 按阀门压力分类

按阀门压力可分为真空阀、低压阀、中压阀、高压阀、超高压阀。

3. 按阀体材料分类

（1）非金属材料阀门，如陶瓷阀门、玻璃钢阀门、塑料阀门。

（2）金属材料阀门，如铜合金阀门、铝合金阀门、铅合金阀门、铸铁阀门、碳钢阀门、低合金钢阀门、高合金钢阀门。

（3）金属阀体衬里阀门，如衬铅阀门、衬塑料阀门、衬搪瓷阀门。

（二）阀门的主要参数

1. 公称通径

公称通径是管路系统中所有管路附件用数字表示的尺寸。公称通径是供参考用的一个方便的整数，与加工尺寸仅呈不严格的关系。公称通径用字母"DN"后面紧跟一个数字标志。

2. 公称压力

公称压力（PN）是一个用数字表示的与压力有关的标示代号，是仅供参考用的一个方便的整数，是指阀门的设计工作压力，压力等级按标准划分。

3. 工作压力

工作压力是用户在应用环境的实际压力，应小于阀门的公称压力。

三、起重设备

起重设备是安装、运行和检修各种设备的起吊工具。主厂房内机电设备安装和检修时的起吊工作是由桥式、门式或半门式起重机来完成的。各种启闭机用于闸门和拦污栅的启闭工作。

常用的启闭机有桥式起重机、门式起重机、液压启闭机、卷扬式启闭机、螺杆式启闭机等。

（一）桥式起重机

所谓桥式起重机，即它的外形像一座桥，故称为桥式起重机。在主厂房内的起重设备一般均采用桥式起重机。

桥式起重机大车架靠两端的两排轮子沿厂房牛腿大梁上的轨道来回移动，只能同厂房平行移动。

小车架上有起重设备，包括主钩和副钩。有些还有小电动葫芦（10t 左右的起重量），固定在桥式起重机大梁下面。桥式起重机的起重量是指主钩的起重量。

（二）闸门启闭机

闸门启闭机分为门式起重机、桥式起重机、卷扬机启闭机、液压启闭机、螺杆式启闭机、电动葫芦及单轨小车。

四、拦污栅

拦污栅是设在进水口前，用于拦阻水流挟带的水草、漂木等杂物（一般称污物）的框栅式结构。其作用为不使杂物进入引水道，以保护水轮机、水泵及洞身、管道等免遭损坏。

拦污栅由边框、横隔板和栅条构成，支承在混凝土墩墙上，一般用钢材制造。拦污栅的栅面尺寸决定于过栅流量和允许过栅流速。为减少水头损失和便于清污，一般要求过栅流速不大于 1.0m/s 左右。

五、清污机

清污机是指清除附着在拦污栅上污物的机械设备。清污机的形式分为抓斗式清污机和回转式格栅清污机。抓斗式清污机按安装方式分为固定式和移动式，按抓斗的开闭方式，抓斗式清污机分为绳索式和液压式。多用于水电站进水口拦污栅的清污。回转式格栅清污机多用于泵站进水口的清污，与拦污栅做成整体，动力装置分为液压马达驱动和电动机驱动，回转式齿把式清污机的清污刮板传动装置宜采用回转式输送链。

六、压力钢管

压力钢管从水库的进水口、压力前池或调压井将水流直接引入水轮机的蜗壳。

（一）压力钢管的布置形式

根据发电厂形式不同，钢管的布置形式可分为露天式、隧洞（地下）式和坝内式。

1. 露天式

露天式布置在地面，多为引水式地面厂房采用。钢管直接露在大气中，受气温变化影响大，钢管要在一定范围内伸缩移动，且径向也有小变化，因此支承结构比较复杂，应采用伸缩节、摇摆支座等。

2. 隧洞（地下）式

压力钢管布置在岩洞混凝土中，常为地面厂房或地下厂房采用。这种布置形式的钢管，因为受到空间的限制，安装困难。

3. 坝内式

坝内式是布置在坝体内，多为坝后式及坝内式厂房采用。钢管从进水口直接通入厂房。这种布置形式的钢管安装较方便，一般配合大坝混凝土升高进行安装，可以充分利用混凝土浇筑用起重机械安装。

根据钢管供水方式不同，可分为单独供水（一条钢管只供一台机组用水）和联合供水（一条钢管可供数台机组用水）。

（二）压力钢管的组成部分

压力钢管的主要构件有主管、叉管、渐变管、伸缩节、支承座、支承环、加劲环、灌浆补强板、丝堵、进人孔、钢管锚固装置等。

七、输水管道工程设备

输水管道工程设备包括管道阀门设备、水处理设备、仪器仪表等。

第六章 水利工程施工机械

在现代工程施工中，新机械、新技术、新工艺得到广泛应用，促进了机械设备的高速发展，机械化施工水平越来越高。合理有效地进行机械设备选型和使用，充分发挥机械设备的效能，符合国家发展的需求。一些专业设备还能代替人工在复杂环境及危险部位工作，充分体现了"人民至上、生命至上"的安全发展观。

根据用途不同，水利工程施工机械可分为土石方机械、混凝土机械、运输机械、起重机械、砂石料加工机械、钻孔灌浆机械、动力机械、隧道集成化施工机械等。

第一节 土石方机械

一、概述

在水利工程建设中，一般情况下土石方工程量巨大、工作繁重。如基坑、坝肩及砂石料场地下厂房、导流隧洞等开挖，土石坝的填筑以及农业灌排渠道的修建和河道的疏浚等。

在土石方工程施工过程中，一般包括以下作业：①土石方准备和辅助；②土石方开挖和装卸；③土石方运输；④土石方铺填和压实；⑤土石方建筑物整修。

由于作业特性不同，完成这些作业的机械多种多样，按照主要作业性质，土石方机械类型可以分为：①挖运机械，如推土机、铲运机以及作为辅助设备的松土机等；②挖掘机械，如单斗挖掘机和多斗挖掘机等；③石方开挖机械，如破碎锤、岩石电钻、手风钻、风镐（铲）、钻机、潜孔钻、履带钻机、凿岩台车、爬罐、锚杆台车等；④水下挖掘机械，如吸泥船等；⑤压实机械，如碾压机、夯实机和振动压实机等。

从事土石方工程施工的机械种类较多，常见的主要有单斗挖掘机、推土机、装载机、铲运机、压实机械、凿岩钻孔机械、凿岩台车、装岩机和锚杆台车等。

二、单斗挖掘机

单斗挖掘机是集挖掘和装载土石于一身的主要施工机械。它是用一个刚性或挠性连接的铲斗，以间歇重复循环动作进行周期作业的自行式土石方机械，一般与自卸汽车配合作业。

单斗挖掘机具有挖掘能力强、构造通用性好、能适应不同作业要求的特点。在水利水电工程施工中得到广泛应用，可以承担围堰的开挖和回填；水工建筑物的基础开挖；挖掘土料；采石和采矿场的覆盖层剥离；料场、隧洞等装载作业；挖掘沟渠、运河和疏浚水道等任务。在更换工作装置后，还可进行起重、浇筑、安装、打桩、夯土等作业。

（一）分类

单斗挖掘机按工作装置可分为正铲挖掘机、反铲挖掘机、拉铲挖掘机、抓斗挖掘机。

1. 正铲挖掘机

正铲挖掘机其铲斗向上，主要挖掘停机面以上的物料，铲斗的运动轨迹与土壤的性质、状态、切削边的形状和铲斗的推压速度有关，正铲挖掘机挖掘能力较大，生产效率高。如图1-6-1所示。

2. 反铲挖掘机

一般用于挖掘停机面上下一定高度的物料，实际工程中常用边坡修整及装料。如图1-6-2所示。铲斗的运动轨迹与动臂速度、斗柄运行速度及铲斗切削边的形状、土壤性质和状态有关。反铲工作循环时间平均比正铲多8%~30%。

图1-6-1 正铲挖掘机

图1-6-2 反铲挖掘机

3. 拉铲挖掘机

拉铲挖掘机适宜挖掘停机面以下的物料，特别适合水下作业。由于铲斗与主机之间采用挠性连接，拉铲挖掘能力受铲斗自重限制，只能挖掘Ⅰ~Ⅳ级土壤及砂砾料。如图1-6-3所示。

4. 抓斗挖掘机

抓斗挖掘机可在提升高度及挖掘深度范围内挖掘停机面上下的物料，适宜挖掘边坡陡直的基坑和深井，其挖掘能力受抓斗自重限制，一般用来挖掘土料、砂砾和松散物料。如图1-6-4所示。

图1-6-3 拉铲挖掘机

图1-6-4 抓斗挖掘机

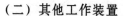

（二）其他工作装置

单斗挖掘机把斗更换成其他工作装置，可以实现以下不同功能：

（1）吊钩是挖掘机通常换用装置，用来进行装卸、安装等作业。

（2）桩锤用以进行打桩，挖掘机在换了桩锤工作装置后，可以成为打桩机。

（3）夯板用以进行夯实土壤，也称为夯土机。

（4）电磁吸盘装置用来吊运具有导磁性的黑色金属材料及其制品，如钢板、钢管及各种型钢等。

（5）破碎锤利用液压反复冲击岩石，以达到破碎的目的。

三、推土机

推土机是土石方施工中的主要机械之一，它是利用前端推土板进行短距离的推运土方、石渣等作业，推土机的经济运距为 50～80m。按行走方式可分为履带式和轮胎式两类。如图 1-6-5 和图 1-6-6 所示。

图 1-6-5　履带式推土机　　　　　　图 1-6-6　轮胎式推土机

四、装载机

装载机是以铲装和短距离转运松散料为主的机械。它可配有多种工作装置，可铲取散粒物料、装车或自行装运，还能进行硬土等轻度铲挖作业和平整场地、牵引车辆、起重、抓举等作业。

装载机可按以下进行分类。

（一）按卸载形式分类

装载机按卸载形式的不同，分为前卸式、侧卸式和回转式三种。如图 1-6-7～图 1-6-9 所示。

（二）按行走装置分类

装载机按行走装置的不同又可分为轮胎式和履带式两种。履带式如图 1-6-10 所示。

（1）轮胎式装载机与履带式装载机相比，其最显著的优点是行驶速度快，机动性

图 1-6-7　前卸式装载机

图1-6-8 侧卸式装载机　　　　　　图1-6-9 回转式装载机

能好，转移工作场地方便，并可在短距离内自铲自运。它不仅能用于装卸土方，还可以推送土方。其缺点是在潮湿地面作业容易打滑，铲取紧密的原状土壤较难，轮胎磨损较快。

（2）履带式装载机的特点是履带有良好的附着性能，铲取原状土和砂砾的速度较快，挖掘能力强，操作简便；但最大缺点就是行驶速度慢，转移场地不方便。故实际使用较少。

五、铲运机

铲运机属于一种铲土、运土一体化机械，是利用装在轮轴之间的铲运斗，在行驶中顺序进行铲削、装载、运输和铺卸土作业的铲土运输机械。如图1-6-11所示。它适用于Ⅳ级以下土壤的铲运，要求作业地区的土壤不含树根、大石块和过多的杂草。如用于Ⅳ级以上土壤或冻土时，必须事先预松土壤。链板装载式铲运机适用范围较大，除可装普通土壤外，还可装载砂、砂砾石和小的石渣、卵石等物料。铲运机的经济运距与行驶道路、地面条件、坡度等有关。一般拖式铲运机的经济运距为500m以内，自行式轮胎铲运机的经济运距为800～1500m。

图1-6-10 履带式装载机　　　　　　图1-6-11 铲运机

铲运机按行走方式铲运机可分为拖式和自行式两种。拖式由履带拖拉机牵引，其铲斗行走装置为双轴轮胎式。自行式是由牵引车和铲斗两部分组成，采用铰接式连接。

六、压实机械

压实机械主要用于对土石坝、河堤、围堰、建筑物基础和路基的土壤、堆石、砂砾石、石渣等进行压实，并用于碾压干硬性混凝土坝、干硬性混凝土道路和道路的沥青铺装层，以提高建筑物的强度、不透水性和稳定性，防止因受雨水风雪侵蚀引起的软化和膨胀，产生沉陷破坏。

1. 静作用碾压机械

（1）光轮压路机。光轮压路机可分为自行式（简称压路机）和拖式（简称平碾）两种。目前使用的光轮压路机主要有三轮压路机（碎石压路机）、二轴串联压路机、三轴串联压路机。如图1-6-12所示。光轮压路机是依靠滚轮的静压力来压实土壤，单位直线压力较小，由于土壤存在内摩擦力，因此静作用的压实作用和压实深度都受到限制，且压实不均匀。它不适用于水工建筑物（如干硬性混凝土坝、土坝、河堤、围堰的碾压），主要用于筑路工程。压路机可通过增减配重物的办法在一定范围内调整其单位直线压力。在静作用碾压机械中，影响压实效果的因素除质量外，还有与这种质量如何转化为有效压实能量有关，因此增大滚轮直径成为光轮压路机发展的必然趋势。平碾由于结构简单，便于制造，一般还用来压实干容重设计要求较低的黏性土、高含水量黏土、砂砾料、风化料、冲积砾质土等。

（2）羊脚碾（又称羊脚压路机）。羊脚碾适用于黏性土壤和碎石、砾石土壤的压实。由于滚轮上突出部分与土壤接触时，单位压力较大，且具有很大的剪切土壤力，能不断翻松表层土，使黏土内的气泡或水泡受到破坏，增大土壤的密实度，有很好的压实效果。如图1-6-13所示。尤其在黏土成分超过50%的场合，它将成为较为有效的压实机械，因此广泛地用于黏性土料的分层碾压。当对碎石、砾石土壤压实时，能挤碎石块，将细小颗粒填充到大块的碎石和砾石之间，使之得到更密实的结构。同时它还通过增减配重来调整羊脚的单位压力，在土坝施工中常用来碾压透水性较差的黏性土料。羊脚碾对于非黏性土料和高含水量黏土的压实效果不好，不宜采用。

图1-6-12　光轮压路机

图1-6-13　羊脚碾

（3）轮胎碾（又称气胎碾）。除了沥青铺装层的整平作用外，几乎可适用于所有的压实工作，使用范围广。轮胎碾的接触压力主要取决于轮胎内的充气压力，荷重增加时仅增加轮胎的变形使其接触面积增大，而在这个面上的接触压力改变不大，可近似看作接触压力不变。如图1-6-14所示。在轮胎碾压时，因轮胎具有弹性，与被压材料同时变形，

图1-6-14 轮胎碾

使土壤受到全应力的作用维持一定时间。对于土壤，尤其是黏结性土壤，密实过程需要一定时间，轮胎碾全应力作用时间长，有较好的压实效果。由于轮胎压缩变形，因而使被压材料表面接触面积增大，且应力分布均匀，压实深度增加。刚性的碾轮因受到被压材料极限强度的限制，机重不能太大，而轮胎碾则可调节轮胎气压以限制最大压强。降低轮胎气压，可相应降低接触应力，所以它适用于压实黏结性土壤和非黏结性土壤，如壤土、砂壤土、砂土、砂砾料等。

2. 振动碾

振动碾可分为光轮和羊脚轮两类，以适用于不同的土质条件。

光轮振动碾适宜于压实无坍落度混凝土（干硬性混凝土）坝、土石坝的非黏性土壤（砂土、砂砾石）、碎石、块石、堆石和沥青混凝土，其效果远非上述的碾压机械所能相比。但对黏性土壤和黏性较强的土壤压实效果不好。摆振式振动碾还可用于大体积干硬性混凝土的捣实作业。羊脚振动碾是一种新型的碾压机械。当羊脚碾和铰接式振动碾结合后，羊脚滚轮作为牵引部分的拖动部分，利用牵引部分的动力源，驱动滚轮内的振动机构、运行机构成为自行羊脚振动碾。它既可以压实非黏性土壤，又可压实含水量不大的黏性土壤和细颗粒砂砾石以及碎石与土壤的混合料。

振动压实的好坏，取决于压实机械的技术参数和特性，在调频、调幅振动碾的实际使用中，应参照被压材质的自振频率。碾压时振动碾的振频与土壤的自振频率应大致相近，使被压材料发生共振，以获得最大的压实效果。

3. 夯实机械

夯实机械主要用于狭窄工作面的土层压实。振动夯实机械适用的土质条件与振动碾相似，主要用于非黏结性砂质黏土、砾石、碎石的压实，而夯实机械主要用于黏土、砂质土和灰土的夯实。如图1-6-15～图1-6-17所示。

图1-6-15 重锤夯实机

图1-6-16 蛙式夯实机

图1-6-17 立式冲击夯

七、凿岩钻孔机械

（一）履带式钻机概述

在水利石方工程中，钻爆法是最常用的施工方法之一，在工程施工中具有相当大的竞争力。特别是在地面上进行大规模的开挖工程，用钻爆法更能体现出其在技术上和经济上的优越性。在一定范围内，钻爆技术的发展有赖于钻孔技术和钻孔设备的钻孔能力及生产效率。实际上钻孔设备会直接影响到整个工程的开挖费用。如图1-6-18所示。

图1-6-18　履带式钻机

（二）凿岩穿孔机械分类及结构

1. 分类

按照工作机构动力，可分为液压式、风动式、电动式和内燃机式四种。液压凿岩机由于钻孔效率高、消耗能量少、噪声低等优点而得到广泛应用。

按照破岩造孔方式，可分为冲击式、回转式以及冲击回转式三种。而单纯冲击式目前已很少使用，一般所说的冲击式就是指冲击回转式。冲击方式一般又可分为顶部冲击和潜孔冲击两种。

按照行走方式，可分为履带式、轮胎式、自行式和拖式等。

2. 典型凿岩穿孔机械

（1）手风钻。手风钻是以压缩空气为动力的造孔工具，利用压缩空气使活塞做往复运动，冲击钎子，也称为凿岩机。不同规格的手风钻配合各种尺寸的钻头，多用于建筑工地、混凝土和岩石等工程的造孔工作。如图1-6-19所示。

（2）风镐（铲）。风镐（铲）是以压缩空气为动力推动活塞往复运动，使镐头不断撞击，利用冲击作用破碎坚硬物体的手持施工机具，用于水利工程中的石方二次解小等。风镐是一种手持机具，因此要求结构紧凑，携用轻便。如图1-6-20所示。

图1-6-19　手风钻

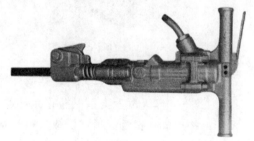

图1-6-20　风镐

（3）破碎锤。破碎锤是利用挖掘机或装载机的泵站提供的压力油作为动力来源，清理浮动的石块和岩石缝隙中的泥土或开挖量较少且采用爆破施工不具备的石方凿除机械。这是目前水利工程中常用的石方开挖机械之一，选用液压破碎锤的原则是根据挖掘机型号、作业的环境来选择最适合的液压破碎锤。如图1-6-21和图1-6-22所示。

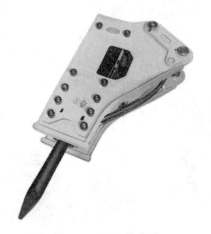

图 1-6-21　破碎锤　　　　　　　　　图 1-6-22　破碎锤使用场景

　　（4）潜孔钻。潜孔钻是将钻头和产生冲击作用的风动冲击器潜入孔底进行凿岩的设备。它以电、压缩空气或液压为动力，带动钻杆、冲击器、钻头回转，同时压缩空气进入钻杆，推动冲击器活塞反复冲击钻头，将岩石破碎成孔，利用推压机构升降钻具，构造简单，行走方便，粉尘少，噪声小，是一种常用的钻孔设备。如图 1-6-23 和图 1-6-24 所示。

图 1-6-23　自行式潜孔钻　　　　　　　图 1-6-24　非自行式潜孔钻

　　1）分类。依据钻机特点，潜孔钻的分类方法也是不同的。按使用地点的不同，潜孔钻可分为井下和露天两大类；根据有无行走机构潜孔钻可分为自行式和非自行式两种。

　　2）结构组成。钻具由钻杆、球齿钻头及冲击器组成。

　　3）用途。潜孔钻机可用于城市建筑、铁路、公路、河道、水电等工程中钻凿岩石锚索孔、锚杆孔、爆破孔、注浆孔等的钻凿施工。

　　（5）液压锚杆钻机。液压锚杆钻机具有安全防爆、结构合理、操作方便、功率大、效率高、使用寿命长、省力、故障率极低等优点，可在坚固系数 $f \leqslant 10$ 的各种岩石硬度的地下工程内实现高速高质量的钻进工作，在有压缩空气的地下工程内使用可以节能增效，在没有敷设压风管路的地下工程内是必备设备，在钻掘地下工程内可与钻机配套使用。如

图 1-6-25 所示。

　　按钻机的结构型式液压锚杆钻机可分为支腿式、导轨式、手持式；按钻机功能可分为顶板锚杆钻机、边帮锚杆钻机。支腿式液压锚杆钻机如图 1-6-26 所示。

图 1-6-25　履带式液压锚杆钻机　　　　　图 1-6-26　支腿式液压锚杆钻机

八、凿岩台车

　　凿岩台车又称多臂钻车，是 20 世纪 60 年代发展起来的岩石地层地下建筑工程的开挖机械，它代替了人工持钻和架钻施工法钻凿炮孔。近年来，液压凿岩机的发展促使了凿岩台车的全液压化，而全液压台车又以其高钻进速度、低能耗、低钻具消耗、低噪声等优越性替代了风动凿岩台车。目前世界各国都在大力推广使用全液压台车。

　　凿岩台车按行走装置可分为轮胎式、履带式和轨轮式三种。如图 1-6-27～图 1-6-29 所示。

图 1-6-27　轮胎式凿岩台车　　　　　　图 1-6-28　履带式凿岩台车

　　轮胎式凿岩台车主要用于缓慢倾斜的各种规格断面的隧洞、巷道和其他地下工程开挖的钻凿作业。履带式凿岩台车主要用于水平及倾斜较大的各种断面隧洞、巷道和其他地下工程开挖的钻凿作业，目前应用广泛。轨轮式凿岩台车主要用于有轨运输条件的各种断面的水平隧洞、巷道和其他地下工程掘进的凿岩作业。

　　凿岩台车所配的钻臂（又称为支臂）可分为轻型、中型和重型三种。随着工作断面需

图 1-6-29 轨轮式凿岩台车

要，有单臂、两臂、三臂、四臂等台车。钻臂数是凿岩台车的主要参数之一。选择钻臂的多少和等级，主要根据隧洞、巷道的开挖断面和开挖高度来确定，一般来说轻型用于 5～20m² 的开挖断面，中型用于 10～30m² 的开挖断面，重型用于 25～100m² 的开挖断面。每个钻臂都配有相应等级的推进器和凿岩机。

九、装岩机

装岩机是一种在水平或缓倾斜坑道中装载矿石或岩石的机械，适用于地质勘探坑道，主要用于隧道等工程巷道掘进中配以矿车或箕斗进行装载作业。

（一）概述

装岩机具有装岩效率高、结构简单、可靠性好、操作方便、适用范围广等特点，不仅可以用于平巷，也可以在 30°以下的斜巷使用，是提高掘进速度实现巷道掘进机械化的一种主要机械设备。

（二）分类

按其工作机构的形式分，有起斗式、铲斗式、蟹爪式、立爪式等；按其行走方式分，有轨轮式、履带式和胶轮式三种；按工作机构动作的连续性分，有间歇式、连续式；也有将凿岩台车和装载机结合成一体，形成既能钻岩，又能装载的钻岩机。

（三）典型装岩机

1. 耙斗式装岩机

耙斗机全称为耙斗式装岩机，又可称为耙装机、耙岩机。耙斗式装岩机是通过绞车的两个滚筒分别牵引主绳和尾绳，使耙斗做往复运动把岩石扒进料槽，从卸料槽的卸料口卸入矿车或箕斗内，进而实现装岩作业。如图 1-6-30 所示。

（1）组成结构。耙斗装岩机主要由固定楔、尾轮、耙斗、台车、绞车、操纵结构、导向轮、料槽、进料槽、中间槽、卸载槽、电气部分、风动推车缸等部件组成。

（2）特点。耙斗装岩机主机部分采用行星

图 1-6-30 耙斗式装岩机

轮传动。耙斗装岩机带有风动推车缸，矿车装满后，可用风动推车缸将重车推出，以减轻工人的劳动强度，缩短调车时间，提高掘进速度。

2．铲斗式装岩机

铲斗式装岩机由行走机构、工作机构（铲斗和斗柄）、回转机构（回转座）、提升机构和装在左右操纵箱内的电气部分组成。装岩机的所有机构和装置都安装在回转座上。如图1－6－31所示。

3．立爪式装岩机

立爪式装岩机是在蟹爪装岩机基础上发展的主要由耙取、装载、运输行走、控制系统（电或液压）组成的装载机械。工作机构为一对立爪，可上下、前后、两侧移动，将岩（矿）石耙到运输机上，再转载到矿车（梭车）内，然后经运输车把岩（矿）石运往废石场。其结构简单、动作灵活，多用于平巷、隧道掘进及采石场装载，适于中小断面巷道。如图1－6－32所示。

图1－6－31　铲斗式装岩机图　　　　　图1－6－32　立爪式装岩机

十、锚杆台车

锚杆台车能将钻孔、注浆和装锚杆这三道工序在一台设备上依次完成，其一般由标准化凿岩钻车和不同的转架装置组成。如图1－6－33所示。

锚杆台车一般能安装直径为15～38mm的树脂或砂浆锚杆、胀壳锚杆、楔缝式锚杆以及其他机械锚杆。

图1－6－33　锚杆台车

第二节 混 凝 土 机 械

混凝土机械是把各类混凝土材料从进料、拌制、运输、振捣及养护成型的混凝土施工的机械，常用的混凝土机械有混凝土搅拌机械、混凝土运输机械、混凝土摊铺机械、混凝土振捣机械、混凝土养护成型机械等。

一、混凝土搅拌机

（一）概述

混凝土搅拌机是搅拌楼（站）的主要机械设备，它的任务是将一定配合比的水泥、砂、石、水、掺和料和外加剂等搅拌成混凝土。它与人工搅拌的混凝土相比，既能大大提高生产率，加快工程进度，提高混凝土的质量，又能大大减轻工人的劳动强度。

混凝土搅拌机一般由搅拌筒、装料机构、出料机构、配水设备、原动机、传动机构、机架与行走机构等组成。

混凝土搅拌机的动力主要有电动机、汽油机、柴油机，其中柴油机用得极少。

混凝土搅拌机的选择与使用是否合理妥当，会直接影响到工程的造价、进度和质量。因此，必须根据工程量的大小、混凝土搅拌机的使用期限、施工条件以及设计的混凝土组成特性（如骨料的最大粒径等）、坍落度大小、稠度要求等具体情况，来正确选择和合理使用。

为了充分发挥混凝土搅拌机效能，除了必须根据混凝土搅拌机的生产能力匹配相应的衡量设备、进料、出料及所需的运输工具外，还必须注意合理的施工工艺布置。

混凝土搅拌机的施工工艺平面布置形式应根据施工条件来决定，它可以单台布置，也可以多台单线布置或双台双线布置。我国使用最多的布置形式是巢式（一般为3台或4台等）布置。

（二）分类

混凝土搅拌机的种类繁多，按工作性质可分为周期式和连续式，按搅拌机形式可分为自落式和强制式，按安装形式可分为固定式和移动式，按出料方式可分为倾倒式和非倾倒式，按搅拌筒外形可分为梨形、锥形、鼓形、盘形、槽形等其他形式。

混凝土搅拌机大致可分为大型、中型、小型三大类，其中大型混凝土搅拌机主要与混凝土搅拌楼配套使用。

1. 自落式混凝土搅拌机

自落式混凝土搅拌机均是搅拌筒旋转自落式。它是将搅拌物提升到一定高度后自由落下，以达到搅拌均匀的目的。根据出料方式不同，分为倾翻出料式和反转出料式，根据搅拌筒的形状不同，分为锥形混凝土搅拌机和鼓形混凝土搅拌机。

（1）锥形混凝土搅拌机。锥形混凝土搅拌机由进料机构、搅拌机构、传动机构、供水机构、底盘及电控系统等组成。其具有传动可靠、噪声小、能耗低、结构紧凑、运转平稳、操作简便、搅拌质量好、生产率高等优点。适用于一般建筑工地、道路、桥梁、水利等工程和中小型混凝土构件厂。如图1-6-34所示。

（2）鼓形混凝土搅拌机。鼓形混凝土搅拌机由搅拌筒、装料斗、动力装置、配料装置、机架、卸料机构等部分组成。其具有结构简单、制造方便、造价低、保养维修方便、体积小、适应性强的优点。如图 1-6-35 所示。常用于预制件厂、工业和民用建筑工程等施工单位。

图 1-6-34　锥形混凝土搅拌机　　　　图 1-6-35　鼓形混凝土搅拌机

2. 强制式混凝土搅拌机

强制式混凝土搅拌机有单卧轴和双卧轴两种。如图 1-6-36 和图 1-6-37 所示。

水利工程中，干硬性混凝土常用于碾压混凝土大坝中，具有施工进度快、水泥用量少等优点，而双卧轴强制式混凝土搅拌机特别适用于生产干硬性混凝土，因而得到了大量应用。

双卧轴强制式混凝土搅拌机主要由搅拌筒体、搅拌机构、驱动装置、气动排料装置四部分组成。

图 1-6-36　单卧轴强制式混凝土搅拌机　　　图 1-6-37　双卧轴强制式混凝土搅拌机

二、混凝土搅拌楼

（一）概述

混凝土搅拌楼是一种新型的混凝土搅拌制备系统，主要由搅拌主机、物料称量系统、物料输送系统、物料储存系统和控制系统五大系统和其他附属设施组成。混凝土搅拌楼骨料计量与混凝土搅拌站骨料计量相比，减少了四个中间环节，并且是垂直下料计量，节约了计量时间，因此大大提高了生产效率。同型号的情况下，搅拌楼生产效率比搅拌站生产效率提高了 1/3。国产混凝土搅拌楼的主体和外形，基本上是采用大构件组装式钢结构。

（二）混凝土搅拌楼

混凝土搅拌楼按其布置形式可分为单阶式（垂直式）、双阶式（水平式）。单阶式骨料流程为骨料提示—储料—配料—搅拌—出料—混凝土运输设备；双阶式骨料流程为骨料一次提示—储料—配料—骨料二次提示—搅拌—出料—混凝土运输设备。

图 1-6-38　单阶式混凝土搅拌楼

1. 单阶式

所谓单阶式混凝土搅拌楼，即将砂、石、水泥等骨料一次就提升到最高层的储料斗，进行精确的配料称量直到搅拌成混凝土，然后借物料的自重下落，因此形成了垂直生产工艺体系。如图 1-6-38 所示。这种混凝土搅拌楼生产率高、动力消耗少、机械化和自动化程度高、布置紧凑、占地面积小，但其设备较复杂，基建投资大。目前，水利水电工程大中型工地使用的混凝土搅拌楼多属于这种形式。

2. 双阶式

混凝土搅拌楼，混凝土搅拌的组合材料需经二次提升，它是先将组合料第一次提升至储料仓，材料经过称量后，再次提升加入混凝土搅拌机。这种布置形式的优点是结构简单、投资少、建筑高度低；缺点是材料需要二次提升，效率较低，自动化程度也低。这种布置形式适合于小型水利水电工程使用的混凝土搅拌楼。

三、混凝土振捣器

混凝土振捣器是一种借助动力通过一定装置作为振源产生频繁的振动，并把这种频繁的振动传给混凝土，使混凝土得到振动捣实的设备。

在实际应用中，振捣器使用频率范围为 3000～21000 次/min，在钢筋稠密或仓面狭窄的浇筑部位，需用小型轻便的振捣器，宜选用直径较小的插入式振捣器或使用附着式振捣器；对于机械化施工的大面积混凝土浇筑，依靠人工平仓，用小型振捣器捣实已无法满足需要，需要生产率高、重量较大、机械化操作的振捣器，宜采用大型现代化的振捣设备（如振捣群组、平仓机、振动碾等机载式振捣设备）。

混凝土振捣器按传播振动的方式可分为内部式（也称插入式）、外部式（也称附着式）、表面式、平台式等；按工作部分结构表征可分为锥形、柱形、片形、条形、平台形等；按振源振动的形式不同可分为偏心式、行星式、往复式、电磁式；按使用振源的动力可分为电动式、风动式、内燃式、液压式等；按振动频率的不同可分为高频、中频、低频振捣器。一般来讲，频率为 8000～20000 次/min 的振捣器属于高频振捣器，适用于干硬性混凝土和塑性混凝土的振捣；频率为 2000～5000 次/min 的振捣器属于低频振捣器，一般作为外部振捣器。

（一）插入式混凝土振捣器

插入式混凝土振捣器是插入混凝土内部进行振捣工作的振捣器。由于这种振捣器是把振动直接传给混凝土，所以它的振动效果较好。如图 1-6-39 和图 1-6-40 所示。

插入式混凝土振捣器主要用于捣固各种垂直方向尺寸较大的混凝土体，如坝体、闸墩、基础、墙梁、柱、桩等。

国产插入式混凝土振捣器有电动软轴式、电动硬轴直连式、风动插入式、内燃插入式和液压插入式等类型。

图 1-6-39　软轴式插入式混凝土振捣器

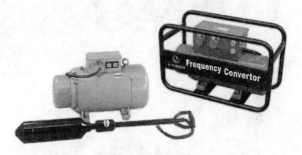
图 1-6-40　变频硬轴插入式混凝土振捣器

（二）附着式和平板式混凝土振捣器

附着式和平板式混凝土振捣器是在混凝土外部或表面进行振捣工作的振捣器。如图 1-6-41 和图 1-6-42 所示。

图 1-6-41　附着式混凝土振捣器

图 1-6-42　平板式混凝土振捣器

平板式混凝土振捣器实质上是表面振捣器的一种类型，它是直接放在混凝土表面上移动进行振捣工作。它只适用于坍落度不太大的塑性、半塑性、干硬性、半干硬性的混凝土或浇筑层不厚、表面较宽敞的混凝土捣固。其在水利水电工程中，主要用于振捣过水面、溢流面、盖板、拱面、底板等结构物。

四、混凝土输送泵

混凝土输送泵又名混凝土泵，由泵体和输送管组成，是利用压力将混凝土拌和物沿管道连续输送的机械，适合于大体积混凝土和高层建筑混凝土的运输和浇筑。如图1-6-43～图1-6-45所示。

图1-6-43 混凝土输送泵

图1-6-44 混凝土搅拌泵送一体机

图1-6-45 车载式混凝土泵（HBC）

五、混凝土搅拌车

混凝土搅拌车是在行驶途中对混凝土不断进行搅动或搅拌、防止混凝土分离或初凝的特殊运输车辆，主要用于混凝土搅拌厂和施工现场之间输送混凝土。如图1-6-46所示。

六、混凝土喷射机

混凝土喷射机是利用压缩空气将混凝土沿管道连续输送，并喷射到施工面上的机械，分

图1-6-46 混凝土搅拌车

干式喷射机和湿式喷射机两类。干式喷射机由气力输送干拌和料，在喷嘴处与压力水混合后喷出。湿式喷射机由气力或混凝土泵输送混凝土混合物经喷嘴喷出，广泛用于地下工程、井巷、隧道、涵洞等的衬砌施工。如图1-6-47和图1-6-48所示。

图1-6-47　干式喷射机

图1-6-48　湿式喷射机

七、钢模台车

在隧洞混凝土衬砌施工中，模板作业是影响施工进度和混凝土施工成本的主要因素。钢模台车是一种为提高隧道衬砌表面光洁度和衬砌速度，并降低劳动强度而设计、制造的专用设备。有边顶拱式、直墙变截面顶拱式、全圆针梁式、全圆穿行式等。按钢模板与台车组合方式，钢模台车通常分为平移式钢模台车和穿行式钢模台车。

城门洞形钢模台车如图1-6-49所示，全圆针梁式钢模台车如图1-6-50所示。

图1-6-49　城门洞形钢模台车

图1-6-50　全圆针梁式钢模台车

全圆针梁式钢模台车适应于引水洞、导流洞等为全圆或椭圆的地下洞室的混凝土衬砌施工。

八、混凝土布料机

混凝土布料机是泵送混凝土的末端设备，由两部分回转架组成的合成运动能覆盖所有布料半径范围的布料点，其作用是将混凝土通过管道送到要浇筑构件的模板内。混凝土布料机扩大混凝土浇筑范围，提高泵送施工机械化水平，有效地解决了浇筑仓面布料的难题。混凝土布料机对提高施工效率，减轻劳动强度，发挥了重要作用，其结构稳定可靠，采用360°全回转臂架式布料结构，整机操作简便、旋转灵活，具有高效、节能、经济、实用等特点，是水利水电工程中小型混凝土大坝常用的混凝土施工机械之一。如图1-6-51和图1-6-52所示。

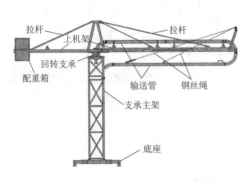

图1-6-51　混凝土布料机示意图

图1-6-52　混凝土布料机

九、混凝土平仓机

混凝土平仓机是在浇筑仓内对混凝土拌和物进行推平作业的机械，是水利工程大仓面低坍落度混凝土施工时常用的混凝土摊铺机械，特别是在大中型大坝混凝土施工中是必不可少的混凝土机械之一。如图1-6-53所示。

图1-6-53　混凝土平仓机使用场景图

十、混凝土高压冲毛机

混凝土高压冲毛机是用于混凝土浇筑施工中混凝土施工缝表面去除乳皮并冲毛处理的专用机械。对浇筑混凝土的顶面、立面、夹角等部位快速冲毛，使新老混凝土能紧密结合，提高工程质量，减少人工，提高机械化施工程度。冲毛机用于混凝土浇筑后的快速冲毛，在水利水电工程修建大坝及码头、桥梁和高速公路等建筑工程的大体积混凝土施工中应用广泛。如图 1-6-54 所示。适用于抗压强度在 450MPa 以下、龄期半个月以内混凝土表面冲毛处理，冲毛后的混凝土表面呈粗砂状。冲毛效率在 $40\sim100\text{m}^2/\text{h}$，最佳冲毛时间为浇筑初凝至 38h 以内。连接冲毛枪使用实景如图 1-6-55。

图 1-6-54　混凝土高压冲毛机主机

图 1-6-55　连接冲毛枪使用实景图

第三节　运　输　机　械

　　水利水电工程常用运输机械有载重汽车、自卸汽车、加油车、油罐车、洒水车、沥青洒布车、水泥罐车、机动翻斗车、螺旋输送机、斗式提升机及胶带输送机等，从而实现各类材料的运输，使工程得以顺利进行。

一、载重汽车

　　载重汽车是用于装卸货物的专用汽车，又称为货车。如图 1-6-56 和图 1-6-57所示。

图 1-6-56　轻型载重汽车

图 1-6-57　重型载重汽车

二、自卸汽车

　　自卸汽车是具有自动卸料功能的载重汽车。如图 1-6-58 和图 1-6-59 所示。目前自卸汽车多在矿山、水利水电施工、建筑施工、铁路、公路港口等工程中使用。

图 1-6-58 重型自卸汽车

图 1-6-59 轻型自卸汽车

三、挂车

挂车俗称拖板，由牵引汽车拖带行驶，可实现大吨位、长距离的公路运输。挂车的总体结构由五部分组成：车架、牵引连接装置、转向装置、制动装置和行驶系统。挂车结构型式有全挂车和半挂车之分。二者的区别是全挂车与前面的货车用挂钩连接，在长途运输中很常见货车后面挂一个车厢（也可以是多个），就是全挂车。半挂车是通过牵引销与牵引车的牵引座连接，常见的集装箱运输车就是典型的半挂车。

（一）全挂车

全挂车具有装货车身的独立底盘，用牵引架上的挂环与牵引汽车的牵引钩连接，挂车的自重和货物的重量都由自身的轮胎传递给道路，全挂车的载重量一般为 20～600t。如图 1-6-60 所示。

（二）半挂车

半挂车具有装货车身的底盘，前部支承在牵引汽车的牵引支承连接装置上，后部则由车身的轮轴支承。因此，半挂车的自重和载重的一部分传递给牵引汽车，另一部分传递给道路，半挂车的载重量一般为 10～200t。如图 1-6-61 所示。

图 1-6-60 全挂车

图 1-6-61 半挂车

四、洒水车

大中型工程在施工期间，机械化作业程度高，车流量大，而道路条件相对较差，一般都备用洒水车喷洒路面降尘，提高环境质量，有利于现场施工人员的健康以及减缓机械部件磨损，延长使用寿命。洒水汽车除用于降尘外，还可以用于运水、冲洗、土坝施工及消防等方面。如图1-6-62所示。

五、加油车

加油车除具有运油车的基本装置外，还设有泵油系统、计量仪表和操纵装置，可将油库中的油料吸入本车油罐，并能在运达目的地后给其他机械设备加注燃油。如图1-6-63所示。

图1-6-62　洒水车　　　　　　　　　　　图1-6-63　加油车

加油车通常使用碳钢、不锈钢、内衬滚塑、玻璃钢、塑料罐（聚乙烯、聚丙烯）、铝合金等材质制作罐体。加油车按罐体形状分为椭圆形罐体、圆形罐体、方圆形罐体三种。

加油车导静电装置分为搭地带和导电杆两种，导静电装置一般是固定在加油车的车架上。

六、油罐车

油罐车又称流动加油车、电脑税控加油车、引油槽车、装油车、运油车、拉油车、石油运输车、食用油运输车，是短途运输散装油品的专用汽车。如图1-6-64所示。罐体为圆筒形或椭圆筒形，一般容量为3～15m³。

油罐车根据不同的用途和使用环境有多种加油或运油功能，具有吸泊，泵油，多种油分装、分放等功能。其专用部分由罐体、取力器、传动轴、齿轮油泵、管网系统等部件组成。

七、沥青洒布车

沥青洒布车装备有保温容器、沥青泵、加热器和喷洒系统，是用于喷洒沥青的罐式专用作业汽车，也可以定义为一种喷洒普通沥青、乳化沥青、渣油等液态沥青的路面施工机械。智能型沥青洒布车由汽车底盘、沥青罐体、沥青泵送及喷洒系统、导热油加热系统、液压系统、燃烧系统、控制系统、气动系统、操作平台构成。沥青洒布车如图1-6-65所示。

图1-6-64　油罐车　　　　　　　　　　　图1-6-65　沥青洒布车

（一）应用范围

可广泛应用于修建公路、城市道路、机场、港口码头和水利工程等路面底层的透层、防水层、黏结层的沥青洒布。大容量的沥青洒布车也可作为沥青运载工具，主要用于沥青贯入法表面处置、透层、黏层、混合料就地拌和、沥青稳定土等施工和养护工程。

（二）分类

1. 按照移动方式

按照移动方式可分为拖行式（挂车式）和自行式两种。拖行式是将沥青罐和洒布系统都装置在挂车底盘上，由牵引车牵引作业；根据沥青罐容量不同，有单轴、双轴和三轴之分。自行式是将沥青罐及洒布系统都安装在同一汽车底盘上。自行式沥青洒布车较为常用，有车载型、专用型之分。

上述沥青洒布车具有加热、保温、洒布、回收及循环等多种功能，可根据底盘最大载重量确定沥青罐容量。沥青罐容量一般为 1500～18000L。

2. 按照控制方式

按照控制方式可分为普通型和智能型。普通型的沥青洒布量由手动调节控制，只能按照既定的沥青洒布量作业，无法随时根据工况自动调节；智能型的沥青洒布过程由计算机控制，能根据用户实际工况，随时自动调节沥青洒布量，满足施工工艺要求。

3. 按照沥青类型

除沥青洒布车之外，还有橡胶沥青洒布车。

4. 按照喷洒方式

沥青洒布车按照喷洒方式可分为泵压喷洒沥青洒布车和气压喷洒沥青洒布车。

5. 按照沥青泵驱动方式

沥青洒布车按照沥青泵驱动方式可分为汽车底盘发动机取力驱动和独立发动机驱动两种。

八、散装水泥罐车

散装水泥罐车是指专为运输散装水泥而设计制造或改造的专用汽车。在工程施工中采用散装水泥汽车运送水泥，具有工效高、防潮性好、防飞扬、经济效益明显等优点。如图 1-6-66 所示。

图 1-6-66　散装水泥罐车

散装水泥罐车根据装灰容器的形式分为卧式与立式两种。前者重心低，结构简单，制造维修方便，可降低运输高度和增加车辆行驶的稳定性；后者重心较高，维修保养工作量大，但运输时可同时装载两个或两个以上立罐，因而可同时装载不同标号的水泥或为两个或两个以上用户服务，另外卸灰后罐内残留量少。目前国内外多采用卧式散装水泥罐车。

九、动力翻斗车

动力翻斗车是短距离输送物料且料斗可倾翻的搬运车辆，由料斗和行走底架组成，分前翻卸料、回转卸料、侧翻卸料、高支点卸料（卸料高度一定）和举升倾翻卸料

（卸料高度可任意改变）等。如图 1－6－67 所示。为适应工地道路不平，避免物料撒落，行驶速度一般不超过 20km/h。在建筑工地常用来运输砂石、灰浆、砖块、混凝土等建筑材料。根据不同的施工作业要求，可快速换装起重、推土、装载等多种工作装置，具有多功能和高效率的特点。

图 1－6－67　动力翻斗车

十、螺旋输送机

螺旋输送机是一种不带挠性牵引构件的连续输送设备，它利用旋转的螺旋将被输送的物料沿固定的机壳内推移而进行输送工作。螺旋输送机结构示意图如图 1－6－68 所示，螺旋输送机如图 1－6－69 所示。

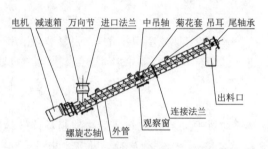

图 1－6－68　螺旋输送机结构示意图

图 1－6－69　螺旋输送机

螺旋输送机的优点是结构比较简单，维护方便，横断面的外形尺寸不大，便于在若干位置上进行中间卸载，具有良好的密封性。其缺点是单位动力消耗高，在移运过程中物料有严重的粉碎，螺旋和机壳有强烈的磨损。

螺旋输送机被广泛地应用在各种工业部门，用来输送各种各样的粉状和小块物料，如煤粉、水泥、砂、块煤、谷类等。由于它功率消耗大，所以多用在较低或中等生产率，输送距离不长的情况下，不宜输送易变质的黏性大的结块物料和大块物料。

螺旋输送机允许稍微倾斜使用，最大倾角不得超过 20°，但其中管形螺旋输送机，不但可以水平输送，也可倾斜输送或垂直提升，目前在国内外混凝土搅拌楼（站）上，水利水电工程常用管形螺旋输送机进行混凝土搅拌楼的水泥、粉煤灰的配料。

螺旋输送机的工作环境温度应在－20～50℃，输送物料的温度不得超过 200℃。

十一、斗式提升机

斗式提升机是利用一系列固接在牵引链或胶带上的料斗在竖直或接近竖直方向向上运送散料的提升机。斗式提升机如图 1－6－70 所示，斗式提升机结构示意图如图 1－6－71 所示。

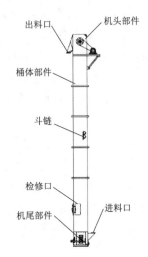

图 1-6-70　斗式提升机　　　　图 1-6-71　斗式提升机结构示意图

（一）工作原理

由料斗、驱动装置、顶部和底部滚筒（或链轮）、胶带（或牵引链条）、张紧装置和机壳等组成。料斗把物料舀起，随着输送带或链提升到顶部，绕过顶轮后向下翻转，将物料倾入槽内。

（二）适用条件

斗式提升机适用于低处往高处提升，供应物料通过振动台投入料斗后机器自动连续运转向上运送。提升高度一般在 60m 以下，最高已达 350m，生产效率通常小于 600t/h，最高已达 2000t/h。在水利水电工程中，斗式提升机多配置在水泥仓库、砂石破碎筛分工厂或混凝土工厂中，用来输送砂、细石、水泥等物料。

（三）分类

料斗装在胶带上的称为带斗提升机，提升速度一般为 1.0～2.5m/s，最高可达 5m/s，料斗装在胶带上的间距较大，卸载时物料主要依靠离心力抛出。料斗装在牵引链上的称为链斗提升机，提升速度一般为 0.4～1.0m/s，料斗密集布置，卸载时物料主要依靠重力沿前一料斗的斗背滑出。

（四）优缺点

机壳密闭，可以防止物料飞扬，占地面积较小，但要求均匀供料，以防底部堵塞。

斗式提升机适用于在垂直方向或在很大倾角下运送大量的粉状、粒状或块状物料。与其他形式的输送机相比较，斗式提升机的优点是平面上所占的外形尺寸小、结构简单，维护成本低、输送效率高、升运高度高、运行稳定、生产能力适应范围大等。缺点是过载较敏感，必须均匀给料。

十二、胶带输送机

胶带输送机俗称皮带机，是指用橡胶带作为输送带的带式输送机，如图 1-6-72 所示。

（一）适用条件

胶带式输送机主要适用于在矿山、工厂、建筑工地、化工、冶金、车站、码头等地方露天输送堆积容重为 $0.8 \sim 2.5 t/m^3$ 的各种块状、粒状等散状物料，可用于出渣、混凝土运输等，也可用于成件物品的输送。水利水电工程多用于搅拌楼配料、砂石系统及碾压混凝土入仓的输送。

（二）优点

它具有结构简单、输送均匀、连续、生产率高、运行平稳可靠、噪声低、对物料适应性强、运行费用低、维护方便等优点，可以实现水平或倾斜输送。

图 1-6-72 胶带输送机

第四节 起 重 机 械

一、概述

起重机械一般可分为轻小型起重设备、桥架型起重机和臂架型起重机三大类。

（1）轻小型起重设备，如千斤顶、葫芦、卷扬机等。

（2）桥架型起重机，如桥式起重机、龙门起重机等。

（3）臂架型起重机，如固定式回转起重机、塔式起重机、汽车起重机、轮胎起重机、履带起重机等。

根据《起重机设计规范》（GB/T 3811—2008），工作级别是起重机的一个主要技术参数，起重机整机工作级别由起重机的使用等级（起重机的使用频繁程度）和起重机的载荷状态级别（起重机承受载荷的大小）所决定，起重机的整机工作级别用符号 A 表示，其工作级别分为 8 级，即 A1～A8，其中：A1 工作级别最低，A8 工作级别最高。

二、缆索起重机

缆索起重机（简称缆机）是一种以柔性钢索作为大跨距架空支承构件（简称承载索）供悬吊重物的载重小车在承载索上往返运行，具有垂直运输（起升）和远距离水平运输（牵引）功能的起重机械。

（一）用途

缆机在水利工程混凝土大坝施工中常被用作主要的施工设备。此外，在渡槽架设桥梁建筑、码头施工、森林工业、堆料场装卸、码头搬运等方面也有广泛的用途，还可配用抓斗进行水下开挖。峡谷河床中的高坝（一般认为峡谷系数，即峡谷深与宽之比为 1：3 以上）用缆机施工较为有利，对于拱坝施工尤为适宜。

（二）特点

大中型水利工程浇筑大坝混凝土所用的缆机，一般具有以下特点：①跨距较大，采用密闭索作主索；②工作速度高，采用直流拖动。

1. 优点

水利水电工程用缆机施工与用门机、塔机-栈桥施工相比，主要优点如下：

（1）无需架设横跨两岸之间的施工栈桥，省去了栈桥费用，也避免了栈桥施工中的许多麻烦，例如浇筑栈桥下的混凝土等。

（2）缆机的工作与施工导流方案无关，且缆机操作时与地面其他施工机械的工作互不干扰、对于高坝也不存在需要分期架设高、低栈桥的问题，施工布置较易解决。

（3）缆机可在基坑混凝土浇筑前安装完毕，形成生产能力，而不需另用其他机械设备浇筑第一期混凝土，从而有利于施工第一年坝体度过汛期。

（4）缆机从工程初期投入使用后，一般可以一直工作到完工，且无须在汛期停止工作或撤出。

（5）缆机可采用较高的起升、下跨及小车运行速度（横移速度），因而其工效要比门机、塔机高得多。

（6）工程初期还可用缆机作为两岸间交通的手段。

2. 缺点

缆机也存在一定的局限性或缺点，主要缺点如下：

（1）缆机轨道基础的开挖和混凝土浇筑工程量一般都比较大，又都位于工地较高的位置，初期道路及施工设施不易跟上，使上述缆机准备工作困难较多。

（2）缆机是一种比较复杂的专用设备，其设计、制造、安装、调试所需周期较长，国内过去一般不少于两年时间（从最近发展情况看，还有可能缩短），必须提前订货和安排，不像门机、塔机通用性较强，制造安装周期较短。

（3）使用缆机，必须熟练掌握操作技术，技术上要求较高，操作人员必须经过较长时间的培训（3～6个月以上）。

（4）缆机与门机、塔机相比，单台造价要昂贵得多。

（5）缆机的转用性较差，转用到下一工程时，往往必须加以不同程度的改造，有时由于工程条件不适宜，甚至会被长期搁置或废弃。

当然，以上这些优缺点只是相对的和有条件的，是否能真正发挥缆机施工的优点主要还是取决于工程设计及地形地质等条件。

（三）缆机的类型

缆机有许多分类的方法，如按其主索的数量分为单索、双索及四索缆机，或按工作速度的高低分为高速、低速缆机等。但缆机作为一种专用的起重设备，其根本的特点是因地制宜地设置，因此按缆机主索两端支点的运动（或固定）情况来划分，最能从本质上反映其区别。由此，可将缆机分为六种基本机型，从这些基本机型的基础上发展起来了若干派生机型和复合机型。

基本机型缆机包含固定式、摆塔式（摇摆式）、平移式、辐射式（单弧移式）、索轨式、拉索式六种类型。

（1）固定式缆机。固定式缆机主索两端的支点固定不动，其工作的覆盖范围只有一条直线。在大坝施工中，一般只能用于辅助工件，如吊运器材、安装设备、转料及局部浇筑混凝土等，近年还用于碾压混凝土筑坝。固定式缆机由于支承主索的支架不带运行机构，

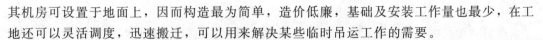

其机房可设置于地面上，因而构造最为简单，造价低廉，基础及安装工作量也最少，在工地还可以灵活调度，迅速搬迁，可以用来解决某些临时吊运工作的需要。

（2）摆塔式（摇摆式）缆机。摆塔式（摇摆式）缆机属于为了扩大固定式缆机的覆盖范围所做的改进形式。其支承主索的桅杆式高塔根部铰支于地面的球绞支承座上，顶部后侧用固定纤锁拉住，而左右两侧通过铰车用活动纤索牵拉，将左右活动纤索同时一收一放，便可使桅杆塔向两侧摆动。一般多为两岸桅杆塔同步摆动，覆盖范围为一狭长矩形，称为双摆塔式。也可一岸为摆动桅杆塔，另一岸为固定支架，其覆盖范围为一狭长梯形，称为单摆塔式。对于单摆塔式，如果固定支架采用低矮的锚固支座，则造价可降低不少。

摆塔式缆机适用于坝体为狭长条形的大坝施工，有时可以几台并列布置；也有的工程用在工程后期浇筑坝体上部较窄的部位；也可用来浇筑溢洪道。

摆塔式缆机的绞车机房大多另行设置在地面上，但也有的小型缆机将绞车设在桅杆塔近根部的平台上，并随塔摆动。

（3）平移式缆机。平移式缆机属于是实践中应用较广的一种机型。其支承主索的两支架均带有运行机构，可在河道两岸平行铺设的两组轨道上同步移动，一岸带有工作绞车、电气设备及机房等支架，另一岸的支架称为尾塔或副塔。平移式缆机的覆盖面为一矩形，只要加长两岸轨道的长度，便可增大矩形覆盖面的宽度，扩大工作范围，因而可适用于多种坝型，并可根据工程规模，在同组轨道上布置若干台，一般最多为 3～4 台，但也有例外，如巴西伊泰普工程布置有 7 台。与辐射式相比，平移式的轨道可较接近岸边布置，从而采用较小的主索跨度。但平移式缆机在各种缆机中基础准备的工程量最大，当两岸地形条件不利时，较难经济地布置。其机房必须设置在移动支架上，构造比较复杂，比其他机型造价要昂贵得多。

现今平移式缆机完全可以根据两岸地形，分别采取不同的支架形式。如图 1-6-73 所示。

图 1-6-73　缆索起重机实景

（4）辐射式（单弧移式）缆机。辐射式（单弧移式）缆机一半是固定式一半是平移式，在一岸设有固定支架，而另一岸设有大致上以固定支架为圆心的弧形轨道上行驶的移动支架。其机房（包括绞车及电气设备等）一般设置在固定支架附近的地面上，各工作索则通过导向滑轮引向固定支架顶部，因此，固定支架习惯上称为主塔，移动支架称为副塔。贵州省的东风电站施工时采用了两台辐射式缆机供大坝施工，取得了较好的效果。在构造上主塔和固定式缆机支架的不同在于主塔顶部设有可摆动的设施，而副塔和移动式缆机的不同在于副塔的运行台车具有能在弧形轨道上运行的构造。如图 1-6-74 所示。

辐射式缆机的覆盖范围为一扇形面，特别适用于拱坝及狭长条形坝型的施工。为了增加覆盖范围，也为了便于相邻两机能同时浇筑坝肩部位，在相同条件下，辐射式缆机往往比平移式缆机要采用较大的跨距。如图 1-6-75 所示。

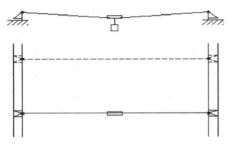

图 1-6-74 平移式缆索起重机布置示意图　　　图 1-6-75 辐射式缆索起重机布置示意图

与平移式缆机相比，辐射式缆机具有布置灵活性大，基础工程量小，造价低，安装及管理方便等优点，故在选定机型时应优先予以考虑。

（5）索轨式缆机。索轨式缆机是以架空的钢索（被称为轨索）来代替地面轨道支承主索的末端（大车），并用绞车牵引钢索来实现大车沿轨索的运行。

索轨式缆机的基础工程量小，并因其工作速度低，可采用交流拖动（涡流制动器调速），使造价更为低廉，特别适用于中小型水利水电工程。

（6）拉索式缆机。拉索式缆机构造原理与索轨式相近，唯一区别在于不另用索轨而让大车牵引索直接支承主索末端，所谓大车不是带车轮的"车"，而是带主索接头和工作索导向滑轮组并与大车牵引索两端连接的一个部件。

由于拉索式缆机的大车牵引索主要承受很大的压力，因而可达到的起重量较小，一般起重量不超过 4.5t。其构造简单，造价比同参数的索轨式缆机低，宜用于小型工程。

三、门座式起重机

门座式起重机是一种全回转臂起重机。其桥架通过两侧支腿支承在地面轨道或地基上。作为大中型水利水电工程混凝土大坝施工用的主力设备，针对性很强。如图 1-6-76 所示。桥架通过两侧支腿支承在地面轨道或地基上的臂架型起重机。其具有沿地面轨道运行，下方可通过铁路车辆或其他地面车辆。可转动的起重装置装在门形座架上的一种臂架型起重机。门形座架的 4 条腿构成 4 个"门洞"，可供铁路车辆和其他车辆通过。门座起重机大多沿地面或建筑物上的起重机轨道运行，进行起重装卸作业。

四、塔式起重机

塔式起重机是指臂架安置在垂直的塔身顶部的可回转臂架型起重机，由金属结构、工作

图 1-6-76 门座式起重机

126

机构和电气系统三部分组成，金属结构包括塔身、动臂、底座、附着杆等。如图 1-6-77 和图 1-6-78 所示。其工作机构有起升、变幅、回转和行走四部分。电气系统包括电动机、控制器、配电框、联结线路、信号及照明装置等，主要用于多层和高层建筑施工中材料的垂直运输和构件安装，常用于中小型水利工程大坝、厂房的施工。

图 1-6-77 塔式起重机实景图

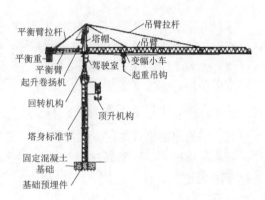

图 1-6-78 塔式起重机结构示意图

（一）分类

塔式起重机分上旋转式和下旋转式两类。

1. 上旋转式

塔身不转动，回转支承以上的动臂、平衡臂等，通过回转机构绕塔身中心线做全回转。根据使用要求，又分运行式、固定式、附着式和内爬式。运行式塔式起重机可沿轨道运行，工作范围大，应用广泛，宜用于多层建筑施工；如将起重机底座固定在轨道上或将塔身直接固定在基础上就成为固定式塔式起重机，其动臂较长；如在固定式塔式起重机塔身上每隔一定高度用附着杆与建筑物相连，即为附着式塔式起重机，它采用塔身接高装置使起重机上部回转部分可随建筑物增高而相应增高，用于高层建筑施工；将起重机安设在电梯井等井筒或连通的孔洞内，利用液压缸使起重机根据施工进程沿井筒向上爬升者称为内爬式塔式起重机，它节省了部分塔身、服务范围大、不占用施工场地，但对建筑物的结构有一定要求。

2. 下旋转式

回转支承装在底座与转台之间，除行走机构外，其他工作机构都布置在转台上一起回转。除轨道式外，还有以履带底盘和轮胎底盘为行走装置的履带式和轮胎式。它整机重心低，能整体拆装和转移，轻巧灵活，应用广泛，宜用于多层建筑施工。

（二）特点

1. 优点

（1）具有一机多用的机型（如移动式、固定式、附着式等），能适应施工的不同需要。

（2）附着后升起高度可达 100m 以上。

（3）有效作业幅度可达全幅度的 80%。

（4）可以载荷行走就位。

（5）动力为电动机，可靠性、维修性都好，运行费用极低。

2. 缺点

(1) 机体庞大，除轻型外，需要解体，拆装费时、费力。

(2) 转移费用高，使用期短不经济。

(3) 高空作业，安全要求高。

(4) 需要构筑基础。

3. 大型塔式起重机主要特点

(1) 起重力矩特别大，为 6300~40000kN·m；起重臂铰点高度在 50m 以上近 100m。

(2) 结构采用拆拼式构造，以便装拆和运输转移。

(3) 大多采用动臂式机型，在轨道上运行，并带有可供车辆通过的门座。

(4) 能吊着重物从轨道一端行驶到另一端，适应较长时间运行的工况。

(5) 轮压一般控制在 250kN 左右，大车运行机构常采用双轨台车。

五、门式起重机（龙门式起重机）

门式起重机是指桥架通过两侧支腿支承在地面轨道或地基上的桥架型起重机。如图 1-6-79 所示。

图 1-6-79　门式起重机

（一）分类

(1) 门式起重机按其取物装置，可分为吊钩、抓斗、电磁吸盘及两用或三用等。

(2) 门式起重机按其结构型式，可分为桁架式、箱形板梁式、管形梁式、混合结构式等。

(3) 门式起重机按其支腿的外形，可分为八字形、O 形、L 形、C 形及半门架形等。

(4) 门式起重机按其载重小车的构造，可分为电动葫芦、自行式小车、钢丝绳牵引小车、带臂架小车等。

此外，还可分为单梁或双梁、单悬臂、双悬臂或无悬臂、轨道式或轮胎式等。

（二）特点

大型工程施工中所用的门式起重机，主要用于露天组装场和仓库的吊装运卸作业，一般为吊钩式轨道门式起重机，但作为一种施工机械，除具有拆装、运输便利的特点外，有以下特点：

(1) 常采用桁架式结构、八字支腿，因其自重较轻、造价较低。

(2) 主钩很少起升额定载荷，因此起重机的工作级别不需很高，一般在 A3~A4。

(3) 一般用地面拖曳电缆通过电缆卷筒（配重式）向机上供电（电流电压 380V）。

(4) 轨道多用临时性的碎石基础，根据地基的承载能力，一般采用较低的大车轮压，如 250kN 左右。

六、桥式起重机

桥式起重机俗称天车、桁车、桥吊，横架于厂房车间内或室外吊车梁上，桥架沿厂房墙壁立柱上的轨道运行，作短距离起重运输货物的桥式类型起重机。如图 1-6-80 和图 1-6-81 所示。由于它的两端坐落在高大的水泥柱或者金属支架上，形状似桥，因此得名。一般广泛用于室内外仓库、厂房、码头和露天储料场等处。

在水电站中，主厂房内的桥式起重机主要承担厂内机电设备的安装和检修时的起吊工作。

图 1-6-80　桥式起重机

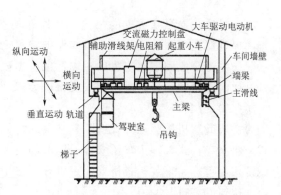

图 1-6-81　桥式起重机结构示意图

（一）工作结构

桥架是桥式起重机的基本构件，它由主梁、端梁、走台等部分组成。主梁跨架在跨间上空，有箱形、桥架、腹板、圆管等结构型式。主梁两端连有端梁，在两主梁外侧安有走台，设有安全栏杆。在驾驶室一侧的走台上装有大车移行机构，在另一侧走台上装有往小车电气设备供电的装置，即辅助滑线。在主梁上方铺有导轨，供小车移动。整个桥式起重机在大车移动机构拖动下，沿车间长度方向的导轨上移动。桥式起重机由大车行走机构、小车行走机构、起升机构、大车车架、小车车架、行走支承装置、司机室、缓冲器和电气设备等组成。

1．大车

"大车"一般是指起重机的桥架运行机构，大车移行机构由大车拖动电动机、传动轴、减速器、车轮及制动器等部件构成，驱动方式有集中驱动与分别驱动两种。

2．小车

"小车"是起升机构的运行部分，沿着桥吊大梁纵向行走，可以适应起吊件的位置，小车安放在桥架导轨上，可顺着车间的宽度方向移动。小车主要由钢板焊接而成，由小车架以及其上的小车移行机构和提升机构等组成。

小车移行机构由小车电动机、制动器、联轴节、减速器及车轮等组成。小车电动机经减速器驱动小车主动轮，拖动小车沿导轨移动，由于小车主动轮相距较近，故由一台电动机驱动。小车移行机构的传动形式有两种：一种是减速箱在两个主动轮中间；另一种是减速箱装在小车的一侧。减速箱装在两个主动轮中间，使传动轴所承受的扭矩比较均匀；减速箱装在小车的一侧，使得安装与维修比较方便。

提升机构由提升电动机、减速器、卷筒、制动器等组成。提升电动机经联轴器、制动轮与减速器连接，减速器的输出轴与缠绕钢丝绳的卷筒相连接，钢丝绳的另一端装吊钩，当卷筒转动时，吊钩就随钢丝绳在卷筒上的缠绕或放开而上升或下降。对于起重量在 15t

及以上的起重机，备有两套提升机构，即主钩与副钩。重物在吊钩上随着卷筒的旋转获得上下运动；随着小车在车间宽度方向获得左右运动，并能随大车在车间长度方向做前后运动。这样就可实现重物在垂直、横向、纵向三个方向的运动，把重物移至车间任意位置，完成起重运输任务。

3. 操纵室

操纵室是操纵起重机的吊舱，又称驾驶室。操纵室内有大车和小车移行机构控制装置、提升机构控制装置及起重机的保护装置等。

操纵室一般固定在主梁的一端，也有少数装在小车下方随小车移动的。操纵室的上方开有通向走台的舱口，供检修人员检修大车、小车机械与电气设备时上下。

(二) 分类

桥式起重机按驱动方式有手动和电动两种；按构造分为单梁桥式、双梁桥式、多梁桥式、双小车桥式、多小车桥式等；按取物装置分吊钩式桥式起重机、抓斗桥式起重机、电磁桥式起重机、集装箱式桥式起重机等；按用途分为通用桥式起重机、冶金桥式起重机、防爆桥式起重机。

当前，多数水电站主厂房内选用单小车电动双梁桥式起重机。电动双梁双小车在大型水电站主厂房内设计使用。

(三) 参数

桥式起重机的主要技术参数有额定起重量、跨度、提升高度、运行速度、提升速度、工作类型及电动机的通电持续率等。

1. 额定起重量

额定起重量指起重机实际允许的起吊最大负荷量，以 t 为单位。对于固定式吊具的起重机，其额定起重量是指吊挂在起重机固定吊具上重物的最大质量；对于可分式吊具的起重机，其额定起重量是指可分吊具的质量与吊挂在起重机可分吊具上重物的最大质量之和。当设有主、副钩时，额定起重量用分式表示：分子表示主钩起重量，分母表示副钩起重量。如 20/5 起重机表示主钩额定起重量为 20t，副钩额定起重量为 5t。

2. 跨度

跨度又称为跨距，指起重机主梁两端车轮中心线间的距离，即大车轨道中心线之间的距离，以 m 为单位。桥式起重机跨度有 10.5m、13.5m、16.5m、19.5m、22.5m、25.5m、28.5m、31.5m 等多种，每 3m 为一个等级。

3. 提升高度

提升高度指起重机的吊具或抓取装置（如抓斗、电磁吸盘）的上极限位置与下极限位置之间的距离，称为起重机的提升高度，以 m 为单位。起重机一般常用的提升高度有12m/16m、12m/14m、12m/18m、16m/18m、19m/21m、20m/22m、21m/23m、22m/26m、24m/26m 等几种。其中分子为主钩提升高度，分母为副钩提升高度。

4. 运行速度

运行速度是指大车、小车移动机构在其拖动电动机以额定转速运行时所对应的速度，以 m/min 为单位。小车运行速度一般为 40～60m/min，大车运行速度一般 100～135m/min。提升速度是指提升机构的电动机以额定转速使重物上升的速度。一般提升速度不超过 30m/min，依重物性能、重量、提升要求来决定。

七、履带式起重机

履带式起重机是利用履带行走的动臂旋转用于高层建筑施工的自行式起重机。履带式起重机的上车部分装在履带底盘上，其行走轮在自带的无端循环履带链板上行走，履带与地面接触面积大，通过性好，适应性强，可带载行走，平均接地比压小，故可在松软、泥泞的路面上行走，适用于建筑工地的吊装作业，更适合在地面情况恶劣的场所进行装卸和安装作业，但因行走速度缓慢，长距离转移工地需要其他车辆搬运。如图 1-6-82 和图 1-6-83 所示。

图 1-6-82　履带式起重机

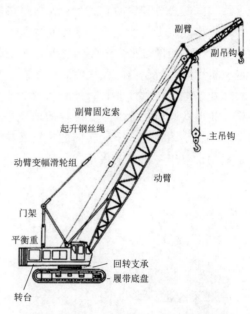

图 1-6-83　履带式起重机结构示意图

（一）结构

履带式起重机由起重臂、上转盘、下转盘、回转支承装置、机房、履带架、履带以及起升、回转、变幅、行走等机构和电气附属设备等组成。除行走机构外，其余各机构都装在回转平台上。行走机构为两条链式履带；回转机构为装在底盘上的转盘，使机身可回转360°。起重臂下端铰接于机身上，随机身回转，顶端设有两套滑轮组（起重及变幅滑轮组），钢丝绳通过起重臂顶端滑轮组连接到机身内的卷扬机上，起重臂可分节制作并接长。其动力为柴油机，传动形式有机械传动、电力-机械传动和液压传动三种。

（二）优缺点

履带式起重机的牵引系数高，约为汽车式起重机和轮胎式起重机的 1.5 倍，故其爬坡能力大，可在崎岖不平的场地上行驶；又由于履带支承面宽，故其稳定性好，作业时无须设置支腿。大型履带式起重机为了提高作业稳定性，将履带装置设计成可横向伸展，工作时可以扩大支承宽度，行走时又可缩小，以改善通过性能。履带式起重机上的吊臂一般是固定式桁架臂，因其行驶速度很慢（1~5km/h），且履带易损坏路面，所以转移作业场地时需通过铁路平车或公路平板拖车装运。履带底盘较为笨重，用钢量大，与同功率的汽车起重机和轮胎式起重机相比，自重约重50%，价格也较贵。近年来小型履带式起重机已逐步被机动灵活的伸缩臂汽车起重机和轮胎式起重机所取代。但起重量大于90t的大型履带式起重机，由于它的接地比压小，爬坡能力大，稳定性好，又能带负荷移动，所以仍得到迅速发展。

履带式起重机操作灵活，使用方便，有较大的起重能力，在平坦坚实的道路上还可负载行走，更换工作装置后可成为挖土机或打桩机，是一种多功能机械。

八、汽车式起重机和轮胎式起重机

汽车式起重机和轮胎式起重机又统称为轮式起重机，如图1-6-84和图1-6-85所示。其是指起重工作装置安装在轮胎底盘上自行回转式起重机械，两者在结构、性能和用途方面有很多相同之处，只不过汽车起重机采用通用载重汽车底盘或专用汽车底盘，轮胎式起重机则采用特制的轮胎底盘，汽车式起重机行驶速度高，多在60km/h以上，可迅速转移作业场地、行驶性能符合公路法规的要求，作业时必须伸出外伸支腿，一般不能吊重行走。轮胎式起重机能在坚实平坦的地面吊重行走，一般行驶速度不高。近年来出现了能高速行驶、全轮驱动、全轮转向的全路面越野轮胎式起重机，是集汽车式起重机和轮胎式起重机的优点于一体的新机种。

图1-6-84 汽车式起重机

图1-6-85 轮胎式起重机

(一) 分类

1. 按起重量分类

起重量3～16t为小型；16～65t为中型；65～125t为大型；125t以上为特大型。常用轮式起重机的起重量为16～40t。

2. 按臂架型式分类

可分为桁架臂式和箱型伸缩臂式两种。桁架臂用钢丝绳滑轮组变幅，箱型伸缩臂用液压缸变幅。由于箱型伸缩臂的各节平时可收缩在基本臂内，不致妨碍车辆高速行驶。工作时又可及时逐节外伸或收缩，以改变起升高度和幅度，十分便捷，因而得到更加广泛的应用。

3. 按传动类型分类

汽车式起重机和轮胎式起重机的动力装置通常是内燃发动机（多数是柴油机）。从动力装置到各工作装置间的动力传递有机械传动、电传动和液压传动三种形式。在现代轮胎式起重机上，机械传动已很少采用，电传动多用于大型桁架臂轮式起重机，液压传动应用最广。

（二）组成

汽车式起重机和轮胎式起重机均由取物装置（主要是吊钩）、臂架（起重臂）、上车回转部分、回转支承部分、下车行走部分、支腿和配重等组成。按一般习惯，把取物装置、臂架配重和上车回转部分统称为上车部分，其余称为下车部分。

（三）用途

汽车式起重机和轮胎式起重机广泛应用于建筑工地、露天货场、仓库、车站、码头、车间等生产部门，从事装卸及安装等工作。在水利水电工程中常用于构筑物或设备的安装，在火电厂施工中常用于锅炉和厂房的吊装。它特别适用于工作点分散、货物零星的装卸和安装作业。

九、随车起重运输车

随车起重运输车简称随车吊，是一种通过液压举升及伸缩系统来实现货物的升降、回转、吊运的设备，通常装配于载货汽车上。如图1-6-86所示。一般由载货汽车底盘、货厢、取力器、吊机组成。

随车起重机的优点是机动性好，转移迅速，可以集吊装与运输功能于一体，提高资源利用率，售价也比汽车吊便宜很多。缺点是工作时须支腿，也不适合在较大坡度、松软或泥泞的场地上工作，吊装性能方面比不上汽车吊。近几年，水利工程施工中转运小型设备材料、维修救援等也成为常用的设备。

图1-6-86　随车起重运输车

十、张拉千斤顶

张拉千斤顶是用于张拉钢绞线等预应力筋的专用千斤顶。张拉千斤顶需与张拉油泵配合使用，张拉和回顶的动力均由张拉油泵的高压油提供。

（一）特点及应用

张拉千斤顶结构紧凑，张拉时工作平稳，油压高，张拉力大，广泛应用于公路桥梁、铁路桥梁、水电坝体、高层建筑、高边坡等预应力施工工程。预应力张拉千斤顶装置的张拉力值准确与否，将直接影响工程质量及安全生产。因此，对其进行校准，出具准确可靠的检测数据非常重要。

（二）分类

根据结构的不同可分为前卡式千斤顶和穿心式千斤顶。

1. 前卡式千斤顶

前卡式千斤顶主要用于各种有黏结筋和无黏结筋的单根张拉，适用于单孔张拉、群锚的逐根张拉、故障排除、退锚、补张拉。就预应力筋强度而言，可以张拉2000级以下

ϕ15.24 钢绞线、ϕ12.7 钢绞线，如果更换/卸下各零部件，可以张拉精轧螺丝纹筋、螺纹钢等。该千斤顶体积小、重量轻、效率高。重要的是由于前卡式千斤顶的钢绞线预留长度短（约 260mm），尤其适合高空或空间位置较小的地方作业，如图 1-6-87 和图 1-6-88 所示。前卡式千斤顶须与大于等于 63MPa 的双回路油泵配套使用。

图 1-6-87　前卡式千斤顶

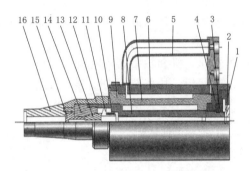

图 1-6-88　前卡式千斤顶结构示意图

1—压紧螺母；2—后端盖；3—螺母；4—后密封板；5—把手；6—油缸；7—活塞；8—拉杆；9—前端盖；10—回程弹簧；11—弹簧座；12—支承套；13—工具夹片；14—锚环；15—松卡环；16—承压头

2. 穿心式千斤顶

穿心式千斤顶是利用双液压缸张拉预应力筋和顶压锚具的双作用千斤顶，主要用于群锚整体张拉。该千斤顶操作简单，性能可靠，并最大程度节约钢绞线。千斤顶主要配合预应力锚具及张拉设备等产品运用于桥梁等工程建设中，大跨度结构、长钢丝束等引伸量大者，用穿心式千斤顶为宜。如图 1-6-89 和图 1-6-90 所示。

图 1-6-89　穿心式千斤顶

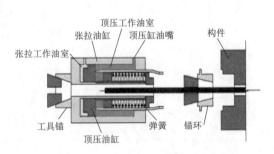

图 1-6-90　穿心式千斤顶结构示意图

十一、卷扬机

卷扬机用卷筒缠绕钢丝绳或链条提升或牵引重物的轻小型起重设备，又称绞车。卷扬机可以垂直提升、水平或倾斜拽引重物。卷扬机分为手动卷扬机、电动卷扬机及液压卷扬机三种，以电动卷扬机为主，可单独使用，也可作起重、筑路和矿井提升等机械中的组成部件，因操作简单、绕绳量大、移置方便而广泛应用。其主要运用于建筑、水利工程、林业、矿山、码头等的物料升降或平拖，是水利水电工程拉模的常用牵引设备。慢速卷扬机如图 1-6-91 所示，手控快速卷扬机如图 1-6-92 所示。

图 1-6-91　慢速卷扬机　　　　　　　　图 1-6-92　手控快速卷扬机

（一）组成及分类

卷扬机由原动机、减速装置、制动器、挠性件、机架和控制部分组成。如图 1-6-93 所示。按驱动方式分为手动、气动、液压传动和电动四种；按绳速方式分为快速、慢速和多速；按卷筒数分为单卷筒、双卷筒及多卷筒。它可单独应用，也可作为其他起重机械或建筑机械的一个机构。

（二）参数

卷扬机钢丝绳额定拉力、卷扬机钢丝绳额定速度、卷扬机钢丝绳偏角和卷筒容绳量等是卷扬机的重要工作参数。

通常提升高于 30t 的卷扬机为大吨位卷扬机，最大吨位可达 65t。其主要细分为 JK（快速），JM、JMW（慢速），JT（调速），JKL、2JKL 手控快速等系列卷扬机，广泛应用于工矿、冶金、起重、建筑、化工、路桥、水电安装等起重行业。

图 1-6-93　JT 卷扬机

十二、电动葫芦

电动葫芦是一种特起重设备，安装在天车、龙门吊之上，电动葫芦具有体积小，自重轻，操作简单，使用方便等特点，用于工矿企业，仓储，码头等场所，水利水电工程常用于预制厂、钢筋加工厂等。如图 1-6-94 和图 1-6-95 所示。

电动葫芦主要由电机、传动机构、卷筒或链轮组成。工程中常用钢丝绳电动葫芦，其结构及特点为采用了机电一体化设计，更换不同的模具，即可压制不同规格的钢丝绳，支配简便、安全，检查、装置、维护电机方便。

电机装在卷筒内的电动葫芦，其主要缺点为电机散热前提差、分组性差，供电装置、制造与装配复杂。

图 1-6-94 双桥电动葫芦　　　　　　图 1-6-95 单梁电动葫芦

　　电机装在卷筒外面的电动葫芦，其主要优点为分组性好、通用化程度高、改变起升高度容易、装置检验便利。

第五节　砂石料加工机械

一、破碎机械

（一）颚式破碎机

　　颚式破碎机俗称颚破，又名老虎口。由动颚和静颚两块颚板组成破碎腔，模拟动物的两颚运动而完成物料破碎作业的破碎机。颚式破碎机主要由固定颚板、活动颚板、机架、上下护板、调整座、动颚拉杆等组成。如图 1-6-96 和图 1-6-97 所示。

图 1-6-96 颚式破碎机

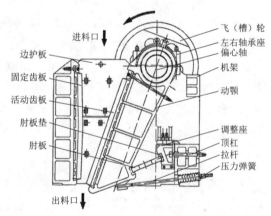

图 1-6-97 颚式破碎机结构示意图

　　1. 应用范围

　　颚式破碎机广泛运用于矿山冶炼、建材、公路、铁路、水利和化工等行业中各种矿石与大块物料的破碎，是水利水电工程施工中砂石加工系统常用的破碎机械，主要用于大中型砂石加工系统的初碎。

2. 特点

噪声低，粉尘少；其破碎比大，产品粒度均匀；结构简单，工作可靠，运营费用低；润滑系统安全可靠，部件更换方便，设备维护保养简单；破碎腔深而且无死区，提高了进料能力与产量；设备节能，单机节能 15%～30%，系统节能 1 倍以上，排料口调整范围大，可满足不同用户的要求。

（二）反击式破碎机

反击式破碎机又叫反击破，反击式破碎机是一种利用冲击能来破碎物料的破碎机械。石料由机器上部直接落入高速旋转的转盘，在高速离心力的作用下，与另一部分以伞形方式分流在转盘四周的飞石产生高速碰撞与高密度的粉碎，石料在互相打击后，又会在转盘和机壳之间形成涡流运动而造成多次的互相打击、粉碎。如图 1-6-98 和图 1-6-99 所示。

图 1-6-98　反击式破碎机

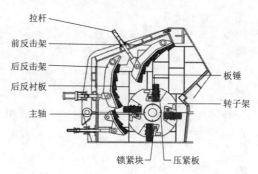

图 1-6-99　反击式破碎机结构示意图

1. 工作原理

反击式破碎机是一种利用冲击能来破碎物料的破碎机械，机器工作时，在电动机的带动下，转子高速旋转，物料进入板锤作用区时，与转子上的板锤撞击破碎，随后又被抛向反击装置上再次破碎，然后又从反击衬板上弹回到板锤作用区重新破碎，此过程重复进行，物料由大到小进入一、二、三反击腔重复进行破碎，直到物料被破碎至所需粒度，由出料口排出。

2. 应用范围

反击式破碎机主要用于冶金、化工、建材、水电等经常需要搬迁作业的物料加工，特别适用于高速公路、铁路、水电工程等流动性石料的作业，可根据加工原料的种类、规模和成品物料要求的不同采用多种配置形式。

（三）锤式破碎机

锤式破碎机是以冲击形式破碎物料的一种设备，分单转子和双转子两种形式，是直接将最大粒度为 600～1800mm 的物料破碎至 25mm 或 25mm 以下的一段破碎用破碎机。锤式破碎机由箱体、转子、锤头、反击衬板、筛板等组成。如图 1-6-100 和图 1-6-101 所示。

1. 工作原理

锤式破碎机靠冲击能来完成破碎物料作业，工作时电机带动转子作高速旋转，物料均匀地进入破碎机腔中，高速回转的锤头冲击、剪切撕裂物料致使物料被破碎，同时，物料

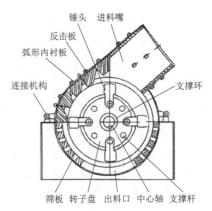

图 1-6-100 锤式破碎机　　　　　图 1-6-101 锤式破碎机结构示意图

自身的重力作用使物料从高速旋转的锤头冲向架体内挡板、筛条，大于筛孔尺寸的物料阻留在筛板上继续受到锤子的打击和研磨，直到破碎至所需出料粒度，最后通过筛板排出机外。

2. 特点

工作锤头采用新工艺铸造，耐磨、耐冲击；根据实际要求，可以调节需要的粒度；锤破机体结构密封，解决了破碎车间的粉尘污染和机体漏灰问题；具有整体设计造型美观、结构紧凑，易损件少，维修方便等优点。

3. 适用范围

锤式破碎机适用于在水泥、化工、电力、冶金等工业部门破碎中等硬度的物料，如石灰石、炉渣、焦炭、煤等物料的中碎和细碎作业。

（四）圆锥破碎机

圆锥破碎机是一种适用于冶金、建筑、筑路、化学及硅酸盐行业中的原料破碎机械。圆锥破碎机主要由机架、传动轴、偏心套、球面轴承、破碎圆锥、调整装置、调整套、弹簧以及下料口等部分组成。如图 1-6-102 和图 1-6-103 所示。

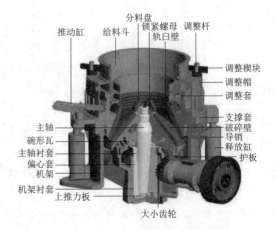

图 1-6-102 圆锥破碎机　　　　　图 1-6-103 圆锥破碎机结构示意图

1. 工作原理

电动机通过传动装置带动偏心套旋转，动锥在偏心轴套的作用下做旋转摆动，动锥靠近静锥的区段即成为破碎腔，物料受到动锥和静锥的多次挤压和撞击而破碎。

2. 结构特点

由于有保险装置，大大减小了停机时间；机体为铸钢结构，在重载部位设置有加强筋；含调整器，可快速调整破碎出料粒度的大小；提供弹簧式保护装置；具有完整的润滑系统，当油温过高或油流速过慢时将自动关闭；内部结构密封性能好，可有效地保护设备免受粉尘及其他小颗粒的侵害；使用寿命较长，适用性强。

3. 适用范围

圆锥破碎机破碎比大、效率高、能耗低，产品粒度均匀，适合中碎和细碎各种矿石，岩石，产能高，质量好。

（五）重锤式破碎机

重锤式破碎机是锤式破碎机系列中技术比较先进的一种设备，可实现一次投料成型，具有高效、节能环保的特点。成料能按照需求进行调整，粗、中、细各种规格齐全；无片状、无光滑体、多角多棱保证抗压强度。特别适应大型工程中等硬度和脆性物料（如石灰石、煤等物料）的加工。如图1-6-104和图1-6-105所示。

图1-6-104　重锤式破碎机

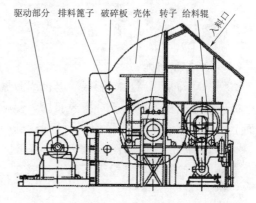

驱动部分　排料篦子　破碎板　壳体　转子　给料辊　入料口

图1-6-105　重锤式破碎机结构示意图

1. 工作原理

物料自上部给料口给入机内，受高速运动的锤子的打击、冲击、剪切、研磨作用而粉碎。在转子下部，设有筛板，粉碎物料中小于筛孔尺寸的粒级通过筛板排出，大于筛孔尺寸的粗粒级阻留在筛板上继续受到锤子的打击和研磨，最后通过筛板排出机外。

2. 特点

去掉了颚式机的初破过程，成为大小物料一次完成破碎的机型；结构简单、破碎比大、产量大、效率高、动力小，节约了人力物力，降低了物料的破碎成本；破碎的石料，规格齐全，均匀清晰；具有入料粒度大，细碎比大，效率高；结构简单，装配紧凑，重量较轻；产品粒度均匀，过碎粉少；维修方便，磨损小；电耗低等优点，可作为中、细物料的破碎设备，是目前砂石系统常用的破碎设备。

二、筛分机械

(一) 圆振动筛

圆振动筛是一种做圆形振动、多层数、高效的新型振动筛。圆振动筛主要由筛箱、筛网、振动器及减振弹簧等组成。如图1-6-106和图1-6-107所示。圆振动筛采用筒体式偏心轴激振器及偏块调节振幅，物料筛筛分规格多，具有结构可靠、激振力强、筛分效率高、振动噪声小、坚固耐用、维修方便、使用安全等特点。该振动筛广泛应用于矿山、建材、交通、能源、化工、水利水电工程等行业的产品分级，是大中型砂石系统常用的筛分设备之一。

图1-6-106 圆振动筛

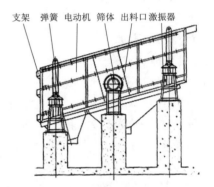

图1-6-107 圆振动筛结构示意图

(二) 重型振动筛

重型振动筛采用新型节能振动电机或激振器作振动源，橡胶弹簧支撑并隔振，利用振动电机或普通电机外拖动或自振源驱动，使筛体沿激振力方向作周期性往复振动，物料在筛面上沿直线方向作抛物线运动，从而达到筛分目的，是大中型砂石系统常用的筛分设备之一。如图1-6-108和图1-6-109所示。

重型振动筛具有处理量大、筛分效率高、筛网更换方便、安装及维修简便等特点。

图1-6-108 重型振动筛

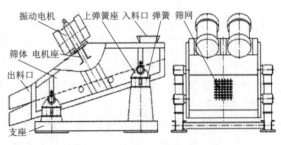

图1-6-109 重型振动筛结构示意图

(三) 直线式振动筛

直线式振动筛利用振动电机激振作为振动动力来源，使物料在筛网上被抛起，同时向前做直线运动，物料从给料机均匀地进入筛分机的进料口，通过多层筛网产生数种规格的筛上物、筛下物分别从各自的出口排出。如图1-6-110和图1-6-111所示。

直线式振动筛具有耗能低、产量高、结构简单、易维修、全封闭等特点，无粉尘溢散，自动排料，更适合于流水线作业，是目前小型水利水电工程常用的筛分机械。

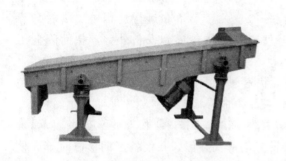

图1-6-110 直线式振动筛

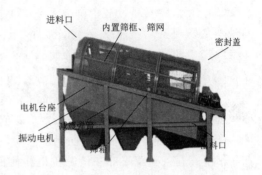

图1-6-111 直线式振动筛结构示意图

（四）笼式滚筒筛分机

1. 工作原理

滚筒筛分机由中心分离筒、减速机、电动机、集料斗、机架、密封罩、进料口等组成，电机带动减速机旋转，经过减速机减速，带动分离筒中心的主轴旋转。如图1-6-112和图1-6-113所示。中心分离筒由若干个圆环状扁钢圈组成的筛网固定在主轴上，与地平面呈一定倾斜状态，工作中物料从中心分离筒上端进料口进入筒网，在分离筒旋转过程中，物料在重力作用下自上而下通过圆环状扁钢组成的筛网间隔中得到分离，物料从分离筒下端集料斗口排出。设备中设有板式自动清筛机构，在分离过程中，通过清筛机构与筛体的相对运动，由清筛机构对筛体进行连续"梳理"，使筛体在整个工作中始终保持清洁，不会因筛孔堵塞而影响筛分效率。常用于天然砂石料的筛分。

图1-6-112 笼式滚筒筛分机

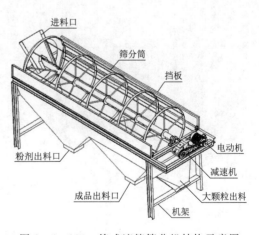

图1-6-113 笼式滚筒筛分机结构示意图

2. 设备特点

（1）筛分效率高。设备设有板式清筛机构，在筛分过程中，不管进入分离筛的物料多黏，多湿，多杂，通过清筛机与筛体的相对运动，永远堵塞不了筛网，从而提高了设备的筛分效率。

（2）工作环境好。整个筛分机构均设计在密封防尘罩内，彻底消除了筛分过程中的粉尘飞扬现象，从而改善了工作环境；设备噪音低，设备在运行过程中，物料与旋转筛网产生的噪音完全由密封防尘罩隔离，使噪音无法传递到设备外部，从而降低了设备噪音。

（3）使用寿命长。设备筛网是若干个圆环状扁钢组成，规格为 16mm×12mm，其截面积远远大于其他设备筛网的筛条截面积故而使用寿命得到提高。

（4）检修方便。设备密封防潮罩两侧设置观察窗口，工作时工作人员可随时观察设备运行情况，在密封罩端部和清筛机机构侧面设有检修快开门，在设备定期检修时十分便利，不影响设备的正常运行。

（5）缺点。进料口受最内层筛网直径的限制，当遇到大粒径物料时，易堵塞进料口；内层筛网更换复杂；筛分不够彻底。

三、制砂机械

（一）棒磨机

棒磨机是一种筒体内装载研磨体为钢棒的磨料机。如图 1-6-114 和图 1-6-115 所示。棒磨机一般是采用湿式溢流型，广泛用在人工石砂、选矿厂、化工厂，砂石加工系统主要用于调节细度模数。棒磨机主要由电机、主减速器、传动部、筒体部、主轴承、慢速传动部、进料部、出料部、环形密封、稀油润滑站、大小齿轮喷射润滑、基础部等组成。棒磨机是异步电动机通过减速器与小齿轮联接，直接带动周边大齿轮减速转动，驱动回转部旋转，筒体内部装有适当的钢棒，钢棒在离心力和摩擦力的作用下，将需磨制的物料粉碎，并通过溢流和连续给料的力量将细料排出机外。

图 1-6-114　棒磨机

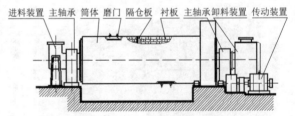

图 1-6-115　棒磨机结构示意图

（二）给料机

给料机是砂石加工系统中的一种辅助性设备，其主要功能是把未加工料连续均匀地喂给破碎机或运输机械。如图 1-6-116 和图 1-6-117 所示。

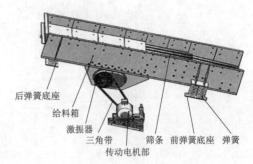

后弹簧底座
给料箱
激振器
三角带　　　筛条　前弹簧底座　弹簧
传动电机部

图 1-6-116　给料机　　　　　　图 1-6-117　给料机结构示意图

特点：结构简单，振动平稳，喂料均匀，连续性能好，激振力可调；随时改变和控制流量，操作方便；偏心块为激振源，噪音低，耗电少，调节性能好，无冲料现象；振动给料机可把块状、颗粒状物料从料仓中均匀、连续地喂料到受料装置中。在砂石系统中为破碎机连续均匀地喂料，避免破碎机受料口的堵塞。

（三）堆料机

堆料机是将卸下的成品骨料堆存到堆场上，也可进行取料作业的设备。能高效、连续作业取运散装物料，是大型水利工地的储料场常用设备。如图 1-6-118 所示。

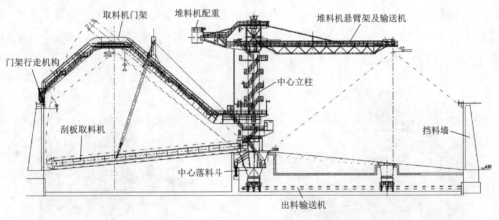

取料机门架　　　堆料机配重　　　　　　堆料机悬臂架及输送机
门架行走机构　　　　　　　　　　　　　中心立柱
刮板取料机　　　　　　　　　　　　　　　挡料墙
中心落料斗
出料输送机

图 1-6-118　堆料机结构示意图

（四）脉冲除尘器

脉冲除尘器是在袋式除尘器的基础上改进的新型高效脉冲除尘器，综合了分室反吹、各种脉冲喷吹除尘器的优点，克服了分室清灰强度不够，进出风分布不均等缺点，扩大了应用范围。如图 1-6-119 和图 1-6-120 所示。

工作原理：当含尘气体由进风口进入除尘器，首先碰到进出风口中间的斜板及挡板，气流便转向流入灰斗，同时气流速度放慢，由于惯性作用，使气体中粗颗粒粉尘直接流入灰斗。起预收尘的作用，进入灰斗的气流随后折而向上通过内部装有金属骨架的滤袋粉尘被捕集在滤袋的外表面，净化后的气体进入滤袋室上部清洁室，汇集到出风口排出，粉尘

图 1-6-119 脉冲除尘器

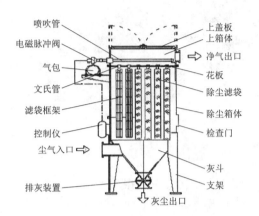

喷吹管
电磁脉冲阀
气包
文氏管
滤袋框架
控制仪
尘气入口
排灰装置

上盖板
上箱体
净气出口
花板
除尘滤袋
除尘箱体
检查门
灰斗
支架
灰尘出口

图 1-6-120 脉冲除尘器结构示意图

落入灰斗,经排灰系统排出机体。

(五) 高效制砂机

高效制砂机是利用立式冲击破的优点加以改进,同时综合了锤式、反击式细碎机的长处综合开发研制成功的最新一代高效复合式制砂机,该设备是国内外建筑、矿山、冶金行业以及高速公路、铁路、桥梁、水电、矿物粉磨领域及机制砂行业的核心设备,适用于莫氏硬度小于 9 级的脆性物料,不适用于黏性物料以及含泥土较多的石料。如图 1-6-121 和图 1-6-122 所示。

图 1-6-121 高效制砂机

控制装置
机壳
衬管
进料口
转子
平台
主电机
皮带轮
机架
排料口

图 1-6-122 高效制砂机结构示意图

(六) 砂石洗选机

砂石洗选机可清洗分离砂石中的泥土和杂物,其新颖的密封结构,可调溢流堰板、可靠的传动装置,确保清洗脱水的效果。如图 1-6-123 和图 1-6-124 所示。砂石洗选机广泛适用于公路、水电、建筑等行业的洗选、分级、除杂,以及细粒度和粗粒度物料洗选等作业。

图 1-6-123 砂石洗选机

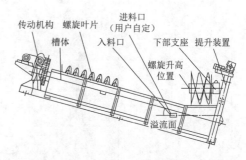

图 1-6-124 砂石洗选机结构示意图

工作原理：电机通过三角带带动减速机旋转，经减速机减速后带动洗槽内螺旋叶片缓慢转动，叶片将砂石从洗槽低处推送到洗槽高处出口，砂石在叶片和水流的带动下翻滚，并互相研磨，除去覆盖砂石表面的杂质，破坏包覆砂粒的水汽层，以利于脱水；并不断加水，形成强大水流，及时将杂质及比重小的异物从洗槽低处溢出口排出，完成清洗作用。干净的砂石由叶片带走，最后砂石从旋转的叶轮倒入出料槽，完成砂石的清洗作用。

第六节 钻孔灌浆机械

一、槽孔成型机械

（一）地质钻机

用于地质勘探，包括煤田、石油、冶金、矿产、地质、水文、有色、核工业勘探的钻探机械设备称为地质钻机，广泛用于水利水电地质勘探及地基与基础处理工程的灌浆钻孔，主要用于垂直的和倾斜45°以内的工程钻孔取芯。如图1-6-125所示。

（二）冲击钻机

冲击钻机是一种利用钻头的冲击力对岩层冲凿钻孔的机械，它能适应各种不同地质情况，特别是卵石层中钻孔，较之其他型式钻机适应性强。如图1-6-126和图1-6-127所示。

工作原理：冲击钻机利用冲击器（液压或气动）每分钟高效率的冲击频率将岩石打碎，同时旋转将石头磨成粉末状，用气或者水将灰排出，达到钻孔效果。冲击钻机分为全液压冲击钻机与气动冲击钻机，是针对岩石进行钻孔作业的机械设备，冲击钻机与切削钻机相区别，冲击钻机是针对普氏硬度7级以上岩石钻孔，例如石灰石、花岗石、硬质砂岩等。

通常用于土石方工程、矿山开采、隧道钻孔等钻孔作业，在水利水电工程中常用于防渗板墙的成槽。

图 1-6-125 地质钻机

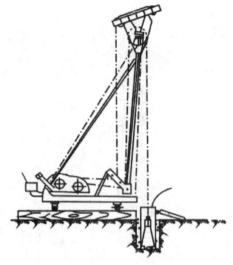

图 1-6-126 冲击钻机　　　　　　　　图 1-6-127 冲击钻机结构示意图

（三）反井钻机

反井钻机是通过钻机的电机带动液压马达，液压马达驱动水龙头，并利用液压动力将扭矩传递给钻具系统，带动钻杆及钻头旋转，导孔钻头或扩孔钻头上的滚刀在钻压的作用下，沿井底岩石工作面做纯滚动或微量滑移。同时主机油缸产生的轴向拉、压力，也通过动力头、钻杆作用在导孔钻头或扩孔钻头上，使导孔钻头的滚刀在钻压作用下滚动，产生冲击荷载，使滚刀齿对岩石产生冲击、挤压和剪切作用，破碎岩石。如图 1-6-128 所示。

图 1-6-128 反井钻机

1. 工作原理

为被破碎的岩屑在导孔钻进时被正循环的洗井液冲洗，岩屑沿着钻杆与孔壁间的环形空间由洗井液提升到钻孔外。在扩孔时将导孔钻头卸下，安装反扩滚刀，岩屑靠自重直接落到下水平巷道内，采用装载机和运输设备及时清理运出。该机器施工工艺简单，钻井速度快，适应性强，能满足不同岩层施工需求。

2. 施工优势

（1）施工安全。与其他反井施工方法相比，反井钻机施工时，工作人员不需进入工作面，进行打眼、装药和临时支护等作业，工作人员都在环境和安全状况较好的上部，施工人员不再受落石、淋水、有害气体的伤害，避免了全事故的发生。

（2）工作效率高。反井钻机施工为机械化连续作业，速度快，比其他施工方法提高工效5~10倍；为后期施工创造了良好的条件，综合效益显著；工程质量好。反井钻机采用滚刀机械破岩，对围岩破坏小，井壁光滑，有利于扩挖溜渣、通风、排水；反井钻机采用液压传动控制，操作简单，工人劳动强度低。

（四）回旋钻机

回旋钻机除配置各种回转斗作业外，安装套管护壁钻进，配合摇管装置和冲抓斗等进行会套管施工；配合伸缩式导杆抓斗进行地下连续墙施工，配合潜孔锤进行硬岩破碎施工；更换作业装置后也可进行旋喷施工和正循环施工；也可以配置液压锤、振动锤、柴油锤等进行其他形式桩基础的施工，如图1-6-129所示。

1. 适用场地

回旋钻机一般适用黏土、粉土、砂土、淤泥质土、人工回填土及含有部分卵石、碎石的地层，对于具有大扭矩动力头和自动内锁式伸缩钻杆的钻机，可以适应微风化岩层的施工。为满足施工要求，回挖钻机底盘和工作装置的配置具有装机功率大、输出扭矩大、机动灵活、多功能、施工效率高等特点，目前，回挖钻机的最大钻孔直径为3m，最大钻孔深度达120m（主要集中在40m以内），最大钻孔扭矩620kN·m。

图1-6-129 回旋钻机

2. 工作原理

将压缩空气转换成机械能量来破碎岩石的一种机械，压缩空气经过气水分离、油雾器、气动控制阀后，分为两路；一路进入推进气缸的前后腔室，其产生的轴向力通过气缸活塞带动钻具推进或提升，另一路通过减速器内的风水管道进入冲击器实现凿岩作业，主要适用于岩石的爆破孔或直接破碎。

（五）旋挖钻机

旋挖钻机又称旋挖机、打桩机，是一种适合建筑基础工程中成孔作业的施工机械。旋挖钻机一般适用黏土、粉土、砂土、淤泥质土、人工回填土及含有部分卵石、碎石的地层。对于具有大扭矩动力头和自动内锁式伸缩钻杆的钻机，可用于微风化岩层的钻孔施工。如图1-6-130所示。

在灌注桩、连续墙、基础加固等多种地基基础施工中得到广泛应用，具有成孔速度快，污染少，机动性强、钻进辅助时间少，劳动强度低，不需要泥浆循环排渣，节约成本等特点。旋挖钻机的额定功率一般为 $125\sim450\mathrm{kW}$，动力输出扭矩为 $120\sim400\mathrm{kN\cdot m}$，成孔直径可达 $1.5\sim4.0\mathrm{m}$，成孔深度为 $60\sim90\mathrm{m}$，可以满足各类大型基础施工的要求。旋挖机是一种综合性的钻机，它可以用于多种底层，短螺旋钻头进行干挖作业，也可以用回转钻头在泥浆护壁的情况下进行湿挖作业。旋挖机可以配合冲锤钻碎坚硬地层后进行挖孔作业。如果配合扩大头钻具，可在孔底进行扩孔作业。旋挖机采用多层伸缩式钻杆，特别适合于城市建设的基础施工。

（六）自行射水成槽机

自行射水成槽机是由双吸离心泵、反循环砂石泵、单筒快速卷扬机、钻头（成型器）、电动葫芦、正循环高压管道、反循环低压管道、成槽机整机组成的地下连续墙成槽机械系统。如图 1-6-131 所示。

图 1-6-130 旋挖钻机

图 1-6-131 自行射水成槽机

工作原理：利用水泵及成型器中的射水喷嘴形成高速水流来切割破坏土层结构，水土混合回流，用反循环砂石泵吸出槽孔（反循环），同时利用卷扬机带动成型器上下往返运动进一步破坏土层，并在成型器下沿刀具切割修整孔壁形成具有一定规格尺寸的槽孔；槽孔由一定浓度的泥浆护壁。溢出的泥浆与土、砂、卵石等流入沉淀池，土、砂、卵石沉淀，泥浆水循环使用。槽孔成型后，造墙机移位，混凝土浇筑机就位，采用导管法水下浇筑混凝土建筑混凝土单槽板，并采用平接技术建成混凝土地下连续墙。适用于土层、砂层及砾石层，施工质量有保证。

（七）液压抓斗

液压抓斗是通过液压动力源为液压油缸提供动力，从而驱动左右两个组合斗或多个颚板的开合抓取和卸出散状物料的一种工作装置，由多个颚板组成的抓斗也叫抓爪。如图 1-6-132 所示。

液压抓斗按形状可分为贝形抓斗和桔瓣抓斗，前者由两个完整的斗状构件组成，后者由三个或三个以上的颚板组成。液压式抓斗本身装有开合结构，一般用液压油缸驱动，由多个颚板组成的液压式抓斗也叫液压爪。液压抓斗在液压类专用设备中应用比较广泛。

适用场地：建筑地基的基坑挖掘、深坑挖掘，以及泥、沙、煤、碎石的装载；特别适用于沟或受限制空间的一侧进行挖掘和装载；适用于船舶、火车、汽车的装卸，也适用于水利水电工程地下砂卵石地基连续墙施工。

图 1-6-132　液压抓斗

二、灌浆机械设备

（一）灌浆自动记录仪

灌浆自动记录仪是以压力传感器测量喷灌压力、流量计计量喷灌流量，集微型计算机系统对传感器信号采集、分析、数据处理，并且控制打印机打印施工过程数据的一种智能自动化监控系统。在帷幕灌浆、固结灌浆、接缝灌浆、接触灌浆、回填灌浆、充填灌浆、高压旋喷灌浆、多头小直径深层灌浆、预应力孔道灌浆等系列工艺灌浆中广泛应用。其相比人工记录提高工作效率和工程质量，减少人工操作强度，不受人为因素的影响，数据更真实准确。如图 1-6-133 和图 1-6-134 所示。

图 1-6-133　灌浆自动记录仪

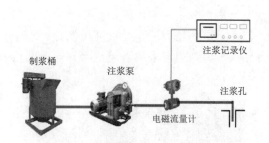

图 1-6-134　灌浆自动记录仪连接示意图

（二）泥浆搅拌机

泥浆搅拌机是在灌浆工程或地下连续墙施工中用来搅拌制造泥浆的机械设备。如图 1-6-135 所示。

（三）高速制浆机

高速制浆机是低水胶比灌浆材料的专用制浆设备，主要用于水电、铁路、公路、建筑、矿山等行业的工程施工中，将灌浆料或压浆剂、水泥与水混合后可快速制成浆液。如图 1-6-136 所示。与一般叶片式搅拌机相比，具有制浆效率高、操作简便、浆液均匀，且具有短距离输送功能等特点。

工作原理：电动机驱动高速涡轮泵，浆液从底部成涡流状吸入，从桶上端喷出，产生高速液流，并在桶内形成强烈涡流，使干粉与水充分均匀搅拌，从而达到制备低水胶比浆体的目的。

图 1-6-135　泥浆搅拌机

图 1-6-136　高速制浆机

（四）液压注浆机

液压注浆机是采用压缩油液为动力源，利用油缸和注浆缸以较小的压力使缸体产生较高的注射压力完成注浆工作的一种机械设备，主要应用于铁路公路隧道、水利水电、地铁隧道、矿山巷道、军事设施、各种地下建筑和抢险等领域的顶管注浆，膨润土注浆、隧道注浆，地基下沉、地面下沉及地下室防水堵漏等。如图 1-6-137 所示。

（五）泥浆泵

泥浆泵是在钻探过程中向钻孔里输送泥浆或水等冲洗液的机械。泥浆泵是钻探设备的重要组成部分。在常用的正循环钻探中，它是将地表冲洗介质——清水、泥浆或聚合物冲洗液在一定的压力下，经过高压软管、水龙头及钻杆柱中心孔直送钻头的底端，以达到冷却钻头、将切削下来的岩屑清除并输送到地表的目的。如图 1-6-138 所示。

图 1-6-137　液压注浆机

图 1-6-138　泥浆泵

常用的泥浆泵是活塞式或柱塞式的，由动力机带动泵的曲轴回转，曲轴通过十字头再带动活塞或柱塞在泵缸中做往复运动。在吸入阀和排出阀的交替作用下，实现压送与循环冲洗浆液的目的。

（六）灌浆泵

灌浆泵是连接制浆桶并将浆液加压送到孔内的灌浆设备。由机架、电动机、减速箱、曲轴机构、泵体、单向阀体、检测表等组成。泵体进浆侧与制浆桶相连，当电动机转运时，经过减速箱，将旋转运动转换为活塞的往复运动，在泵体进浆侧内形成真空，吸入制浆桶内浆液，浆液通过活塞压缩，并经由单向阀体压入浆液输送管道，将浆液压入灌浆的位置。

（七）旋定摆提升装置高喷台车

旋定摆提升装置高喷台车是一种机械化程度高、喷射装置寿命长、采用了液力传动系统带动的旋定摆装置的高压喷射灌浆专用台车，主要用于水利水电工程砂砾石地基的围堰防渗墙施工及软弱地基加固。喷射形式有定喷、摆喷及旋喷三种，定喷法施工时，喷嘴一面喷射一面提升，喷射方向固定不变，固结体形如板状或壁状；摆喷法施工时，喷嘴一面喷射一面提升，喷射的方向呈较小角度来回摆动，固结体形如较厚墙状；定喷及摆喷两种方法通常用于基坑防渗，改善地基土的水流性质和稳定边坡等工程。如图 1-6-139 和图 1-6-140 所示。

图 1-6-139　灌浆泵

图 1-6-140　旋定摆提升装置高喷台车

第七节　动　力　机　械

动力机械是将自然界中的能量转换为机械能而做功的机械装置，动力机械按将自然界中不同能量转变为机械能的方式，可以分为风力机械、水力机械和热力发动机三大类。本节所指动力机械是指对其他施工机械提供动力的辅助机械设备，在水利水电工程中常用的有空气压缩机，汽油、柴油发电机等。

一、空气压缩机

空气压缩机是一种用以压缩空气并为其他气源机械提供动力的设备，俗称空压机。其是气动系统的核心设备，机电引气源装置中的主体，它是将原动（通常是电动机或柴油机）的机械能转换成气体压力能的装置，是压缩空气的气压发生装置。

空气压缩机按型式可分为：固定式、移动式、封闭式，是水利工程开挖、锚喷、锚索、高压旋喷、灌浆等施工中常用的动力机械设备。如图 1-6-141～图 1-6-143 所示。

图 1-6-141　固定式空压机

图 1-6-142　封闭式空压机

图 1-6-143　移动式空压机

二、汽油发电机

汽油发电机通常由汽油机和发电机两大部分组成，汽油机是将化学能转换成机械能的装置，它通过燃烧汽油产生压力，推动汽油机内的活塞做往复运动，由此带动连在活塞上的连杆和与连杆相连的曲轴做圆周运动，从而带动发电机转子旋转，切割磁力线产生电力的机械装置。如图 1-6-144 和图 1-6-145 所示。

汽油发电机组功率比柴油发电机组低，通常是用于应急通信、临时办公照明、抢修的备用电源。

三、柴油发电机

柴油发电机是一种发电设备，是指以柴油为燃料，以柴油机为原动机带动发电机发电的动力机械。整套机组一般由柴油机、发电机、控制箱、燃油箱、起动和控制用蓄电瓶、保护装置、应急柜等部件组成。固定式柴油发电机如图 1-6-146 和图 1-6-147 所示，移动式柴油发电机如图 1-6-148 所示，微型柴油发电机如图 1-6-149 所示。

图 1-6-144　汽油发电机

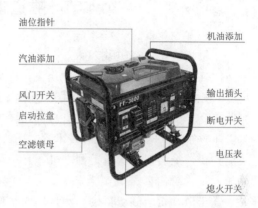

图 1-6-145　汽油发电机结构示意图

油位指针
汽油添加
风门开关
启动拉盘
空滤锁母
机油添加
输出插头
断电开关
电压表
熄火开关

图 1-6-146　固定式柴油发电机

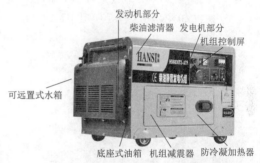

图 1-6-147　固定式柴油发电机结构示意图

发动机部分
柴油滤清器　发电机部分
机组控制屏
可远置式水箱
底座式油箱　机组减震器　防冷凝加热器

图 1-6-148　移动式柴油发电机

图 1-6-149　微型柴油发电机

　　柴油发电机组的功率较低,但由于其体积小、灵活、轻便、配套齐全,便于操作和维护,因此广泛应用于矿山、铁路、野外工地、道路交通维护,以及工厂、企业、医院等部门。在水利水电工程中主要作为备用电源使用,特别是基坑抽排水、拌和站等不能断电的部位是必备的设备;其次是用于用电量不大,电网系统电源不能供电的环境施工。

第八节 隧道集成化施工机械

一、盾构机和 TBM 机械

盾构机问世至今已有近 200 年的历史，其始于英国，发展于日本、德国。40 多年来，通过对土压平衡式、泥水式盾构机中的关键技术改进，如盾构机的有效密封，确保开挖面的稳定、控制地表隆起及塌陷在规定范围之内，刀具的使用寿命以及在密封条件下的刀具更换，对一些恶劣地质如高水压条件的处理技术等方面的探索和研究解决，使盾构机有了很快的发展。

盾构机，全名叫盾构隧道掘进机，是一种使用盾构法用于软土地层隧道掘进的专用工程机械，现代盾构掘进机集光、机、电、液、传感、信息技术于一体，具有开挖切削土体、输送土渣、拼装隧道衬砌、测量导向纠偏等功能，涉及地质、土木、机械、力学、液压、电气、控制、测量等多门学科技术，而且要按照不同的地质进行"量体裁衣"式的设计制造，可靠性要求极高。盾构掘进机已广泛应用于地铁、铁路、公路、市政、水电等隧道工程。盾构施工法是掘进机在掘进的同时构建（铺设）隧道之"盾"（指支撑性管片）的施工方法。如图 1-6-150 和图 1-6-151 所示。

图 1-6-150 盾构机

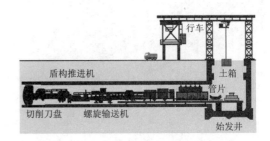

图 1-6-151 盾构机结构示意图

盾构机的基本工作原理就是一个圆柱体的钢组件沿隧洞轴线向前推进，同时对掌子面进行切削。该圆柱体组件的壳体即护盾，它对已挖掘还未衬砌的隧洞段起着临时支撑的作用，承受周围土层的压力，有时还承受地下水压以及将地下水挡在外面。挖掘、排土、衬砌等作业在护盾的掩护下进行，确保施工进度及作业安全。

盾构机成本高昂，但可将隧洞暗挖功效提高 8~10 倍，而且在施工过程中，地面上不用大面积拆迁，不阻断交通，施工无噪声，地面不沉降，不影响居民的正常生活。

盾构机用于岩石地层的隧洞掘进机称为 TBM 机械，可以实现高度的自动化。

二、悬臂式掘进机

悬臂式掘进机是一种能够实现切割、装载运输、自行走及喷雾除尘的联合机组。如图 1-6-152 和图 1-6-153 所示。其能同时实现剥离煤岩、装载运出、机器本身的行走调动以及喷雾除尘等功能，集切割、装载、运输、行走于一身。它主要由切割机构、装载机构、运输机构、行走机构、机架及回转台、液压系统、电气系统以及操作控制系统等组成。其中切割臂、回转台、装渣板、输送机、转载机、履带等为主要工作机构。悬臂式掘进机最开始用于实现回采工作面机械化综合采煤，随着隧道施工的发展，已广泛应用于交通、市政及水利水电工程的隧道开挖。

图 1-6-152　悬臂式掘进机

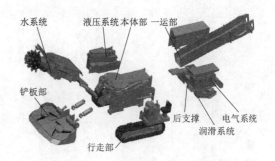

图 1-6-153　悬臂式掘进机结构示意图

悬臂式掘进机具有以下优缺点：①仅能截割巷道部分断面，要破碎全断面岩石，需多次上下左右连续移动切割头来完成工作，施工灵活，可用于任何断面形状的隧道；②掘进速度受掘进机利用率影响很大，在最优条件下利用率可达 60％左右，但若岩石需要支护或其他辅助工作跟不上时，其利用率更低。与全断面掘进机有一些相同的优点：①连续开挖、无爆破震动、能更自由地决定支护岩石的适当时机；②可减少超挖；③可节省岩石支护和衬砌的费用；④与全断面掘进机比较，悬臂式掘进机小巧，在隧道中有较大的灵活性，能用于任何支护类型；⑤与全断面掘进机相比，具有投资少、施工准备时间短和再利用性高等显著特点。

三、扒渣机

扒渣机又名挖掘式装载机，扒渣机是由机械手与输送机相接，扒渣和输送装车功能合二为一，采用电动全液压控制系统和生产装置，具有安全环保、能耗小、效率高的特点。如图 1-6-154 和图 1-6-155 所示。

图 1-6-154　扒渣机

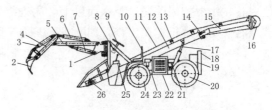

图 1-6-155　扒渣机结构示意图

1—转座；2—铲斗；3—铲斗油缸；4—斗杆；5—大臂；6—斗杆油缸；7—大臂油缸；8—换向器；9—方向机；10—司机座椅；11—输送胶带；12—输送架；13—带支撑滚轮；14—调整螺丝；15—输送调整架；16—电动滚筒；17—输送架油缸；18—输送架支座；19—柴油机；20—驱动轮；21—液压油滤清器；22—液压油散热器；23—底盘架；24—转向轮；25—多路控制阀；26—从动支座

扒渣机适用于隧洞挖掘、矿山工程、水利工程等工程的施工机械及小断面引水洞、矿山出渣（矿）机械，该机主要用于一些生产作业空间狭窄、生产规模小、金属非金属矿等非爆炸危险性矿山的碎石土料采集及输送装车施工。在小断面洞室开挖施工中替代人工作业，将爆破后的各种矿渣石料扒装到运输车辆上，是人工和其他机械的替代产品。

第九节 疏 浚 机 械

疏浚机械是指利用铲斗挖掘或泥泵吸取水下砂、土的开挖机械，用于河道疏浚、清障及堤坝的填筑与加固等，主要包括各种挖泥船、凿岩船、拖船、泥驳以及其他辅助船舶和输泥设备，在沿海一带用得较多。

一、挖泥船

用以挖取水下泥沙及经过爆破或机械冲击形成的水下碎石，以达到疏浚目的的工程船，是主要的疏浚机械。

（一）应用范围

挖深、加宽和清理现有的航道和港口；开挖新的航道、港口和运河；疏浚码头、船坞、船闸及其他水工建筑物的基槽以及将挖出的泥沙抛入深海或吹填于陆上洼地造田等，是吹沙填海的利器。

（二）分类

挖泥船的工作能力是以每小时能挖多少立方米泥土来表示的，挖泥船有机动和非机动之分，按施工特点又可分为耙吸式、链斗式、铰吸式、铲斗式、抓斗式、斗轮式、吹泥船等。

1. 耙吸式挖泥船

耙吸式挖泥船是吸扬式中的一种，它通过置于船体两舷或尾部的耙头吸入泥浆，以边吸泥、边航行的方式工作，如图1-6-156所示。耙吸式挖泥船机动灵活，效率高，抗风浪力强，适宜在沿海港口、宽阔的江面和船舶锚地作业。

2. 链斗式挖泥船

链斗式挖泥船是利用一连串带有挖斗的斗链，借上导轮的带动，在斗桥上连续转动，使泥斗在水下挖泥并提升至水面以上，同进收放前、后、左、右所抛的锚缆，使船体前移或左右摆动来进行挖泥工作，如图1-6-157所示。挖取的泥土，提升至斗塔顶部，倒入泥阱，经溜泥槽卸入停靠在挖泥船旁的泥驳，然后用托轮将泥驳拖至卸泥地区卸掉。链斗式挖泥船对土质的适应能力较强，可挖除岩石以外的各种泥土，且挖掘能力甚大，挖槽截面规则，误差极小，最适用于港口码头泊位、水工建筑物等规格要求较严的工程施工，因此有着一定的应用范围。

3. 铰吸式挖泥船

铰吸式挖泥船是在疏滩工程中运用较广泛的一种船舶，它是利用吸水管前端围绕吸水管

图1-6-156 耙吸式挖泥船

装设旋转绞刀装置，将河底泥沙进行切割和搅动，再经吸泥管将绞起的泥沙物料，借助强大的泵力，输送到泥沙物料堆积场，它的挖泥、运泥、卸泥等工作过程，可以一次连续完成，它是一种效率高、成本较低的挖泥船，是良好的水下挖掘机械。如图 1-6-158 所示。

图 1-6-157　链斗式挖泥船

图 1-6-158　铰吸式挖泥船

4. 铲斗式挖泥船

铲斗式挖泥船是单斗挖泥船的一种，它可以集中全部功率在一个铲斗上，进行特硬挖掘。利用吊杆及斗柄将铲斗伸入水中，插入河底、海底进行挖掘，然后由绞车牵引将铲斗连同斗柄、吊杆一起提升，吊出水面至适当高度，由旋回装置转至卸泥或泥驳上，拉开斗底将泥卸掉，再反转至挖泥地点，如此循环作业，如图 1-6-159 所示。铲斗挖泥船适用于挖掘珊瑚礁、砾石、大小块石和黏土、粗砂及混合物。

5. 抓斗式挖泥船

抓斗式挖泥船是利用旋转式挖泥机的吊杆及钢索来悬挂泥斗；在抓斗本身重量的作用下，放入海底抓取泥土。然后开动斗索绞车，吊斗索即通过吊杆顶端的滑轮，将抓斗关闭，升起，再转动挖泥机到预定点（或泥驳）将泥卸掉。挖泥机又转回挖掘地点，进行挖泥，如此循环作业。如图 1-6-160 所示。抓斗式挖泥船主要用于挖取黏土、淤泥，宜抓取细砂、粉砂。

图 1-6-159　铲斗式挖泥船

图 1-6-160　抓斗式挖泥船

6. 斗轮式挖泥船

斗轮式挖泥船除了挖掘设备不同，其余与绞吸式挖泥船大同小异。斗轮转动轴与支臂成一定的角度，而绞吸式挖泥船绞刀头转动轴则平行于支臂。如图 1-6-161 所示。

7. 吹泥船

吹泥船属于挖泥船范围，但它不具备对水下土层挖掘的能力，只有对疏浚泥浆进行吸入和吹出的功能，是一种简单的吹扬式船舶，故属于吸扬挖泥船的类型。它基本上具有吸扬挖泥船的一些设备，如吸泥头、吸泥管、泥泵和排泥管等。它依靠泥泵的吸、排能力，将泥驳载运来的疏浚泥沙，经稀释后以泥浆的形式吹送上岸，或用以进行其他的吹填工程。所以，吹泥船是机械式非自航挖泥船进行疏浚吹填和输泥上岸施工作业中的配套船舶之一。

二、凿岩船

用于破碎水下礁层和岩石的预处理用工程船。凿岩船的船体前部装有起重机械，由钢丝绳悬挂重锤，利用重锤的自重，破碎水下岩石。如图 1-6-162 所示。

图 1-6-161　斗轮式挖泥船

图 1-6-162　凿岩船

三、拖船

用于拖曳泥驳或非自航式挖泥船的工程船。拖船一般与非自航式的挖泥船和泥驳协同作业，待泥驳装满后，由拖船将泥驳拖至指定抛泥区抛泥。如图 1-6-163 所示。拖船一般以柴油机为主动力。在必要时，拖船也可临时作为交通船或运输船。

四、泥驳

用于装载挖泥船挖掘出的泥沙、石块等疏浚物的驳船。作业时停靠在挖泥船的舷旁。根据其结构型式，分为封底泥驳、开底驳和开体泥驳。如图 1-6-164 所示。

图 1-6-163　拖船

图 1-6-164　泥驳

第十节　其　他　机　械

在水利水电工程施工中，除土石方机械、混凝土机械、运输机械、起重机械、砂石料加工机械、钻孔灌浆机械、动力机械等大型机械外，还需要一些零星的机械设备才能顺利完成工程施工任务，这些机械设备原值不大，但对工程的施工起到不可或缺的作用，如抽排水、钢筋加工、木工制作等，渠系建筑施工中偶尔也会用到架桥机、悬臂挂篮施工机械等。

一、离心水泵

离心水泵简称"离心泵"，也叫"离心式抽水机"，它是一种利用水的离心运动的抽水机械，由泵壳、叶轮、泵轴、泵架等组成。如图1-6-165和图1-6-166所示。

图1-6-165　离心水泵

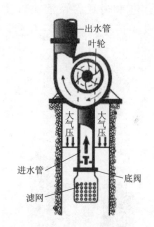

图1-6-166　离心水泵结构示意图

启动前应先往泵里灌满水，启动后旋转的叶轮带动泵里的水高速旋转，水做离心运动，向外甩出并被压入出水管。水被甩出后，叶轮进水侧压强减小，在转轴附近就形成一个低压区。外面的水在大气压的作用下，冲开底阀从进水管进入泵内。进来的水随叶轮高速旋转中又被甩出，并压入出水管。如此循环，叶轮在动力机带动下不断高速旋转，水就源源不断地从低处被抽到高处。

泵的总扬程＝吸水扬程＋压水扬程，其中吸水扬程由大气压决定。

离心水泵的抽水高度称为扬程。它是采用"吸进来""甩出去"的方法来抽水的，第一级扬程称为"吸水扬程"，靠叶片旋转形成一个低压区，靠大气压把水压入低压区，而1标准大气压能支持10.336m高的水柱，所以吸水扬程的极限值是10.336m；第二级扬程称为"压水扬程"，靠叶片旋转把水甩出去，水甩出去的速度越大，这一级扬程也越大。离心式水泵的扬程是两级扬程之和，抽水高度远远超过了10.336m。

二、潜水泵

潜水泵是水利工程中常用的抽排水设备，广泛用于基坑经常性排水以及临时生活用水，使用时整个机组潜入水中工作，把基坑积水、井水、河水抽排到指定位置，其他行业也广泛使用。如图 1-6-167 所示。

潜水泵机组由水泵、潜水电机（包括电缆）、输水管和控制开关四大部分组成。其按功能划分有渣浆泵、泥浆泵、砂（沙）泵和排沙潜水泵等，潜水泵在使用前的选择非常重要，应根据水源的实际情况以及工作时间与泵水量等要求来选定水泵的型号。选择扬程大于取水口与出水口的落差，泵的流量要能够满足抽排水的要求，使用 13kW 以上的潜水泵时应配备降压启动柜，以保护潜水泵的安全运行。

三、试压泵

试压泵是专供各类压力容器、管道、阀门、锅炉、钢瓶、消防器材等做水压试验和实验室中获得高压液体的检测设备。主要由泵体、柱塞、密封圈、控制阀、压力表、水箱等组成，具有结构紧凑、合理、操作省力、整机重量轻、维修方便等特点，可极大地提高工作效率。如图 1-6-168 所示。其工作原理为柱塞通过手柄上提时，泵体内产生真空，进水阀开启，清水经进水滤网、进水管进入泵体，手柄施力下压时进水阀关闭，出水阀顶开，输出压力水，并进入被测器件，如此往复进行工作，以达到额定的压力。

图 1-6-167　潜水泵　　　　　　　　　图 1-6-168　试压泵

四、钢筋切断机

钢筋切断机是一种剪切钢筋所使用的工具，有全自动钢筋切断机和半自动钢筋切断机之分。它主要用于土建工程中对钢筋的定长切断，是钢筋加工环节必不可少的设备。如图 1-6-169 所示。与其他切断设备相比，其具有重量轻、耗能少、工作可靠、效率高等优点，因此在机械加工领域得到了广泛采用，在国民经济建设进程发挥了重要的作用，水利工程常用型号为 Q235-A。

五、钢筋调直机

钢筋调直机是调直钢筋并除锈的一种钢筋加工机械。其工作原理是电动机通过皮带传动增速，使调直筒高速旋转，穿过调直筒的钢筋被调直，并由调直模清除钢筋表面的锈皮。如图1-6-170所示。

图1-6-169 钢筋切断机

图1-6-170 钢筋调直机

六、钢筋弯曲机

钢筋弯曲机是钢筋加工主要机械之一，结构简单、工作可靠、操作灵敏。工作机构是一个在垂直轴上旋转的水平工作圆盘，把钢筋置于图中虚线位置，支承销轴固定在机床上，中心销轴和压弯销轴装在工作圆盘上，圆盘回转时便将钢筋弯曲。如图1-6-171所示。为了弯曲各种直径的钢筋，在工作盘上有几个孔，用来插压弯销轴，也可相应地更换不同直径的中心销轴，适用于工程上各种普通碳素钢、螺纹钢等加工成工程所需的各种几何形状，常用型号为GW-40。

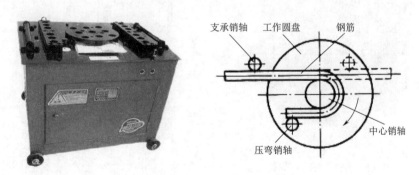

图1-6-171 钢筋弯曲机

七、木工圆盘锯

木工圆盘锯又叫圆锯机，是应用很广的木工机械，由床身、工作台和锯轴组成。大型圆锯机座必须安装在受力可靠、稳定的基础上，小型的可以直接安装在地面上。如图1-6-172所示。

八、电焊机

电焊机是利用正负两极在瞬间短路时产生的高温电弧来熔化电焊条上的焊料和被焊材

图 1-6-172 木工圆盘锯

料，使被接触物相结合的焊接设备。一般按输出电源种类可分交流电源和直流电源两种。按功能、使用材料、环境等要求还有氩弧焊机、二氧化碳保护焊机、对焊机、点焊机、埋弧焊机、高频焊缝机、闪光对焊机、压焊机、碰焊机、激光焊机等，它们利用电感的原理，电感量在接通和断开时会产生巨大的电压变化，利用正负两极在瞬间短路时产生的高压电弧来熔化电焊条上的焊料，来使它们达到原子结合的目的。如图 1-6-173 和图 1-6-174 所示。交流焊机一般用在普通钢结构制作、安装及维修。直流焊机主要用在制造压力容器锅炉、管道以及重要结构制作、安装及维修焊接等。

图 1-6-173 交流电焊机   图 1-6-174 直流电焊机

九、轴流通风机

　　轴流通风机是借叶片的推力作用迫使气体沿轴向流动的通风机。常由集流器、叶轮、机壳和机轴等构成，大型轴流式通风机还设有整流罩、导流叶片（简称"导叶"，包括前导叶和后导叶）、尾部导流器和扩散筒等。当原动机带动叶轮在机壳内旋转时，机轴和螺旋桨状叶片间一定的安装角对气体产生推力作用，推动气体沿机轴方向连续流动，使气体不断吸入与排出。轴流通风机是隧洞施工常用的通风排烟机械。如图 1-6-175 所示。

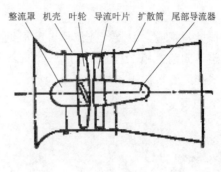

整流罩　机壳　叶轮　导流叶片　扩散筒　尾部导流器

图 1-6-175　轴流通风机

十、液压喷播植草机

液压喷播植草机，是一种将植物种子（草种、花种或树种）或植物体的一部分（芽、根、茎等可以发芽萌生的物质）经过科学处理后，混入水中，并配以一定比例的专用配料（包括肥料、色素、木纤维覆盖物、纸浆、黏合剂、保水剂、土壤改良剂），通过喷植机的搅拌，利用高压泵体的作用，喷播在地面或坡面的现代化种植植被的机械，水利工程中工程量较大的环保工程可以选用。如图 1-6-176 所示。

图 1-6-176　液压喷播植草机

十一、架桥机

架桥机就是将预制好的梁片放置到预制好的桥墩上去的设备。架桥机属于起重机范畴，因为其主要功能是将梁片提起，然后运送到位置后放下。如图 1-6-177 所示。

架桥机与一般意义上的起重机有很大的不同。其要求的条件相对苛刻，并且在梁片上行走，或者叫纵移。架桥机分为架设公路桥，常规铁路桥，客专铁路桥等几种。

以 JQ900A 型龙门式双主梁三支腿架桥机为例，主要由机臂、一号起重小车、二号起重小车、一号柱、二号柱、三号柱、液压系统、电气系统、柴油发电机组以及安全保护监控系统等部分组成。

我国常用的架桥机有三种，分别为单梁式架桥机、双悬臂式架桥机、双梁式架桥机。

十二、施工挂篮

施工挂篮是预应力混凝土连续梁、T形钢构和悬臂梁分段施工的一项主要设备，它能够沿轨道整体向前。施工挂篮有桁架式挂篮、三角式挂篮、菱形挂篮和斜拉式挂篮等工艺。三角式挂篮在桥梁施工中应用最为广泛。如图1-6-178所示。

图1-6-177　架桥机

图1-6-178　三角式挂篮

三角式挂篮由承重系统、底模系统、侧模系统（内、外）、走行系统、锚固系统组成。一副挂篮由两片三角形组合梁组成，主梁、滑梁、上下横梁均采用型钢结构。

第七章 水利工程施工技术

第一节 综 述

在水利水电工程施工中，组织工程施工是实现水利水电建设的重要环节。从系统工程观点来分析，工程施工的组织是工程建设的一个子系统，工程施工技术是保证工程组织实现目标的必要条件。

为使工程施工的组织充分发挥自身的作用，推动工程建设的进展，提高工程建设的效益，必须明确施工组织的主要任务及其相互之间的关系，即工程施工按计划有条不紊地实现。因此，在工程建设中，施工组织设计是实现水利水电工程建设目标的重要环节。

一、施工组织设计的内容

施工组织设计是水利水电工程设计文件的重要组成部分，是编制工程投资估算、概算及招、投标文件的重要依据，是工程建设和施工管理的指导性文件。施工组织设计是根据工程地形、地质条件及枢纽布置和建筑物结构设计特点，为实现工程安全、优质、快速、经济的目标，综合研究施工条件、建筑材料、施工技术、施工机械、施工管理以及环境保护、水土保持、劳动安全与健康卫生等因素，确定相应的施工洪水标准、施工方法、技术措施、资源部署等施工方案的设计工作。

1. 施工条件分析

（1）施工条件包括工程条件、自然条件、物质资源供应条件以及社会经济条件等，主要有工程所在地点、对外交通运输、枢纽建筑物及其特征。

（2）地形、地质、水文、气象条件。

（3）主要建筑材料来源和供应条件。

（4）当地水源、电源情况，施工期间通航、过鱼、供水环保等要求。

（5）对工期、分期投产的要求。

（6）施工用电、居民安置以及与工程施工有关的协作条件等。

2. 施工导流

施工导流设计应在综合分析导流条件的基础上，确定导流标准，选择导流方案、导流方式；进行导流建筑物设计；提出导流建筑物的施工安排；拟定截流、拦洪度汛、下闸蓄水、施工期间的通航等方面的措施。

3. 主体工程施工

主体工程包括挡水、泄水、引水、发电、通航等主要建筑物，应根据各自的施工条件，对施工程序、施工方法、施工强度和施工机械等问题，进行分析、比较和选择。

4. 施工交通运输

（1）对外交通运输。对外交通运输在厘清现有对外水陆交通和发展规划的前提下，根据工程对外运输总量、强度及重大部件的运输要求，确定对外交通运输方式，选择线路及线路标准。方案选择应进行技术经济比较，选定技术可靠、经济合理、运行方便、干扰较少、施工期短、便于与场内交通衔接的方案。

（2）场内交通运输。场内交通运输应根据施工场区的地形条件和分区规划要求，结合主体工程的施工运输，选定场内交通主干线路的布置和标准，提出相应的工程量。方案应根据运输量和按施工进度确定的运输强度，结合施工总布置进行统筹规划，选定便于主体工程施工运输、干扰较小的线路方案。

5. 施工设施、仓库及大型临建工程

（1）施工设施：混凝土砂石骨料开采、加工系统，混凝土生产系统；混凝土制冷、制热系统，风、水、电、通信及照明系统，机械修配系统、汽车修配厂、钢筋加工厂、预制构件厂等。

（2）施工仓库：水泥、油料、火工材料等的储存仓库。

（3）大型临建工程：施工栈桥、过河桥梁、缆机平台等。

6. 施工总布置

施工总布置的主要任务是根据施工场区的地形地貌、环境保护和土地利用、枢纽主要建筑物的施工方案、各项临建设施的布置要求，对施工场地进行分期、分区和分标规划，确定分期分区布置方案和各参建单位的场地范围，对土石方的开挖、堆料、弃料和填筑进行综合平衡规划，对渣场进行规划布置及防护，提出各类房屋分区布置一览表，估计用地和施工征地面积，提出用地计划，研究施工期间的环境保护和植被恢复的可能性。

7. 施工进度计划

施工总进度的安排必须符合国家对工程投产所提出的要求，合理安排施工进度。

（1）拟定整个工程，包括准备工程、主体工程和结束工作在内的施工总进度，确定项目的起讫日期和相互之间的衔接关系。

（2）对导截流、拦洪度汛、封孔蓄水、供水发电等控制环节，工程应达到的形象面貌，需做专门的论证。

（3）对土石方、混凝土等主要工程的施工强度，对劳动力、主材、主要机械的需用量，进行综合平衡；要分析施工工期和工程费用的关系，提出合理工期的推荐意见。

8. 主要技术供应计划

根据施工总进度的安排和定额资料的分析，对施工劳动力、主要建筑材料（钢材、木材、水泥、油料、炸药等）和主要施工机械设备，列出总需要量和分年需要量计划。

9. 其他

对工程施工质量控制、施工安全管理、环境保护、水土保持及文明施工等措施，在施工组织设计文件中均应设立专门章节进行说明。

此外，在施工组织设计中，还应提出相应的施工组织设计的主要内容。

二、施工总体布置

（一）施工总体布置的设计

施工总体布置是施工场区在施工期间的空间规划。施工总体布置是施工组织设计的重要组成部分。

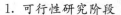

1. 可行性研究阶段

在可行性研究阶段合理选择对外运输方案,选择场内运输及两岸交通联系方式;初步选择合适的施工场地,进行分区布置,主要交通干线规划,提出主要施工设施的项目,估算建筑面积、占地面积、主要工程量等技术指标。

2. 初步设计阶段

在初步设计阶段,应分别就施工场地的划分,生产、生活设施的分区布置,料场、主要施工工厂、大型临时设施和场内主要交通运输线路的布置以及场内外交通的衔接等,拟定各种可能的布局方案,进行论证比较,选择合理的方案。

3. 招标设计阶段

(1) 在初步设计确定的施工总体布置方案的基础上,根据整个工程的分标情况,分别规划出各个合同的施工场地与合同责任区。

(2) 对于共同场地设施、道路等的使用、维护和管理等问题做出合理安排,明确各方的权利和义务。在初步设计施工交通规划的基础上,确定场内外工程各合同的划分及其实施计划。

(3) 在初步设计总体布置方案基础上,核定全场平整工程量及全工地范围的土石方平衡,最终确定土石料场,堆、弃渣场的位置、数量及规模。

(二) 施工场地的区域规划

1. 区域规划

(1) 主体工程施工区。

(2) 施工工厂区。

(3) 当地建材开采区。

(4) 仓库、站、场、厂、码头等储运系统。

(5) 机电、金属结构和大型施工机械设备安装场地。

(6) 工程渣料堆(弃)存区。

(7) 施工管理及生活区。

(8) 工程建设管理区。

2. 区域规划方式

各施工区域在布置上并非截然分开的,它们的生产工艺和布置是相互联系的,应构成一个统一的、调度灵活的、运行方便的整体。

在区域规划时,按主体工程施工区与其他各区域互相关联或相互独立的程度,分为集中布置、分散布置、混合布置三种方式。

3. 分区布置

在施工场地区域规划后,进行各项临时设施的具体布置。

分区布置内容包括:场内交通线路布置,施工辅助企业及其他辅助设施布置,仓库站场及转运站布置,施工管理及生活福利设施布置,风、水、电等系统布置,施工料场布置和永久建筑物施工区的布置。

4. 现场布置的总体规划

施工现场总体规划是解决施工总体布置的关键,主要确定以下问题:

（1）施工场地布置的具体位置。

（2）采用集中布置或分散布置。

（3）场内交通的具体布置，场内交通和场外交通的衔接方式。

（4）临时工程和永久设施的结合方式，前期和后期的结合。

在工程施工实行分项承包的情况下，尤其要做好总体规划，明确划分各承包单位的施工场地范围，并按总体规划要求进行布置，使得既有各自的活动区域，又能避免互相干扰。

（三）施工场地的选择

1. 一般步骤

（1）根据枢纽工程时施工工期、导流分期、主体工程施工方法、能否利用当地企业为工程施工服务等状况，确定临时建筑项目，初步估算各项目的建筑物面积和占地面积。

（2）根据对外交通线路的条件、施工场地条件、各地段的地形条件和临时建筑的占地面积，按生产工艺的组织方式，初步考虑其内部的区域划分，拟定可能的区域规划方案。

（3）对各方案进行初步分区布置，估算运输量及其分配，初选场内运输方式，进行场内交通线路规划。

（4）布置方案的供风、供水、供电系统。

（5）研究方案的防洪、排水条件。

（6）初步估算方案的场地平整工程量、主要交通线路、桥梁隧道等工程量及造价、场内主要物料运输量及运输费用等技术经济指标。

（7）进行技术经济比较，选定施工场地。

2. 基本原则

（1）一般情况下，施工场地不宜选在枢纽上游的水库区。

（2）利用滩地平整施工场地，尽量避开因导流、泄洪而造成的冲淤、主河道及两岸沟谷洪水的影响。

（3）位于枢纽下游的施工场地，其整平高程应能满足防洪要求。

（4）施工场地应避开不良地质地段，考虑边坡的稳定性。

（5）施工场地地段之间、地段与施工区之间，联系便利。

（四）施工总布置的步骤

施工总体布置图的设计，由于施工条件多变，只能根据实践经验，因地制宜，按场地布置优化的原理和原则予以解决。施工总体布置程序如图 1-7-1 所示。

三、施工进度计划

（一）施工总进度的编制原则

编制施工总进度时，应根据工程条件、工程规模、技术难度，施工组织管理水平和施工机械化程度，合理安排筹建及准备时间与建设工期，并分析论证项目业主对工期提出的要求。

编制施工总进度的原则如下：

（1）执行基本建设程序，遵照国家政策、法令和有关规程规范。

（2）采用先进、合理的指标和方法安排工期。

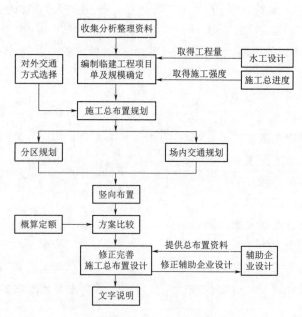

图 1-7-1　施工总体布置程序图

（3）系统分析受洪水威胁的关键项目的施工进度计划，采取有效的技术和安全措施。

（4）单项工程施工进度与施工总进度相互协调，做到资源配置均衡，各项目施工程序前后兼顾、衔接合理、减少施工干扰、均衡施工。

（5）在保证工程质量与建设总工期的前提下，应研究提前发电和使投资效益最大化的施工措施。

（二）施工总进度的表示方法

施工进度计划常以图表的形式来表述，主要有横道图、网络图、里程碑图、进度曲线图和时标网络图等。在施工组织设计中，经常使用的是横道图和时标网络图。

1. 横道图

横道图总进度是传统的表述形式。图上标有各单项工程主要项目的工程量、施工时段、施工工期、施工强度，并经比较分析、调整与平衡后汇总的施工强度曲线和劳动力需要量曲线，必要时还可表示各期施工导流方式。横道图优点是图面简单明了，直观易懂；缺点是不能表示各分项工程之间的逻辑关系和整个工程的主次工作。

2. 网络图

网络图采用网络的结构型式表示工程项目的活动内容及其相互关系。其优点是能明确表示分项工程之间的逻辑关系，能标出控制工期的关键路线，确定某项工程的浮动时间；缺点是进度状况不能一目了然，绘图的难度和修改的工作量大，使用要求较高，识图较困难。

3. 时标网络图

时标网络图是横道图和网络图的结合，既是一个网络计划，又是一个水平进度计划，能够清楚地标明计划的时间进程，明确项目之间的逻辑关系，并且可以根据网络图确定同一时间对材料、机械、设备以及劳动力的需要量，特别适合大型复杂项目的进度编制需要。

（三）施工进度计划的编制

1. 施工进度计划主要内容

施工进度计划编制主要包括：

（1）收集基本资料。

（2）编制轮廓型施工进度。

（3）编制控制性施工进度。

（4）施工进度方案比较。

（5）编制施工总进度表。

（6）编写施工总进度研究报告。

2. 轮廓性施工进度的编制

编制轮廓性施工进度的方法如下：

（1）配合枢纽设计研究，选定代表性枢纽方案，了解主要建筑物的施工特性，初步选定关键性的工程项目。

（2）对初步掌握的基本资料进行粗略分析，根据对外交通和施工总布置的规模和难易程度，拟定准备工程的工期。

（3）对以拦河坝为主要主体建筑物的工程，根据初步拟定的导流方案，对主体建筑物进行施工分期规划，确定截流和主体工程下基坑的施工日期。

（4）根据已建工程的施工进度指标，结合本工程的具体条件，规划关键性工程项目的施工期限，确定工程受益的日期和总工期。

（5）对其他主体建筑物施工进度做粗略的分析，绘制轮廓性施工进度表。

3. 控制性施工进度的编制

编制控制性施工进度的步骤和方法如下：

（1）以导流工程和拦河坝工程为主体，明确截流日期、不同时期坝体上升高程和封孔（洞）日期、各时段的开挖及混凝土浇筑（或土石料填筑）的月平均强度。

（2）绘制各单项工程的进度，计算施工强度（土石方开挖和混凝土浇筑强度）。

（3）安排土石坝施工进度时，考虑利用有效开挖料上坝的要求，尽可能使建筑物的开挖和大坝填筑进度互相配合，充分利用建筑物开挖的石料直接上坝。

（4）计算和绘制施工强度曲线，反复调整，使各项进度合理，施工强度曲线平衡。

4. 施工总进度表的编制

施工总进度表是施工总进度的最终成果，它是在控制性进度表的基础上进行编制的，其项目较控制性进度表更加全面详细。在绘制总进度表的过程中，可以对控制性进度表作局部修改。

总进度表应包括准备工程的主要项目，而详细的准备工程进度，则应专门编制准备工程进度表。对于控制性的主要工程项目，先按已完成的控制性进度表排出进度；对于非控制性的工程项目，主要根据施工强度和土石方、混凝土平衡的原则安排。

第二节　施工导截流技术

一、施工导流

施工导流是为了使水工建筑物能在干地上进行施工，需要用围堰维护基坑，并将水流引向预定的泄水通道往下游宣泄。施工导流贯穿于整个工程施工的全过程，是水利水电工程总体设计的重要组成部分，是选定枢纽布置、永久建筑物形式、施工程序和施工总进度的重要因素。

（一）施工导流方式

施工导流方式基本上可分为分段围堰法导流和全段围堰法导流两类。

1. 分段围堰法导流

分段围堰法亦称分期围堰法，就是用围堰将水工建筑物分段、分期维护起来进行施工的方法。如图1-7-2所示，首先在右岸进行第一期工程的施工，水流由左岸的束窄河床宣泄。到第二期工程施工时，水流就通过船闸、预留底孔或缺口等下泄。

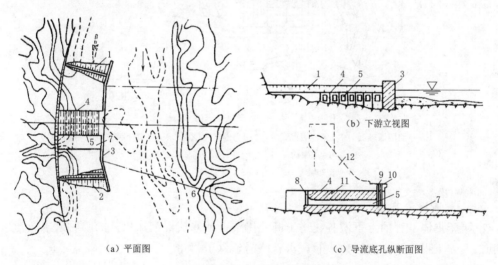

（a）平面图　　　　　　　　　　（c）导流底孔纵断面图

图1-7-2　分段围堰法导流

1——期上游横向断面；2——期下游横向围堰；3—一、二期纵向围堰；4—预留缺口；5—导流底孔；

6—二期上下游围堰轴线；7—护坦；8—封堵闸门槽；9—工作闸门槽；10—事故闸门槽；

11—已浇筑的混凝土坝体；12—未浇筑的混凝土坝体

分段围堰法导流一般适用于河床宽、流量大、工期较长的工程，尤其适用于通航河流和冰凌严重的河流。这种导流方法的导流费用较低，国内外一些大型、中型水利水电工程采用较广。分段围堰法导流，前期都利用被束窄的原河道导流，后期要通过事先修建的泄水道导流，常见的有以下几种：

（1）底孔导流。底孔导流时，应事先在混凝土坝体内修建临时或永久底孔，导流时让全部或部分导流流量通过底孔宣泄到下游，保证工程继续施工。

（2）坝体缺口导流。在混凝土坝施工过程中，当汛期河水暴涨暴落，其他导流建筑物又不足以宣泄全部流量时，可以在未建成的坝体上预留缺口（图1-7-2），以配合其他导流建筑物宣泄洪峰流量，待洪峰过后，上游水位回落，再继续修筑缺口。在修建混凝土坝（特别是大体积混凝土坝）时，由于这种导流方法比较简单，常被采用。

（3）束窄河床和明渠导流。分段围堰法导流，当河水较深或河床覆盖层较厚时，纵向围堰的修筑常常十分困难。若河床一侧的河滩基岩较高且岸坡稳定又不太高陡时，采用束窄河床导流是较为合适的。有的工程，将河床适当扩宽，形成导流明渠（图1-7-3），就是在第一期围堰维护下先修建导流明渠，河水由束窄河床下泄，导流明渠河床侧的边墙常用作第二期的纵向围堰；第二期工程施工时，水流经由导流明渠下泄。

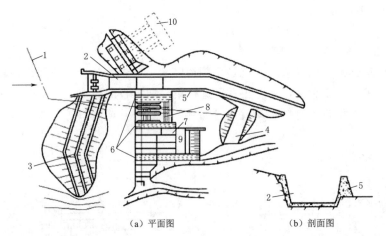

(a) 平面图　　　　　　　　(b) 剖面图

图1-7-3　束窄河床和明渠导流

1——期围堰轴线；2—导流明渠；3—二期上游横向围堰；4—二期下游横向围堰；

5—二期纵向围堰；6—导流底孔；7—非溢流坝段；

8—溢流坝段；9—坝后式厂房；10—地下厂房

2. 全段围堰法导流

在河床主体工程的上下游各建一道断流围堰，使水流经河床以外的临时或永久泄水道下泄。主体工程建成或接近建成时，再将临时泄水道封堵。

全段围堰法导流，其泄水道类型通常有以下几种：

（1）隧洞导流。隧洞导流（图1-7-4）是在河岸山体中开挖隧洞，在基坑上下游修筑围堰，水流经由隧洞下泄。

（2）明渠导流。明渠导流（图1-7-5）在河岸上开挖渠道，在基坑上下游修筑围堰，水流经渠道下泄。

明渠导流，一般适用于岸坡平缓的平原河道。如利用当地老河道，或利用裁弯取直开挖明渠，或与永久建筑物相结合。

（3）涵管导流。涵管导流主要适用于流量不大情况下的土石坝、堆石坝工程。从近年的工程实践，由于坝底留涵管可能对坝体稳定与安全留下隐患，目前涵管导流已很少采用。

涵管通常布置在河岸岩滩上，其位置常在枯水位以上，可在枯水期不修围堰或只修小围堰而先将涵管筑好，然后再修上游、下游全段围堰，将水流导入涵管下泄，如图 1-7-6 所示。

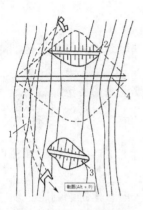

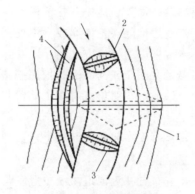

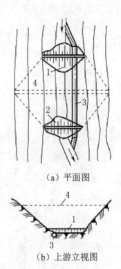

（a）平面图

（b）上游立视图

图 1-7-4　隧洞导流
1—导流隧洞；2—上游围堰；
3—下游围堰；4—大坝

图 1-7-5　明渠导流
1—坝体；2—上游围堰；3—下游
围堰；4—导流明渠

图 1-7-6　涵管导流
1—上游围堰；2—下游围堰；
3—涵管；4—坝体

（二）导流建筑物

导流建筑物是指枢纽工程施工期所使用的临时性挡水建筑物和泄水建筑物。挡水建筑物主要是围堰。泄水建筑物包括导流明渠、导流隧洞、导流涵管、导流底孔等临时建筑物和部分利用的永久性泄水建筑物。

1. 挡水建筑物

围堰是导流工程中的临时挡水建筑物，用来围护基坑，保证水工建筑物能在干地施工。在导流任务完成以后，一般应予以拆除。

水利水电工程施工中经常采用的围堰，按其所使用的材料，可以分为土石围堰、草土围堰、钢板桩格型围堰、混凝土围堰、砌石围堰、胶凝砂砾石围堰、袋装土石围堰等。

按围堰与水流方向的相对位置，可以分为横向围堰和纵向围堰。

按导流期间基坑淹没条件，可以分为过水围堰和不过水围堰。过水围堰除需要满足一般围堰的基本要求外，还要满足堰顶过水的专门要求。

（1）不过水土石围堰。不过水土石围堰是水利水电工程中应用最广泛的一种围堰型式。它能充分利用当地材料或废弃的土石方，构造简单，施工方便，可以在动水中、深水中、岩基上或有覆盖层的河床上修建。除非采取特殊措施，土石围堰一般不允许堰顶过水，所以汛期应有防护措施。

（2）过水土石围堰。当采用允许基坑淹没的导流方式时，围堰堰体必须允许过水。如前所述，土石围堰是散粒体结构，不允许堰体溢流。在过水土石围堰的下游坡面及堰脚应采取可靠的加固保护措施。

（3）混凝土围堰。混凝土围堰的抗冲与防渗能力强，挡水水头高，底宽小，易于与永久建筑物相连接，必要时还可以过水，因此应用比较广泛。

混凝土围堰的主要型式有拱形混凝土围堰和重力式混凝土围堰。

（4）钢板桩格型围堰。钢板桩格型围堰按挡水高度不同，其平面型式有圆筒形格体、扇形格体及花瓣形格体等，应用较多的是圆筒形格体。

2. 泄水建筑物

（1）导流隧洞。导流隧洞是在河岸山体中开挖的用于施工期泄水的隧洞，适用于导流流量不大，坝址河床狭窄，两岸边形陡峻，一岸或两岸地形、地质条件良好的地区。隧洞是我国山区水利水电枢纽工程常采用的导流方式。

（2）导流明渠。导流明渠是在河岸或河滩上开挖用于施工期泄水的渠道，适用于岸坡较缓、有较宽阔滩地等可利用的地形，明渠具有施工简单、适合大型机械施工的优点，有利于加速施工进度，缩短工期。

（3）导流涵管。导流涵管是事先在河滩或河床上建造的穿过上下游围堰而后埋在坝内的涵管。涵管一般采用钢筋混凝土结构。

（4）导流底孔。导流底孔宜布置在近河道主流位置宜与永久泄水建筑物结合，坝内导流底孔宽度不宜超过该坝段宽度的一半，宜骑缝布置；应考虑下闸和封堵施工方便。

（5）坝体预留缺口。混凝土重力坝、拱坝等实体结构在施工过程中，为了防止河水暴涨暴落，可预留坝体缺口与其他导流设施共同泄流，所留缺口的宽度和高度取决于导流设计流量、其他泄水建筑物的泄水能力、建筑物的结构特点和施工条件。

二、截流施工

在施工导流中，只有截断原河床水流，才能把河水引向导流泄水建筑物下泄，在河床中全面开展主体建筑物的施工，这就是截流。

一般说来截流施工的过程为：先在河床的一侧或两侧向河床中填筑截流戗堤，这种向水中筑堤的工作叫作进占。戗堤将河床束窄到一定程度，就形成了流速较大的龙口。封堵龙口的工作称为合龙。

河道截流有立堵法、平堵法、立平堵法、平立堵法、下闸截流以及定向爆破截流等多种方法，但基本方法为立堵法和平堵法两种。

三、基坑排水

在截流戗堤合龙闭气以后，就要排除基坑的积水和渗水，以利开展基坑施工工作。

基坑排水工作按排水时间及性质，一般可分为：①基坑开挖前的初期排水，包括基坑积水、基坑积水排除过程中围堰及基坑的渗水和降水的排除；②基坑开挖及建筑物施工过程中的经常性排水，包括围堰和基坑的渗水、降水、基岩冲洗及混凝土养护用废水的排除等。

第三节　土石方开挖及填筑技术

在水利水电工程中，土石方开挖及填筑是将土或岩石进行松动、破碎、挖装、运输及填筑等的综合工程。土石方开挖及填筑广泛应用于水利水电工程各项情况，如：场地平整和削坡；水工建筑物地基开挖；地下洞室开挖；河道、渠道开挖及疏浚；填筑材料、砌筑石料及混凝土骨料等开采；围堰等临时建筑物或砌石、混凝土结构物等的拆除等；土石坝填筑；砌体工程等。

一、土方开挖工程

1．开挖方式

土方明挖开挖方式包括自上而下开挖、上下结合开挖、先岸坡后槽河开挖和分期分段开挖等。

2．开挖方法

土方明挖的主要方法有机械开挖和人工开挖。

（1）机械开挖（挖掘机、推土机、装载机、铲运机）。

1）正铲挖掘机：适用于停机面以上的土方，适用于Ⅰ～Ⅳ类土及爆破石渣的挖掘。

2）反铲挖掘机：主要挖掘停机面以下的掌子，多用于开挖深度不大的基槽和水下石渣。

3）索铲挖掘机：适用于停机面以下的掌子，多用于开挖深度较大的基槽，沟渠和水下土石。

4）抓铲挖掘机：抓铲挖掘机可以挖掘停机面以上及以下的掌子。水利水电工程中常用于开挖土质比较松软（Ⅰ～Ⅱ类土）、施工面狭窄而深的集水井、深井及挖掘深水中的物料，其挖掘深度可达 30m 以上。

5）推土机：主要用于平整场地，开挖基坑，推平填方及压实，堆积土石料及回填沟槽等作业，宜用于 100m 以内运距、Ⅰ～Ⅲ类土的挖运，但挖深不宜大于 1.5～2.0m，填高不宜大于 2～3m。

6）铲运机：适用于Ⅳ级以下的土壤工作。一般拖式铲运机（用履带式机械牵引）的经济运距为 500m 以内，自行式轮胎铲运机的经济运距为 800～1500m。

7）装载机：不仅可以对堆积的松散物料进行装、运、卸作业和短距离的运土，也可以对岩石、硬土进行轻度挖掘和推土作业，还可以进行清理，刮平场地，起重、牵引等作业。

（2）人工开挖。不具备机械开挖条件时或机械设备不足时采用人工开挖。

1）地下水位较高时，注意排水，要先挖出排水沟，再分层下挖。

2）临近设计高程时，留 0.2～0.3m 的保护层。

3）线状布置的工程（溢洪道、渠道），采用分段施工的平行流水作业组织方式。

4）开挖坚实黏性土和冻土时，采用爆破松土与人工、推土机、装载机等开挖方式配合来提高开挖效率。

3．开挖一般要求

在土方明挖过程中，应当注意：①合理布置开挖工作面和出土路线；②合理选择和布置出土地点和弃土地点，做好挖填方平衡；③开挖边坡，要防止塌滑；④地下水位以下土方的开挖，要做好排水工作。

二、石方开挖工程

（一）石方开挖

石方开挖包括露天石方开挖工程（石方明挖）和地下工程开挖。

1. 石方明挖（爆破法）

（1）开挖方法：钻孔爆破松动、挖掘机或装载机配合自卸汽车出渣。

（2）常用爆破方法：浅孔爆破、深孔爆破、洞室爆破、预裂爆破。

（3）爆破方法基本工序：钻孔→装药→起爆→挖装→运卸。

2. 地下洞室工程开挖

（1）地下工程施工程序。

1）平洞的施工程序。平洞施工程序的选择，主要取决于地质条件、断面尺寸、平洞轴线长短以及施工机械化水平等因素；同时要处理好平洞开挖与临时支撑、平洞开挖与衬砌或支护的关系，以便各项工作在相对狭小的工作面上有条不紊地进行。

2）地下厂房（大断面洞室）的施工程序。大断面洞室的施工，一般都考虑变高洞为低洞，变大跨度为小跨度的原则，采取先拱部后底部，先外缘后核心，自上而下分部开挖与衬砌支护的施工方法，以保证施工过程中围岩的稳定。

地下厂房施工通常可分为顶拱、主体和交叉洞等三大部分。

顶拱的开挖应根据围岩条件和断面大小，可采用全断面法开挖或先开挖中导洞两侧跟进的分部开挖。若围岩稳定性较差，则采取开挖两侧导洞，中间岩柱起支撑作用的先墙后拱法。

3）竖井和斜井的施工程序。水利水电工程的竖井和斜井包括调压井、闸门井、出现井、通风井、压力管道和运输井等。

a. 竖井。竖井施工的主要特点是竖向作业，竖向开挖、出渣和衬砌。一般水工建筑物的竖井均有水平通道相连，先挖通水平通道，可以为竖井施工的出渣和衬砌材料运输等创造有利条件。竖井施工有全断面法和导井法。

a）全断面法。全断面法施工一般按照自上而下的程序进行，该法施工程序简单，但需做好竖井锁口，确保井口稳定；开挖后及时支护，并做好防水排水设施。

b）导井法。导井法施工是在竖井的中部先开挖导井，然后再扩大开挖。扩大开挖时的石渣，经导井落入井底，再由井底水平通道运出洞外，以减轻出渣的工作量。导井开挖可采用自上而下或自下而上作业。自上而下，常采用普通钻爆法、一次钻爆分段爆破法或大钻机钻进法；自下而上，常需要用钻机钻出一个贯通的小口径导孔，然后再用爬罐法、反井钻机法或吊罐法开挖出断面面积满足溜渣需要的导井。

b. 斜井。斜井是指倾角为 6°～48°的斜洞。倾角小于 6°的洞室，可按平洞的方法施工；倾角大于 48°的洞室，可按竖井要求考虑。倾角在 6°～35°的斜井，一般采用自上而下的全断面开挖方法，用卷扬机提升出渣，挖通后再进行衬砌。倾角在 35°～48°的斜井，可采用自下而上挖导井，自上而下扩大的开挖方法，尽可能利用重力溜渣，不能自动溜渣时，应辅以电动扒渣机扒渣，以减轻扩大出渣的劳动强度。

（2）地下洞室爆破施工。地下建筑物开挖中各类洞室的钻爆设计与施工，其基本原理和方法相通。

（3）锚喷支护。地下洞室的开挖及形成，改变了围岩的原有应力场及受力条件，并在一定程度上影响围岩的力学性能，其结果导致围岩出现变形，严重时出现掉块甚至坍塌等现象。因此，围岩的稳定是决定地下工程施工成败的关键问题。

锚喷支护是地下工程施工中对围岩进行保护与加固的主要技术措施。对于不同地层条件、不同断面大小、不同用途的地下洞室都表现出较好的适用性。

锚喷支护技术有很多类型：单一喷混凝土锚杆支护；喷混凝土锚杆（索）、钢筋网、钢拱架等多种联合支护。

（4）衬砌施工。隧洞混凝土和钢筋混凝土衬砌的施工，有现浇、预填骨料压浆和预制安装等方法。现浇衬砌施工和一般混凝土及钢筋混凝土施工基本相同。

（5）地下工程施工辅助作业。通风、散烟及除尘的目的是控制因凿岩、爆破、装渣、喷射混凝土和内燃机运行等而产生的有害气体和岩石粉尘含量，及时供给工作面充足的新鲜空气，改善洞内的温度、湿度和气流速度等状况，创造满足卫生标准的洞内工作环境，这在长洞施工中尤为重要。

（6）悬臂掘进机开挖施工技术。悬臂式掘进机是一种能够实现截割、装载运输、自行走及喷雾除尘的联合机组。悬臂式掘进机要同时实现剥离岩层、装载运出、机器本身的行走调动以及喷雾除尘等功能，即集切割、装载、运输、行走于一身。

悬臂掘进机就位后，开始从掌子面底部水平割出一条槽，向前移动掘进机再一次就位，就位后切割头采取自上而下，左右循环切削。在切削同时铲板部耙爪将切削下来的渣装入运输机械，再由运输机械直接装车运出洞外。

悬臂式掘进机施工的优点如下：

1）采用掘进机进行掘进施工，可以提高隧道机械化施工程度及其配套施工技术并降低施工安全风险。

2）掘进机采用切削方式进行掘进，振动小，对围岩扰动极小。

3）掘进机开挖功效高，支护能够及早跟进，极大地缩短了开挖面的凌空时间。

4）掘进机施工对围岩扰动较小，提高了隧道的开挖质量，洞室开挖断面圆顺度高，便于喷射混凝土支护，同时也提高了初期支护的质量。

5）悬臂掘进机具有多功能性和机动性，当遇到意外情况，便于及时调整施工方案，而不影响施工进度。

6）悬臂式掘进机施工进度由支护工序时间控制，由于开挖断面规范，钢架、网片拼装快捷，喷射混凝土可节省大量时间。

7）掘进机切割部带有自动喷水及吸尘设备，可节省因切割岩面产生的大量粉尘，净化掘进操作现场的环境。

悬臂式掘进机施工的缺陷如下：

1）由于掘进机切割头较长，每次掘进时掌子面需预留开挖面，以免下次开挖破坏已施做的初期支护。否则会导致掌子面位置临空面过大。

2）由于掘进机切割部受自身长度制约，无法满足分台阶掘进施工。

（二）爆破技术

1. 浅孔爆破法

浅孔爆破法适用于小规模爆破，适应性较强，有利于控制开挖面的形状和规格，使用的钻孔机具简单易操作，但生产效率低。

水利水电建设中，浅孔爆破广泛用于基坑、渠道、隧洞的开挖和采石场作业等。浅孔爆破孔径小于等于 75mm、深度小于 5m，炮孔布置原则如下：

（1）炮孔方向不宜与最小抵抗线方向重合。

（2）充分利用有利地形，尽量利用和创造自由面。

（3）一般应将炮孔与层面、节理等垂直或斜交，不宜穿过较宽的裂隙。

（4）当布置有几排炮孔时，应交错布置成梅花形。

（5）浅孔爆破法常采用阶梯开挖法。

2. 深孔爆破法

深孔爆破法适用于大规模、高强度爆破，如大型基坑开挖和大型采石场开采。提高深孔爆破质量的措施主要有多排孔微差爆破、挤压爆破、合理装药结构、倾斜孔爆破等。深孔爆破孔径大于 75mm，孔深大于 5m。

3. 预裂爆破法

预裂爆破是沿设计开挖轮廓钻一排预裂炮孔，在开挖区未爆之前先行爆破，从而获得一条预裂缝，利用这条预裂缝，在开挖区爆破时切断爆区裂缝向保留岩体发展，防止或减弱爆破震动向开挖轮廓以外岩体的传播，达到保护保留岩体或邻近建筑物免受爆破破坏的目的。

预裂炮孔的角度应与开挖轮廓边坡坡度一致，宜一次钻到设计深度。如果基础不允许产生裂缝，则预裂炮孔至设计开挖面应预留一定距离。

4. 洞室爆破法

洞室爆破又称大爆破，其药室是专门开挖的洞室。药室用平洞或竖井相连，装药后按要求将平洞或竖井堵塞。

洞室爆破大体上可分为松动爆破、抛掷爆破和定向爆破。定向爆破是抛掷爆破的一种特殊形式，它不仅要求岩土破碎、松动，而且应抛掷堆积成具有一定形状和尺寸的堆积体。

5. 光面爆破法

光面爆破是利用布置在设计开挖轮廓线上的光面爆破炮孔，将作为围岩保护层的"光爆层"爆除，从而获得一个平整的洞室开挖壁面的一种控制爆破方式。

三、土石方填筑工程

（一）土石坝坝体填筑

1. 料场规划

土石坝用料量很大，在坝型选择阶段应对土石料场全面调查，在施工前还应结合施工组织设计，对料场做进一步勘探、规划和选择。料场的规划包括空间、时间和质量等方面的全面规划。

（1）空间规划。空间规划是指对料场的空间位置、高程进行恰当选择，合理布置。土石料场应尽可能靠近大坝，并有利于重车下坡。坝的上下游、左右岸最好都有料场，以利于各个方向同时向大坝供料，保证坝体均衡上升。用料时，原则上低料低用、高料高用，以减少垂直运输。

（2）时间规划。时间规划是指料场的选择要考虑施工强度、季节和坝前水位的变化。在用料规划上力求做到近料和上游易淹的料场先用，远料和下游不易淹的料场后用；含水量高的料场旱季用，含水量低的料场雨季用。

上坝强度高时充分利用运距近、开采条件好的料场，上坝强度低时用运距远的料场，以平衡运输任务。在料场使用计划中，还应保留一部分近料场供合拢段填筑和拦洪度汛施工高峰时使用。

（3）料场质与量的规划。料场质与量的规划是指对料场的质量和储料量进行合理规划。在选择规划和使用料场时，应对料场的地质成因、产状、埋深、储量以及各种物理力学性能指标进行全面勘探试验。

料场规划时还应考虑主要料场和备用料场。主要料场是指质量好、储量大、运距近的料场，且可常年开采；备用料场，是指在淹没范围以外，当主要料场被淹没或因库水位抬高而导致土料过湿或其他原因不能使用时，在备用料场取料，保证坝体填筑的正常进行。应考虑到开采自然方与上坝压实方的差异，杂物和不合格土料的剔除、开挖、运输、填筑、削坡、施工道路和废料占地不能开采以及其他可能产生的损耗。

此外，为了降低工程成本，提高经济效益，料场规划时应充分考虑利用永久水工建筑物和临时建筑物的开挖料作为大坝填筑用料。如建筑物的基础开挖时间与上坝填筑时间不吻合时，则应考虑安排必要的堆料场地储备开挖料。

2. 坝面作业施工组织规划

土石坝坝面作业施工工序包括卸料、铺料、洒水、压实、质量检查等。坝面作业，工作面狭窄，工种多、工序多、机械设备多，施工时需有妥善的施工组织规划。

为避免坝面施工中的干扰，延误施工进度，土石坝坝面作业宜采用分段流水作业施工。流水作业施工组织应先按施工工序数目对坝面分段，然后组织相应专业施工队依次进入各工段施工。

对同一工段而言，各专业队按工序依次连续施工；对各专业施工队而言，依次连续在各工段完成固定的专业作业。其结果是实现了施工专业化，有利于工人劳动熟练程度的提高，有利于提高劳动效率和工程施工质量。同时，各工段都有专业队固定的施工机具，从而保证施工过程中人、机、地"三不闲"，避免施工干扰，有利于坝面作业多、快、好、省、安全地进行。

3. 坝面作业施工

基础开挖和基础处理基本完成后，就可以进行坝体的铺筑和压实。

坝面作业施工包括铺土、平土、洒水或晾晒（控制含水量）、土料压实（对于黏性土采用平碾，压实后尚须刨毛以保证层间结合的质量）、修整边坡、铺筑反滤层、排水体及护坡、质检等工序。

施工技术要点主要如下：

（1）坝面作业可分为铺料、整平、压实三个主要工序。

（2）铺料宜平行坝轴线进行，进入防渗体铺料，自卸汽车卸料宜用进占法（在松铺层上）倒退卸料，一般采用带式运输机或自卸汽车上坝卸料，采用推土机或平土机散料平土。

（3）按设计厚度铺料整平是保证压实质量的关键。

（4）黏性土料含水量偏低，主要在料场加水，若需坝面加水要做到少、勤、匀；对非黏性土，加水主要在坝面进行。

（5）碾压机械的开行方式有圈转套压、进退错距。

4．结合部位施工

土石坝施工中，坝体的防渗土料不可避免地要与地基、岸坡、周围其他建筑的边界相结合；由于施工导流、施工方法、分期分段分层填筑等的要求，还必须设置纵横向的接坡、接缝。

所有这些结合部位，都是影响坝体整体性和质量的关键部位，也是施工中的薄弱环节，质量不易控制。接坡、接缝过多，还会影响到坝体填筑速度，特别是影响机械化施工。

5．反滤料、垫层料、过渡料施工

反滤料、垫层料、过渡料一般方量不大，但其要求较高，铺料不能分离，一般与防渗体和一定宽度的大体积坝壳石料平起上升，压实标准高，分区线的误差有一定的控制范围。当铺填料宽度较宽时，铺料可采用装载机辅以人工进行。

（二）堆石坝坝体填筑

堆石坝坝体填筑施工中石方填筑的施工设备、工艺和压实参数的确定与碾压式土石坝非结性料施工没有本质区别。

1．堆石坝坝体材料分区

堆石坝坝体材料分区，自上游防渗面板向下依次为垫层区、过渡区、主堆石区、下游堆石区（次堆石料区）等，如图1-7-7所示。

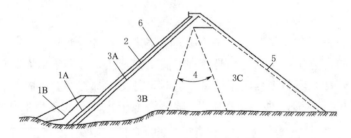

图1-7-7　堆石坝坝体分区

1A—上游铺盖区；1B—压重区；2—垫层区；3A—过渡区；3B—主堆石区；3C—下游堆石区；
4—主堆石区和下游堆石区的可变界限；5—下游护坡；6—混凝土面板

2．堆石坝坝体填筑工艺

（1）堆石体填筑可采用自卸汽车后退法或进占法卸料，推土机摊平。

后退法的优点是汽车可在压平的坝面上行驶，减轻轮胎磨损；缺点是推土机摊平工作量大，且影响施工进度。进占法卸料，虽料物稍有分离，但对坝料质量无明显影响，并且显著减轻了推土机的摊平工作量，使堆石填筑速度加快。

（2）垫层料、过渡料和一定宽度的主堆石的填筑应平起施工，均衡上升。主次堆石可分区、分期填筑，其纵横坡面上均可布置施工临时道路。

垫层料的摊铺多用后退法，以减轻物料的分离。当压实层厚度大时，可采用混合法卸料，即先用后退法卸料呈分散堆状，再用进占法卸料铺平，以减轻物料的分离。

垫层料铺筑上游边线水平超宽一般为20～30cm，采用自行式振动碾压。水平碾压时，振动碾与上游边缘的距离不宜大于40cm。垫层料每填筑升高10～15m，进行垫层坡面削坡修整和碾压。当采用反铲削坡时，宜每填高 3.0～4.0m 进行一次。垫层料粒径较粗，又处于倾斜部位，通常采用斜坡振动碾压实。

（3）坝料填筑宜采用进占法卸料，必须及时平料，每层铺料后宜用仪器检查铺料厚度，一经发现超厚，应及时处理。

3. 堆石体的压实参数和质量控制

（1）堆石体的压实参数。一般堆石体最大粒径不应超过层厚的 2/3，垫层料的最大粒径为 80～100mm，过渡料的最大粒径不超过 300mm，下游堆石区最大粒径 1000～1500mm。

面板堆石坝堆石体的压实参数（碾重、铺层厚和碾压遍数等）应通过碾压试验确定。

（2）堆石体施工质量控制。

1）通常堆石压实的质量指标用压实重度换算的孔隙率 n 来表示，现场堆石密实度的检测主要采用试坑法。

2）垫层料（包括周边反滤料）需做颗分、密度、渗透性及内部渗透稳定性检查，检查稳定性的颗分取样部位为界面处。过渡料做颗分、密度、渗透性及过渡性检查，过渡性检查的取样部位为界面处。主堆石、副堆石做颗分、密度、渗透性检查等。

3）垫层料、反滤料级配控制的重点是控制加工产品的级配。

4）过渡料主要是通过在施工时清除界面上的超径石来保证对垫层料的过渡性。在垫层料填筑前，对过渡料区的界面做肉眼检查。过渡料的密度亦比较高，其渗透系数较大，一般只做简易的测定。颗分的检查主要是供记录用的。

5）主堆石的渗透性很大，亦只做简易检查，级配的检查是供档案记录用的。密度值要做出定时的统计，若达不到设计规定值，要制定解决的办法，采取相应的措施保证达到规定要求。进行质量控制时，要及时计算由水管式沉降仪测定的沉降值换算的堆石压缩模量值，以便直接了解堆石的质量。

6）下游堆石的情况与主堆石相似，但对密度的要求相对较低。

四、砌体工程

（一）砌筑材料

1. 砖材

砖具有一定的强度、绝热、隔声和耐久性，在工程上应用很广。砖的种类很多，在水利工程中应用较多的为普通烧结实心黏土砖，是经取土、调制、制坯、干燥、焙烧而成，分红砖和青砖两种。质量好的砖棱角整齐、质地坚实、无裂缝翘曲、吸水率小、强度高、敲打声音发脆。色浅、声哑、强度低的砖为欠火砖；色较深、音甚响、有弯曲变形的砖为过火砖。

砖的强度等级分为 MU30、MU25、MU20、MU15、MU10、MU7.5 六级。普通砖、空心砖的吸水率宜在 10％～15％；灰砂砖、粉煤灰砖含水率宜在 5％～8％。吸水率越小，强度越高。

普通黏土砖的尺寸为 53mm×115mm×240mm，若加上砌筑灰缝的厚度（一般为 10mm），则 4 块砖长、8 块砖宽、16 块砖厚都为 1m。每 1m³ 实心砖砌体需用砖 512 块。

2. 石材

天然石材具有很高的抗压强度、良好的耐久性和耐磨性，常用于砌筑基础、桥涵、挡土墙、护坡、沟渠及闸坝工程中。石材应选用强度大、耐风化、吸水率小、表观密度大、组织细密、无明显层次，且具有较好抗蚀性的石材。常用的石材有石灰岩、砂岩、花岗岩、片麻岩等。风化的山皮石、冻裂分化的块石禁止使用。

水利工程常用的石料主要如下：

(1) 毛石。毛石指块径大于 15cm，体积 $0.01\sim0.05m^3$，有一面大致平整的石块。

(2) 块石。块石指厚度大于 20cm，体积 $0.01\sim0.05m^3$，有两面大致平行的石块。

(3) 粗料石。粗料石外形较方正，截面的宽度、高度不应小于 20cm，且不应小于长度的 1/4，叠砌面凹入深度不应大于 20mm，除背面外，其他 5 个平面应加工凿平，主要用于闸、桥、涵墩台和直墙的砌筑。

(4) 细料石。细料石经过细加工，外形规则方正，宽、厚大于 20cm，且不小于其长度的 1/3，叠砌面凹入深度不大于 10mm。其多用于拱石外脸、闸墩圆头及墩墙等部位。

(5) 卵石。卵石分河卵石和山卵石两种。河卵石比较坚硬，强度高。山卵石有的已风化、变质，使用前应进行检查。如颜色发黄，用手锤敲击声音不脆，表明已风化变质，不能使用。卵石常用于砌筑河渠的护坡、挡土墙等。

3. 胶结材料

砌筑施工常用的胶结材料，按使用特点分为砌筑砂浆、勾缝砂浆；按材料类型分为水泥砂浆、石灰砂浆、水泥石灰砂浆、石灰黏土砂浆、黏土砂浆等。处于潮湿环境或水下使用的砂浆应用纯水泥砂浆，如用含石灰的砂浆，虽砂浆的和易性能有所改善，但由于砌体中石灰没有充分时间硬化，在渗水作用下，将产生水溶性的氢氧化钙，容易被渗水带走；砂浆中的石灰在渗水作用下发生体积膨胀结晶，破坏砂浆组织，导致砌体破坏。因此石灰砂浆、水泥石灰砂浆只能用于较干燥的水上工程。石灰黏土砂浆和黏土砂浆只用于小型水上砌体。

(1) 水泥砂浆。常用的水泥砂浆强度等级分为 M15、M10、M7.5、M5、M2.5、M1、M0.4 等七个级别。水泥强度等级不宜低于 32.5MPa。如用高强度等级水泥配制低强度等级的砂浆，为改善和易性，减少水灰比，增加密实性及耐久性，可掺入一定量的粉煤灰作混合材料。砂子要求清洁，级配良好，含泥量小于 3%，砂浆配合比应通过试验确定。拌和可使用砂浆搅拌机，也可采用人工拌和。砂浆拌和量应配合砌石的速度和需要，一次拌和不能过多，拌和好的砂浆应在 40min 内用完。

(2) 细石混凝土。一般砌筑砂浆干缩率高，密实性差，在大体积砌体中，常用小石混凝土代替一般砂浆。小石混凝土分一级配和二级配两种。一级配采用 20mm 以下的小石，二级配中粒径 $5\sim20mm$ 的占 $40\%\sim50\%$、$20\sim40mm$ 的占 $50\%\sim60\%$。小石混凝土坍落度以 $7\sim9cm$ 为宜，小石混凝土还可节约水泥，提高砌体强度。

砂浆质量是保证浆砌石施工质量的关键，配料时要求严格按设计配合比进行，要控制用水量；砂浆应拌和均匀，不得有砂团和离析；砂浆的运送工具使用前后均应清洗干净，不得有杂质和淤泥，运送时不要急剧下跌、颠簸，防止砂浆水砂分离。分离的砂浆应重新拌和后才能使用。

(二) 砌筑的基本原则

砌体的抗压强度较大，但抗拉、抗剪强度低，仅为其抗压强度的 1/10～1/8，因此砖石砌体常用于结构物受压部位。砖石砌筑时应遵守以下基本原则：

（1）砌体应分层砌筑，其砌筑面力求与作用力的方向垂直，或使砌筑面的垂线与作用力方向间的夹角小于 $13°\sim16°$，否则受力时易产生层间滑动。

（2）砌块间的纵缝应与作用力方向平行，否则受力时易产生楔块作用，对相邻块产生挤动。

（3）上下两层砌块间的纵缝必须互相错开，以保证砌体的整体性，以便传力。

（三）砌体工程

1. 石砌体工程

石砌体按石块的不同规格可分为毛石砌体、块石砌体和料石砌体等；按砌体缝隙是否填充胶结材料可分为干砌和浆砌；砌体的胶结材料有水泥砂浆、混合砂浆和细骨料混凝土等。水泥砂浆强度高，防水性能好，多用于重要建筑物及建筑物的水下部位。混合砂浆是在水泥砂浆中掺入一定数量的石灰膏、黏土或壳灰（贝壳烧制），适用于强度要求不同的小型工程或次要建筑物的水上部位。细骨料混凝土是用水泥、砂、水和 40mm 以下的骨料按规定级配配合而成，可节省水泥，提高砌体强度。

2. 砌石施工

（1）浆砌块石施工程序：粗砂→碎石垫层→M10 浆砌石。

（2）施工方法。对开挖后的建基面进行彻底的清理，清除基础面杂物、排除仓面积水、压实垫层，基础和坡面经监理工程师验收合格后，方可进行砌筑。块石砌体成行铺砌，并砌成大致水平层次。镶面石按一丁顺或一丁二顺砌筑。任何层次石块与邻层石块搭接至少 80mm。砂浆砌筑缝宽不大于 30mm。砌石及腹石的竖缝相互错开，砂浆砌筑平缝宽度不大于 30mm，竖缝宽度不大于 40mm。

1）勾缝。砌体完成后，顺块石砌石的自然接缝进行勾缝，勾缝宽度须一致，使其美观大方。采用料石水泥砂浆勾缝作为防渗体时，防渗用的勾缝砂浆采用细砂和较小的水灰比，灰砂比控制在 $1:1\sim1:2$。防渗用砂浆采用强度等级 P.O42.5 的普通硅酸盐水泥。

2）清缝。在料石砌筑 24h 后进行，缝宽不小于砌缝宽度，缝深不小于缝宽的 2 倍，勾缝前将槽缝冲洗干净，不残留灰渣和积水，并保持缝面湿润。勾缝砂浆单独拌制，杜绝与砌体砂浆混用的情况发生。当勾缝完成和砂浆初凝后，砌体表面刷洗干净，至少用浸湿物覆盖保持 21d，在养护期间经常洒水，使砌体保持湿润，避免碰撞和振动。

3）抹面。砌体顶部须采用高于砌体砂浆一个标号的砂浆抹面，抹面的宽度、厚度均满足设计要求，表面光滑。

4）养护。砌体外露面，在砌筑完成后 12～18h 及时养护，经常保持外露面的湿润，并避免碰撞和振动。水泥砂浆砌体一般为 14d。

（3）干砌石工程。干砌石使用材料按照施工图纸要求，采用毛石砌筑，石料必须选用质地坚硬，不宜风化，没有裂缝的岩石，其抗水性、抗冻性、抗压强度等均应符合设计要求，无尖角、薄边。上下两面基本平行且大致平整，石料最小边尺寸不宜小于 20cm。石料使用前先清除表面泥土和水锈杂质。

第四节　混凝土施工技术

一、常态混凝土工程施工

（一）骨料生产加工

砂石骨料是混凝土的最基本组成材料，水工混凝土工程对砂石骨料的需要量相当大，质量要求高，一般在施工现场制备。

大中型水利工程根据砂石骨料来源的不同，可将骨料生产分为以下三种基本类型：

（1）天然骨料，即在河床中开挖天然砂砾料（毛料），经冲洗筛分而形成砾石和砂。

（2）人工骨料，即用爆破开采块石，经破碎、冲洗、筛分、磨制而成碎石和人工砂。

（3）组合骨料，即以天然骨料为主、人工骨料为辅配合使用。

砂石骨料生产加工过程包括开采、运输、加工和储存。

（二）混凝土拌和

1. 拌和方式

混凝土拌和必须按照试验部门签发并经审核的混凝土配料单进行配料，严禁擅自更改。

（1）一次投料法（常用方法）。

（2）二次投料法：预拌水泥砂浆、预拌水泥净浆法。与一次投料法相比强度可提高15%，节约水泥15%～20%。

（3）水泥裹砂法。

2. 拌和设备生产能力的确定

拌和设备生产能力主要取决于设备容量、台数与生产率等因素。

（1）每台拌和机的小时生产率可用每台拌和机每小时平均拌和次数与拌和机出料容量的乘积来计算确定。

（2）拌和设备的小时生产能力可按混凝土月高峰强度计算确定。

（3）确定混凝土拌和设备容量和台数，还应满足如下要求：

1）能满足同时拌制不同强度等级的混凝土。

2）拌和机的容量与骨料最大粒径相适应。

3）考虑拌和、加水和掺合料以及生产干硬性或低坍落度混凝土对生产能力的影响。

4）拌和机的容量与运载重量和装料容器的大小相匹配。

5）适应施工进度，有利于分批安装，分批投产，分批拆除转移。

（三）混凝土运输方案

1. 混凝土运输

混凝土运输是连接拌和与浇筑的中间环节。运输过程包括水平和垂直运输，从混凝土拌和系统出机口到浇筑仓面前，主要完成水平运输；从浇筑仓面前到仓内，主要完成垂直运输。

2. 水平运输

混凝土水平运输方式主要有无轨运输、有轨运输和皮带机运输等。

（1）无轨运输。无轨运输的主要设备有混凝土搅拌车、自卸汽车、汽车运立罐及无轨侧卸料罐车等。无轨运输混凝土机动灵活，能与垂直运输系统及入仓设备配套使用，能充分利用已有场内交通，但缺点是能源消耗大、运输成本较高。

（2）有轨运输。有轨运输的主要设备有机车拖平板车立罐和机车拖侧卸罐等。有轨运输需要专用运输线路，其运行速度快，运力大，适合大体积混凝土工程。

（3）皮带机运输。皮带运输机是运用皮带的无极运动运输物料的机械。皮带运输机具有运输距离长、运输能力大、工作阻力小、便于安装、耗电量低、磨损较小等优点；但缺点是由于惯性，皮带机对坡度平缓要求较高，不适于场内运输路径落差高的项目。

3. 垂直运输

混凝土垂直运输方案主要是根据水工建筑物的高度、工程量、外形体积等，以门机、塔机、缆机及专用胶带机等设备为主，辅以履带式起重机、移动式起重机、自卸汽车和混凝土泵等设备进行垂直运输。

在水利水电工程实践中，主要使用门（塔）机、缆机和胶带机三种主要机械作为混凝土垂直运输方案的施工设备。

4. 混凝土运输方案选择

（1）门机、塔机运输浇筑方案。采用门机、塔机浇筑混凝土可分为有栈桥和无栈桥方案。

栈桥可以平行于坝轴线布置一条、两条或三条；可以布置在同一高程，也可以布置在不同高程；可以通向一岸，也可以通向两岸。

（2）缆机运输方案。缆机的塔架安设于河谷两岸，通常布置在所浇建筑物外，故可以提前安装。

（3）辅助运输浇筑方案。①履带式起重机浇筑方案；②汽车运输浇筑方案；③皮带运输机浇筑方案；④混凝土输送泵浇筑方案等。

其中，混凝土输送泵因其高性能、使用方便等优点，在混凝土坝之外的水利工程中往往作为混凝土的主要运输方案。

（4）选择混凝土运输浇筑方案的原则。①运输效率高，成本低，运转次数少，不易分离，质量容易保证；②起重设备能控制整个建筑物的浇筑部位；③主要设备型号要少，性能良好；④能满足高峰浇筑强度的要求；⑤能承担模板、钢筋、金属结构及小型机具的吊运；⑥连续工作，设备利用率高。

（四）混凝土浇筑及养护

混凝土浇筑的施工过程包括浇筑前的准备作业、浇筑时入仓铺料、平仓振捣和浇筑后的养护。

1. 施工准备

混凝土施工准备工作的主要项目有：基础处理、施工缝处理、设置卸料入仓的辅助设备、模板、钢筋的架设、预埋件及观测设备的埋设、施工人员的组织、浇筑设备及其辅助设施的布置、浇筑前的检查验收等。

（1）基础处理。对于土基应先将开挖基础时预留下来的保护层挖除，并清除杂物，然后用碎石垫底，盖上湿砂，再进行压实，浇 8～12cm 厚素混凝土垫层。砂砾地基应清除杂物，整平基础面，并浇筑 10～20cm 厚素混凝土垫层。

对于岩基，一般要求清除到质地坚硬的新鲜岩面，然后进行整修。整修是用铁橇等工具去掉表面松软岩石、棱角和反坡，并用高压水冲洗，压缩空气吹扫。若岩面上有油污、灰浆及其黏结的杂物，还应采用钢丝刷反复刷洗，直至岩面清洁为止。清洗后的岩基在混凝土浇筑前应保持洁净和湿润。

当有地下水时，要认真处理，否则会影响混凝土的质量。其处理方法是：①做截水墙，拦截渗水，引入集水井排出；②对基岩进行必要的固结灌浆，以封堵裂缝，阻止渗水；③沿周边打排水孔，导出地下水，在浇筑混凝土时埋管，用水泵抽出孔内积水，直至混凝土初凝，7d 后灌浆封孔；④将底层砂浆和混凝土的水灰比适当降低。

（2）施工缝处理。施工缝是指浇筑块之间新老混凝土之间的结合面。为了保证建筑物的整体性，在新混凝土浇筑前，必须将老混凝土表面的水泥膜（又称乳皮）清除干净，并使其表面新鲜整洁、有石子半露的麻面，以利于新老混凝土的紧密结合。但对于要进行接缝灌浆处理的纵缝面，可不凿毛，只需冲洗干净即可。

施工缝的处理方法有：风砂枪喷毛、高压水冲毛、刷毛机刷毛及风镐凿毛或人工凿毛等。已经凝固的混凝土利用风镐凿毛或石工工具凿毛，凿深约 1～2cm，然后用压力水冲净。凿毛多用于垂直缝。

仓面清扫应在即将浇筑前进行，以清除施工缝上的垃圾、浮渣和灰尘，并用压力水冲洗干净。

（3）仓面准备。浇筑仓面的准备工作，包括机具设备、劳动组合、照明、风水电供应、所需混凝土原材料的准备等，应事先安排就绪，仓面施工的脚手架、工作平台、安全网、安全标识等应检查是否牢固，电源开关、动力线路是否符合安全规定。

仓位的浇筑高程、上升速度、特殊部位的浇筑方法和质量要求等技术问题，须事先进行技术交底。

地基或施工缝处理完毕并养护一定时间，已浇好的混凝土强度达到 2.5MPa 后，即可在仓面进行放线，安装模板、钢筋和预埋件，架设脚手架等作业。

（4）模板、钢筋制作与安装。

1）模板。根据制作料材，模板可分为木模板、钢模板、混凝土和钢筋混凝土预制模板；根据架立和工作特征，模板可分为固定式、拆移式、移动式和滑动式。固定式模板多用于起伏的基础部位或特殊的异形结构。如蜗壳或扭曲面，因大小不等，形状各异，难以重复使用。拆移式、移动式和滑动式可重复或连续在形状一致或变化不大的结构上使用，有利于实现标准化和系列化。

2）钢筋。水利工程钢筋混凝土常用的钢筋为热轧钢筋。从外形可分为光圆钢筋和带肋钢筋。与光面钢筋相比，带肋钢筋与混凝土之间的握裹力大，共同工作的性能较好。

（5）模板、钢筋及预埋件检查。开仓浇筑前，必须按照设计图纸和施工规范的要求，对仓面安设的模板、钢筋及预埋件进行全面检查验收，签发合格证。

1）模板检查。主要检查模板的架立位置与尺寸是否准确，模板及其支架是否牢固稳定，固定模板用的拉条是否弯曲等。模板板面要求洁净、密缝并涂刷脱模剂。

2）钢筋检查。主要检查钢筋的数量、规格、间距、保护层、接头位置与搭接长度是否符合设计要求。要求焊接或绑扎接头必须牢固，安装后的钢筋网应有足够的刚度和稳定性，钢筋表面应清洁。

3）预埋件检查。对预埋管道、止水片、止浆片、预埋铁件、冷却水管和预埋观测仪器等，主要检查其数量、安装位置和牢固程度。

2. 入仓铺料

（1）铺料厚度。开始浇筑前，要在岩面或老混凝土面上，先铺一层 2～3cm 厚的水泥砂浆（接缝砂浆）以保证新混凝土与基岩或老混凝土结合良好。砂浆的水灰比应较混凝土水灰比减少 0.03～0.05。混凝土的浇筑，应按一定厚度、次序、方向分层推进。

铺料厚度应根据拌和能力、运输距离、浇筑速度、气温及振捣器的性能等因素确定。

混凝土入仓时，应尽量使混凝土按先低后高进行，并注意分料，不要过分集中，主要要求如下：

1）仓内有低塘或料面，应按先低后高进行卸料，以免泌水集中带走灰浆。

2）由迎水面至背水面把泌水赶至背水面部分，然后处理集中的泌水。

3）根据混凝土强度等级分区，先高强度后低强度进行下料，以防止减少高强度区的断面。

4）要适应结构物特点。如浇筑块内有廊道、钢管或埋件的仓位，卸料必须两侧平起，廊道、钢管两侧的混凝土高差不得超过铺料的层厚（一般 30～50cm）。

（2）铺料方法。

1）平铺浇筑法。平铺浇筑法是混凝土按水平层连续地逐层铺填，第一层浇完后再浇第二层，依次类推直至达到设计高度。平铺浇筑法因浇筑层之间的接触面积大（等于整个仓面面积），应注意防止出现冷缝。

2）斜层浇筑法。当浇筑仓面面积较大，而混凝土拌和、运输能力有限时，采用平层浇筑法容易产生冷缝时，可用斜层浇筑法和台阶浇筑法。

3）台阶浇筑法。台阶浇筑法是从块体短边一端向另一端铺料，边前进、边加高，逐步向前推进并形成明显的台阶，直至把整个仓位浇到收仓高程。浇筑坝体迎水面仓位时，应顺坝轴线方向铺料。

3. 平仓与振捣

（1）平仓。平仓是把卸入仓内成堆的混凝土摊平到要求的均匀厚度。平仓不好会造成离析，使骨料架空，严重影响混凝土质量。

（2）振捣。振捣是振动捣实的简称，它是保证混凝土浇筑质量的关键工序。振捣的目的是尽可能减少混凝土中的空隙，以清除混凝土内部的孔洞，并使混凝土与模板、钢筋及埋件紧密结合，从而保证混凝土的最大密实度，提高混凝土质量。

混凝土振捣主要采用振捣器进行，振捣器产生小振幅、高频率的振动，使混凝土在其振动的作用下，内摩擦力和黏结力大大降低，使干稠的混凝土获得了流动性，在重力的作用下骨料互相滑动而紧密排列，空隙由砂浆所填满，空气被排出，从而使混凝土密实，并填满模板内部空间，且与钢筋紧密结合。

4. 养护

混凝土浇筑完毕后，在一个相当长的时间内，应保持其适当的温度和足够的湿度，以造成混凝土良好的硬化条件，这就是混凝土的养护工作。

混凝土表面水分不断蒸发，如不设法防止水分损失，水化作用未能充分进行，混凝土的强度将受到影响，还可能产生干缩裂缝。因此混凝土养护的目的：一是创造有利条件；使水泥充分水化，加速混凝土的硬化；二是防止混凝土成型后因曝晒、风吹、干燥等自然因素影响，出现不正常的收缩、裂缝等现象。

混凝土的养护方法分为自然养护和热养护两类，养护时间取决于当地气温、水泥品种和结构物的重要性。

（五）钢筋混凝土面板施工

钢筋混凝土面板是刚性面板堆石坝的主要防渗结构，厚度薄、面积大，在满足抗渗性和耐久性条件下，要求具有一定的柔性，以适应堆石体的变形。

1. 趾板施工

趾板施工程序为，河床段趾板应在基岩开挖完毕后立即进行浇筑，并在大坝填筑之前浇筑完毕。岸坡部位的趾板必须在填筑之前一个月内完成。为减少工序干扰和加快施工进度，可随趾板基岩开挖出一段之后，立即由顶部自上而下分段进行施工。

趾板施工的步骤是：清理工作面→测量与放线→锚杆施工→立模安止水片→架设钢筋→预埋件埋设→冲洗仓面→开仓检查→浇筑混凝土→养护。

2. 面板分缝分块

（1）垂直伸缩缝。为适应堆石体的变形，应对面板进行分缝。一般用垂直于坝轴线方向的缝（即垂直伸缩缝）将面板分为若干块，面板中间为宽块（每块宽 12～18m）；面板靠近两岸侧为窄块（每块宽 6～9m）。垂直伸缩缝处应设止水进行防渗。

（2）水平施工缝。中等坝高以下的大坝，面板混凝土不宜设置水平缝，高坝和要求施工期蓄水的大坝，面板可以设 1～2 条水平工作缝，分期浇筑。

分期接缝（即水平缝）按施工缝处理，施工缝处理时，要认真进行凿毛、冲洗、清除污物和排除表面积水，浇筑混凝土前应先铺一层厚 20～30mm 与混凝土内砂浆成分相同的砂浆。

3. 面板施工

（1）面板混凝土应采用分块调仓浇筑、滑模施工。施工步骤为：安设分缝止水→安设钢筋网→架立侧模→安设滑膜系统→面板混凝土入仓浇筑。

（2）金属止水片的成型主要有冷挤压成型、热加工成型或手工成型。一般成型后应进行退火处理。现场拼接方式有搭接、咬接、对接；对接一般用在止水接头异型处，应在加工厂内施焊，以保证质量。

（3）侧模可采用木模板或组合钢模板，安装应紧固牢靠，并将止水片固定就位。

（4）钢筋网宜采用现场绑扎或焊接，也可视情况采用预制钢筋片现场整体拼装的方法。

（5）混凝土面板一般采用滑膜法施工，滑膜分有轨滑模和无轨滑模两种。无轨滑模克服了有轨滑模的缺点，减轻了滑动模板自身重量，提高了工效，节约了投资，已广泛应用。面板混凝土浇筑时，滑模每次滑升距离不应大于 30cm，每次滑升间隔时间不应超过 30min 以防止拉伤已浇筑面板。面板浇筑滑升平均速度宜为 1.5～2.5m/h，最大滑升深度宜为 3.5m/h。

（6）面板混凝土一般采用溜槽入仓。一般溜槽每节长 2m，节与节之间采用挂钩连接。布置溜槽时，8m 宽范围内至少设一条溜槽，一般宽度小于 8m 时设一条溜槽，8～12m 可用两条溜槽，12m 以上时可用三条溜槽。溜槽下放时，在钢筋网上铺设并分段固定，溜槽上部宜加遮阴网覆盖。为防止混凝土离析，溜槽内每隔 20～30m 设置塑料软挡板，溜槽出口距合面距离不应大于 2m。混凝土入仓布料应均匀，每层布料厚度应为 25～30cm，严禁混凝土分离。止水片周围布料时，应多加小心，严禁触碰止水片。

（7）混凝土布料后应及时振捣密实。振捣器直径不宜大于 50mm，靠近侧模处不宜大于 30mm。振动过程中，振捣器不得触及滑模、钢筋、止水片。振捣器垂直插入下层混凝土深度宜为 5cm 左右。

（8）混凝土脱模后应及时修整和适时压面。接缝两侧各 1m 范围内的混凝土表面，用 2m 长直尺检查，不平整度不超过 5mm。脱模后的混凝土，宜及时用塑料薄膜等遮盖表面，终凝后应及时铺盖草袋等隔热保温材料，并及时洒水养护，宜连续养护至水库蓄水或至少养护 90d。

（9）在混凝土浇筑完成后、蓄水前，应对面板进行全面检查，对宽度大于 0.2mm 或判定为贯穿性的裂缝，应采用表面封闭法进行逐条处理，当缝宽较小时，采用先聚硫密封胶，再进行环氧处理，当缝宽较大时，常采用聚氨酯对裂缝进行灌浆。

4．伸缩缝止水施工

大坝伸缩缝止水施工包括坝体面板之间、面板与趾板间、面板与防浪墙间等部位止水材料的供应、止水安装和混凝土伸缩缝的施工等。止水主要有 W 型止水铜片、F 型止水铜片、D 型止水铜片、止水橡胶等型式。

二、碾压混凝土工程施工

碾压混凝土采用干硬性混凝土，施工方法接近于碾压式土石坝的填筑方法，采用通仓薄层浇筑、振动碾压实。碾压混凝土筑坝可减少水泥用量、充分利用施工机械、提高作业效率、缩短工期。

（一）碾压混凝土材料及性质

1．材料

（1）水泥。碾压混凝土一般掺混合材料，水泥应优先采用硅酸盐水泥和普通水泥。

（2）混合材料。混合材料一般采用粉煤灰，它可改善碾压混凝土的和易性和降低水化热温升。粉煤灰的作用一是填充骨料的空隙，二是与水泥水化反应的生成物进行二次水化反应，其二次水化反应进程较慢，所以一般碾压混凝土设计龄期常为 90d、180d，以利用后期强度。

（3）骨料。碾压混凝土所用骨料同普通混凝土，其中粗骨料最大粒径的选择应考虑骨料级配、碾压机械、铺料厚度和混凝土拌和物分离等因素，一般不超过 80mm。

（4）外加剂和拌和水。碾压混凝土采用的外加剂和拌和水同普通混凝土。

2．性质

（1）碾压混凝土的稠度。碾压混凝土为干硬性混凝土，在一定的振动条件下，碾压混凝土达到一个临界时间后混凝土迅速液化，这个临界时间称为稠度（V_C 值，单位：s）。

稠度是碾压混凝土拌和物的一个重要特性，对不同振动特性的振动碾和不同的碾压层厚度应有与之相适应的混凝土稠度，方能保证混凝土的质量。

影响 V_C 值的因素有用水量、粗骨料用量及特性、砂率及砂子性质、粉煤灰品质、外加剂等。

（2）碾压混凝土的表观密度。碾压混凝土的表观密度一般指振实后的表观密度。它随着用水量和振动时间不同而变化，对应最大表观密度的用水量为最优用水量。施工现场一般用核子密度仪测定碾压混凝土的表观密度来控制碾压质量。

（3）碾压混凝土的离析性。碾压混凝土的离析有两种形式：①粗骨料从拌和物中分离出来，一般称为骨料分离；②水泥浆或拌和水从拌和物中分离出来，一般称为泌水。

（二）碾压混凝土坝施工

碾压混凝土坝的施工一般不设与坝轴线平行的纵缝，而与坝轴线垂直的横缝是在混凝土浇筑碾压后尚未充分凝固时用切割混凝土的方法设置，或者在混凝土摊铺后用切缝机压入锌钢片形成横缝。

碾压混凝土坝为了满足防渗性和耐久性的要求，上、下游面及与基岩接触面的混凝土采用普通混凝土。

1. 拌和

碾压混凝土的拌和采用双锥形倾翻出料搅拌机或强制式搅拌机。拌和时间较普通混凝土要延长。

2. 运输

碾压混凝土的运输常用以下方式：

（1）自卸汽车直接运料至坝面散料。

（2）缆机吊运立罐或卧罐入仓。

（3）皮带机运至坝面，用摊铺机或推土机铺料。

3. 铺料

碾压混凝土的浇筑面要除去表面浮皮、浮石，清除其他杂物，用高压水冲洗干净。在准备好的浇筑面上铺上砂浆或小石混凝土，然后摊铺混凝土。砂浆或小石混凝土的摊铺范围以 1～2h 内能浇筑完混凝土的区域为准。砂浆摊铺厚度在水平浇筑面为 1.5cm，基岩面为 2.0cm，小石混凝土厚 3～5cm。

摊铺方法可采用人工或装载机，混凝土入仓后再用推土机按规定厚度摊铺。

4. 碾压

混凝土的碾压采用振动碾，在振动碾碾压不到之处用平板振动器振动。碾压厚度和碾压遍数综合考虑配合比、硬化速度、压实程度、作业能力、温度控制等，通过试验确定。

碾压时以碾具不下沉、混凝土表面水泥浆上浮等现象来判定。当用表面型核子密度仪测得的表观密度达到规定指标时，即可停碾。

5. 成缝

（1）横缝可采用切缝机具切制、设置诱导孔或隔板等方法形成。缝面位置、缝的结构型式及缝内填充材料均应满足设计要求。

（2）切缝机切制，宜根据工程具体情况采用"先切后碾"或"先碾后切"的方式。

（3）设置诱导孔，宜在层间间歇期内完成。成孔后孔内应及时用干砂填塞。

（4）设置隔板时，隔板衔接处的间距不得大于10cm，隔板高度应比压实厚度低3～5cm。

（5）有重复灌浆要求的横缝，其制作和安装均应满足设计要求。

6．层面、缝面处理

（1）连续上升铺筑的碾压混凝土，层间间隔时间应控制在直接铺筑允许时间以内。超过直接铺筑允许时间的层面，应先在层面上铺垫层拌和物，在铺筑上一层碾压混凝土。超过了加垫层铺筑允许时间的层面即为冷缝。

（2）直接铺筑允许时间和加垫层铺筑允许时间，应根据工程结构对层面抗剪能力和结合质量的要求，综合考虑拌和物特性、季节、天气、施工方法、上下游不同区域等因素经试验确定。

（3）施工缝及冷缝必须进行缝面处理，缝面处理可用刷毛、冲毛等方法清除混凝土表面浮浆及松动骨料。层面处理完成并清洗干净，经验收合格后，先铺垫层拌和物，然后立即铺筑上一层混凝土继续施工。

（4）冲毛、刷毛时间可根据施工季节、混凝土强度、设备性能等因素，经现场试验确定，不得过早冲毛。

（5）垫层拌和物可使用与碾压混凝土相适应的灰浆、砂浆或小骨料混凝土。灰浆的水胶比应与碾压混凝土相同，砂浆和小骨料混凝土的强度等级应提高一级。垫层拌和物应与碾压混凝土一样逐条带摊铺，其中，砂浆的摊铺厚度为1.0～1.5cm，并立即在其摊铺碾压混凝土，且在砂浆初凝前碾压完毕。

（6）因施工计划的改变、降雨或其他原因造成施工中断时，应及时对已摊铺的混凝土进行碾压。停止铺筑处的混凝土面宜碾压成不大于1∶4的斜坡面，并将坡脚处厚度小于15cm的部分切除。当重新具备施工条件时，可根据中断时间采取相应的层缝面处理措施后继续施工。

7．变态混凝土浇筑

（1）变态混凝土应随着碾压混凝土浇筑逐层施工，灰浆宜洒在新铺碾压混凝土的底部和中部。变态混凝土的铺层厚度宜于平仓厚度相同，用浆量应经试验确定。

（2）变态混凝土所用灰浆由水泥与粉煤灰并掺用外加剂拌制成，其水胶比宜不大于同种碾压混凝土的水胶比。

（3）灰浆应严格规定用量，在变态范围或距岩面或模板30～50cm范围内铺洒，混凝土单位体积用浆量的偏差应控制在允许范围之内。

（4）变态混凝土需经强力振捣才能保证均匀性和上下层结合。相邻区域混凝土碾压时与变态区域搭接宽度应大于20cm。

8．养护与防护

（1）施工过程中，碾压混凝土仓面应保持湿润。

（2）正在施工和刚碾压完毕的仓面，应防止外来水流入。

（3）在施工间歇期间，碾压混凝土终凝后即应开始洒水养护。对水平施工缝和冷缝，洒水养护应持续至上一层碾压混凝土开始铺筑为止，对永久暴露面，养护时间不宜少于

28d，台阶状表面的棱角应加强养护。

（4）有温控要求的碾压混凝土，应根据温控设计采取相应的防护措施；低温季节和寒潮易发期，应有专门防护措施。

三、特殊混凝土工程施工

（一）堆石混凝土工程

1. 概述

堆石混凝土施工技术是指将大粒径的块石直接堆放入仓，然后从堆石体的表面浇筑无需任何振捣的专用自密实混凝土，并利用专用自密实混凝土高流动性、高穿透性的特点，依靠自重完全填充堆石的空隙，形成完整、密实、水化热低、满足强度要求的大体积混凝土。堆石混凝土技术施工工艺简单，综合单价低，水化温升小，易于现场质量控制，施工效率高，工期短。

2. 材料要求

（1）堆石料。

1）堆石料应新鲜、完整，质地坚硬，不得有剥落层和裂纹。

2）堆石料可以使用毛石、块石、粗料石和卵石，其中部或局部厚度不宜小于30cm，最大粒径以运输、入仓方便为限，且不宜超过1.0m；允许使用少量片石但其重量不得超过堆石料总重的10%，且不得集中堆放。

3）堆石料的饱和抗压强度（R_s）不得小于40MPa。堆石料中含泥量不得超过5%，不允许有泥块含量。

（2）自密实混凝土。

1）自密实混凝土配合比设计应采用绝对体积法。浆体的黏性和流动性的改善应采用增加粉体材料用量和选用优质高效减水剂或高性能减水剂的方法。仅靠增加粉体材料用量不能满足浆体黏性时，可通过试验确认后适当添加增黏剂来改善浆体黏度。

2）自密实混凝土配合比应满足以下要求：①单位体积粗骨料量应满足0.27～0.33m³之间；②单位体积专用自密实混凝土用水量一般为170～200kg；③水粉比取0.80～1.15（体积比）；④单位体积粉体量为0.16～0.20m³；⑤自密实混凝土的含气量为1.5%～4.0%；⑥外加剂掺量应根据所需的专用自密实混凝土性能经过试配确定。

3. 堆石混凝土施工

（1）浇筑顺序。堆石混凝土的浇（填）筑顺序分为普通型和抛石型，一般堆石混凝土工程多采用普通型浇（填）筑进行施工，如图1-7-8所示。

（2）石料运输。

1）堆石料应在料场进行冲洗，严禁混入泥块和软弱岩块。堆石成品应尽量避免周转，采用自卸车直接运输入仓，或采用吊车、缆车等其他方式入仓。

2）在堆石入仓道路上设置冲洗台对车轮进行冲洗，以避免车轮带入泥土。对于已带入仓内的泥土和碎石必须在浇筑自密实混凝土前予以清除，否则不得浇筑自密实混凝土。

（3）堆石入仓。

1）在基础混凝土垫层上进行堆石入仓前，须浇筑一层厚20～50cm的抗离析型专用自密实混凝土，并在混凝土初凝前将堆石埋入混凝土中，从而确保堆石混凝土与基础垫层

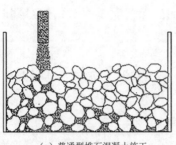
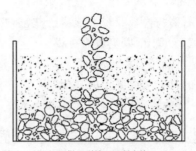

（a）普通型堆石混凝土施工　　　　（b）抛石型堆石混凝土施工

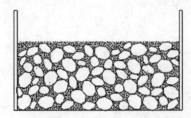

（c）堆石混凝土浇（填）筑完成形态

图 1-7-8 堆石混凝土工程浇（填）筑施工

混凝土结合良好。

2）在堆石过程中，堆石外露面所含有的粒径小于 200mm 的石块数量不得超过 10 块/m²。基础仓混凝土强度达到 2.5MPa 以上方可进行堆石入仓。

3）堆石入仓时不得将泥土带入堆石仓面，对于已带入仓内的泥土在浇筑自密实混凝土前予以清除，否则不得浇筑自密实混凝土。

4）堆石入仓过程应控制不对基础仓混凝土产生较大的冲击，以免下层低龄期混凝土内部产生微裂缝，对建筑物造成早期损伤。

5）宜将粒径较大的堆石置于仓面中下部，粒径较小的堆石置于仓面中上部。与基础仓面混凝土接触的堆石应严格避免大面积接触，以免影响冷缝的黏结。

6）对于粒径大于 800mm 的大石块，宜放置在仓面中部，以免影响堆石混凝土的表层质量。对于表面集中堆放的小于 200mm 的堆石碎块应予以清除。

7）每层堆石厚度可按 1.2～1.8m 控制。

8）堆石完成后应做好防雨（水）措施，在浇筑自密实混凝土前必须防止雨（水）冲刷堆石导致泥浆在接触面上堆积。

（4）模板安装。

1）用于堆石混凝土的模板须具有小于 2mm 缝隙的密闭性以防止漏浆的发生；其刚度和强度必须能抵抗自密实混凝土产生的侧向力，侧向压力大小可按 2.5 倍水压力计算。

2）堆石混凝土横板可采用钢模、木模等常态混凝土模板，也可以使用浆砌块石墙替代模板。浆砌块石墙可作为结构的一部分，浆砌块石墙可采用水泥砂浆或细石混凝土砌筑，采用水泥砂浆砌筑，砂浆标号不低于 M10。采用细石混凝土砌筑的强度等级等技术标准应不低于堆石混凝土的强度等级等技术标准，施工技术要求按浆砌块石施工技术要求执行。浆砌块石墙的厚度应不小于 30cm。

3）在堆石体与模板及岸坡混凝土垫层之间应保留大于 10cm 的空隙作为保护层，混凝土强度达到 2.5MPa 以上方可拆模。

（5）自密实混凝土浇筑施工。

1）一般的自密实混凝土的坍落度、坍落扩展度以及 V 形漏斗通过时间等三项指标须满足表 1-7-1 的范围。

表 1-7-1　　　　　　　　　　　　　自密实性能检测标准

坍落度/mm	坍落扩展度/mm	V 形漏斗通过时间/s
250～280	600～750	7～25

2）自密实混凝土的生产。

a. 拌制自密实混凝土材料，应严格遵守混凝土配料单进行配料，不得擅自更改配料单。

b. 自密实混凝土生产前应对所使用有粗、细骨料进行含水量测定，根据骨料含水量的变化情况，随时调整实际用水量。若自密实混凝土生产过程中天气（气温、湿度等）变化较大时或者取料部位发生变化时，应及时对骨料含水量进行重新测定从而调整实际用水量。

c. 水泥、粉煤灰、减水剂、水的称量误差不得超过 ±1％，砂石的称量误差不得超过 ±2％。

d. 生产自密实混凝土的用水量除应在施工配合比的基础上扣除骨料含水，必须根据拌和情况及时调整用水量。

e. 自密实混凝土的搅拌顺序为：将称量好的骨料和胶凝材料分别投入搅拌机干拌，在加水和外加剂后继续搅拌 60s 以上（气温低于 15℃时搅拌时间应不低于 90s），目测自密实混凝土工作性能达到要求之后方可出机。

3）自密实混凝土的运输。

a. 运输过程中严禁向车内的混凝土加水。

b. 在混凝土卸料前，如需对混凝土扩展度进行调整时，加入外加剂后混凝土搅拌运输车应高速旋转 3min，使混凝土均匀一致，经检测合格后方可卸料。外加剂的种类、掺量应事先试验确定。

4）自密实混凝土的浇筑。

a. 自密实混凝土可采用泵送、挖掘机挖斗、溜槽及吊罐等方式入仓。

b. 浇筑自密实混凝土时，严禁在仓内加水。在浇筑过程中出现的泌水必须及时排除。

c. 在浇筑过程中浇筑点应均匀布置于整个仓面，其间距不得超过 3m，必须在浇筑点的自密实混凝土填满后方可移至下一浇筑点浇筑，浇筑顺序应做到单向顺序，不可在仓面上往复浇筑。

d. 在完成灌注后若表面的块石较少，可利用石料筛选剩余的小块石抛入仓面进行平仓工序。

e. 除表层自密实混凝土外，每一仓的浇筑顶面应留有块石棱角，块石棱角的高度高

于自密实混凝土顶面 5～20cm，以便于下一仓的黏结。

5）堆石混凝土的温控措施。

a. 堆石混凝土一可不考虑温控，如遇高温季节施工时，可参照常规混凝土温控要求执行。

b. 应在堆石混凝土施工期对实际仓面的堆石混凝土进行温升监控。在堆石混凝土施工期间，宜每 4h 测量一次原材料的温度、机口温度、仓面堆石体的温度，并做好记录。

c. 每 100m³ 仓面，宜不少于 1 个浇筑温度测量点。每层堆石混凝土浇筑的温度测量点不少于 3 个，且在仓面上均匀布置。

d. 自密实混凝土的浇筑入仓温度不宜超过 28℃。

6）堆石混凝土养护。

a. 浇筑完成的堆石混凝土，在养护前宜避免太阳曝晒。

b. 应在浇筑完毕 6～18h 内开始洒水养护。

c. 混凝土应连续养护，养护期内始终使混凝土表面保持湿润。

d. 混凝土养护时间，不宜少于 28d，有特殊要求的部位宜适当延长养护时间。

（二）水下混凝土工程

1. 概述

水下混凝土为水中浇注的混凝土，根据水深确定施工方法，较浅时，可用倾倒法施工，水深较深时，可用竖管法浇注，一般配合比同陆上混凝土相同，但由于受水的影响，一般会比同条件下的陆上混凝土低一个强度等级，所以应提高一个强度等级。

另外，还有一种加速凝剂的方法，比较可靠，但造价比较高，水下混凝土的标号一般不低于 C25。

2. 水下混凝土特性

（1）水下混凝土一般在干处进行拌制，在水下浇筑和硬化。混凝土在水下虽然可以凝固硬化，但浇筑质量较差。因此，对水下浇筑混凝土要求较高，必须具有水下不分离性、自密实性、低泌水性和缓凝等特性。

（2）为了保证混凝土有良好的流动性，以便利用自身重量沉实，同时保证具有抵抗泌水和分离的稳定性，水下浇筑的混凝土其水泥用量要求比一般混凝土多，用量为 380～450kg/m³，水灰比应不超过 0.55。含砂率和用水量也相应较高，而且不能用过大的粗骨料。

（3）水下混凝土与大流动度混凝土类同。根据水下浇筑的特点，应加入水下不分离的外加剂，即增稠剂或增黏剂。

3. 水下混凝土施工

（1）主要施工方法。

1）导管法。导管法是水下混凝土浇筑最常用的方法，导管可用刚性导管或柔性导管，刚性导管是依靠拌和物自重从刚性导管向水下仓面输送和浇筑；柔性导管是将拌和物由柔性导管向水下仓面输送和浇筑，并依靠环境水对软管压力控制拌和物的下降速度。

2）泵压法。泵压法主要用混凝土泵将混凝土拌和物沿输送管、浇筑管进入水下浇筑仓面，与导管法施工基本相同。

3）开底容器法。开底容器法是将混凝土拌和物装在易于开底的密闭容器内，浇筑时，将容器轻轻放入水下，直达浇筑地点开底卸料。

4）预填骨料压浆法。预填骨料压浆法是指在水下模板内预填骨料，通过往浆管加压或自流灌法胶凝材料，充填骨料空隙并胶结而形成混凝土。

5）袋装叠置法。袋装叠置法是将混凝土拌和物装入袋中在水下依次沉放，层间骑缝重叠，形成水下混凝土结构。袋装材料为麻袋或合成纤维做成，其质地较粗，还有改进的水溶性薄膜袋，溶化时间稍长于混凝土硬化时间。

6）倾注法。倾注法是指在已浇出的混凝土上倾注混凝土拌和物。通过捣压推动或自然流动，使水下混凝土逐渐推广扩散。

（2）施工一般要求。

1）进行水下浇筑混凝土，拌和物在进入仓面以前，避免与环境水接触。

2）进入仓面后，与水接触的混凝土始终与水接触。后浇的不再与水接触，要求混凝土应具有足够的流动性来抵抗泌水和分离的稳定性，而且必须在确保防止流水影响的围堰内进行。

3）水下混凝土浇筑不得中断并应尽速进行。在浇筑完成后 24h 内，围堰不得抽水。

（3）导管法施工技术。

1）适用范围。

a. 采用导管法浇筑水下混凝土，适用于水深不超过 15～25m 的情况。

b. 每节导管用橡皮衬垫的法兰盘连接，底部应装设自动开关阀门，顶部装设漏斗。

c. 导管的数量与位置，应根据浇筑范围和导管的作用半径来确定，一般作用半径不应大于 3m。

2）一般施工工艺。导管法的一般施工工艺：施工准备→淤泥开挖→水上操作平台搭设→模板制作安装→基岩面清理→水下锚杆、插筋施工→导管配置、安装→混凝土浇筑。

3）导管配置、安装。

a. 导管管径与浇筑强度和骨料最大粒径有关，导管直径应不小于骨料最大粒径的 4 倍。

b. 导管的平面布置与混凝土的扩散半径有关，一套导管的控制面积不宜超过 $30m^2$，并且在浇筑块最低部位不设专门的下料管。

c. 导管采用钢管分节段拼接而成，导管在进场使用前必须先做水密实验，且至少在施工前 1 天再次做水密实验，保证导管连接密实不透水。

d. 导管使用前应逐一检查丝扣，确保每节丝扣的紧密连接。丝扣不符合要求或变形超标的导管应坚决予以剔除，更换，并撤离现场或予以明显标识。

e. 导管连接成导管柱，确保垂直，接头处采用密封圈垫予以密封。

4）水下混凝土浇筑。

a. 混凝土由混凝土泵机送入收料斗，由收料斗经下料导管入仓。

b. 根据水下混凝土的特性，浇筑过程应尽量减少甚至避免混凝土直接与水接触，影响混凝土质量。因此首批入仓的混凝土量必须确保导管底部具有一定的埋深，保证后续入仓混凝土是通过挤压的方式连续不断地抬升先浇筑混凝土面，避免与水接触，同时达到挤压密实混凝土的目的。

c. 导管的埋深根据导管间距与混凝土扩散坡率（混凝土试验确定）的乘积来确定。再根据混凝土扩散范围和埋深确定首批入仓的混凝土量。

d. 水下混凝土是靠下料导管内外的压力差来达到密实效果，同时保证混凝土下料通畅，不出现堵管现象，通过控制下料导管距水面的最小高度来控制。

e. 混凝土开始浇筑时，为避免堵管，先用水泥砂浆润滑泵管，水泥砂浆用量根据输送泵管长度确定。

f. 混凝土浇筑应连续，若浇筑间隙时间过长导管脱空导致停仓，均应按施工缝处理。

g. 收仓阶段由于随混凝土浇筑面的上升，导管内外的压力也随之减少，下料难度增大，为达到预定的浇筑高程，避免产生欠浇、高差过大等缺陷，采用加大入仓混凝土的坍落度、经常活动下料导管以及改用软管下料等方式。

h. 混凝土浇筑过程必须严格控制混凝土的质量，应采用和易性较好、坍落度损失较小的配合比混凝土，入仓的混凝土坍落度不小于 18cm。

i. 混凝土凝固后要凿除与水接触部位强度不满足要求部分。

第五节 模 板 施 工 技 术

在混凝土工程中，模板对于混凝土工程的费用、施工的速度、混凝土的质量均有较大影响。据国内外的统计资料分析表明，模板工程费用一般约占混凝土总费用的 25%～35%，即使是大体积混凝土也在 15%～20%。因此，对模板结构型式、使用材料、装拆方法以及拆模时间和周转次数，均应仔细研究。以便节约木材，降低工程造价，加快工程建设速度，提高工程质量。

模板与其支撑体系组成模板系统。模板系统是一个临时架设的结构体系，其中模板是新浇混凝土成型的模具，它与混凝土直接接触，具有所要求的形状、尺寸和表面质量；支撑体系是指支撑模板，承受模板、构件及施工中各种荷载的作用，并使模板保持所要求的空间位置的临时结构。

模板的主要作用是对新浇塑性混凝土起成型和支承作用，同时还具有保护和改善混凝土表面质量的作用。一般对模板的基本要求如下：

（1）应保证混凝土结构和构件浇筑后的各部分形状和尺寸以及相互位置的准确性。

（2）具有足够的稳定性、刚度及强度。

（3）装拆方便，能够多次周转使用、形式要尽量做到标准化、系列化。

（4）接缝应不易漏浆、表面要光洁平整。

（5）所用材料受潮后不易变形。

一、模板的基本类型

1. 按模板形状分

按模板形状可分为平面模板和曲面模板。

平面模板又称为侧面模板，主要用于结构物垂直面。曲面模板用于廊道、隧洞、溢流面和某些形状特殊的部位，如进水口扭曲面、蜗壳、尾水管等。

2. 按模板材料分

按模板材料分为木模板、竹模板、钢模板、混凝土预制模板、塑料模板、橡胶模板等。

3. 按模板受力条件分

按模板受力条件分为承重模板和侧面模板。

承重模板主要承受混凝土重量和施工中的垂直荷载；侧面模板主要承受新浇混凝土的侧压力。侧面模板按其支承受力方式，又分为简支模板、悬臂模板和半悬臂模板。

4. 按模板使用特点分

按模板使用特点分为固定式、拆移式、移动式和滑动式。

固定式用于形状特殊的部位，不能重复使用。

拆移式、移动式和滑动式模板都能重复使用，或连续使用在形状一致的部位。但其使用方式有所不同：拆移式模板需要拆散移动；移动式模板的车架装有行走轮，可沿专用轨道使模板整体移动（如隧洞施工中的钢模台车）；滑动式模板是以千斤顶或卷扬机为动力，可在混凝土连续浇筑的过程中，使模板面紧贴混凝土面滑动（如闸墩施工中的滑模）。

二、模板的制作、安装及拆除

（一）模板的制作

大中型混凝土工程中模板需用量巨大。通常设专门的加工厂制作模板，采用机械化流水作业，以利于提高模板的生产率和加工质量。

（二）模板的安装

安装模板之前，应事先熟悉设计图纸，掌握建筑物结构的形状尺寸，并根据现场条件，初步考虑好立模及支撑的程序，以及与钢筋绑扎、混凝土浇捣等工序的配合，尽量避免工种之间的相互干扰。

模板的安装包括放样、立模、支撑加固、吊正找平、尺寸校核及清仓去污等工序。

（三）模板的拆除

（1）不承重的侧模板在混凝土强度能保证混凝土表面和棱角不因拆模而受损时方可拆模。一般此时混凝土的强度应达到 2.5MPa 以上。

（2）承重模板，要求达到表 1-7-2 所规定的混凝土设计强度的百分率后才能拆模。

表 1-7-2   承重模板拆模时混凝土的强度要求

悬臂板、梁		其他梁、板、拱		
跨度不大于2m	跨度大于2m	跨度不大于2m	跨度2～8m	跨度大于8m
70%	100%	50%	70%	100%

第六节   钻孔灌浆施工技术

一、基础处理工程

水工建筑物的基础有两类：岩基和软基，其中软基包括土基与砂砾石地基等。基础的

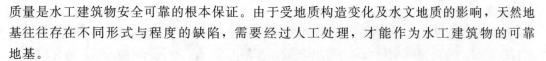

质量是水工建筑物安全可靠的根本保证。由于受地质构造变化及水文地质的影响，天然地基往往存在不同形式与程度的缺陷，需要经过人工处理，才能作为水工建筑物的可靠地基。

水工建筑物的基础处理，就是根据建筑物对地基的要求，采用特定的技术和工程措施减少或消除地基具有的天然缺陷，改善和提高地基的物理力学性能，使地基达到足够的强度、整体性、抗渗性及稳定性，以保证工程的安全可靠和正常运行。

天然地基的性状复杂多样，不同类型水工建筑物对地基的要求也各不相同，因而在实际施工中，存在各种不同的基础处理方案与技术措施。采用爆破或机械挖掘等手段，将不符合要求的地层挖除以形成设计要求的建基面，是最通用可靠的基础处理方法。但天然地基的缺陷分布范围一般大而深，并且均匀性差，仅仅依靠开挖的方法，既难彻底清除，也缺乏经济合理性。为了取得符合设计要求的基础，往往必须对建基面下更大范围的地层采用各种技术措施进行处理。

通常水工建筑物基础处理技术包括钻孔灌浆施工、防渗墙施工、振冲地基施工、混凝土灌注桩基础施工等。

二、钻孔灌浆工程施工

(一) 概述

水利水电工程大部分水工建筑物的建基面是通过开挖取得的岩石基础面，且对建基面以下的岩层有较高质量的要求。建基面以下的基础岩层往往存在一定范围和程度的地质缺陷，如节理、裂隙、断层及破碎带等。对岩层地质缺陷的处理，广泛而有效的技术措施是灌浆。

灌浆是将具有流动性和胶凝性的浆液，按一定的配比要求，通过钻孔用灌浆设备压入岩层的孔（裂）隙中，经过硬化胶结后，形成结石，从而提高基岩的强度与整体性，改善基岩的抗渗性。

灌浆技术是水工建筑物岩石基础处理的基本措施，同时在水工隧洞围岩固结、衬砌回填、不良地段的超前支护，混凝土坝体接缝以及建（构）筑物补强、堵漏等方面也有广泛的应用。

1. 灌浆的分类

（1）按灌浆材料分。按灌浆浆液的材料主要可以分为粒状材料灌浆和纯溶液灌浆，前者主要有水泥灌浆、黏土灌浆以及石灰、砂浆等材料的灌浆。后者即化学灌浆，包括水玻璃和树脂等有机化学材料的灌浆。

水泥灌浆指以水泥浆液为灌注材料的灌浆，通常也包括水泥黏土灌浆、水泥粉煤灰灌浆、水泥水玻璃灌浆等，这些浆液也称为水泥基或水泥系浆液。

（2）按在水工建筑物中所起的作用分。按灌浆在水工建筑物中所起的作用划分有帷幕灌浆、固结灌浆、回填灌浆、接触灌浆、接缝灌浆等。

帷幕灌浆是为在受灌体内建造防渗帷幕的灌浆，受灌体可以是基岩、砂卵砾石层、土层、围堰填筑体和有缺陷的混凝土等。

固结灌浆是为增强受灌体的密实性、整体性，提高其力学性能的灌浆。大坝基岩固结灌浆通常都在岩石浅层进行，用于断层破碎带岩体的固结灌浆有时深度也较大。前者通常压力较低，后者压力较高。

回填灌浆是为充填地基或水工建筑物结构内的空洞或空隙，增强其密实性和整体性而进行的灌浆，有时也叫充填灌浆。常用于隧洞围岩与混凝土之间空隙的回填，溶洞的回填等。预填骨料混凝土的灌浆也是属于这一性质。

接触灌浆是指在建筑物与基岩的竖直或高倾角接触面、钢管与混凝土接触面等部位进行的，为了充填由于混凝土收缩而产生的空隙，加强两种结构或材料之间的结合能力，改善受力条件的灌浆。

接缝灌浆是通过预埋管路对混凝土坝块间的收缩缝进行的灌浆，其目的是增强混凝土坝块间的接合能力，改善传力条件。

（3）按受灌建筑物或结构分。按进行灌浆的建筑物或结构可分为坝基灌浆、隧洞灌浆、压力钢管灌浆、土坝灌浆、岸坡灌浆、预应力锚固灌浆、锚杆灌浆等。

（4）按灌浆地层分类。按灌浆地层可分为岩石地基灌浆、砂砾石地层灌浆、土层灌浆等。

（5）按灌浆方法分。按灌浆方法可分为静压灌浆和高喷灌浆。静压灌浆和高喷灌浆又有多种方式方法，如自上而下灌浆、自下而上灌浆、纯压式灌浆、循环式灌浆、孔口封闭法灌浆、分段阻塞法灌浆，以及单管法高喷灌浆、双管法高喷灌浆、三管法高喷灌浆等。

（6）按灌浆的机理分。按灌浆的作用和机理分有自流灌浆、压力灌浆、渗透灌浆、劈裂灌浆（亦称启缝灌浆、变位灌浆）、挤密灌浆（亦称压密灌浆）、充填灌浆等。

（7）按灌浆时间分。在隧洞或地下工程施工中，按灌浆工序与开挖工序的先后次序分有预灌浆（超前灌浆）、后灌浆等。

（8）按灌浆压力分。按灌浆压力的高低分有常压灌浆和高压灌浆。灌浆规范规定3MPa以上压力的灌浆称为高压灌浆。

（9）按灌浆条件分。按灌浆条件分有盖重灌浆和无盖重灌浆。

2. 灌浆的作用和适用范围

（1）灌浆的作用。灌浆的直接目的是修补地质缺陷，主要起到如下作用：

1）充填作用，浆液结石将地层空隙充填起来，提高地层的密实性，也可以阻止水流通过。

2）压密作用，在浆液被压入过程中，对地层产生挤压，从而使那些无法进入浆液的细小裂隙和孔隙受到压缩或挤密，使地层密实性和力学性能都得到提高。

3）黏合作用，浆液结石使已经脱开的岩块、建筑物裂缝等充填并黏合在一起，恢复或加强其整体性。

4）固化作用，水泥浆液与地层中的黏土等松软物质发生化学反应，将其凝固成坚固的"类岩体"。

（2）灌浆的适用范围。灌浆的适用范围很广，在水利水电工程中常用于以下方面：

1）各种建筑物的地基处理包括岩石地基的防渗帷幕灌浆、固结灌浆，覆盖层地基的防渗帷幕灌浆，地下洞室和结构物的回填灌浆、围岩固结灌浆等。

2）土坝、堤防、围堰的防渗灌浆。

3）地下洞室掘进中的防渗、堵漏、加固灌浆，包括预注浆（超前注浆）等。

4）混凝土结构物施工的接缝灌浆、接触灌浆，预应力灌浆、预填骨料灌浆和缺陷修补灌浆等。

5）锚索、锚杆灌浆等。

（二）灌浆材料及浆液

1. 灌浆材料

灌浆材料可分为两大类：一类是用固体颗粒的灌浆材料（如水泥、黏土或膨润土、砂等）制成的浆液；另一类是用化学灌浆材料（如硅酸盐、环氧树脂、聚氨酯、丙凝等）制成的浆液。

水利水电工程中大量常用的浆液主要有水泥浆、水泥黏土浆、黏土浆、水泥黏土砂浆等。

2. 常用浆液的特性

（1）纯水泥浆液。纯水泥浆具有结石强度高、抗渗性能好、工艺简单、操作方便、材料来源丰富、价格较低等优点，是应用最广泛的一种灌浆材料。

（2）水泥黏土浆。水泥黏土浆液则兼有水泥和黏土的优点，稳定性好，可灌性比纯水泥浆液高，防渗能力强，且价格较低。水泥黏土浆主要应用于砂砾石防渗帷幕的灌浆。

符合要求的黏土材料具有颗粒细、分散性好，拌制的浆液稳定性好，一般可就地取材，价格低廉等，但黏土不能发生水硬性化学反应，不能形成具有足够强度的浆液结石体。

（3）水泥砂浆。水泥砂浆具有流动度小、灌浆范围易于控制、结石强度高，砂子为当地材料有利于降低造价等优点。水泥砂浆通常应用在大溶洞、空腔、宽大裂缝的灌浆和隧洞回填灌浆中。

（4）化学灌浆浆液。化学灌浆材料按灌浆的目的可分为防渗堵漏和补强加固两大类。属于前者的有水玻璃、丙凝类、聚氨酯类等，属于后者的有环氧树脂类、甲凝类等，每种材料都有其特殊的性能和应用条件。

（5）水泥水玻璃浆。水泥水玻璃浆液是以水泥浆液和水玻璃溶液按一定比例混合配制成的浆液。这种浆液不仅具有水泥浆的优点，而且兼有化学浆液的一些特点，凝胶时间可以从几秒钟到几十分钟任意调节，灌后结石率可达100%，可灌性比纯水泥浆明显提高。它除在基岩裂隙的较大含水层中使用以外，还能在砂层中灌注，广泛应用于矿井、隧道、地下建筑的堵水注浆和地基加固工程中。

（三）灌浆施工

1. 灌浆方式

（1）按浆液的灌注流动方式可分为纯压式和循环式，如图1-7-9所示。

1）纯压式是一次把浆液压入钻孔中，扩散到地基缝隙中，灌注过程中，浆液单向从灌浆机向钻孔流动的一种灌浆方式。

2）循环式是灌浆时浆液进入钻孔，一部分被压入地基缝隙中，另一部分由回浆管路返回拌浆筒中的一种灌浆方式。

（2）按灌浆孔中灌浆程序分为一次灌浆和分段灌浆。

1）一次灌浆是将孔一次钻完，全孔段一次灌浆。在灌浆深度不大，孔内岩性基本不变，裂隙不大而岩层又比较坚固等情况下可采用该方法。

2）分段灌浆是将灌浆孔划分为几段，采用自下而上或自上而下的方式进行灌浆。适

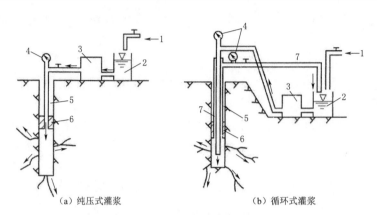

(a) 纯压式灌浆   (b) 循环式灌浆

图 1-7-9　纯压式和循环式灌浆示意图

1—水；2—拌浆桶；3—灌浆泵；4—压力表；5—灌浆管；6—灌浆塞；7—回浆管

用于灌浆孔深度较大，孔内岩性又有一定变化而裂隙又大的情况，此外，裂隙大且吸浆量大，灌浆泵不易达到冲洗和灌浆所需的压力等情况下也可采用该方法，如图 1-7-10、图 1-7-11 所示。

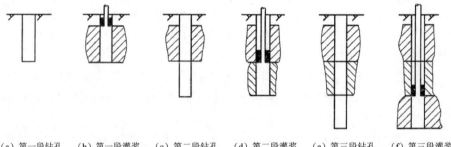

(a) 第一段钻孔　(b) 第一段灌浆　(c) 第二段钻孔　(d) 第二段灌浆　(e) 第三段钻孔　(f) 第三段灌浆

图 1-7-10　自上而下分段灌浆

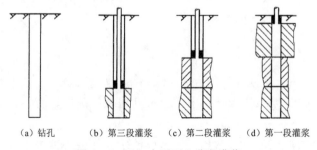

(a) 钻孔　　(b) 第三段灌浆　　(c) 第二段灌浆　　(d) 第一段灌浆

图 1-7-11　自下而上分段灌浆

2. 基岩灌浆施工

在地基处理中，基岩灌浆必须按照先固结灌浆、后帷幕灌浆的顺序，且按照分序加密的原则进行。多排孔帷幕灌浆的施工顺序，应按先下游排、后上游排、再中间排的顺序，按序逐渐加密进行。

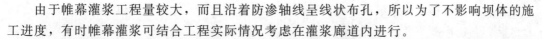

由于帷幕灌浆工程量较大，而且沿着防渗轴线呈线状布孔，所以为了不影响坝体的施工进度，有时帷幕灌浆可结合工程实际情况考虑在灌浆廊道内进行。

帷幕灌浆和固结灌浆的工艺流程：施工准备→钻孔→洗孔种冲洗→压水试验→灌浆与封孔→质量检查。

（1）施工准备。施工准备工作包括场地清理、孔位放样、机具设备就位及检查等。

（2）钻孔。帷幕灌浆孔宜采用回转式钻机和金刚石钻头或硬质合金钻头钻进，帷幕灌浆孔宜选用较小的孔径，钻孔孔壁应平直完整。帷幕灌浆钻孔必须保证孔向准确。钻机安装必须平正稳固，钻孔宜埋设孔口管，钻机立轴和孔口管的方向必须与设计孔向一致；钻进应采用较长的粗径钻具并适当地控制钻进压力。帷幕灌浆孔应进行孔斜测量，发现偏斜超过要求应及时纠正或采取补救措施。

钻进施工应注意的事项主要如下：

1）按照设计要求定好孔位，孔位的偏差一般不宜大于10cm，当遇到难于依照设计要求布置孔位的情况时，应及时与有关部门联系，如允许变更孔位时，则应依照新的通知，重新布置孔位。在钻孔原始记录中一定要注明新钻孔的孔号和位置，以便分析查用。

2）钻进时，要严格按照规定的方向钻进，并采取一切措施保证钻孔方向正确。

3）孔径力求均匀，不要忽大忽小，以免灌浆或压水时栓塞塞不严，漏水返浆，造成施工困难。

4）在各钻孔中，均要计算岩芯采取率。检查孔中，更要注意岩芯采取率，并观察岩芯裂隙中有无水泥结石，其填充和胶结的情况如何，以便逐序反映灌浆质量和效果。

5）检查孔的岩芯一般应予保留。保留时间长短，由设计单位确定，一般时间不宜过长。灌浆孔的岩芯，一般在描述后再行处理，是否要有选择性的保留，应在灌浆技术要求文件中加以说明。

6）凡未灌完的孔，在不工作时，一定要把孔顶盖住并保护，以免掉入物件。

7）应准确、详细、清楚地填好钻孔记录。

（3）洗孔和冲洗。

1）洗孔。灌浆孔（段）在灌浆前应进行钻孔冲洗，孔内沉积厚度不得超过20cm。帷幕灌浆孔（段）在灌浆前宜采用压力水进行裂隙冲洗，直至回水清净时止。冲洗压力可为灌浆压力的80%，该值若大于1MPa时，采用1MPa。

洗孔的目的是将残存在孔底岩粉和黏附在孔壁上的岩粉、铁砂碎屑等杂质冲出孔外，以免堵塞裂隙的通道口而影响灌浆质量。钻孔钻到预定的段深并取出岩芯后，将钻具下到孔底，用大流量水进行冲洗，直至回水变清，孔内残存杂质沉淀厚度不超过10～20cm时，结束洗孔。

2）冲洗。冲洗的目的是用压力水将岩石裂隙或空洞中所充填的松软、风化的泥质充填物冲出孔外，或是将充填物推移到需要灌浆处理的范围外，这样裂隙被冲洗干净后，利于浆液流进裂隙并与裂隙接触面胶结，起到防渗和固结作用。使用压力水冲洗时，在钻孔内一定深度需要放置灌浆塞。

冲洗有单孔冲洗和群孔冲洗两种方式。

（4）压水试验。帷幕灌浆采用自上而下分段灌浆法时，先导孔应自上而下分段进行压水试验，各次序灌浆孔的各灌浆段在灌浆前宜进行简易压水试验。

压水试验应在裂隙冲洗后进行。简易压水试验可在裂隙冲洗后或结合裂隙冲洗进行。压力可为灌浆压力的 80%，该值若大于 1MPa 时，采用 1MPa。压水 20min，每 5min 测读一次压入流量，取最后的流量值作为计算流量，其成果以透水率表示。帷幕灌浆采用自下而上分段灌浆法时，先导孔仍应自上而下分段进行压水试验。各次序灌浆孔在灌浆前全孔应进行一次钻孔冲洗和裂隙冲洗。除孔底段外，各灌浆段在灌浆前可不进行裂隙冲洗和简易压水试验。

（5）灌浆。

1）灌浆的施工次序。大坝的岩石基础帷幕灌浆通常是由单排孔、二排孔、三排孔所构成，多于三排孔的比较少。

a. 单排孔帷幕施工（同二排、三排、多排帷幕孔的同一排上灌浆孔的施工次序），首先钻灌第Ⅰ次序孔，然后钻灌第Ⅱ次序孔，最后钻灌第Ⅲ次序孔。

b. 由两排孔组成的帷幕，先钻灌下游排，后钻灌上游排。

c. 由三排或多排孔组成的帷幕，先钻灌下游排，再钻灌上游排，最后钻灌中间排。

2）灌浆的施工方法。基岩帷幕灌浆应优先采用循环式，射浆管距孔底不得大于 50cm；浅孔固结灌浆可采用纯压式。

灌浆孔的基岩段长小于 6m 时，可采用全孔一次灌浆法；大于 6m 时，可采用自上而下分段灌浆法、自下而上分段灌浆法、综合灌浆法或孔口封闭灌浆法。

帷幕灌浆段长度宜采用 5～6m，特殊情况下可适当缩减或加长，但不得大于 10m。进行帷幕灌浆时，坝体混凝土和基岩的接触段应先行单独灌浆并应待凝，接触段在岩石中的长度不得大于 2m。

单孔灌浆的方法主要如下：

a. 全孔一次灌浆。全孔一次灌浆是把全孔作为一段来进行灌浆。一般在孔深不超过 6m 的浅孔、地质条件良好、岩石完整、渗漏较小的情况下，无其他特殊要求，可考虑全孔一次灌浆、孔径也可以尽量减小。

b. 全孔分段灌浆。根据钻孔各段的钻进和灌浆的相互顺序，又分为以下方法：

a）自上而下分段灌浆。自上而下逐段钻进，随段位安设灌浆塞，逐段灌浆的一种施工方法。这种方法适宜在岩石破碎、孔壁不稳固、孔径不均匀、竖向节理、裂隙发育、渗漏情况严重的情况下采用。

施工程序一般是：钻进（一段）→冲洗→简易压水试验→灌浆待凝→钻进（下一段）。

b）自下而上分段灌浆。将钻孔一直钻到设计孔深，然后自下而上逐段进行灌浆。这种方法适宜岩石比较坚硬完整，裂隙不很发育，渗透性不甚大。在此类岩石中进行灌浆时，采用自下而上灌浆可使工序简化，钻进、灌浆两个工序各自连续施工；无需待凝，节省时间，工效较高。

c）综合分段灌浆法。综合自上而下与自下而上相结合的分段灌浆法。有时由于上部岩层裂隙多，又比较破碎，上部地质条件差的部位先采用自上而下分段灌浆法，其后再采用综合分段灌浆法。

d）孔口封闭灌浆法。把灌浆塞设置在孔口，自上而下分进，逐段灌浆并不待凝的一种分段灌浆法。孔口应设置一定厚度的混凝土盖重。全部孔段均能自行复灌，工艺简单，免去了起、下塞工序和塞堵不严的麻烦，不需要待凝，节省时间，发生孔内事故可能性较少。

3）灌浆压力。由于浆液的扩散能力与灌浆压力的大小密切相关，采用较高的灌浆压力，可以减少钻孔数，且有助于提高可灌性，使强度和不透水性等得到改善。当孔隙被某些软弱材料充填时，较高灌浆压力能在充填物中造成劈裂灌注，提高灌浆效果。

随着灌浆基础处理技术和机械设备的完善配套，6～10MPa 的高压灌浆在采用提高灌浆压力措施和浇筑混凝土盖板处理后，在一些大型水利工程中应用较广。但当灌浆压力超过地层的压重和强度而没采取相应措施时，将有可能导致地基及其上部结构的破坏。因此，一般情况下，以不使地层结构破坏或发生局部的和少量的破坏，作为确定地基允许灌浆压力的基本原则。

灌浆压力宜通过灌浆试验确定，也可通过公式计算或根据经验先行拟定，而后在灌浆施工过程中调整确定。灌浆试验时，一般将压力升到一定数值而注浆量突然增大时的这一压力作为确定灌浆压力的依据（即临界压力）。

采用循环式灌浆，压力表应安装在孔口回浆管路上；采用纯压式灌浆，压力表应安装在孔口进浆管路上。压力读数宜读压力表指针摆动的中值，当灌浆压力为 5MPa 或大于5MPa 时，也可读峰值。压力表指针摆动范围应小于灌浆压力的 20％，摆动幅度宜做记录。灌浆应尽快达到设计压力，但注入率大时应分级升压。

4）浆液使用的浆液浓度与配合比。

a. 浆液的配合比及分级。

a）浆液的配合比。浆液的配合比是指组成浆液的水和干料的比例。浆液中水与干料的比值越大，表示浆液越稀，反之则浆液越浓。这种浆液的浓稀程度，称之为浆液的浓度。

b）浆液浓度的分级。

水泥浆。帷幕灌浆浆液水灰比可采用 5∶1、3∶1、2∶1、1∶1、0.8∶1、0.6∶1、0.5∶1 等七个比级。开灌水灰比可采用 5∶1。灌注细水泥浆液，可采用水灰比为 2∶1∶1∶1；0.6∶1 或 1∶1、0.8∶1；0.6∶1 三个比级。

水泥黏土浆。由于材料品种、性能以及对防渗要求的不同，材料的混合比例也不同，正确的材料配比应通过试验来确定。

b. 浆液浓度的使用。浆液浓度的使用有以下两种方式：

a）由稀浆开始，逐级变浓，直至达到结束标准时，以所变至的那一级浆液浓度结束。

b）由稀浆开始，逐级变浓，当单位吸浆量减少到某规定数值时，再将浆液变稀，直灌至达到结束标准时，用稀浆结束。

先灌稀浆的目的是稀浆的流动性能好，宽窄裂隙和大小空洞均能进浆，优先将细缝、小洞灌好、填实。而且将浆液变浓，使中等或较大的裂隙、空洞随后也得到良好的充填。一般情况下，如果灌浆段细小裂隙较多时，稀浆灌注的历时应长一些，就是多灌一些稀的浆液，反之，如果灌浆段宽大裂隙较多时，应较快地换成较浓的浆液，使浓浆灌注历时长一些。

c. 灌浆过程中浆液浓度的变换。

a）当灌浆压力保持不变，注入率持续减少时，或当注入率不变而压力持续升高时，不得改变水灰比。

b）当某一比级浆液的注入量已达 300L 以上或灌注时间已达 1h，而灌浆压力和注入率均无改变或改变不显著时，应改浓一级。

c）当注入率大于 30L/min 时，可根据具体情况越级变浓。

5）灌浆结束与回填封孔。

a. 灌浆结束的条件。帷幕灌浆采用自上而下分段灌浆法时，在规定的压力下，当注入率不大于 0.4L/min 时，继续灌注 60min；或不大于 1L/min 时，继续灌注 90min，灌浆可以结束。采用自下而上分段灌浆法时，继续灌注的时间可相应地减少为 30min 和 60min，灌浆可以结束。

b. 回填封孔。帷幕灌浆采用自上而下分段灌浆法时，灌浆孔封孔应采用"分段压力灌浆封孔法"；采用自下而上分段灌浆时，应采用"置换和压力灌浆封孔法"或"压力灌浆封孔法"。

6）灌浆过程中特殊情况的预防和处理。

a. 灌浆中断。

a）灌浆过程中，由于某些原因，会出现迫使灌浆暂停的现象。中断的原因有：机械设备方面，灌浆泵等长时间运转发生故障；胶管性能不良、管间连接不牢，管子发生破裂或接头崩脱等；压力表失灵；裂隙发育，产生地表冒浆或岩石破碎，灌浆塞塞不严，孔口返浆等；停水、停电及其他人为或自然因素；复灌后较中断前突然减少很多，表明裂隙根本未受到灌注，或者仅部分受到灌注或者未灌实，产生这种现象的原因是浆液中水泥颗粒的沉淀和浆液的凝固。

b）中断的预防：选用性能良好的灌浆泵，每段灌完后，仔细清洗、检查各部零件是否处于完好状态。选用好的输浆管，且灌前检查是否连接牢固、有无破损、畅通等；使用符合规格、准确的压力表。灌浆前用压水方法检查灌浆塞是否堵塞严密。水、电等线路应设专线，如因故必须停灌，应提前通知。

c）中断的处理措施：根据中断原因，及时检修、更换；如中断后无法在短时间内复灌的，应立即清洗钻孔，如中断时间较长，无法及时冲洗，孔内浆液已沉淀，复灌前应用钻具重新扫孔，用水冲洗后，再重新灌浆。

b. 串浆。

a）在灌浆过程中，浆液从其他钻孔内流出的现象，称为串浆。由于岩石中裂隙较多，相互串联，使灌浆孔相互间直接或间接地连通，造成了串浆通路。当裂隙发育，裂缝宽大，灌浆压力比较高，孔距又较小时，会促使串浆现象加重。

b）防止串浆的措施：加大第一次序孔间的孔距；适当增长相邻两个次序孔先后施工的间隔时间，防止新灌入的浆液将前期已灌入到裂隙中的浆液结石体冲开；使用自上而下分段灌浆的方法，也有利于防止串浆。

c）发生串浆后的处理措施：串浆孔为正在钻进的钻孔时，应停钻，并在串浆孔漏浆处以上的部位安设灌浆塞，堵塞严密，在灌浆孔中按要求正常进行灌浆；串浆孔为待灌孔时，串浆孔与灌浆孔可同时进行灌浆，一台灌浆泵灌注一个孔，如无条件时可按以上方法处理。

c. 地表冒浆。

a）在灌浆过程中，浆液沿裂隙或层面往上串流而冒出地表的现象，称为地表冒浆。产生冒浆的原因是由于灌浆孔段与地表有垂直方向的连通裂隙。

b）冒浆处理的方法主要如下：

在裂隙冒浆处用旧棉花、麻刀、棉线等物紧密地打嵌入缝隙内。必要时，在其上面再涂抹速凝水泥浆或水泥砂浆等堵塞缝隙。

在冒浆处凿挖岩石，将漏浆集中于一处，用铁管引出，先前冒浆的地点用速凝水泥或水泥砂浆封闭，待一定时间后，将铁管堵住，从而止住冒浆。

冒浆严重难以堵塞时，在冒浆部位浇筑混凝土盖板，然后再进行灌浆。

d. 绕塞返浆。

a）在灌浆过程中，进入灌浆段内的浆液，在压力作用下，绕过橡胶塞流到上部的孔内的现象叫绕塞返浆。产生绕塞返浆的原因有：灌浆段与橡胶塞上部孔段之间有裂隙相通，或是采用自上而下灌浆法时，裂隙没有灌好，待凝时间短，结石体强度低，被灌入的浆液冲开。安设橡胶塞处的孔壁凹凸不平，堵塞不严密。胶塞压胀度不够，塞堵不严密；

b）绕塞返浆的预防和处理：①钻孔孔径力求均匀；②灌浆塞应长一点，材质坚韧并富有弹性，直径与孔径相适应；③采用自上而下法灌浆，上一段灌完浆后，有足够的待凝时间；④灌浆前，用压水方法检查灌浆塞是否返水。如发生返水，将塞位移动（自下而上灌浆法可上下移动，用自上而下灌浆法只能向上移动）直至堵塞严密。

e. 岩层大量漏浆。

a）岩层大量漏浆的原因是岩层渗漏严重。

b）处理原则主要如下：

降低灌注压力：用低压甚至自流式灌浆，待浆液将裂隙充满、流动性降低后，再逐渐升压，至正常灌浆。

限制进浆量：将进浆量限为 30～40L/min，或更小一些，使用浓浆灌注，待进浆量明显减少后，将压力升高，使进浆量又达到 30～40L/min，仍用浓浆继续灌注，至进浆量又明显减少时，再次升高压力，增大进浆量，如此反复灌注，直至达到结束标准为止。

增大浆液浓度：用浓度大的浆液，或是水泥砂浆灌浆，降低浆液的流动性，同时再适当地降低压力，限制浆液的流动范围，待单位吸浆量已降到一定程度，再灌水泥浆，并逐渐升压灌至符合结束条件为止。

间歇灌浆：灌浆过程中，每连续灌注一定时间，或灌入一定数量的干料后暂时停灌，待凝一定时间而后再灌。这种时灌时停的灌浆就是间歇灌浆。只有在较长时间内，岩层大量吸浆并基本升不起压力的情况下，才宜采用此法。

必要时，采用水泥水玻璃、水泥丙凝等特殊浆液进行灌注、堵漏。

3. 洞室灌浆施工

地下洞室工程一般需进行回填灌浆、接触灌浆和围岩固结灌浆。同一部位的灌浆，一般按先回填灌浆，再接触灌浆，最后围岩固结灌浆的顺序进行。

（1）回填灌浆。回填灌浆在某一灌浆区段（每区段长度不宜大于50m，区段两端部必须用砂浆或混凝土封堵严密）内混凝土衬砌结束，并待混凝土强度达到70%以上时进行。灌浆前，应对混凝土施工缝和缺陷进行嵌缝、封堵等处理。

特殊情况处理：在灌浆过程中如出现漏浆，应采取封堵、加浓浆液、降低压力、间歇灌浆等方法处理。

（2）接触灌浆。隧洞接触灌浆有混凝土衬砌与围岩间接触灌浆和钢板与混凝土之间的接触灌浆两种。

1）衬砌混凝土与围岩间接触灌浆。接触灌浆在回填灌浆结束7d后即可进行。

a. 钻孔：在某一灌浆区段内，将所有接触灌浆孔按设计布置孔位，一次性钻完，孔深为打穿混凝土进入围岩一定深度，达到设计要求。

b. 灌浆：一般不分序，但应从低部位向高部位施灌，在灌浆过程中，如发生串浆现象，一般不予堵塞，而是把主灌孔移至串浆孔；若多孔串浆，则可采用多孔并联灌浆。

2）钢衬接触灌浆。

a. 灌浆孔的位置和数量：一般宜在混凝土浇筑结束60d后，经现场敲击检查确定，每一个独立空腔作为一个单元，不论其面积大小，布孔不应少于2个，且在最低处和最高处都必须布孔。

b. 冲洗灌浆孔：灌浆前，对接触灌浆孔应用去油的有压风，吹除空隙内的污物和积水，同时了解缝隙串通情况。采用的风压必须小于灌浆压力。

c. 灌浆压力：必须以控制钢衬变形不超过设计规定为标准（一般可在适当位置安装千分表，进行监测）。

d. 灌浆浆液：灌浆水泥采用超细水泥，使用高速搅拌机制浆，小容量搅拌桶储浆，浆液水灰比可采用1:1、0.8:1、0.6:1三个比级，必要时可加入减水剂，应尽量多灌注较浓浆液，当脱空较大，排气管出浆良好的情况下，可直接使用0.6:1的浆液灌注。

e. 灌浆方法：灌浆不分序，应自低处孔开始，使用循环式灌浆法。并在灌浆过程中，敲击震动钢衬，待各高处孔分别排出与进浆浆液浓度相同浆液后，依次将其孔口阀门关闭。同时应记录各孔排出的浆量和浓度。

（3）固结灌浆。

1）钻孔：采用风钻或其他钻机在预埋孔管中钻孔，孔径不宜小于38mm，孔向和孔深应满足设计要求。

2）冲洗钻孔：灌浆前应对钻孔进行冲洗，一般宜采用压力水或风和水联合冲洗。

3）灌前压水试验：钻孔冲洗结束后，应选灌浆孔总数的5%进行压水试验。要求对围岩弹性模量进行测量时，灌浆前应按设计要求进行弹性模量（常用声波测量方法）测量。

4）灌浆分序：灌浆应按排间分序，排内加密的原则进行。

5）灌浆。

a. 宜采用单孔口循环灌浆方法，并应从最低孔开始，向两边孔交替对称向上推进灌注，在耗浆量较小地段，同一环上的同序孔，可采用并联灌浆，孔数宜为 2 个，并保持两侧对称。

b. 固结灌浆孔基岩段长小于 6m 时，可全孔一次灌浆，当地质条件不良或有特殊要求（如高压固结灌浆）时，可分段灌浆。

c. 高压固结灌浆宜遵循由低中压到高压、从内圈到外圈顺序的原则进行（即先低中压灌注内圈围岩，再高压灌注外圈围岩）。

d. 水平及仰角上的灌浆孔灌浆结束时，应将孔口闸阀先关闭再停机，待孔内浆液凝固后，再拆除孔口闸阀。

e. 灌浆浆液：一般浆液水灰比可参照地基帷幕灌浆规定，采用 5∶1、3∶1、2∶1、1∶1、0.8∶1、0.6∶1、0.5∶1 七个比级。为提高隧洞堵头的防渗能力和效果，充填隧洞混凝土衬砌和围岩细小裂缝、裂隙，也可采用化学浆液灌注。

f. 平洞围岩固结灌浆过程压力的控制、浆液比级和变换、特殊情况的处理、灌浆结束标准均与坝基岩石固结灌浆相同。

4. 化学灌浆施工

化学灌浆的工序依次是：钻孔及压水试验，钻孔及裂缝的处理（包括排渣及裂缝干燥处理），埋设注浆嘴和回浆嘴以及封闭、注水和灌浆。

适用于灌注和加固混凝土结构的细微裂隙、基岩的细裂隙和断层破碎带等低渗透性地层，低温、动水状况下可固化，凝结时间可控、凝结过程不受水和空气干扰等情况下的灌浆作业。

按浆液的混合方式分单液法灌浆和双液法灌浆两种。

化学灌浆都采用纯压式灌浆。化学灌浆压送浆液的方式有两种：①气压法；②泵压法。

5. 劈裂灌浆施工

劈裂灌浆是利用水力劈裂原理，对存在隐患或质量不良的土坝在坝轴线上钻孔、加压灌注泥浆形成新的防渗墙体的加固方法，堤坝体沿坝轴线劈裂灌浆后，在泥浆自重和浆、坝互压的作用下，固结而成为与坝体牢固结合的防渗墙体，堵截渗漏；与劈裂缝贯通的原有裂隙及孔洞在灌浆中得到填充，可提高堤坝体的整体性；通过浆、坝互压和干松土体的湿陷作用，部分坝体得到压密，可改善坝体的应力状态，提高其变形稳定性。

对于土坝位于河槽段的均质土坝或黏土心墙坝，其横断面基本对称，当上游水位较低时，荷载也基本对称，施以灌浆压力，土体就会沿纵断面开裂。如能维持该压力，裂缝就会由于其尖端的拉应力集中作用而不断延伸，从而形成一个相当大的劈裂缝。

劈裂灌浆裂缝的扩展是多次灌浆形成的，因此浆脉也是逐次加厚的。一般单孔灌浆次数不少于 5 次，有时多达 10 次，每次劈裂宽度较小，可以确保坝体安全。

劈裂灌浆施工的基本要求是：土坝分段、区别对待；单排布孔，分序钻灌；孔底注浆，全孔灌注；综合控制，少灌多复。

三、其他基础处理工程施工

（一）基础防渗墙施工

防渗墙是一种修建在松散透水地层或土石坝（堰）中起防渗作用的地下连续墙。防渗墙已成为水利水电工程覆盖层及土石围堰防渗处理的首选方案。

1. 防渗墙的作用

防渗墙是一种防渗结构，具体的运用主要如下：

（1）控制闸、坝基础的渗流。

（2）控制土石围堰及其基础的渗流。

（3）防止泄水建筑物下游基础的冲刷。

（4）加固一些有病害的土石坝及堤防工程。

（5）作为一般水工建筑物基础的承重结构。

（6）拦截地下潜流，抬高地下水位，形成地下水库。

2. 防渗墙的凝结体型式

防渗墙的类型较多，但从其构造特点来说，主要包括槽孔（板）型防渗墙和桩柱型防渗墙。其中槽孔（板）型防渗墙是水利水电工程中混凝土防渗墙的主要型式。

防渗墙系垂直防渗措施，其立面布置有封闭式与悬挂式两种型式。

封闭式防渗墙是指墙体插入到基岩或相对不透水层一定深度，以实现全面截断渗流的目的；悬挂式防渗墙，墙体只深入地层一定深度，仅能加长渗径，无法完全封闭渗流。

3. 施工技术要求

（1）在松散透水的地层和坝（堰）体内进行造孔成墙，泥浆固壁维持槽孔孔壁的稳定是防渗墙施工的关键技术之一。

（2）泥浆的制浆材料主要有膨润土、黏土、水以及改善泥浆性能的掺合料，如加重剂、增黏剂、分散剂和堵漏剂等。制浆材料通过搅拌机进行拌制，经筛网过滤后，放入专用储浆池备用。

（3）配制而成的泥浆，其性能指标，应根据地层特性、造孔方法和泥浆用途等，通过试验选定。

（4）造孔成槽工序约占防渗墙整个施工工期的一半。

（5）用于防渗墙开挖槽孔的机具，主要有冲击钻机、回转钻机、钢绳抓斗及液压铣槽机等。它们的工作原理、适用的地层条件及工作效率有一定差别。对于复杂多样的地层，一般要多种机具配套使用。

（二）振冲地基施工

采用振冲机具加密地基土或在地基中建造碎（卵）石桩柱并和周围土体组成复合地基，以提高地基的强度和抗滑及抗震稳定性的地基处理技术称振冲法。

振冲法按照地基土加密方式分类，分为振冲挤密和振冲置换两类。

振冲挤密是指经过振冲法处理后地基土本身强度有明显提高；振冲置换则是指经过振冲法处理后地基土强度没有明显提高，主要通过用强度高的碎（卵）石置换出部分原土体，从而形成由强度高的碎（卵）石桩柱与周围土体组成的复合地基，从而提高地基强度。

（三）混凝土灌注桩基础施工

灌注桩是一种直接在桩位用机械或人工方法就地成孔后，在孔内下设钢筋笼和浇筑混凝土所形成的桩基础。在水利水电建设中主要用于水闸、渡槽、输电线塔、变电站、防洪墙、工作桥等的基础，也经常应用于防冲、挡土、抗滑等工程中。

（四）岩溶处理施工

岩溶是由石灰岩、泥灰岩等可溶性岩石长期受水的化学溶蚀和机械作用而形成的。岩溶所引起的各种地表变形破坏，会严重影响地基稳定性，会造成道路中断、桥涵下沉开裂、水库渗漏及建筑物损坏等。因此，在水利水电工程建设中需根据岩溶情况，作出妥善的处理措施进行水工建筑物基础处理。

第七节　锚喷支护施工技术

一、锚固技术

（一）锚固技术概念和应用

锚固技术是将一种受拉杆件的一端固定在边坡或地基的岩层或土层中，这种受拉杆件的固定端称为锚固端（或锚固段）；另一端与工程建筑物联结，可以承受由于土压力、水压力或内力所施加于建筑物的推力，利用地层的锚固力以维持建筑物的稳定。

（二）锚固技术应用

锚固作为岩土加固和结构稳定的经济而有效的方法，具有广泛的应用领域：边坡稳定工程、深基坑工程与抗浮工程、抵抗倾覆的结构工程、地下工程和冲击区的抗浮与保护等。

在水利水电工程中，锚固技术广泛地应用于地下洞室开挖和边坡治理与加固施工中。

1. 地下洞室的锚固

锚喷支护是喷混凝土支护、锚杆支护及喷混凝土与锚杆、钢筋网联合支护的统称，一般指由锚杆和喷射混凝土面板组成的支护，其主要作用是限制围岩变形的自由发展，调整围岩的应力分布，防止岩体松散坠落。

锚杆的主要作用是增强节理面和岩层间的摩擦力，增强岩块或岩层的稳定性。喷射混凝土的作用是加固围岩，防止岩块抬动、剥离或坠落。

锚喷支护是地下工程施工中对围岩进行保护与加固的主要技术措施。对于不同地层条件、断面大小和不同用途的地下洞室都表现出较好的适用性。

在水工建筑物地下开挖施工中优先使用锚喷支护。锚喷支护适用于不同地层条件、不同断面大小的地下洞室工程，既可用作临时支护也可用作永久性支护。

锚喷支护，不需要安装模板，也不需要进行回填灌浆，操作方便，施工安全。

（1）锚杆支护。根据围岩变形和破坏的特性，从发挥锚杆不同作用的角度考虑，锚杆在洞室的布置有局部（随机）锚杆和系统锚杆。局部锚杆嵌入岩层，把可能塌落的岩块固定在内部稳定的岩体上，起到悬吊作用，保证洞顶围岩的稳定。

系统锚杆一般按梅花形排列，连续锚固在洞壁内，将被结构面切割的岩块串联起来，保持和加强岩块的联锁、咬合和固嵌效应，使分割的围岩组成一体，形成一连续加固拱，提高围岩的承载能力。

目前在工程中采用的锚杆形式很多，按作用原理来划分，主要有全长黏结性锚杆、端头锚固型锚杆、摩擦型锚杆、预应力锚杆和自钻式注浆锚杆等。

（2）喷射混凝土支护。喷射混凝土是利用压缩空气或其他动力，将按一定配比拌制的混凝土混合物沿管路输送至喷头处，以较高速度垂直喷射于受喷面，依赖喷射过程中水泥与骨料的连续撞击，压密而形成的薄层支护结构。

（3）钢筋网支护。当地下洞室跨度较大或围岩较破碎时，可采用钢筋网支护。钢筋网可在喷射混凝土支护前防止锚杆间松动岩块的脱落，还可以提高喷射混凝土的整体性。

（4）预应力锚索支护。预应力锚索是利用高强钢丝束或钢绞线穿过滑动面或不稳定区深入岩体深层，利用锚索体的高抗拉强度增大正向拉力，改善岩体的力学性质，增加岩体的抗剪强度，并对岩体起加固作用，增大岩层间的挤压力。预应力锚索分为有黏结和无黏结锚索两种。

2. 边坡治理与加固

（1）边坡治理和加固措施。边坡的治理和加固不限于锚固技术，包括以下措施：

1）减载、边坡开挖和压坡。

2）排水和防渗。排水包括坡面、坡顶以上地面排水、截水和边坡体排水。

3）坡面防护。坡面防护包括用于土坡的各种形式的护砌和人工植被，用于岩坡的喷混凝土、喷纤维混凝土、挂网喷混凝土，以及柔性主动支护、土工合成材料防护等措施。

4）边坡锚固。边坡锚固包括各种锚杆、抗滑洞塞等。

5）支挡结构。支挡结构包括各种形式的挡土墙、抗滑桩、土钉、柔性被动支护措施等。

进行边坡治理和加固时，宜设置完善的地面截水、排水系统。若边坡的稳定安全性状对地表水下渗引起的岩、土体饱和和地下水升高敏感，还应做好坡面防渗和坡面附近的边坡的治理和加固，并应与周围建筑物和环境相协调。

（2）边坡锚杆。

1）当需要采取锚固措施加固边坡时，应研究以下几种锚固与支挡结构组合的技术可行性和经济合理性：①锚杆与挡土墙；②锚杆与抗滑桩；③锚杆与混凝土格构；④锚杆与混凝土塞或混凝土板。

2）边坡锚固常用的锚杆包括非预应力锚杆和预应力锚杆。

a. 非预应力锚杆。下列情况下的边坡加固宜采用非预应力锚杆支护：①节理裂隙发育、风化严重的岩质边坡的浅层锚固；②碎裂和散体结构岩质边坡的浅层锚固；③边坡的松动岩块锚固；④土质边坡的锚固；⑤固定边坡坡面防护结构或构件的锚固。

应根据岩体节理裂隙的发育程度、产状、块体规模等布置系统锚杆，平面布置形式可采用梅花形或方形。对于系统锚杆不能兼顾的坡面随机不稳定块体，应布置随机锚杆。

b. 预应力锚杆。预应力锚杆按锚固段与周围介质的连接形式可分为机械式和黏结式。机械式预应力锚杆宜用于需要快速加固和对防腐要求较低的硬质岩质边坡。黏结式预应力锚杆按锚固段胶结材料的受力情况可分为拉力集中型、压力集中型、拉力分散型和压力分散型 4 种形式。

拉力集中型预应力锚杆用于软岩和土坡时，单根锚固力不宜过大。对具有强侵蚀性环境中的边坡，当单根锚杆的锚固力不大时，宜采用压力集中型预应力锚杆。对要求单根锚杆的锚固力大的软岩或土质边坡，宜采用拉力分散型预应力锚杆；但当其环境对锚杆有侵蚀性时，宜采用压力分散型预应力锚杆。

（3）柔性防护。

1）主动防护系统。主动防护系统是通过锚杆和支撑绳以固定方式将以钢丝绳网为主的各类柔性网覆盖在有潜在地质灾害的边坡坡面或岩石上，以限制坡面岩石的风化剥蚀或崩塌，从而实现其防护目的。主动防护系统具有高柔性、高防护强度、易铺展性等优点，具有能适应坡面地形、安装程序标准化、系统化的特点。

2）被动防护系统。被动防护系统是一种由钢柱和钢绳网联结组合构成一个整体，对所防护的区域形成面防护的柔性拦石网。该方法能拦截和堆存落石，阻止崩塌岩体下坠滚落至防护区域，从而起到边坡防护作用。

被动防护系统适用于岩体交互发育、坡面整体性差、有岩崩可能、下部有较重要的防护对象的边坡。它对崩塌落石发生区域集中、频率较高或坡面施工作业难度较大的高陡边坡是一种非常有效而经济的方法。

（三）锚喷支护的作用与选型

1. 锚喷支护的作用

锚喷支护的作用是加固与保护围岩，确保洞室的安全稳定。由于围岩条件复杂多变，其变形、破坏的形式与过程多有不同，各类支护措施及其作用特点也就不相同。在实际工程中，围岩的破坏形态分为局部性破坏和整体性破坏两大类。

（1）局部性破坏。围岩局部性破坏的表现形式包括开裂、错动、崩塌等，多发生在受到地质结构面切割的坚硬岩体中。这种破坏有时是非扩展性的，即到一定限度不再发展；有时是扩展性的，即个别岩块首先塌落，然后由此引起连锁反应而导致邻近较大范围甚至整个断面的坍塌。

对于局部性破坏，只要在可能出现破坏的部位对围岩进行支护就可有效地维持洞体的稳定。工程实践证明，锚喷支护是处理局部性破坏的一种简单而有效的手段。

锚杆的抗剪与抗拉能力，可以提高围岩的 c、ϕ 值及对不稳定块体进行悬吊；喷混凝土支护，其作用主要是：填平凹凸不平的壁面，以避免过大的局部应力集中；封闭岩面，以防岩体的风化；堵塞岩体结构面的渗水通道、胶结已经松动的岩块，以提高岩层的整体性；提供一定的抗剪力。

（2）整体性破坏。整体性破坏也称强度破坏，是大范围内岩体应力超限所引起的一种破坏现象。常见的整体性破坏形式为压剪破坏，多发生在围岩应力大于岩体强度的场合，表现为大范围塌落、边墙挤出、底鼓、断面大幅度缩小等破坏形式。出现应力超限后，围岩变形自由发展将导致岩体强度大幅度下降。

为了对隧洞整个断面进行加固支护，常采用初复式喷混凝土与系统锚杆支护相结合的方法，这样不仅能够加固围岩，而且可以调整围岩的受力分布。另外，采用喷混凝土锚杆钢筋网支护和喷混凝土锚杆钢拱架支护等不同支护复合型式，对处理整体性破坏也有很好的效果。

2. 锚喷支护的选型

由于围岩状况的复杂性，对地下洞室支护结构型式，一般采用工程类比和现场测试相结合的方法。根据大量工程实践的分析与总结，如表 1-7-3 所示，按照不同类别围岩条件建议选用的支护类型与设计参数。

表 1-7-3　　　　　　　　　　地下洞室锚喷支护的型式和设计参数

围岩类别	围岩特性	毛洞跨度/m	支护型式和设计参数
I	稳定； 围岩坚硬，致密完整，不易风化的岩层	2～5	不支护
		5～10	不支护或拱部 5cm 厚喷混凝土
		10～15	5～8cm 厚喷混凝土，2.0～2.5m 长锚杆
		15～25	8～15cm 厚喷混凝土，2.5～4.0m 长锚杆
II	稳定性较好； 坚硬、有轻微裂隙的岩层	2～5	3～5cm 厚喷混凝土
		5～10	5～7cm 厚喷混凝土，1.5～2.0m 长锚杆
		10～15	8～12cm 厚喷混凝土，2.0～2.5m 长锚杆
		15～25	12～20cm 厚喷混凝土，2.5～4.0m 长锚杆
III	中等稳定； 节理裂隙中等发育，易引起小块掉落的火成岩、变质岩；中等坚硬的沉积岩	2～5	5cm 厚喷混凝土，1.5～2.0m 长锚杆
		5～10	8～10cm 厚喷混凝土，2.0～2.5m 长锚杆，必要时配置钢筋网
		10～15	10～15cm 厚钢筋网喷混凝土，2.5～3.0m 长锚杆
		15～20	15～20cm 厚钢筋网喷混凝土，3.0～4.0m 长锚杆
IV	稳定性较差； 节理裂隙发育的强破碎岩层；裂隙明显张开、夹杂较多黏土质充填物的岩层或其他稳定性较差的岩层	2～5	8～10cm 厚喷混凝土，1.5～2.0m 长锚杆
		5～10	10～15cm 厚钢筋网喷混凝土，2.0～2.5m 长锚杆
		10～20	15～20cm 厚钢筋网喷混凝土，2.5～3.5m 长锚杆
V	不稳定； 严重的构造软弱带、大断层，易风化解体剥落的松软岩层或其他不稳定岩层	2～5	12～15cm 厚钢筋网喷混凝土，1.5～2.0m 长锚杆，必要时加仰拱
		5～10	15～20cm 厚钢筋网喷混凝土，2.0～3.0m 长锚杆，加仰拱，必要时采用钢拱架

二、锚杆支护施工

(一) 锚杆的作用

1. 悬吊作用

悬吊作用，即利用锚杆把不稳定的岩块固定在完整的岩体上。

2. 组合岩梁

组合岩梁，将层理面近似水平的岩层用锚杆串联起来，形成一个巨型岩梁，以承受岩体荷载。

3. 承载岩拱

承载岩拱，通过锚杆的加固作用，使隧洞顶部一定厚度内的缓倾角岩层形成承载岩拱。但在层理、裂隙近似垂直，或在松散、破碎的岩层中，锚杆的作用将明显降低。

（二）锚杆的分类

按锚固方式的不同可将锚杆分为张力锚杆和砂浆锚杆两类。前者为集中锚固，后者为全长锚固。锚杆的类型如图 1-7-12 所示。

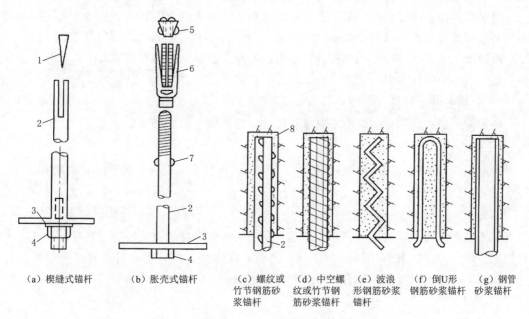

图 1-7-12　锚杆的类型

1—楔块；2—锚杆；3—垫板；4—螺帽；5—锥形螺帽；6—胀圈；7—突头；8—水泥砂浆或树脂

1. 张力锚杆

张力锚杆有楔缝式锚杆和胀壳式锚杆两种。

（1）楔缝式锚杆。楔缝式锚杆由楔块、锚栓、垫板和螺帽等四部分组成。锚栓的端部有一条楔缝，安装时将钢楔块少许楔入其内，将楔块连同锚栓一起插入钻孔，再用铁锤冲击锚栓尾部，使楔块深入楔缝内，楔缝张开并挤压孔壁岩石，锚头便锚固在钻孔底部。然后在锚栓尾部安上垫板并用螺帽拧紧，在锚栓内便形成了预应力，从而将附近的岩层压紧。

（2）胀壳式锚杆。胀壳式锚杆的端部有四瓣胀圈和套在螺杆上的锥形螺帽。安装时将其同时插入钻孔，因胀圈撑在孔壁上，锥形螺帽卡在胀圈内不能转动，当用扳手在孔外旋转锚杆时，螺杆就会向孔底移动，锥形螺帽作向上的相对移动，促使胀圈张开，压紧孔壁，锚固螺杆。锚杆上的凸头的作用是当锚杆插入钻孔时，阻止锚杆下落。胀壳式锚杆除锚头外，其他部分均可回收。

2. 砂浆锚杆

在钻孔内先注入砂浆后插入锚杆，或先插锚杆后注砂浆，待砂浆凝结硬化后即形成砂浆锚杆。因砂浆锚杆是通过水泥砂浆（或其他胶凝材料）在杆体和孔壁之间的摩擦力来进行锚固的，是全长锚固，所以锚固力比张力锚杆大。砂浆还能防止锚杆锈蚀，延长锚杆寿命。这种锚杆多作永久支护，而张力锚杆多用作临时支护。

三、喷混凝土支护施工

喷混凝土是将水泥、砂、石等干料按一定比例拌和后装入喷射机中，再用压缩空气将混合料送到喷嘴处与高压水混合，喷射到岩石表面，经凝结硬化而成的一种薄层支护结构。喷射到岩面上的混凝土，能填充围岩的缝隙，将分离的岩面黏结成整体，提高围岩的强度，增强围岩抵抗位移和松动的能力，还能封闭岩石，防止风化，缓和应力集中。

喷混凝土支护是一种不用模板就能成型的新型支护结构，具有生产效率高，施工速度快，支护质量好的优点。

(一) 喷混凝土材料

喷混凝土原材料与普通混凝土基本相同，但在技术上有一些差别。

1. 水泥

普通硅酸盐水泥，强度等级不低于 32.5MPa，以利于混凝土早期强度的快速增长。

2. 砂子

一般采用中砂或中、粗混合砂，平均粒径 0.35～0.5mm。砂子过粗，容易产生回弹；过细，不仅使水泥用量增加，而且会引起混凝土的收缩，降低强度，还会在喷射中产生大量粉尘。砂子的含水量应控制在 4%～6% 之间。含水量过低，混合料在管路中容易分离而造成堵管；含水量过高，混合料有可能在喷射罐中就已凝结，无法喷射。

3. 石子

用卵石、碎石均可作为喷混凝土骨料。石料粒径为 5～20mm，其中大于 15mm 的颗粒应控制在 20% 以内，以减少回弹。石子的最大粒径不能超过管路直径的 1/2。石料使用前应经过筛洗。

4. 水

喷混凝土用水与一般混凝土对水的要求相同。

5. 速凝剂

为了加快喷混凝土的凝结硬化速度，防止在喷射过程中坍落，减少回弹，增加喷射厚度，提高喷混凝土在潮湿地段的适应能力，一般要在喷混凝土中掺入水泥重量 2%～4% 的速凝剂。速凝剂应符合国家标准，初凝时间不大于 5min，终凝时间不大于 10min。

(二) 主要施工工艺

喷混凝土的施工方法主要有干喷、湿喷和裹砂法三种。

四、钢筋网支护施工

钢筋网与锚杆或其他固定装置连接牢固，喷射混凝土时不得晃动。采用双层钢筋网时，第二层钢筋网应在第一层钢筋网被混凝土覆盖后铺设。

钢筋网施工工序如图 1-7-13 所示。

五、预应力锚索支护施工

预应力锚索施工工序如图 1-7-14 所示。

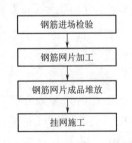

图 1-7-13 钢筋网施工工序

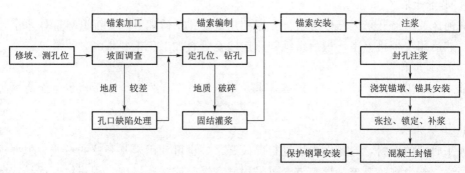

图 1-7-14 预应力锚索施工工序

第八节 砂石料加工施工技术

砂石骨料是混凝土最基本的组成成分。通常 $1m^3$ 混凝土需要 $1.3\sim2.5m^3$ 松散砂石骨料。混凝土用量很大的混凝土坝工程，砂石骨料的需求量同样巨大。骨料质量水平直接影响混凝土强度、水泥用量和温控指标，从而影响大坝的质量和造价。

因此，在混凝土坝的设计施工中应统筹规划，认真研究砂石骨料的储量、物理力学指标、杂质含量以及开采、运输、堆存和加工等各个环节。

一、骨料料场规划及其原则

骨料料场规划是研究砂石骨料的储量，物理力学指标，杂质含量以及开采、运输、堆存加工条件，以满足质量、数量为基础，寻求开采、运输、加工成本费用低的方案，确定采用天然骨料、人工骨料还是组合骨料用料方案。

骨料料场开采规划原则主要如下：

（1）满足水工混凝土对骨料的各项质量要求，其储量力求满足各级设计级配的需要，并有必要的富余量。

（2）选用的料场，特别是主要料场，应场地开阔，高程适宜，储量大，质量好，开采季节长，主辅料场应能兼顾洪枯季节互为备用的要求。

（3）选择可采率高，天然级配与设计级配较为接近，用人工骨料调整级配数量少的料场。

（4）骨料要机械化集中开采，合理配置采、挖、运设备，料场附近有足够的回车和堆料场地，且占用农田少。

（5）选择开采准备工作量小、施工简便的料场。

（6）对位于坝址上游的料场，应考虑施工期围堰或坝体挡水对料场开采和运输的影响。

（7）受洪水或冰冻影响的料场应有备料、防洪或冬季开采等措施。

（8）符合环境保护和水土保持要求。

二、骨料的生产加工

（一）毛料开采

毛料开采应根据施工组织设计安排的料场顺序开采，其开采方法如下：

1. 水下开采

在河床或河滩开采天然砂砾料，一般使用链斗式采砂船开采，配套砂驳作水上运输至岸边，然后用皮带机上岸，最后组织陆路运输至骨料加工厂毛料堆场。

2. 陆上开采

陆上一般采用正铲、反铲、索铲开采，用自卸汽车、列车、皮带机等运至骨料加工厂毛料堆场。

3. 山场开采

人工骨料的毛料，一般在山场进行爆破开采，也可利用岩基开挖的石渣，但要求原岩质地坚硬，符合规范要求。爆破方式可采用洞室爆破或深孔爆破，用正铲、反铲或装载机装渣，用上述设备运至骨料加工厂毛料堆场。

(二) 骨料加工

从料场开采的毛料不能直接用于拌制混凝土，需要通过破碎、筛分、冲洗等加工过程，制成符合级配要求、除去杂质的各级粗、细骨料。

1. 破碎

为了将开采的石料破碎到规定的粒径，往往需要经过几次破碎才能完成。因此，通常将骨料破碎过程分为粗碎（将原石料破碎到 300～70mm）、中碎（破碎到 70～20mm）和细碎（破碎到 20～1mm）三种。

骨料用碎石机进行破碎。碎石机的类型有颚式碎石机、锥式碎石机、辊式碎石机和锤式碎石机等。

2. 筛分与冲洗

筛分是将天然或人工的混合砂石料，按粒径大小进行分级。冲洗是在筛分过程中清除骨料中夹杂的泥土。骨料筛分作业的方法有机械和人工两种。

大中型工程一般采用机械筛分，主要机械有偏心轴振动筛、惯性振动筛、自定中心筛。

在筛分的同时，一般通过筛网上安装的几排带喷水孔的压力水管，不断对骨料进行冲洗，冲洗水压应大于 0.2MPa。

在骨料筛分过程中，由于筛孔偏大，筛网磨损、破裂等因素，往往产生超径骨料，即下一级骨料中混入的上一级粒径的骨料。

相反，由于筛孔偏小或堵塞、喂料过多、筛网倾角过大等因素，往往产生逊径骨料，即上一级骨料中混入的下一级粒径的骨料。超径和逊径骨料的百分率（按重量计）是筛分作业的质量控制指标，要求超径石不大于 5%，逊径石不大于 10%。

3. 制砂

粗骨料筛洗后的砂水混合物进入沉砂池（箱），泥浆和杂质通过沉砂池（箱）上的溢水口溢出，较重的砂颗粒沉入底部，通过洗砂设备即可制砂。

图 1-7-15 是人工骨料制砂的三级破碎和棒磨制砂的工艺流程图。

(三) 骨料加工厂

把骨料破碎、筛分、冲洗、运输和堆放等一系列生产过程集中布置，称为骨料加工厂。当采用天然骨料时，加工的主要作业是筛分和冲洗；当采用人工骨料时，主要作业是破碎、筛分、冲洗和棒磨制砂。

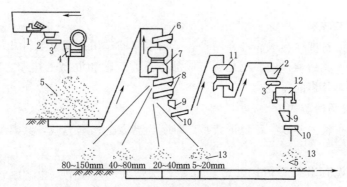

图 1-7-15 人工骨料制砂的加工工艺流程

1—进料汽车；2—受料斗；3—喂料机；4—颚板式碎石机粗碎；5—半成品料堆；6—预筛分；

7—锥式碎石机中碎；8—振动筛筛分；9—沉砂箱；10—螺旋洗砂机；11—锥式碎石机细碎；

12—棒磨机制砂；13—成品堆砂

大中型工程常设置筛分楼，利用楼内安装的 2～4 套筛、洗机械，专门对骨料进行筛分和冲洗的联合作业，其布置示意如图 1-7-16 所示。

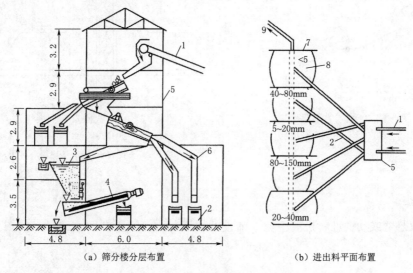

（a）筛分楼分层布置　　　　　　　　（b）进出料平面布置

图 1-7-16 筛分楼布置示意图（单位：m）

1—进料皮带机；2—出料皮带机；3—沉砂箱；4—洗砂机；5—筛分楼；6—溜槽；

7—隔墙；8—成品料堆；9—成品运出

进入筛分楼的砂石混合料，首先经过预筛分，剔出粒径大于 150mm（或 120mm）的超径石。经过预筛分运来的砂石混合料，由皮带机输送至筛分楼，再经过两台筛分机筛分和冲洗，四层筛网（一台筛分机设有两层不同筛孔的筛网）筛出了五种粒径不同的骨料，即特大石、大石、中石、小石、砂子，其中特大石在最上一层筛网上不能过筛，首先被筛分出，砂子、淤泥和冲洗水则通过最下一层筛网进入沉砂箱，砂子落入洗砂机中，经淘洗后可得到清洁的砂。

经过筛分的各级骨料，分别由皮带机运送到净料堆储存，以供混凝土制备的需要。

三、骨料的堆存

骨料堆存分毛料堆存与成品堆存两种。毛料堆存的作用是调节毛料开采、运输与加工之间的不均衡性；成品堆存的作用是调节成品生产、运输和混凝土拌和之间的不均衡性，保证混凝土生产对骨料的需要。

(一) 骨料堆场的型式

骨料堆场的布置主要取决于地形条件、堆料设备及进出料方式，其典型布置如下：

1. 台阶式

在料仓底部设有出料廊道，骨料通过卸料闸门卸在皮带机上运出。如图 1-7-17 所示。

2. 栈桥式

这种堆料方式，堆料跌落高度大，在自然休止角外的骨料自卸容积小，必须借助推土机扩大堆料和卸料容积。如图 1-7-18 所示。

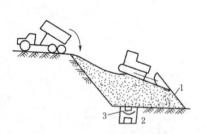

图 1-7-17 台阶式骨料堆

1—料堆；2—廊道；3—出料皮带机

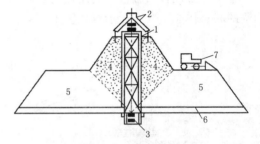

图 1-7-18 栈桥式骨料堆

1—进料皮带机栈桥；2—卸料小车；3—出料皮带机；
4—自卸容积；5—死容积；6—垫底损失容积；
7—推土机

3. 堆料机堆料

采用双悬臂或动臂堆料机沿土堤上铺设的轨道行驶，沿程向两侧卸料。如图 1-7-19 所示。

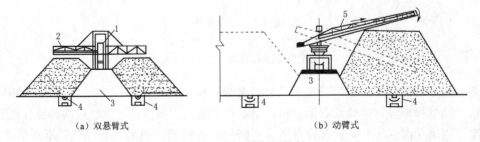

(a) 双悬臂式

(b) 动臂式

图 1-7-19 堆料机堆料

1—进料皮带机；2—可两侧移动的梭式皮带机；3—路堤；4—出料皮带机廊道；5—动臂式皮带机

(二) 骨料堆存中的质量控制

(1) 防止跌碎和分离是骨料堆存质量控制的首要任务。为此应控制卸料的跌落高度，避免转运过多，堆料过高。

堆料时应分层堆料，逐层上升，或采用动臂堆料机，尽量减少骨料的转运次数和降低自由跌落高度（一般应控制在 3m 以内），以防骨料分离和逊径含量过高。

（2）料堆底部的排水设施应保持完好，尽量使砂子在进入拌和楼前表面含水率降低到 5% 以下。

（3）堆存骨料是引起骨料超逊径的重要原因之一，应予以防止。

堆料场内还应设排污和排水系统，以保持骨料的洁净。砂料堆场的排水应保持良好，应有 3 天以上的堆存时间，以利脱水。

四、骨料的运输

（1）混凝土骨料的运输通常采用自卸汽车运输。

（2）对于运距长和交通条件受限的工程，可采取长距离带式输送机输送半成品骨料。

第九节 设备及管道安装施工技术

一、机电设备安装施工技术

（一）水轮机安装程序、方法及说明

1. 埋设部分的安装

水轮机埋入部分的安装是与土建交叉作业进行的，埋入部分安装前，按施工图放出机组坐标轴中心线。水轮机埋入部分有尾水管、座环、蜗壳、机坑里衬、接力器里衬等，由于该机组部件结构尺寸小，可直接运到安装现场进行安装。

2. 水轮机的安装

（1）导水机构预装。吊入底环，调整下止漏环的圆度及同轴度，吊入全部导叶，检查下轴颈与轴套的配合尺寸，吊入顶盖，测量并调整顶盖上部止漏环的圆度与同轴度，合格后，拧紧一半顶盖与座环的组合螺栓，并检查顶盖与座环间隙，按编号装入套筒，测量导叶上下端面距离，并进行调整，扳动导叶应转动灵活，钻铣底环、顶盖定位销钉孔并打印钢号。以上工序完成后，将导水部件吊出机坑，并对端面间隙不合格的导叶进行处理，做好正式安装准备。

（2）转动部分安装。将水涡轮及主轴在安装场联接，联轴螺栓满足伸长值时，把螺母紧锁后，按要求测圆，如不能满足要求应进行磨圆，直至合格。然后在基础环支撑面上对称放置四对楔子板，用水准仪测量其表面高程，合格后点焊固定，用以支撑转轮主轴，垫板的厚度必须满足：转轮主轴整体吊入后，主轴上法兰面的高程应低于设计高程 4～6mm，以免发电机转子吊入时发电机主轴与水轮机大轴相碰。用专用吊具起吊转轮主轴，调整转轮水平，缓慢将转轮主轴落入机坑；调整转轮中心与主轴垂直度，垂直度偏差不大于 0.05mm/m。中心调整符合要求后，在转轮下止漏环与固定止漏环之间沿圆周方向对称插入 4～6 块楔形铝垫片，以防转轮移位。

（3）导水机构正式安装。转动部分安装调整合格后，将预装时编写的导水机构部件按装配顺序吊入机坑正式安装。复核各部分间隙并做好记录，经验收合格后方能进行下道

工序。

（4）控制环接力器安装。控制环就位于工作面后，检查其间隙，应符合图纸要求，将其调整至导叶全关位置并用挡块固定，接力器安装应符合图纸设计要求并做好记录。

（5）主轴密封安装，严格按图纸要求进行。

（6）水导轴承安装应严格按图纸要求进行，间隙均匀后拧紧螺栓及钻配销钉。

（7）导水叶捆绑及操作机构联接。

（8）水轮机辅助设备安装。

水轮机本体安装流程如下：机坑清理测量→底环吊装→导叶吊入→顶盖吊装及找正→套筒安装→导叶端面间隙测量→钻铣顶盖底环定位销孔→吊出导水机构→转轮联轴测圆→转动部件吊入→顶盖就位套筒安装→拐臂安装→接力器安装→控制环吊入→主轴密封、轴承、附件吊入→主轴密封安装→轴承安装→机组盘车→导叶端面、立面间隙调整处理→导叶捆绑→导叶传动机构联接→附件安装→导叶开度试验→充水试验→机组起动试运转。

（二）发电机安装程序、方法及说明

发电机安装可分为部件组装和安装两个阶段：第一阶段应提前在安装现场进行，第二阶段除配合土建预埋安装外，要在发电机层浇筑完成后进行。

1. 发电机部件组装（组合）

（1）前期准备。在安装场具备部件组装条件之前，一些前期准备工作应提前在副厂房或库房完成之前，包括转子磁轭冲片及螺杆等清洗分类，推力轴瓦及导轴瓦研刮，空气冷却器、油冷却器、制动器等提前按规定做清洗，进行压力泄漏试验检查。

（2）转子组装。转子中心体首先调水平，检查其有关尺寸是否符合设计要求，利用测圆架进行转子支架几何尺寸检查。

转子磁轭堆积分两班进行，每班由技术人员检查磁轭堆积的质量，堆积完毕可利用桥机及液压千斤顶进行铣孔和铣槽，热打键时磁轭加温可采用铁损法加电热法。

磁极挂装前即应进行干燥耐压试验，挂装后按规范做电气试验。

转子组装程序如下：转子支架调整→预装轴及测圆架，检查支架几何尺寸→迭片→修配切向键径向键及打键→挂磁极，找圆及打磁极键→接头→试压→清扫喷漆。

（3）定子组合。由于起重运输条件的限制，本站发电机定子只能将分瓣的定子运到现场组装成整体。组装程序如下：

1）开箱检查。线圈绝缘和铁芯损伤情况；线圈端部的空隙和铁芯通风孔内有无焊锡、铁打等杂物；检查定子合缝处尚未装入的线圈、楔条、垫块、销钉、鸽尾筋、组合螺栓等的数量规格是否符合要求。

2）定子组合，定子开箱检查完毕后，首先应对定子合缝处的平直度进行检查，去掉保护漆，清洗干净，去掉毛刺，组合接触面应不小于75%。定子组合可在机坑内进行，也可在机坑外进行。分瓣定子吊装时，应按厂家编号将接触面合格的基础板一一就位，然后用桥式吊车将分瓣定子组合完毕后，用0.05mm塞尺测量，机座合缝板间接触面在75%以上。局部间隙不超过0.2mm，铁芯合缝面应无间隙。

3）定子圆度检查，在嵌线之前应进行一次定子圆度检查，要求每个半径值与平均值相差在设计空气间隙的±5%以内。如圆度不合格应进行处理（如处理纵、横向错牙），直至合格为止。

2. 发电机安装

(1) 定子吊装。定子吊装应有专人指挥，吊装前应检查桥吊的行走及刹车装置，电源应可靠。定子起吊后应缓慢而平稳地移至组装位置，按安装方位标记找正，缓缓地落在已调整好的基础板上，进行测量、调整。

(2) 转子吊装。转子吊装应有专人指挥。吊装前必须对桥吊进一步检查，利用转子吊装工具，将转子吊离地面100mm。检查桥吊起落及刹车是否正常。

当转子提升到设计高度后，应缓慢平稳地移动到定子上方，初步找正后缓慢下降，转子插入定子前，应进一步找正中心，并在空气间隙中插入软木板条，并随时检查木板松紧，调整中心，以免擦伤铁芯或绝缘。安装轴承、支承端盖、励磁环架等，然后进行盘车，测量检查机组轴线，联轴整机盘车测量。

(三) 辅助设备及管路制安

电站辅助设备及管路制安，关系到首台发电机发电。因此，除配合土建预埋部分必须提前制安外，大量工作必须在首台机充水试运行前完成。

1. 公用设备安装

公用设备安装主要包括水泵，高、低压空压机，油泵、滤油机、储气罐等设备安装，设备安装前必须进行清洗、检查和调试。

2. 管路制安

电站的油、水、风管路及测量系统都应有制作、清洗及安装试验等过程。

管卡放置和固定按规范要求进行。

(四) 电气设备安装与调试

1. 电气工程概述

(1) 电气一次设备安装，主要一次设备安装为主变压器、励磁变压器、厂用变压器、高压开关柜、真空断路器、电力电缆、母线、互感器、防雷接地系统、配电屏及动力箱等。

(2) 电气二次设备安装，主要有发变系统、公用系统、直流系统、厂用电系统内的所有控制、测量、保护盘柜安装、二次电缆敷设、电缆支架安装、二次配线等。

(3) 全厂照明及通信系统安装。

(4) 全站电气设备调整试验。工程施工除满足设计要求外，并执行有关行业及国家标准，接受工程监理。

2. 电气设备安装

(1) 主变压器安装。主变压器安装施工程序如图1-7-20所示。

(2) 盘柜安装。盘柜进场安装，现场环境必须满足设计单位与设计制造厂要求。

安装程序：施工准备→基础槽钢安装→立盘→二次配线→开箱清扫检查。

(3) 电缆施工。电缆施工包括准备工作和电缆敷设。

(4) 照明通信系统施工。照明及通信系统的施工按设计与有关规范进行。

3. 电气调整试验

电气试验是工程质量保证体系的重要组成部分，试验方法的合理性、可靠性、准确性

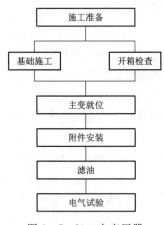

图 1-7-20　主变压器
安装施工程序

将直接影响电气设备的安全运行与否，将涉及经济效益与社会效益。

水电站的电气试验主要有高压电气试验、继电保护调试、自动检测控制等部分。

4. 继电保护及自动化系统调试

继电保护的调试顺序按保护原器件调试、整定；接线正确性检查；按系统局部模拟试验；全系统联合模拟试验，投运后的检查等部分进行。

自动检测控制系统调试，主要有仪器、仪表、自动装置的调试以及操作控制系统的信号模拟试验。

5. 发电机启动运行调试

发电机启动试运行调试大纲应在启动前编写，确认后应遵循执行。

二、金属结构安装施工技术

(一) 闸门的施工程序、方法及说明

1. 闸门制作施工程序

闸门制作施工程序如图 1-7-21 所示。

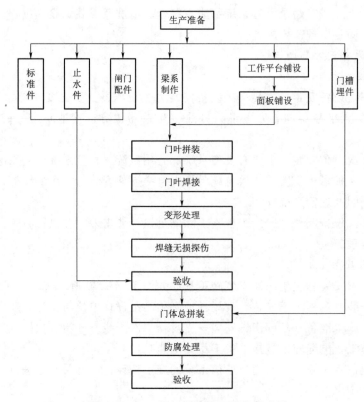

图 1-7-21　闸门制作施工程序示意图

2.闸门制造施工方法及说明

生产前对每扇闸门的关键工序（如闸门拼装、闸门焊接等）由工艺技术人员制定作业指导书。

（1）工作平台铺设。为了确保闸门的制造质量，先铺设相应拼装平台，平台要求有足够的强度刚度，平台平面度误差要求不大于1.5mm。

（2）门叶拼装。门叶拼装在平台中进行，先将门叶面板铺设在平台上，焊码牢固，在面板中进行放大样，大样必须经过专业质检人员检查，在工艺文件中应规定尺寸（包括收缩余量），然后在面板上进行梁系的组装点对。

（3）门叶焊接。参加闸门焊接的所有焊工必须取得相应位置的操作证，严禁无证操作。闸门的制造工艺中应规定焊接的工艺和焊接的合理顺序，减少焊接变形的措施。

闸门钢板拼装，梁系焊接应尽量采用埋弧自动焊以确保焊接质量并减少变形。闸门焊接中应采用CO_2气体保护焊以减少变形。

闸门在组装时钢板的拼装接头应避开构件应力最大断面，避免十字焊缝。

（4）变形处理。门叶焊接完成后，由专职质检人员（班组配合）对门叶进行检查，对于焊接引起的变形，超过图纸及规范要求的应进行矫正处理，特别是安装止水水封的平面，必须保证符合规范要求，必要时门叶的外形尺寸在矫正处理后再行切割外周边，以保证外形尺寸的精确性。

（5）焊缝无损探伤。门叶经变形处理和焊缝外观检查合格后，方可进行无损探伤。焊缝返修应严格按技术规范规定进行，超二次的返修应征得该项目技术负责人同意并制定返修措施。

（6）门体总拼装。将验收合格的门叶支放在平台上，调好水平，进行装配水封、主轮或滑块、侧轮、反轮、充水阀、吊耳，保证各装配件有一个统一的定位基准。

门体各受力支承点应在同一平面上，同时要控制好各支承点与水封面的高度差，保证水封的压缩量。

水封橡皮的螺孔应按门叶或水封压板上的螺孔配钻孔，孔径应比螺栓直径小，保证不漏水。

（7）出厂验收。闸门制造完成后，由项目技术负责人组织专职质检人员、工艺技术人员、生产车间等对闸门进行综合检验（包括质量记录，所有质检资料），检验合格后，报建设单位或工程监理进行出厂单位验收。

3.平板闸门安装施工程序

平板闸门安装施工程序如图1-7-22所示。

4.平板闸门的安装施工方法及说明

（1）闸门及拦污栅尺寸如果不大，可采用启闭机或其他起重机工具整体吊装就位的方法进行安装。

（2）滚轮或滑块支承和止水橡皮等配件的安装在整个门叶结构安装完毕并经验收合格后进行，各支承

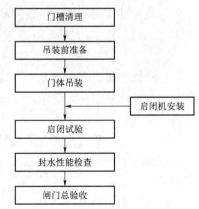

图1-7-22 平板闸门安装施工程序

的承压面应当在同一平面，并保证与水封面的高度差，保证止水橡皮的压缩量。

（3）闸门的启闭试验。闸门的启闭试验待启闭机安装后进行，先进行无水压的开启和关闭试验，试验时在闸门的滑动支承面、侧轮表面应使用钙基黄油涂抹，开闭过程中用清水淋水封接触面，以免烧坏水封橡皮。

（4）封水性能检查在闸门处于关闭状态时，应在晚间用行灯进行封水性能检查，不得有透光现象，否则应对水封橡皮进行调整，直到不透光为止，确保闸门止水的严密性。

（5）闸门安装检验合格后，应对安装缝进行除锈涂漆（按规定要求），并对最后一道油漆进行补涂。

5. 闸门预埋件安装施工方法及说明

（1）门槽埋件安装前采用测量放样，拉线安装的方法，利用水平仪、经纬仪放出孔口中心线和闸门中心线作为基准进行安装，且保留到验收合格，安装前用钢丝线拉出主轨面和反轨面的平行平面（距离控制在 50mm 为宜）。

（2）门槽分段安装，在接头处按施工图纸规定要求进行加固，安装缝有变形控制措施，不锈钢的焊接或不锈钢与 A3 钢的焊缝采用不锈钢焊条，接头位置焊缝打磨光洁。

（3）主轨反轨间距用工具卡进行验收。

（4）加固门槽埋件用的加固筋与预埋件直径相同，搭接长度不小于 10 倍预埋筋直径，保证加固牢靠。

（5）埋件安装完成验收合格后混凝土浇灌时应仔细施工，以免引起埋件变形，拆模后进行复测，并作好记录，同时检查埋件的接头处，必要时进行修整。

（6）按图纸及技术要求对外露表面补涂最后一道防腐面漆。

6. 金属结构的防腐工艺

（1）涂料的选择闸门结构符合图纸和相关规范的规定，按图纸要求选用涂料。

（2）脱脂除油，首先对闸门结构进行外表检查对油污进行除油脂处理，用溶剂将油脂涂擦干净。

（3）除锈处理。表面预处理采用机械结合人工除锈或采用喷砂法按相关规范规定进行除锈，经处理后的钢材表面应达到一定的除锈等级，Sa2.5 级糙度应在 $RZ40 \sim 70\mu m$ 的范围内，且应干燥无灰尘。

采用喷砂法，砂粒必须有棱角，粒度在 $0.5 \sim 2.0mm$ 之间，喷砂时工作压力不得低于 $5kg/cm^2$，枪头离钢板距离控制在 $120 \sim 150mm$，倾斜角为 $90°$ 以达到最佳喷砂效果。

（4）除锈质量检查，除锈工序完成后由专业人员质量检验合格后才能进入下道工序。外观表面应无漏除部位，无油污、无灰尘。表面光洁度采用相关规范标准进行对照，看是否达到 Sa2.5 级。

（5）涂刷防护漆。按先涂刷防锈漆再涂刷面漆的顺序，分层进行，各层之间应彻底干燥后方可进行下一层的涂刷，最后一道面漆在工地涂刷或喷涂，涂漆的质量检查由专职质检员进行。

漆膜的厚度用测厚仪测量，厚度误差不得超过 20%，漆膜的性能检验，漆膜的干透性、黏手性、硬度黏附力弹性应符合要求。

（二）压力钢管的施工程序、施工方法及说明

1. 压力钢管制作施工程序

压力钢管制作施工程序示意图如图1-7-23所示。

2. 压力钢管制作施工方法及说明

（1）生产准备。认真做好施工图纸的审查工作，如有更改应征得设计单位书面同意，对修改内容，做好详细记录。做好焊接工艺评定。

钢岔管要先按比例缩小做模型进行验证。

编制施工技术方案，在开工前认真编制施工技术方案，施工过程中严格按技术方案制订的措施进行施工。

认真编制作业指导书，并做好工艺技术交底，让每一位操作人员和管理人员都明确该做什么、怎么做。

（2）下料。钢板划线要使卷板方向与板材压延方向一致，划线时控制其误差满足相关规范要求。

直管划线直接在钢板上进行。

弯管划线：每段弯管根据各自的角度划分成直径相同、圆心角相同的多节短管并计算出展示图。为了提高生产率采用样板画线。

钢岔管要依据模型验证的结果按样板进行划线后方能下料。

为提高金结的加工精度，钢板下料采用数控切割机下料，切割面的熔渣、毛刺和由于切割造成的缺口用砂轮磨去。切割或坡口尺寸极限偏差符合规范要求。

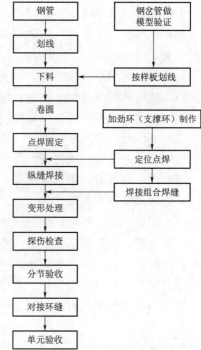

图1-7-23 压力钢管制作
施工程序示意图

（3）卷板。钢板卷板方向和钢板的压延方向一致。钢板卷板前先进行压边，弯卷钢板时要防止产生扭曲。

（4）焊接。施焊前，应将坡口及其两侧面10～20mm范围内的铁锈、熔渣、油垢、水迹等清除干净。

焊接材料应按要求进行烘焙和保管。

施焊前应检查定位焊质量，如有裂纹、气孔、夹渣等缺陷均应清除。

焊缝焊接时，应在坡口上引弧、熄弧，严禁在母材上引弧，熄弧时应将弧坑填满，多层焊的层间接头应错开。

纵缝埋弧焊在焊缝两端设置引弧板和熄弧板，引弧板和熄弧板不得用锤击落，应用氧、乙炔火焰或碳弧气刨切除，并用砂轮修磨成原坡口型式。

焊接完毕，焊工进行自检。一类、二类焊缝附近用钢印打上焊工代号，作好记录。

（5）变形处理。钢管纵缝焊完后，若弧度偏差过大，可用火焰矫正或重新在卷板机卷板二遍、三遍，以进行修正。

纵缝焊完并经变形处理后，用样板检查纵缝处弧度，样板与纵缝极限间隙为 4mm。

（6）焊缝检验。所有焊缝均进行外观检查，外观质量符合规范要求。

无损检测人员持有技术资格证书，评定焊缝质量应由Ⅱ级或Ⅱ级以上的检测人员担任。

焊缝内部探伤采用超声波探伤。焊缝无损探伤长度占焊缝全长的百分比按设计文件和有关规定执行。用超声波探伤时，如发现可疑波形，而又不能准确判断时，再用射线探伤进行检查。

无损探伤在焊接完成 24h 且外观检查合格后进行。

（7）组装及环缝焊接。在安装现场将单节钢管进行组装及环缝焊接。

钢管组装的纵向偏差应满足安装规范要求。

直管对圆时，使两单节钢管的中心在同一直线上，两管壁不能形成折线。钢岔管组装按设计图及工艺文件要求进行。

组装时，环缝对口错边量满足技术条件和规范要求。

环缝焊接遵照相关规定。

（8）焊缝检验。环缝的无损探伤遵照相关规定。

（9）检验。钢管制造完成后，将焊接时的临时支撑、夹具及焊疤全部清除并处理，表面符合设计要求或局部凹坑焊补并打平。

钢管制作完成后，按照相关规范进行验收。

压力钢管安装施工程序如图 1-7-24 所示。

3.压力钢管安装施工方法及说明

（1）钢管节的安装。当管节拖运到位后，根据测量放出的钢管中心轴线的垂直投影线、钢管里程控制点对管口进行调整。钢管调整好后，沿两支墩间用钢管架从两侧和管底部进行加固，加固时既要考虑防止沿径向的位移，又要防止沿轴向发生位移。在进行压力钢管支墩位置安装时，应与支承环同步进行安装。再对各项指标进行复测并记录。再进行下一节钢管安装和加固。首段（两支墩间）安装完成后，进行支承环的安装和调整。

（2）对接环缝。在环缝对接前，根据对接的两管口的周长，计算错牙值，使其沿圆周方向均匀分布。

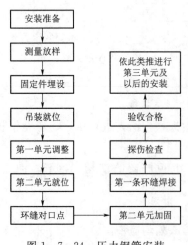

图 1-7-24 压力钢管安装
施工程序

当管节拖运到位后，在管两侧搭设钢管架，从两侧用 5t 手动葫芦将管节吊起，在管底搭设钢管架，用千斤顶将管节顶起与已装好的钢管相等高，在管口焊上几块挡板，防止落下，再将两管沿圆周方向接拢，使管节的高程及环缝间隙符合要求。拉拢时用调节螺栓，几个调节螺栓沿圆周角均匀分布，两头分别焊在两管节壁上。

管节调整好各项指标符合要求后，进行环缝点对。

（3）环缝焊接和焊缝检验。每一条环缝点对好后便进行焊接，然后再进行下一节的安装、焊接。

1）环缝焊接。焊缝焊接时，应在坡口上引弧、熄弧，严禁在母材上引弧，熄弧时应将弧坑填满，多层焊的层间接头应错开。

焊接完毕，焊工进行自检。一类、二类焊缝附近用钢印打上代号，做好记录。

2）焊缝检验。所有焊缝均进行外观检查，外观质量符合规范要求。无损检测人员持有技术资格证书，评定焊缝质量应由Ⅱ级或Ⅱ级以上的检测人员担任。

焊缝内部探伤采用超声波探伤，焊缝无损探伤长度占焊缝全长的百分比按图样和设计文件规定执行。用超声波探伤时，如发现可疑波形，而又不能准确判断时，再用射线探伤进行检查。

无损探伤在焊接完成 24h 以后且外观检查合格后进行。

4. 安装环缝防腐处理

一段钢管安装完毕后，应对钢管内、外壁的临时支撑割除，对焊疤等应清除干净并磨光。

对安装环缝区进行二次除锈和防腐处理。

（三）启闭机安装程序、安装方法及说明

1. 启闭机的安装施工程序

启闭机的安装施工程序如图 1-7-25 所示。

2. 卷扬机式启闭机的安装施工方法及说明

（1）在安装工作开始之前，对卷扬机进行检查和必要的解体清洗。对应当灌注润滑油脂的部位，灌注润滑油脂。

（2）检查基础螺栓的埋设位置，螺栓埋入深度及露出部分的长度是否准确。

（3）卷扬机的安装定位，以实际装好的门槽为基准，确定起吊中心线，并依据起吊中心线找正，其纵横向中心线偏差不大于±3mm。

（4）启闭机单独试运行。在启闭机安装完毕后，不与闸门连接的情况下，作启闭机空载运行，检查各传动机构安装的正确性。

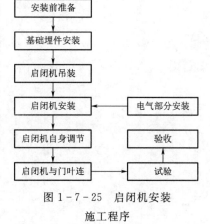

图 1-7-25 启闭机安装
施工程序

（5）将启闭机与闸门连接好，让闸门在不承受水压的情况下，作开启和关闭运行。

检查各传动机构的运行是否有变化，闸门上两个吊点的钢丝绳长度是否一致，闸门开度显示器的显示是否正确，各限位开关是否正确。同时测量电动机的电流、电压值的变化情况。这些试验工作应该重复地做 3 次，并且每次检验均记录并递交给监理单位。

每个门槽都同样地重复做 3 次，检查门叶与门槽的吻合情况和各有关参量的变化。

（6）启闭机带负荷试验，按有关规范、设计要求的闸门承受设计水头的情况下，作闸门开启和关闭试验。检查闸门和启闭机的安装是否都达到施工详图和制造性能要求。

第二篇
水利工程造价构成

第一章 水利工程总投资构成

第一节 水利工程分类

根据《贵州省水利水电工程设计概（估）算编制规定》，水利工程按性质划分为枢纽工程和引（调）水及其他工程两大类，具体划分如图 2-1-1 所示。

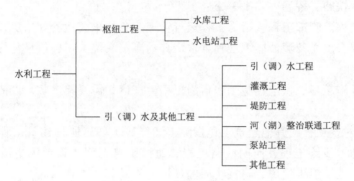

图 2-1-1 水利工程分类图

其他工程是指除引（调）水工程、灌溉工程、堤防工程、河（湖）整治联通工程、泵站工程以外的其他工程，如：水环境、水利风景区、除险加固、拆除工程等。

水利工程分类不同，项目组成及划分、部分费用计算标准不同，因此要正确对水利工程进行分类是做好水利工程造价工作的前提。

第二节 水利工程项目组成和项目划分

一、项目组成

根据《贵州省水利水电工程设计概（估）算编制规定》，水利工程项目分为枢纽工程、引（调）水及其他工程两类。

（一）枢纽工程

1. 建筑工程

建筑工程指水利枢纽建筑物，包括挡水工程、泄洪工程、取水工程、发电厂（泵站）工程、升压变电站工程、航运工程、交通工程、管理工程、供电设施工程、其他建筑工程等。

（1）挡水工程。挡水工程包括挡水的各类坝（闸）工程。

（2）泄洪工程。泄洪工程包括溢洪道工程、泄洪洞工程、放空洞工程、冲砂孔（洞）

工程、排洪洞工程、泄洪闸工程等。

（3）取水工程。取水工程包括进水口工程、明渠工程、隧洞工程、调压井工程、高压管道工程等。

（4）发电厂（泵站）工程。发电厂（泵站）工程包括地面（地下）厂房（泵站）工程、出线（通风、尾水）隧洞工程、尾水工程、厂区工程等。

（5）升压变电站工程。升压变电站工程包括地面（地下）升压变电站工程、开关站等工程。

（6）航运工程。航运工程包括上游引航道工程、船闸（升船机）工程、下游引航道工程等。

（7）交通工程。交通工程包括上坝、进厂（站）、对外交通等场内外永久公路以及桥梁、交通隧道、铁路、桥涵、码头等交通工程。

（8）管理工程。管理工程包括为工程运行管理服务的永久性管理用房及室外工程、安全监测设施工程、水文及泥沙监测工程、水情自动测报系统工程、信息化标准化设施和其他工程。

（9）供电设施工程。供电设施工程指为工程生产运行需要架（敷）设的输电线路及变配电设施工程。

（10）其他建筑工程。其他建筑工程指除上述（1）～（9）所列建筑工程以外的其他建筑工程。包括动力线路工程、照明线路工程、通信线路工程，管理区生活区供水排水工程、劳动安全与工业卫生设施、建筑物周围环境工程及其他工程。

2. 机电设备及安装工程

机电设备及安装工程包括发电设备及安装工程、泵站设备及安装工程、变电站设备及安装工程、管理设备及安装工程、其他设备及安装工程。

（1）发电设备及安装工程。发电设备及安装工程包括水轮机设备及安装工程、发电机设备及安装工程、主阀设备及安装工程、起重设备及安装工程、水力机械辅助设备及安装工程、电气设备及安装工程。

（2）泵站设备及安装工程。泵站设备及安装工程包括水泵设备及安装工程、电动机设备及安装工程、主阀设备及安装工程、起重设备及安装工程、水力机械辅助设备及安装工程、电气设备及安装工程。

（3）变电站设备及安装工程。变电站设备及安装工程包括主变压器设备及安装工程、高压电气设备及安装工程、一次拉线及其他安装工程。

（4）管理设备及安装工程。管理设备及安装工程包括安全监测设备及安装工程、水文及泥沙监测设备及安装工程、水情自动测报设备及安装工程、信息化标准化设备及安装工程、其他设备及安装工程。

（5）其他设备及安装工程。其他设备及安装工程包括通信设备及安装工程、通风采暖设备及安装工程、机修设备及安装工程、计算机监控系统、工业电视系统、管理自动化系统、全厂接地及保护网、电梯设备及安装工程、供电设备及安装工程、照明设备及安装工程、管理区生活区供水和排水设备及安装工程、消防设备、劳动安全与工业卫生设备、交通工具购置费、其他设备。

3. 金属结构设备及安装工程

金属结构设备及安装工程包括闸门设备及安装工程、启闭设备及安装工程、拦污设备及安装工程、升船机设备及安装工程、压力钢管及安装工程、其他金属结构设备及安装工程。

（1）闸门设备及安装工程。闸门设备及安装工程包括闸门、埋件及安装工程，闸门防腐、闸门压重等。

（2）启闭设备及安装工程。启闭设备及安装工程包括启闭机设备、轨道制作及安装工程。

（3）拦污设备及安装工程。拦污设备及安装工程包括拦污栅、埋件、清污机设备及安装工程。

（4）升船机设备及安装工程。

（5）压力钢管及安装工程。压力钢管及安装工程包括压力钢管制作及安装工程

（6）其他金属结构设备及安装工程。

4. 临时工程

临时工程指为辅助主体工程施工所必须修建的临时性工程，主要包括以下内容：

（1）导流工程。导流工程包括导流明渠工程、导流隧洞工程、围堰工程、截流工程以及上述建筑物相应的金属结构设备（管道）及安装工程。

（2）施工交通工程。施工交通工程包括施工现场内外为工程建设服务而修建的临时交通（不含施工便道）工程及附属设施的建设，包括公路工程、桥梁工程、交通洞工程、施工支洞工程、架空索道工程、码头工程、施工期通航设施、特大（重）件运输道路桥梁加固费。

（3）施工场外供电工程。施工场外供电工程包括从现有电网向施工现场供电的 10kV 及以上电压等级的高压输电线路和配套的变（配）电设施设备工程。

（4）料场无用料清除及防护工程。料场无用料清除及防护工程包括覆盖层清除、无用料清除、料场防护工程及其他工程。

（5）施工期管理工程。施工期管理工程包括为工程施工期管理服务的临时房屋建筑工程、施工期安全监测工程、施工期水情测报工程、施工期水文及泥沙监测工程、施工期信息化标准化设施和其他工程。

1）临时房屋建筑工程。临时房屋建筑工程指工程在建设过程中建造的临时房屋，包括施工仓库，施工单位办公、生活及文化福利建筑，建设单位（含设计代表及现场监理等）办公、生活及文化福利建筑。①施工仓库：指为工程施工而临时兴建的用于储备材料、设备、工器具等的房屋，包括建筑工程、场地平整（土石方开挖、土石方填筑和硬化工程）、室外工程（包括绿化、给排水、围栏等环境工程）；②施工单位办公、生活及文化福利建筑：包括房屋建筑工程、场地平整（土石方开挖、土石方填筑和硬化工程）、室外工程（包括绿化、给排水、围栏等环境工程）；③建设单位（含设计代表及现场监理等）办公、生活及文化福利建筑：包括建筑工程、场地平整（土石方开挖、土石方填筑和硬化工程）、室外工程（包括绿化、给排水、围栏等环境工程）。

2）施工期安全监测工程。施工期安全监测工程指仅在工程建设期需要监测的项目，

包括临时安全监测项目的设备购置、埋设、安装以及配套的建筑工程，工程建设期对临时安全监测项目和永久安全监测项目进行巡视检查、观测、设备设施维护及观测资料整编分析等内容。

3）施工期水情测报工程。施工期水情测报工程包括施工期水情测报设备购置、安装以及配套的建筑工程，此外还包括水情测报系统（含永久）在施工期内的运行维护、观测资料整理分析与预报等。

4）施工期水文及泥沙监测工程。施工期水文及泥沙监测工程包括施工期水文及泥沙监测设备购置、安装以及配套的建筑工程，此外还包括水文及泥沙监测（含永久）在施工期内的运行维护、观测资料整理分析与预报等。

5）施工期信息化标准化设施。施工期信息化标准化设施包括施工期水利信息化及标准化设备购置、安装以及配套的建筑工程等。

6）其他工程。其他工程指除上述1）～5）所列之外的其他施工期管理工程。

（6）施工专项工程。施工专项工程包括隧洞临时支撑、高边坡平台、悬空建筑物模板支撑结构、危大工程措施、临时度汛工程、地下水排放等。

（7）其他施工临时工程。其他施工临时工程指除上述（1）～（6）所列之外的其他施工临时工程，主要包括大型施工机械进出场费、施工场地平整（不包括临时房屋建筑工程）、完工场地清理、地下工程的通风排烟除尘管道、施工期工作面的渗水处理、施工期的交通设施养护（场内）、施工期消防、施工期通信、砂石料系统、混凝土拌制系统、施工供风系统、施工供水（干管）、基坑初期及经常性排水措施费用、一般临时支护措施等工程。

5. 独立费用

独立费用由建设管理费、专题报告编制评估费、经济技术咨询服务费、工程建设监理费、联合试运转费、生产准备费、工程科学研究试验费、工程勘测设计费、工程质量检测费和其他项组成。

（1）建设管理费。建设管理费包括建设单位开办费、建设单位人员费、项目管理费、工程验收费、档案验收费、消防验收费等。

（2）专题报告编制评估费。专题报告编制评估费包括各阶段的防洪影响评价、水资源论证、地质灾害危险性评价、工程场地地震安全性评价、压覆矿评价、社会稳定风险评估、节能评估、节水评价、工程安全鉴定、验收技术鉴定、安全评价分析及其他评估报告等专题报告编制评估发生的费用。

（3）经济技术咨询服务费。经济技术咨询服务费包括招标业务费、工程造价咨询服务费、审计费、其他咨询服务费（含危大工程技术评审费、施工图审查费）等。

（4）工程建设监理费。工程建设监理费包括工程建设监理费、爆破工程监理费。

（5）联合试运转费。

（6）生产准备费。生产准备费包括生产及管理单位提前进厂（站）费、生产职工培训费、管理用具购置费、备品备件购置费、工器具及生产家具购置费。

（7）工程科学研究试验费。

（8）工程勘测设计费。工程勘测设计费包括前期勘测设计费、初步设计、招标设计及施工图设计阶段勘测设计费。

（9）工程质量检测费。

（10）其他项。其他项包括工程保险费及其他税费等。

（二）引（调）水及其他工程

1. 建筑工程

建筑工程指水利水电引（调）水及其他工程建筑物，包括渠道工程、管道工程、水处理厂工程、建筑物工程、河道治理工程、交通工程、管理工程、供电设施工程、其他建筑工程等。

（1）渠道工程。渠道工程包括干渠渠道工程、支渠渠道工程。

（2）管道工程。管道工程包括干管工程、支管工程、管网工程。

（3）水处理厂工程。水处理厂工程包括给水处理厂工程、污水处理厂工程。

（4）建筑物工程。建筑物工程包括输水区泵站工程、隧洞工程、渡槽工程、水闸工程、倒虹吸管工程、箱涵（暗渠）工程、跌水工程、排水（洪）工程、高位水池工程、供水池工程、水池（水窖）工程、与公路交叉建筑工程、与铁路交叉建筑工程、其他建筑物工程。

（5）河道治理工程。河道治理工程包括河道堤防工程、河道清淤工程、河岸排污沟工程。

（6）交通工程。交通工程包括进厂（站）、对外交通等场内外永久公路以及桥梁、交通隧道、铁路、桥涵、码头等交通工程。

（7）管理工程。管理工程与枢纽工程中管理工程包含内容相同。

（8）供电设施工程。供电设施工程与枢纽工程中供电设施工程包含内容相同。

（9）其他建筑工程。其他建筑工程与枢纽工程中其他建筑工程包含内容相同。

2. 机电设备及安装工程

机电设备及安装工程包括泵站设备及安装工程、水闸设备及安装工程、高位水池设备及安装工程、水处理厂设备及安装工程、供电设备及安装工程、管理设备及安装工程、其他设备及安装工程。

（1）泵站设备及安装工程。泵站设备及安装工程包括水泵设备及安装工程、电动机设备及安装工程、主阀设备及安装工程、起重设备及安装工程、水力机械辅助设备及安装工程、电气设备及安装工程。

（2）水闸设备及安装工程。

（3）高位水池设备及安装工程。

（4）水处理厂设备及安装工程。

（5）供电设备及安装工程。供电设备及安装工程包括变压器设备及安装工程、高压电气设备及安装工程。

（6）管理设备及安装工程。管理设备及安装工程与枢纽工程中管理设备及安装工程包含内容相同。

（7）其他设备及安装工程。其他设备及安装工程包括通信设备及安装工程、通风采暖设备及安装工程、机修设备及安装工程、计算机监控系统、工业电视系统、管理自动化系统、全厂接地及保护网、电梯设备及安装工程、照明设备及安装工程、管理区生活区供水和排水设备及安装工程、消防设备、劳动安全与工业卫生设备、交通工具购置费、其他设备。

3. 金属结构设备（管道）及安装工程

金属结构设备（管道）及安装工程包括闸门设备及安装工程、启闭设备及安装工程、拦污设备及安装工程、输水管道安装工程、阀门设备及安装工程、管道防腐工程、其他金属结构设备及安装工程。

（1）闸门设备及安装工程。闸门设备及安装工程包括闸门设备及埋件制作安装工程。

（2）启闭设备及安装工程。启闭设备及安装工程包括启闭机设备及轨道制作及安装工程。

（3）拦污设备及安装工程。拦污设备及安装工程包括拦污栅、埋件、清污机设备及安装工程。

（4）输水管道安装工程。输水管道安装工程包括各材质输水管道安装工程。

（5）阀门设备及安装工程。阀门设备及安装工程包括各类型闸阀、球阀。

（6）管道防腐工程。

（7）其他金属结构设备及安装工程。

4. 临时工程

临时工程指为辅助主体工程施工所必须修建的临时性工程，主要包括以下内容：

（1）导流工程。导流工程包括导流明渠、施工围堰等工程。

（2）施工交通工程。施工交通工程包括施工现场内外为工程建设服务而修建的临时交通（不含施工便道）工程及附属设施的建设，包括公路工程、桥梁工程、施工支洞工程等。

（3）施工场外供电工程。施工场外供电工程与枢纽工程中施工场外供电工程包含内容相同。

（4）料场无用料清除及防护工程。料场无用料清除及防护工程与枢纽工程中料场无用料清除及防护工程包含内容相同。

（5）施工期管理工程。施工期管理工程与枢纽工程中施工期管理工程包含内容相同。

（6）施工专项工程。施工专项工程与枢纽工程中施工专项工程包含内容相同。

（7）其他施工临时工程。其他施工临时工程与枢纽工程中其他施工临时工程包含内容相同。

5. 独立费用

独立费用与枢纽工程中独立费用包含内容相同。

二、项目划分

根据水利工程性质，工程项目划分如下

1. 一级项目

一级项目相当于单项工程，是具有独立的设计文件，竣工后可以独立发挥生产能力或效益的工程。编制工程造价时视工程具体情况设置项目，一般应按项目划分的规定，不宜合并。

2．二级项目

二级项目相当于单位工程。如枢纽工程一级项目中的挡水工程，其二级项目划分为混凝土坝工程、土石坝工程。引（调）水及其他工程一级项目中的渠道工程，其二级项目划分为干渠渠道工程、支渠渠道工程。

3．三级项目

三级项目相当于分部分项工程。如上述二级项目下设的三级项目为土石方开挖、土石方回填、砌石砌砖、混凝土、模板、钢筋制安等。三级项目要按照施工组织设计提出的施工方法结合定额进行单份分析。

编制工程造价时，二级、三级项目可根据水利工程不同阶段工作深度和实际工程情况增减或再划分。

贵州省水利工程项目划分详见《贵州省水利水电工程设计概（估）算编制规定》。

第三节　水利工程总投资组成

根据《贵州省水利水电工程设计概（估）算编制规定》，水利工程总投资由工程部分费用、专项部分费用两部分组成，如图 2-1-2 所示。

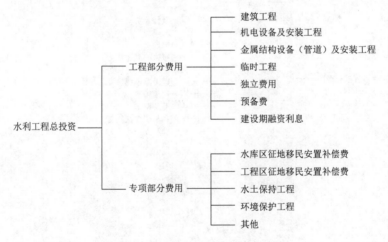

图 2-1-2　水利工程总投资构成图

第二章 工程部分费用构成

第一节 概 述

根据《贵州省水利水电工程设计概（估）算编制规定》，工程部分费用由建筑及安装工程费、设备费、独立费用、预备费、建设期融资利息构成，如图2-2-1所示。

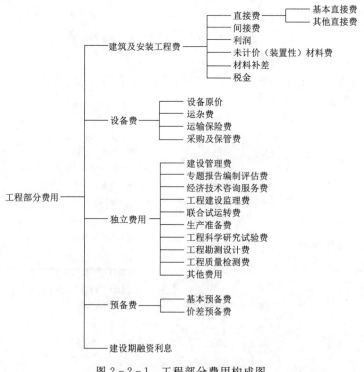

图2-2-1 工程部分费用构成图

第二节 建筑及安装工程费

一、直接费

直接费指建筑安装工程施工过程中直接消耗在工程项目上的活劳动和物化劳动。由基本直接费和其他直接费组成。

（一）基本直接费

基本直接费包括人工费、材料费、施工机械使用费。

1. 人工费

人工费指直接从事建筑安装工程施工的生产工人开支的各项费用，包括以下内容：

（1）基本工资。基本工资由岗位工资和年应工作天数内非作业天数的工资组成。

1）岗位工资。岗位工资指按照职工所在岗位各项劳动要素测评结果确定的工资。

2）生产工人年应工作天数以内非作业天数的工资，包括生产工人开会学习、培训期间的工资，调动工作、探亲、休假期间的工资，因气候影响的停工工资，女工哺乳期间的工资，病假在六个月以内的工资及产、婚、丧假期的工资。

（2）辅助工资。辅助工资指在基本工资之外，以其他形式支付给生产工人的工资性收入，包括：根据国家有关规定属于工资性质的各种津贴，主要包括艰苦边远地区津贴、施工津贴、夜餐津贴、节日加班津贴等。

2. 材料费

材料费指用于建筑安装工程项目上的消耗性材料、装置性材料和周转性材料摊销费，包括定额工作内容规定应计入的未计价材料和计价材料。

材料预算价格一般包括材料原价、运杂费、运输保险费和材料采购及保管费四项。

（1）材料原价。材料原价指材料指定交货地点的价格。

（2）运杂费。运杂费指材料从指定交货地点至工地分仓库或相当于工地分仓库（材料堆放场）所发生的全部费用。包括运输费、装卸费及其他杂费。

（3）运输保险费。运输保险费指材料在运输途中的保险费。

（4）材料采购及保管费。材料采购及保管费指材料在采购、供应和保管过程中所发生的各项费用，主要包括材料的采购、供应和保管部门工作人员的基本工资、辅助工资、养老保险费、失业保险费、医疗保险费、住房公积金、工伤及生育保险费、职工福利费、劳动保护费、教育经费、办公费、差旅交通费及工具用具使用费；仓库、转运站等设施的检修费、固定资产折旧费、技术安全措施费；材料在运输、保管过程中发生的损耗等。

3. 施工机械使用费

施工机械使用费指消耗在建筑安装工程项目上的机械磨损、维修和动力燃料费用等，包括一类费用（折旧费、检修费、维护费、安装拆卸费）、二类费用（机上人工费、动力燃料费）和其他等。

（1）折旧费。折旧费指施工机械在规定使用年限内回收原值的台班折旧摊销费用。

（2）检修费。检修费指施工机械在使用过程中检修发生的工日费、配件费、辅料费等。

（3）维护费。维护费指施工机械各级维护、保养、替换设备等费用。

（4）安装拆卸费。安装拆卸费指施工机械进出工地的安装、拆卸、试运转和场内转移及辅助设施的摊销费用。部分大型施工机械的安装拆卸不在其施工机械使用费中计列，应在施工临时工程中单独列项计算。

（5）机上人工费。机上人工费指施工机械使用时机上操作人员人工费用。

（6）动力燃料费用。动力燃料费用指施工机械正常运转时所耗用的风、水、电、油、气等费用。

（7）其他。如运输车辆的车船使用税、交通强制性保险费等。

（二）其他直接费

其他直接费包括冬雨季施工增加费、夜间施工增加费、小型临时设施费、安全生产措施费和其他。

1. 冬雨季施工增加费

冬雨季施工增加费指在冬雨季施工期间为保证工程质量和安全生产所需增加的费用，包括增加施工工序，增设防雨、保温、降水排水等设施增耗的动力、燃料、材料以及因人工、机械效率降低而增加的费用。

2. 夜间施工增加费

夜间施工增加费指施工场地和公用施工道路的照明费用。地下工程照明费已列入定额，照明线路工程费用包括在"小型临时设施费"中；施工附属企业系统、加工厂、车间的照明，列入相应的产品中，均不包括在本项费用之内。

3. 小型临时设施费

小型临时设施费指施工企业为进行建筑安装工程施工所必需的但又未被划入施工临时工程的临时建筑物、构筑物和各种临时设施的建设、维修、拆除、摊销等。如：场内供风、供水（支线）、供电（场内）及通信支线，土石料场，简易砂石料加工站，小型混凝土拌和浇筑站，混凝土预制构件厂，场内施工排水，场内场地平整、照明线路工程、场内道路养护及其他小型临时设施等。

4. 安全生产措施费

安全生产措施费指为保证施工现场安全作业环境及安全施工、文明施工需要，在工程设计已考虑的安全措施之外发生的安全生产、文明施工相关费用。

5. 其他

其他包括施工工具用具使用费、检验试验费、工程定位复测、施工控制网测设、工程点交、完工场地清理、工程项目及设备仪表移交生产前的维护费等。其中：①工程项目及设备仪表移交生产前的维护费，是指竣工验收前，对已完工程及设备进行保护所需费用；②施工工具用具使用费，指施工生产所需，但不属于固定资产的生产工具，检验、试验用具等的购置、摊销和维护费；③检验试验费，指对建筑材料、构件和建筑安装物进行一般鉴定、检查所发生的费用，包括自设实验室所耗用的材料和化学药品费用，以及技术革新和研究试验费，不包括土石坝、碾压混凝土坝碾压试验、新结构、新材料的试验费和建设单位要求对具有出厂合格证明的材料进行试验、对构件进行破坏性试验，以及其他特殊要求检验试验的费用。

二、间接费

间接费指施工企业为建筑安装工程施工而进行组织与经营管理所发生的构成建设成本的各项费用。间接费由规费、企业管理费组成。

（一）规费

规费指政府和有关部门规定必须缴纳的费用。

1. 社会保障费

（1）养老保险费是指企业按照规定标准为职工缴纳的基本养老保险费。

（2）失业保险费是指企业按照国家规定标准为职工缴纳的失业保险费。

（3）医疗保险费是指企业按照规定标准为职工缴纳的基本医疗保险费。

（4）工伤保险费是指企业按照规定标准为职工缴纳的工伤保险费。

（5）生育保险费是指企业按照规定标准为职工缴纳的生育保险费。

2. 住房公积金

住房公积金是指企业按照规定标准为职工缴纳的住房公积金。

（二）企业管理费

企业管理费指施工企业为组织施工生产经营活动所发生的费用。

1. 管理人员工资

管理人员工资指管理人员的基本工资、辅助工资、职工福利费和劳动保护费。

2. 差旅交通费

差旅交通费指施工企业管理人员因公出差、工作调动的差旅费，误餐补助费，职工探亲路费，劳动力招募费，职工离退休、退职一次性路费，工伤人员就医路费，工地转移费以及交通工具运行费、养路费及牌照费等。

3. 办公费

办公费指企业办公用具、印刷、邮电、书报、会议、水电、燃煤（气）等费用。

4. 固定资产使用费

固定资产使用费指企业属于固定资产的房屋、设备、仪器等的折旧、大修理、维修费或租赁费等。

5. 工具用具使用费

工具用具使用费指企业管理使用不属于固定资产的工具、用具、家具、交通工具和检验、试验、测绘、消防用具等的购置、维修和摊销费。

6. 职工福利费

职工福利费指企业按照国家规定支出的职工福利费，以及由企业支付离退休职工的易地安家补助费、职工退职金，六个月以上的病假人员工资、按规定支付给离休干部的各项经费。职工发生工伤时企业依法在工伤保险基金之外支付的费用，其他在社会保险基金之外依法由企业支付给职工的费用。

7. 劳动保护费

劳动保护费指企业按照国家有关部门规定标准发放的一般劳动防护用品的购置及修理费、保健费、防暑降温费、高空作业及进洞津贴、技术安全措施以及洗澡用水、饮用水的燃料费等。

8. 工会经费

工会经费是指企业按《工会法》规定计提的工会经费。

9. 职工教育经费

职工教育经费指企业职工学习先进技术和提高文化水平按职工工资总额计提的费用。

10. 保险费

保险费指企业财产保险、管理用车辆等保险费用，高空、井下、洞内、水下、水上作业等特殊工种安全保险费、第三者责任保险费、危险作业意外伤害保险费等。

11. 财务费用

财务费用指施工企业为筹集资金而发生的各项费用，包括企业经营期间发生的短期融资利息净支出、汇兑净损失、金融机构手续费，企业筹集资金发生的其他财务费用，以及投标和承包工程发生的保函手续费等。

12. 税金

税金指企业按规定交纳的城市维护建设税、房产税、管理用车辆使用税、印花税以及教育费附加、地方教育费附加等。

13. 其他

其他包括技术转让费、企业定额测定费、施工企业进退场补贴费、设计收费标准中未包括的应由施工企业承担的部分施工辅助工程设计费、投标报价费、工程图纸资料费、竣工资料费及工程摄影费、技术开发费、业务招待费、绿化费、公证费、法律顾问费、审计费、咨询费等。

三、利润

利润指按规定应计入建筑安装工程费用中的利润。

四、未计价（装置性）材料费

未计价（装置性）材料费指建筑定额或设备安装定额中未计价的装置性材料，其取费只计取税金，不作为其他直接费、间接费、利润的计算基数。

五、材料补差

材料补差指根据材料预算价格与材料基价差额以及材料消耗量计算的价差金额。材料基价指计入基本直接费的主要材料的限定价格。

六、税金

税金指国家对施工企业承担建筑及安装工程施工应计入建筑安装工程费用内的增值税销项税额。

第三节 设 备 费

设备费包括设备原价、运杂费、运输保险费和采购及保管费。

1. 设备原价

（1）国产设备：以含增值税进项税额的出厂价为设备原价。

（2）进口设备：以到岸价和进口征收的税金、手续费、商检费及港口费等项费用之和为设备原价。

（3）大型机组、金属结构等设备分块运至工地后的拼装费用，应包括在设备原价中。

2. 运杂费

运杂费指设备由厂家运至工地仓库或堆放点所发生的一切运杂费用，主要包括运输费、调车费、装卸费、包装绑扎费、变压器充氮费以及其他可能发生的杂费。

3. 运输保险费

运输保险费指设备在（国内）运输过程中的保险费。

4. 采购及保管费

采购及保管费指设备在采购、保管过程中发生的各项费用，主要包括以下内容：

（1）采购保管部门工作人员的基本工资、辅助工资、养老保险费、失业保险费、医疗保险费、住房公积金、工伤及生育保险费、职工福利费、劳动保护费、教育经费、办公费、差旅交通费、工具用具使用费等。

（2）仓库、转运站等设施的运行费、维修费、固定资产折旧费、技术安全措施费和设备的检验、试验费等。

第四节　独　立　费　用

由建设管理费、专题报告编制评估费、经济技术咨询服务费、工程建设监理费、联合试运转费、生产准备费、工程科学研究试验费、工程勘测设计费、工程质量检测费和其他费用组成。

一、建设管理费

建设管理费指建设单位在工程项目筹建和建设期间进行管理工作所需的费用。由建设单位开办费、建设单位人员经常费、项目管理费、工程验收费等四项组成。

1. 建设单位开办费

建设单位开办费指新组建的工程建设单位，为开展工作所必须购置的办公及生活设施或办公场地租用、交通工具等以及其他用于开办工作的费用。

2. 建设单位人员经常费

建设单位人员经常费指建设单位从批准组建之日起至完成该工程建设管理任务之日止，需开支的建设单位人员费用。主要包括不在原单位发工资的工作人员的基本工资、辅助工资、职工福利费、劳动保护费、养老保险费、失业保险费、医疗保险费、住房公积金、工伤及生育保险费等。

3. 项目管理费

项目管理费指建设单位从筹建到竣工期间所发生的各种管理费用，主要包括：

（1）工程建设过程中用于资金筹措、召开董事（股东）会议、视察工程建设所发生的会议和差旅等费用。

（2）工程宣传费。

（3）土地使用税、房产税、印花税、合同公证费。

（4）建设单位人员的教育经费、办公费、差旅交通费、会议费、交通车辆使用费、固定资产使用费、招募生产工人费、技术图书资料费（含软件）、业务招待费、施工现场津贴、零星固定资产购置费低值易耗品摊销费、工具用具使用费、修理费、水电费、采暖费等。

（5）其他管理性开支。

4. 工程验收费

工程验收费指工程完工前，由政府和项目法人组织的阶段验收和竣工时所发生的会议费、资料整理费、印刷费等。

二、专题报告编制评估费

专题报告编制评估费包括各阶段的防洪影响评价、水资源论证、地质灾害危险性评价、工程场地地震安全性评价、压覆矿评价、社会稳定风险评估、节能评估、节水评价、工程安全鉴定、验收技术鉴定、安全评价分析及其他评估报告等专题报告编制评估发生的费用。

三、经济技术咨询服务费

1. 招标业务费

建设单位根据《中华人民共和国招标投标法》和地方政府相关招标投标管理规定必须组织招标活动所发生的全部费用。包括建设单位委托招标代理，组织工程勘测设计招标、施工招标、设备采购招标及其他招标，组织招标设计评审等业务及相关环节的费用。

招标业务费指对工程招标、服务招标和货物招标等进行招标代理的服务费用。包括从事编制招标文件（包括编制资格预审文件），审查投标人资格，踏勘现场并答疑，组织开标、评标、定标，以及提供招标前期咨询、协助签订合同等工作费用。

2. 造价咨询服务费

造价咨询服务费指建设单位在工程招标阶段、施工阶段委托造价咨询单位对工程造价进行咨询所需的费用，包括编制招标工程量清单、编制施工招标控制价、变更管理及结算审核等。

3. 审计费

审计费是指建设项目竣工财务决算审计所发生的费用。

4. 其他咨询服务费

其他咨询服务费包括各阶段勘测设计成果咨询、评审或评估费用，项目后评价、危大工程技术评审、施工图审查等发生的费用。

四、工程建设监理费

工程建设监理费由工程建设监理费、爆破工程监理费两项组成。

1. 工程建设监理费

工程建设监理费指在工程建设过程中委托监理单位，对工程的质量、进度、安全和投资等方面进行监理所发生的全部费用。

2. 爆破工程监理费

爆破工程监理费指由具有相应资质要求的安全监理企业，对爆破工作进行监理所发生的全部费用。

五、联合试运转费

联合试运转费指水利水电工程的发电机组、水泵等安装完毕，在竣工验收前，进行整套设备带负荷联合试运转期间所需的各项费用，主要包括联合试运转期间所消耗的燃料、动力、材料及机械使用费，工具用具购置费，施工单位参加联合试运转人员的工资等。

六、生产准备费

生产准备费指水利建设项目的生产及管理单位为准备正常的生产运行或管理发生的费

用，包括生产及管理单位提前进厂（站）费、生产职工培训费、管理用具购置费、备品备件购置费和工器具及生产家具购置费。

1. 生产及管理单位提前进厂（站）费

生产及管理单位提前进厂（站）费指在工程完工之前，生产、管理单位有一部分工人、技术人员和管理人员提前进场进行生产筹备工作所需的各项费用。内容包括提前进场人员的基本工资、辅助工资、职工福利费、劳动保护费、养老保险费、失业保险费、医疗保险费、住房公积金、工伤及生育保险费、劳动保护费、教育经费、办公费、差旅交通费、会议费、技术图书资料费、零星固定资产购置费、低值易耗品摊销费、工具用具使用费、修理费、水电费、采暖费等，以及其他属于生产筹建期间应开支的费用。

2. 生产职工培训费

生产职工培训费指工程在竣工验收之前，生产及管理单位为保证生产、管理工作能顺利进行，需对工人、技术人员和管理人员进行培训所发生的费用。

3. 管理用具购置费

管理用具购置费指为保证新建项目的正常生产和管理所必须购置的办公和生活用具等费用。内容包括办公室、会议室、资料档案室、阅览室、文娱室、医务室等公用设施需要配置的家具器具。

4. 备品备件购置费

备品备件购置费指工程在投产运行初期，由于易损件损耗和可能发生的事故，而必须准备的备品备件和专用材料的购置费，不包括设备价格中配备的备品备件。

5. 工器具及生产家具购置费

工器具及生产家具购置费指按设计规定，为保证初期生产正常运行所必须购置的不属于固定资产标准的生产工具、器具、仪表、生产家具等的购置费，不包括设备价格中已包括的专用工具。

七、工程科学研究试验费

工程科学研究试验费指在工程建设过程中，为解决工程建设技术问题，而进行必要的科学研究试验所需的费用，如土石坝、碾压混凝土坝碾压试验费用、水工模型试验费等。

八、工程勘测设计费

工程勘测设计费指工程从项目建议书开始至以后各设计阶段发生的勘测费、设计费和相关试验研究费。

九、工程质量检测费

工程质量检测费指工程建设期间和验收期间，为检验工程质量需要的质量检测相关费用，包括第三方质量检测费、平行检测费、验收检测费。不包括列入其他直接费中的施工企业自检费用、列入工程建设监理费中的跟踪检测等费用。

1. 第三方质量检测费

第三方质量检测费指建设单位为保障工程质量，在施工单位和监理单位质量检测基础上增加的检测费用。

2. 平行检测费

平行检测费指由监理单位承担的平行测量任务发生的检测费用。

3. 验收检测费

验收检测费指各级验收阶段为检测工程质量发生的检测费用。

十、其他费用

1. 工程保险费

工程保险费指工程建设期间，为使工程能在遭受水灾、火灾等自然灾害和意外事故造成损失后得到经济补偿，对建筑、设备及安装工程进行投保所发生的保险费用。

2. 其他税费

其他税费指按国家规定应缴纳的与工程建设有关的税费。

第五节　预备费及建设期融资利息

一、预备费

预备费包括基本预备费和价差预备费。《贵州省水利水电工程设计概（估）算编制规定》不考虑价差预备费。

基本预备费主要为解决在工程建设过程中，设计变更和有关技术标准调整增加的投资以及工程遭受一般自然灾害所造成的损失和为预防自然灾害所采取的措施费用。

价差预备费主要解决在工程建设过程中，因人工工资、材料和设备价格上涨以及费用标准调整而增加的投资。

二、建设期融资利息

根据国家财政金融政策规定，工程在建设期内需偿还并应计入工程总投资的融资利息。

第三章 专项部分费用构成

第一节 概 述

根据《贵州省水利水电工程设计概（估）算编制规定》，专项部分项目由建设征地移民补偿、环境保护工程、水土保持工程组成。

1. 建设征地移民补偿

建设征地移民安置规划设计是水利水电工程设计的重要组成部分，是工程设计方案比选的一项重要内容。其主要设计任务包括：①确定征地移民范围；②查明征地及影响范围内的人口和各种国民经济对象的经济损失；③分析评价所产生的社会、经济、环境、文化等方面的影响；④参与工程方案和规模论证；⑤确定移民安置规划方案；⑥进行农村移民安置、城（集）镇迁建、工业企业处理、专业项目恢复改建、防护工程的规划设计和水库移民后期扶持措施；⑦编制实施总进度及年度计划；⑧编制建设征地移民补偿投资概（估）算。补偿投资概（估）算应根据国家和省的有关法律、法规及规定，以建设征地实物调查成果、移民安置规划成果为基础进行编制，计入工程总投资。

2. 环境保护工程

环境保护工程主要设计任务包括：①进行工程建设区及影响区环境现状调查与评价；②评价工程建设是否存在环境制约因素，综合评价工程方案的环境合理性，提出环境推荐意见和保护要求；③基本确定生态流量保障、供水、灌溉工程水质保护和修复、水环境保护、珍稀、濒危陆生动植物和湿地保护、水生生态保护、土壤质量保护和污染防治、人群健康保护、施工期污染防治、其他环境保护措施；④提出施工期与运行期环境管理方案、环境监测计划；⑤编制环境保护工程投资。环境保护工程概（估）算应按环境保护工程概（估）算编制规定进行编制，计入工程总投资。

3. 水土保持工程

水土保持工程主要设计任务包括：①确定水土流失防治责任范围及防治分区，评价工程建设方案是否存在水土保持制约性问题；②明确水土流失预测时段、预测内容，进行水土流失影响分析与预测；③确定水土流失防治标准和总体布局，拟定防治措施体系；④进行弃渣场设计、表土保护与利用设计；⑤按防治分区进行水土保持措施布置，对各类措施进行设计，提出工程量，提出施工组织设计；⑥确定水土保持监测方案，对水土保持监测设施进行典型设计，提出水土保持工程建设管理和运行期管理方案；⑦编制水土保持工程投资，水土保持工程概（估）算应按照水土保持工程概（估）算编制规定进行编制，计入工程总投资。

第二节 建设征地移民补偿费用组成

建设征地移民补偿投资由农村部分、城（集）镇部分、工业企业、专业项目、防护工程、库底清理、其他费用、预备费和有关税费九部分组成。

1. 农村部分

农村部分包括土地补偿费和安置补助费、房屋及附属建筑物补偿费、居民点基础设施建设费、农副业设施补偿费、小型水利水电设施补偿费、农村工商企业补偿费、文化教育和医疗卫生等单位迁建补偿费、搬迁补助费、其他补偿补助费、过渡期补助费等。

2. 城（集）镇部分

城（集）镇部分包括房屋及附属建筑物补偿费、新址征地补偿费、基础设施工程建设费、搬迁补助费、工商企业补偿费、行政事业单位迁建补偿费、其他补偿补助费等。

3. 工业企业

工业企业补偿费包括企业用地补偿补助费、房屋及附属建筑物补偿费、场地平整费、基础设施和生产设施补偿费、设备补偿费，搬迁补助费、停产损失费、零星林木补偿费等。

4. 专业项目

在水库临时淹没、浅水淹没或影响区，若有重要对象（如城镇、村庄、文物、古树等），具备防护条件，且技术可行、经济合理，需采取防护措施。

专业项目补偿费包括交通工程、输变电工程、电信工程、广播电视工程、水利水电工程、管道工程、库周交通、国有农（林、牧、渔）场及文物古迹和其他项目等。

5. 防护工程

防护工程包括建筑工程、机电设备及安装工程、金属结构设备及安装工程、临时工程、独立费用和基本预备费。其具体内容可以参考枢纽工程部分（或其他水利工程部分）。

6. 库底清理

库底清理包括建（构）筑物清理、林木清理、易漂浮物清理、卫生清理、固体废弃物清理等。

7. 其他费用

其他费用包括前期工作费、勘测设计科研费、实施管理费、实施机构开办费、技术培训费、监督评估和咨询服务费等。

8. 预备费

预备费包括基本预备费和价差预备费

9. 有关税费

有关税费包括耕地占用税、耕地开垦费、森林植被恢复费等。

第三节 环境保护工程费用组成

环境保护工程投资由环境保护措施、环境监测措施、仪器设备及安装、临时措施、独立费用及基本预备费组成。

一、环境保护措施

环境保护措施应包括防止、减免或减缓工程对环境不利影响和满足工程环境功能要求而兴建的环境保护措施，主要有水环境（水质保护、水温恢复）保护、土壤环境保护、陆生植物保护、陆生动物保护、水生生物保护、景观保护及绿化、人群健康保护、生态需水以及其他环境保护措施等。

1. 水质保护

水质保护应包括为防止、减免或减缓水利水电工程建设造成的河流水域功能降低等所采取的保护措施，以及为满足供水水质要求所采取的保护措施，主要有污水处理工程、水源地防护与生态恢复等。

2. 水温恢复

水温恢复应包括为防止、减免或减缓水利水电工程建设引起的河流水温变化对工业及生态造成的影响所采取的措施，主要有分层取水工程、引水渠、增温池等。

3. 土壤环境保护

土壤环境保护应包括为防止、减免或减缓水利水电工程建设引起的土壤次生潜育化、次生盐碱化、沼泽化、土地沙化等所采取的保护措施，主要有防渗截渗工程、排水工程、防护林等。

4. 陆生植物保护

陆生植物保护应包括为防止、减免或减缓水利水电工程建设造成的陆生植物种群及生境破坏、珍稀及濒危植物受到淹没或生境破坏所采取的保护措施，主要有就地防护、迁地移栽、引种栽培、种质库保存等。

5. 陆生动物保护

陆生动物保护应包括为防止、减免或减缓水利水电工程建设对陆生动物种群、珍稀濒危野生动物种群及生境的影响所采取的措施，主要有建立迁徙通道、保护水源、围栏、养殖等。

6. 水生生物保护

水生生物保护应包括为防止、减免或减缓兴建水利水电工程造成河流、湖泊等水域水生生物生境变化，对珍稀、濒危以及有重要经济、学术研究价值的水生生物的索饵场、产卵场、越冬场及洄游通道产生不利影响所采取的保护措施，主要有栖息地保护、过鱼设施、鱼类增殖站及人工放流、产卵池、孵化池、放养池等。

7. 景观保护及绿化

景观保护及绿化应包括为防止、减免或减缓兴建水利水电工程对风景名胜造成影响以及为美化环境所采取的保护及绿化措施，主要有植树、种草等。

8. 人群健康保护

人群健康保护应包括为防止水利水电工程建设引起的自然疫源性疾病、介水传染病、虫媒传染病、地方病等所采取的保护措施，主要有疫源地控制、防疫、检疫、传染媒介控制等。

9. 生态需水保障措施

生态需水保障措施应包括为保证水利水电工程下游河道的生态需水量而采取的工程和

管理措施，主要有放水设施、拦水堰等。

10. 其他环境保护措施

其他环境保护措施应包括为防止、减免或减缓水利水电工程造成下游河道或水位降低，影响工程下游的水利、交通等设施的运行所采取的工程保护措施和补偿措施，移民安置环境保护措施等。

二、环境监测措施

1. 施工期

施工期环境监测措施包括水质监测、大气监测、噪声监测、卫生防疫监测、生态监测等。

2. 运行期

运行期环境监测措施包括监测站（点）等环境监测设施，不包括环境监测费用。

三、仪器设备及安装

仪器设备及安装应包括为了保护环境和开展监测工作所需的仪器设备及安装，主要有环境保护设备、环境监测仪器设备。

1. 环境保护设备

环境保护设备包括污水处理、噪声防治、粉尘防治、垃圾收集、处理及卫生防疫等设备。

2. 环境监测仪器设备

环境监测仪器设备包括水环境监测、大气监测、噪声监测、卫生防疫监测、生态监测等仪器设备。

四、临时措施

临时措施应包括工程施工过程中，为保护施工区及其周围环境和人群健康所采取的临时措施。

临时措施分为废（污）水处理、噪声防治、固体废物处置、环境空气质量控制、人群健康保护等临时措施。

五、独立费用

独立费用应包括建设管理费、环境监理费、科研勘测设计咨询费等。

六、基本预备费

基本预备费指在批准的设计范围内设计变更以及预防一般自然灾害和其他不确定因素可能造成费用增加而筹备的建设资金。

第四节 水土保持工程费用组成

水土保持工程投资由工程措施费、植物措施费（林草措施费）、封育治理措施费、监测措施费、临时防护措施费（含其他临时工程）、独立费用、基本预备费、水土保持补偿费构成。

一、工程措施费

工程措施指为减轻或避免因水利水电工程和其他生产建设项目建设造成植被破坏和水土流失而兴建的永久性水土保持工程，包括表土保护措施、封育治理措施、拦渣措施、边坡防护措施、截排水措施、降水蓄渗措施、防风固沙措施、设备及安装等。

二、植物措施费（林草措施费）

植物措施（林草措施）是指为防治水土流失，保护、改良和合理利用水土资源，所采取的造林、种草及封禁等措施等。

三、封育治理措施费

封育治理措施由拦护设施和补植、补种等内容组成。

1. 拦护设施

拦护设施包括木桩刺铁丝围栏、混凝土刺铁丝围栏等。

2. 补植、补种

补植、补种指封育范围内补植乔木、灌木、经济林、果树的苗木及草、草皮和播种乔木、灌木、经济林、果树的种子及草籽。

四、监测措施费

监测措施指项目建设期间为观测水土流失的发生、发展、危害及水土保持效益而修建的土建设施、配置的设备仪表，以及建设期间的运行观测等。

五、临时防护措施费

临时防护措施包括临时防护措施和其他临时工程。

1. 临时防护措施

临时防护措施指为防止施工期水土流失而采取的各项防护措施，包括施工期结束后必需拆除的临时防护措施。

2. 其他临时工程

其他临时工程指施工期的临时仓库、生活用房、架设的输电线路、施工道路等。

六、独立费用

独立费用由建设管理费、经济技术咨询服务费、工程建设监理费、方案编制费、工程勘测设计费、水土保持竣工验收费等六项内容组成。

七、基本预备费

基本预备费指在批准的设计范围内设计变更以及预防一般自然灾害和其他不确定因素可能造成费用增加而筹备的建设资金。

八、水土保持补偿费

水土保持补偿费指在山区、丘陵区、风沙区以及水土保持规划确定的容易发生水土流失的其他区域开办生产建设项目或者从事其他生产建设活动，损坏了水土保持设施、地貌植被，不能恢复原有水土保持功能，应当向水行政部门缴纳的费用，专项用于水土流失预防和治理。

第四章 水文项目、水利信息化及安全监测项目组成和费用构成

第一节 概 述

水文项目、水利信息化及安全监测项目与水利水电工程的主体工程密不可分，但是都存在着工程分布较为分散、点多量少、交通不便的特点。水文项目部分 2006 年水利部发布了《水利工程概算补充定额》（水文设施工程专项）；水利信息化部分 2019 年水利水电规划设计总院、水利部水利建设经济定额站、长江勘测规划设计研究有限责任公司合编了《水利信息化项目设计概（估）算编制规定》和 2005 年中华人民共和国信息产业部批准的《电子建设工程概（预）算编制办法及计价依据》；安全监测项目部分 2005 年水利水电规划设计总院编制了《水电工程安全监测系统专项投资编制细则（试行）》；但是都不能满足水文、水利信息化及安全监测项目的工程特点。

为适应市场经济的发展和贵州省水利水电基本建设投资管理的需要，完善贵州省水利水电工程造价管理制度，发挥定额在水利水电行业的引导和约束作用，规范编制依据，提高水利水电工程概算编制质量，合理确定工程造价，满足水利水电工程水文、水利信息化及安全监测项目建设的需要，新版《贵州省水利水电工程系列概（估）算编制规定》及配套定额根据国家、水利部及贵州省有关政策文件，针对水文、水利信息化及安全监测制订相应的编制规定并编制了对应的定额。

第二节 水文项目组成和费用构成

水文项目总投资由建筑工程、仪器设备及安装工程、临时工程、独立费用、基本预备费组成。

一、建筑工程

建筑工程指水文设施建筑物，包括测验河段基础设施工程、水位观测设施工程、流量与泥沙测验设施工程、降水与蒸发观测设施工程、水环境监测设施工程、实时水文图像监控设施工程、生产生活用房工程、供电供水与通信设施工程及其他设施工程等。

（1）测验河段基础设施工程包括断面标志、水准点、断面界桩、保护标志牌、测验码头、观测道路、护岸、护坡工程等。

（2）水位观测设施工程包括水尺、水位自记平台、仪器室、气管敷设、雷达支架、地下水监测井等。

（3）流量与泥沙测验设施工程包括水文测验缆道、钢桁架、走航式双轨雷达支架、在线 ADCP 测流轨道、侧扫雷达、浮标投掷器基础、缆道机房、浮标房、测流堰槽、水文

254

测桥、流速仪检定槽、泥沙处理分析平台等。

（4）降水与蒸发观测设施工程包括降水观测场和蒸发观测场。

（5）水环境监测设施工程包括监测断面、自动监测站及水化分析设施等。

（6）实时水文图像监控设施工程主要指监控设备支架及支架基础。

（7）生产生活用房工程包括巡测基地、水情（分）中心、水文数据（分）中心、水环境监测（分）中心和水文测站的办公室、水位观测房、泥沙处理室、水质分析室、水情报汛室、水情值班室、职工宿舍、食堂、车库、仓库等。

（8）供电供水与通信设施工程。

1）供电设施工程包括供电线路、配电室等。

2）给排水设施工程包括水井、水塔（池）、供水管道以及排水管道或排水沟渠等。

3）取暖设施工程指在符合国家规定取暖地区的驻测站、巡测基地等应建的取暖设施，包括供暖用房、供暖管道等。

4）通信设施工程指为满足水情中心、分中心和水文测站水情信息传输需要应建的通信设施，包括专用电话线路、通信塔基础及防雷接地沟槽等。

（9）其他设施工程包括测站标志、围墙、大门、道路、站院硬化绿化以及消防、防盗设施等。

二、仪器设备及安装工程

仪器设备及安装工程指构成水文设施工程固定资产的全部仪器设备及安装工程，包括各种水文信息采集传输和处理仪器设备、流量/泥沙信息采集仪器设备、降水/蒸发等气象信息采集仪器设备、实时水文图像监控设备等。

（1）水位信息采集传输和处理仪器设备及安装工程包括超声波水位计、气泡式水位计、压力式水位计、浮子式水位计、电子水尺等水位计的购置及安装调试工程。

（2）流量/泥沙信息采集仪器设备及安装工程包括水文测验缆道设备（缆道支架、缆索、水文绞车、测验控制系统、吊箱、双轨雷达测流系统、铅鱼、浮标投掷器等）的安装调试，水文巡测设备、水文测船，以及流量、泥沙信息采集、处理、分析仪器和防雷接地设备等仪器设备的购置及安装调试工程。

（3）降水/蒸发等气象信息采集仪器设备及安装工程包括蒸发皿、蒸发器、遥测蒸发器、雨量器、雨量计、雨（雪）量遥测采集系统等仪器设备的购置及安装调试工程。

（4）水环境监测分析仪器设备及安装工程包括水质监测分析仪器设备、水质自动监测站仪器设备、水质移动监测分析车仪器设备等的购置和安装调试工程。

（5）实时水文图像监控设备及安装工程包括视频捕获单元设备、视频信号传输单元设备、视频编码单元设备、云台控制设备等的购置和安装调试工程。

（6）通信与水文信息传输设备及安装工程包括计算机及其外围设备、程控电话、卫星传输设备、无线对讲机（基地台）、电台、中继站、网络通信设备、GSM终端、数据采集终端RTU、防雷接地设备等的购置和安装调试。

（7）其他设备的购置和安装调试工程包括供水供电设备、降温取暖设备、交通及安全设备等的购置及安装调试；水文缆道支架铁塔组立、水文钢桁架、悬臂支架、其他铁塔组立等。

三、临时工程

临时工程指为辅助主体工程施工所必须修建的生产和生活用临时性工程。

（1）施工围堰工程指为水尺基础、水位计基础、测验断面整治、测验码头等水下施工而修建的临时工程。

（2）施工交通工程指施工现场内为工程建设服务的临时交通工程，包括施工道路、简易码头等。

（3）施工房屋建筑工程指工程在建设过程中建造的临时房屋，包括施工仓库及施工单位住房等。

（4）施工机械设备进出场费指在工程建设过程中使用的施工机械设备，因实施零星工程或者因工程量较小，超出正常施工机械台班费之外的补贴措施以及机械设备进出场补贴措施。

（5）水文及泥沙监测工程包括施工期的巡视检查费、施工期的观测费、资料整理编制费等。

（6）施工期水情测报工程包括施工期的巡视检查费、施工期的观测费、资料整理编制费等。

（7）其他临时工程指除上述（1）～（6）项工程以外的其他施工临时工程，主要包括施工场地平整、施工场地清理、施工期工作面的渗水处理、施工给排水、场外供电、施工通信、水文缆道、跨越架架设、基坑初期及经常性排水措施费用、一般临时支护措施等工程。

四、独立费用

独立费用由建设管理费、经济技术咨询服务费、工程建设监理费、生产准备费、工程勘测设计费、工程质量检测费和其他共七项组成。

（1）建设管理费包括建设单位开办费、建设单位人员费、项目管理费、工程验收费。

（2）经济技术咨询服务费包括招标业务费、工程造价咨询服务费、审计费、其他咨询服务费等。

（3）工程建设监理费。

（4）生产准备费包括生产及管理单位提前进厂（站）费、水文比测费、生产职工培训费、管理用具购置费、备品备件购置费、工器具及生产家具购置费。

1）生产及管理单位提前进厂（站）费指迁建或新建的水文测站在工程完工之前，部分生产和管理人员提前进场进行生产筹备工作所需的各项费用。内容包括提前进场人员的基本工资、辅助工资、工资附加费、劳动保护费、教育经费、办公费、差旅交通费、会议费、技术图书资料费、零星固定资产购置费、低值易耗品摊销费、工具用具使用费、修理费、水电费、采暖费、降温费等，以及其他属于生产筹建期间应开支的费用。

2）水文比测费指根据现行水文测验规范要求，在新迁断面（或流量测验断面改变的改扩建水文设施工程）使用前，为寻求新老断面水位、流量等水文要素的相关关系所必须开展的工作。内容包括比测过程中所需的各项费用。

3）生产职工培训费指新建并采用新技术、新仪器设备的水文设备工程，在工程竣工验收之前，生产及管理单位为保证生产、管理工作能顺利进行。需对测验技术人员和管理人员进行培训所发生的费用。内容包括受培训人员基本工资、辅助工资、工资附加费、劳动保护费、差旅交通费、实习费，以及其他属于职工培训应开支的费用。

4）管理用具购置费指为保证新建项目的正常生产和管理所必须购置的办公和生活用具等费用。内容包括办公室、会议室、资料档案室、阅览室、文娱室等公用设施需要配置的家具器具。

5）备品备件购置费指工程在投产运行初期，由于易损件损耗和可能发生的事故，而必须准备的备品备件和专用材料的购置费。

6）工器具及生产家具购置费指按设计规定，为保证初期生产正常运行所必须购置的不属于固定资产标准的生产工具、器具、仪表、生产家具等的购置费。

（5）工程勘测设计费包括前期勘测设计费、初步设计、招标设计及施工图设计阶段勘测设计费。

（6）工程质量检测费无第三方检测时不计算。

（7）其他包括建设用地征用费、工程保险费及其他税费等。

五、基本预备费

基本预备费主要为解决在工程施工过程中，设计变更增加的投资及为解决意外事故而采取的措施所增加的工程项目费用。

第三节　水利信息化及安全监测项目组成和费用构成

水利信息化及安全监测项目总投资由建筑工程、设备及安装工程、临时工程、独立费用组成。

一、水利信息化

水利信息化系统的主要建设内容包括对水情自动测报系统、工程安全监测系统、阀门远程控制系统、计算机监控系统、视频监控（工业电视）系统、水力量测系统、水质自动监测系统、通信系统、水文和泥沙监测系统、水费计量系统、管理自动化等系统的综合集成和调度和综合办公系统的建设。

（一）建筑工程

建筑工程指构成该工程固定资产的各类建筑物、构筑物等设施工程，包括数据（分）中心、观测监测设施、通信线路、交通工程、供电设施工程、其他建筑工程。其中数据（分）中心、观测监测设施、通信线路三项为主体建筑工程。

（二）设备及安装工程

设备及安装工程指构成水利信息化工程固定资产的全部设备及安装工程，包括信息化设备及安装工程、软件开发及购置、系统集成三部分。

其中信息化设备及安装工程包括数据采集设备及安装工程、数据传输设备及安装工程、数据处理设备及安装工程、数据输出设备及安装工程、网络安全专用产品及安装工程、其他工程。

（1）数据采集设备及安装工程包括水文、水资源、水环境水生态、农村水利、水灾害、水土保持、移民、其他数据采集设备及安装工程。

（2）数据传输设备及安装工程包括有线通信、无线通信设备及安装工程。

（3）数据处理设备及安装工程包括数据输入、数据存储、数据处理设备及安装工程。

（4）数据输出设备及安装工程包括显示、打印、声音、其他数据输出设备及安装工程。

（5）网络安全专用产品及安装工程。

（6）其他工程包括供变电设备及安装工程、照明、采暖通风、消防设备及安装工程、塔（杆）组立工程等。

其中：供变电设备及安装工程专指为水利信息化工程配备的供变电设备及安装工程。包括变电、配电、无功补偿、控制及直流设备及安装工程，电缆及接地安装工程。

1）塔（杆）组立工程包括过河钢桁架、缆道及其附属铁塔、水位计钢结构支撑、流量设施的钢结构等。

2）软件开发及购置指构成水利信息化工程固定资产的全部开发或购置的计算机软件。包括计算机软件开发、计算机软件购置、数据处理服务。

3）计算机软件开发包括系平台软件和应用软件开发。

4）计算机软件购置包括系统软件和平台软件、应用软件、云服务购置。

5）系统集成指构成该工程固定资产的网络、软件、硬件、安全等系统需集成的部分在用户现场进行部署、调试，并将各个分离的设备、功能和数据等集成到相互关联、统一协调、实际可用的系统之中所需的工作。

（三）临时工程

临时工程指为辅助主体工程施工而必须修建的临时性工程包括导流工程、施工交通工程、施工供电工程、施工房屋建筑工程、施工期监测工程、施工机械设备进出场费及其他施工临时工程。

（四）独立费用

独立费用由建设管理费、经济技术咨询服务费、工程建设监理费、生产准备费、工程勘测设计费、第三方测评费和其他七项组成。

水利信息化及安全监测工程作为子项时，只计算"第三方测评费"。水利信息化工程和安全监测工程独立费用合并计算。

第三方测评费包括系统安全测评、软件测评、网络安全等级测评费等。

其他主要包括建设场地征用费、工程保险费及其他税费。

二、安全监测工程

（一）建筑工程

安全监测范围主要包括大坝工程、引水及发电工程、溢洪道工程、泄洪洞工程、放空洞工程、边坡工程、其他建筑工程。

安全监测工程包括变形监测工程、渗流监测工程、应力应变及温度监测工程、动力及水力学监测工程。

（二）设备及安装工程

设备及安装工程指构成安全监测工程固定资产的全部设备及安装工程。

（三）临时工程

临时工程指为辅助安全监测主体工程施工而必须修建的临时性工程，包括施工期监测工程、施工机械设备进出场费及其他施工临时工程。

（四）独立费用

独立费用由建设管理费、经济技术咨询服务费、工程建设监理费、生产准备费、工程勘测设计费和其他六项组成。

第四节　水文项目、水利信息化及安全监测项目投资在水利工程造价中的处理

水文项目、水利信息化及安全监测项目概（估）算按《贵州省水利水电工程系列概（估）算编制规定》和配套定额编制，分为以下几种情况：

（1）如果作为独立的工程时，可以按《贵州省水利水电工程系列概（估）算编制规定》的第三篇《贵州省水文设施工程概算编制规定》和第四篇《水利信息化及安全监测工程概（估）算编制规定》计算建筑工程、仪器设备及安装工程（设备及安装工程）、临时工程、独立费用、基本预备费和建设期融资利息。

（2）如果作为水利水电工程的专项工程时，按《贵州省水利水电工程系列概（估）算编制规定》的第三篇《贵州省水文设施工程概算编制规定》和第四篇《水利信息化及安全监测工程概（估）算编制规定》计算建筑工程、仪器设备及安装工程（设备及安装工程）、临时工程、独立费用，不能计算基本预备费和建设期融资利息。

（3）如果作为水利水电工程的附属工程，只需按《贵州省水利水电工程系列概（估）算编制规定》的第三篇《贵州省水文设施工程概算编制规定》计算建筑工程、仪器设备及安装工程（设备及安装工程）、临时工程。且将建筑工程投资列入第一篇《贵州省水利水电工程设计概（估）算编制规定》之第一部分建筑工程的管理工程，仪器设备及安装工程（设备及安装工程）投资列入第一篇《贵州省水利水电工程设计概（估）算编制规定》之第二部分机电设备及安装工程的管理设备及安装工程，临时工程投资列入第一篇《贵州省水利水电工程设计概（估）算编制规定》之第四部分临时工程的施工期管理工程。无需计算独立费用、基本预备费和建设期融资利息。

第三篇

水利工程计量与计价

第一章　水利工程设计工程量计算

第一节　工程量的含义及作用

一、工程量的含义

工程计量是按照水利工程国家行业有关标准的计算规则、计量单位等规定对各分部分项实体工程工程量的计算活动，是水利工程造价的重要环节。

工程量是工程计量的结果，是指按照一定规则并以物理计量单位或自然计量单位所表示的水利工程各分项工程数量。

二、工程量的作用

（1）工程量是工程设计的重要数据成果，是确定水利工程各阶段工程造价的重要依据。水利工程各设计阶段的工程量，对优选设计方案和准确预测各设计阶段的工程投资非常重要。

（2）工程量是建设单位管理工程建设的重要依据。工程量是建设单位进行决策，控制工程投资规模，编制建设计划，筹集资金，编制工程招标工程量清单及控制价，安排工程价款的拨付和结算，进行投资控制的重要依据。

（3）工程量是承包单位生产经营管理的重要依据。工程量是承包单位进行投标报价，编制项目管理规划，安排工程施工进度，编制材料供应计划，进行工料分析，确定人工、材料、机械需要量，进行工程统计和经济核算的重要依据，也是向建设单位结算工程价款的重要依据。

第二节　工程量计算的基本要求及依据

一、水利工程工程计量的标准规范

在水利工程项目投资管理各个阶段中，项目建议书阶段、可行性研究阶段、初步设计阶段、招标设计阶段、工程计价执行水利行业概（估）算编制相关规定，属于计划行为，主要遵循水利部制定的《水利水电工程设计工程量计算规定》；招标阶段、招标投标阶段、施工建设阶段，以及完工阶段中涉及工程计价属于市场行为，执行水利部编制的《水利工程工程量清单计价规范》。

二、工程量计算的基本要求

按现行规定，尽可能杜绝工程量计算错漏等问题。工程量计算应符合下述基本要求：

（1）工程量计量单位的单位名称、单位符号，应符合《量和单位》《贵州省水利水电工程设计概（估）算编制规定》有关规定。以"t""km"为单位的项目，工程量计算结果保留小数点后两位数字，第三位小数应四舍五入；以"hm²"为单位的项目，工程量计算结果保留小数点后三位数字，第四位小数应四舍五入；其他以"m³""m²""m""kg""台""套""项"等为计量单位的项目，工程量计算结果保留整数位，第一位小数应四舍五入。

（2）项目建议书、可行性研究、初步设计阶段工程量的计算应该符合《水利水电工程设计工程量计算规定》的规定，其中选取的阶段系数，应与设计阶段相符。招标设计和施工图设计阶段阶段系数可参照初步设计阶段的系数并适当缩小。工程量计算单位应与定额的计算单位一致。

（3）招标投标阶段的工程量清单编制应执行《水利工程工程量清单计价规范》的规定，工程量计算单位应与其规定的计量单位一致。

（4）除定额另有规定外，工程量的计算按工程设计几何轮廓尺寸计算，不构成实体的各种施工操作损耗、允许的超挖及超填量、合理的施工附加量、体积变化等已根据施工技术规范规定的合理消耗量，计入概算定额。预算定额不包括施工超挖、超填及施工附加量，因此采用预算定额时，应考虑施工中超挖、超填及施工附加量等因素。

（5）安装工程中的装置性材料（如电线、电缆）工程量，按设计图示尺寸计算。单价中包含了装置性材料的操作损耗，但变电站中的母线、引下线、跳线、设备连接线等因弯曲而增加的长度，电力电缆及控制电缆预留、备用段长度、敷设时因各种弯曲而增加的长度以及连接电气设备而预留的长度均应计入工程量计算。

（6）工程量计算凡涉及材料的体积、密度、容重、比热换算，均参照国家标准，如未规定可参考厂家合格证书或产品说明书。

三、工程量计算的依据

（1）现行《水利水电工程设计工程量计算规定》《水利工程工程量清单计价规范》《贵州省水利水电工程设计概（估）算编制规定》及其配套定额。

（2）各阶段设计图纸及其说明。设计图纸全面反映水利工程的结构构造、安装布置、各部位的尺寸及工程做法，是工程量计算的基础资料和基本依据。除了设计图纸及其说明外，还应配合有关的设计规范和施工规范进行工程量计算。

（3）各阶段施工组织设计或施工方案。设计图纸主要表现拟建工程的实体项目，分项工程的具体施工方法及措施应按施工组织设计或施工方案确定。

（4）其他有关技术经济文件。如工程施工合同、招标文件的商务及技术条款等。

第三节　水利工程设计工程量计算规定

项目建议书阶段、可行性研究阶段、初步设计阶段、招标设计阶段、施工图设计阶段工程量为设计工程量，应执行《水利水电工程设计工程量计算规定》。

现行的水利部批准发布的《水利水电工程设计工程量计算规定》（SL 328—2005）规定了水利水电工程项目划分、各设计阶段相应的阶段系数、永久工程建筑工程量计算、施工临时工程工程量计算、金属结构工程量计算等。

该标准适用于大型、中型水利水电工程项目的项目建议书、可行性研究和初步设计阶段的设计工程量计算。小型工程的设计工程量计算可参照执行。

不同设计阶段的工程量，其计算精度应与相应设计阶段编制规程的要求相适应，并按照概（估）算编制规定中项目划分的规定列列。

设计工程量为按建筑物或工程的设计几何轮廓尺寸计算出的工程量。各设计阶段计算的工程量乘以表 3-1-1 所列相应的阶段系数后，作为设计工程量提供给造价专业编制工程概（估）算。阶段系数为变幅值，可根据工程地质条件和建筑物结构复杂程度等因素选取，复杂的取大值，简单的取小值。阶段系数表中只列出主要工程项目的阶段系数，对其他工程项目，可依据与主要工程项目的关系参照选取。

表 3-1-1　　　　　　　　　　水利水电工程设计工程量阶段系数表

类别	设计阶段	土石方开挖工程量/万 m³				混凝土工程量/万 m³			
		>500	500~200	200~50	<50	>300	300~100	100~50	<50
永久工程或建筑物	项目建议书	1.03~1.05	1.05~1.07	1.07~1.09	1.09~1.11	1.03~1.05	1.05~1.07	1.07~1.09	1.09~1.11
	可行性研究	1.02~1.03	1.03~1.04	1.04~1.06	1.06~1.08	1.02~1.03	1.03~1.04	1.04~1.06	1.06~1.08
	初步设计	1.01~1.02	1.02~1.03	1.03~1.04	1.04~1.05	1.01~1.02	1.02~1.03	1.03~1.04	1.04~1.05
施工临时工程	项目建议书	1.05~1.07	1.07~1.10	1.10~1.12	1.12~1.15	1.05~1.07	1.07~1.10	1.10~1.12	1.12~1.15
	可行性研究	1.04~1.06	1.06~1.08	1.08~1.10	1.10~1.13	1.04~1.06	1.06~1.08	1.08~1.10	1.10~1.13
	初步设计	1.02~1.04	1.04~1.06	1.06~1.08	1.08~1.10	1.02~1.04	1.04~1.06	1.06~1.08	1.08~1.10
金属结构工程	项目建议书								
	可行性研究								
	初步设计								

类别	设计阶段	土石方填筑砌石工程量/万 m³				钢筋/t	钢材/t	模板/m²	灌浆/t
		>500	500~200	200~50	<50				
永久工程或建筑物	项目建议书	1.03~1.05	1.05~1.07	1.07~1.09	1.09~1.11	1.08	1.06	1.11	1.16
	可行性研究	1.02~1.03	1.03~1.04	1.04~1.06	1.06~1.08	1.06	1.05	1.08	1.15
	初步设计	1.01~1.02	1.02~1.03	1.03~1.04	1.04~1.05	1.03	1.03	1.05	1.10
施工临时工程	项目建议书	1.05~1.07	1.07~1.10	1.10~1.12	1.12~1.15	1.10	1.10	1.12	1.18
	可行性研究	1.04~1.06	1.06~1.08	1.08~1.10	1.10~1.13	1.08	1.08	1.09	1.17
	初步设计	1.02~1.04	1.04~1.06	1.06~1.08	1.08~1.10	1.05	1.05	1.06	1.12
金属结构工程	项目建议书						1.17		
	可行性研究						1.15		
	初步设计						1.10		

注　1. 若采用混凝土立模面系数乘以混凝土工程量计算模板工程量时，不应再考虑模板阶段系数。

2. 若采用混凝土含钢率或含钢量乘以混凝土工程量计算钢筋工程量时，不应再考虑钢筋阶段系数。

3. 截流工程的工程量阶段系数可取 1.25~1.35。

根据规范规定，永久工程建筑工程量计算、施工临时工程工程量计算、金属结构工程量计算规则如下。

1. 永久工程建筑工程量计算

（1）土石方开挖工程量应按岩土分级别计算，并将明挖、暗挖分开。明挖宜分一般、坑槽、基础、坡面等；暗挖宜分平洞、斜井、竖井和地下厂房等。土类级别划分，除冻土外，均按土石十六级分类法的前Ⅰ～Ⅳ级划分土类级别。岩石级别划分，按土石十六级分类法的Ⅴ～ⅩⅥ级划分。

（2）土石方填筑工程量应根据建筑物设计断面中不同部位不同填筑材料的设计要求分别计算，以建筑物实体方计量。砌筑工程量应按不同砌筑材料、砌筑方式（干砌、浆砌等）和砌筑部位分别计算，以建筑物砌体方计量。对于土石方填筑工程，在概算定额相关子目说明中已规定如何考虑施工期沉陷量和施工附加量等因素，因此提供的设计工程量，只需按不同部位不同材料，考虑设计沉陷量后乘以阶段系数分别计算。

（3）疏浚工程量的计算，宜按设计水下方计量，开挖过程中的超挖及回淤量不应计入。吹填工程量计算，除考虑吹填区填筑量，还应考虑吹填土层固结沉降、吹填区地基沉降和施工期泥沙流失等因素。计量单位为水下方。具体计算公式和有关参考数值可参考《水利水电工程施工手册》第2卷"土石方工程"中第九章"疏浚与吹填工程"（中国电力出版社，2002年12月第一版）。

（4）土工合成材料工程量宜按设计铺设面积或长度计算，不应计入材料搭接及各种型式嵌固的用量。土工合成材料应按不同材料和不同部位分别计算。

（5）混凝土工程量计算应以成品实体方计量。概算定额中已考虑拌制、运输、凿毛、干缩等损耗及施工超填量。项目建议书阶段混凝土工程量宜按工程各建筑物分项、分强度、分级配计算。可行性研究和初步设计阶段混凝土工程量应根据设计图纸分部位、分强度、分级配计算。初步设计阶段如采用特种混凝土时，其材料配合比需根据试验资料确定。

碾压混凝土宜提出工法，沥青混凝土宜提出开级配或密级配。

钢筋混凝土的钢筋可按含钢率或含钢量计算。钢筋制作与安装，概算定额中已包括加工损耗和施工架立筋用量。混凝土结构中的钢衬工程量应单独列出。

（6）混凝土立模面积应根据建筑物结构体形、施工分缝要求和使用模板的类型计算。项目建议书和可行性研究阶段可参考现行《贵州省水利水电工程建筑工程概算定额》附录，初步设计阶段可根据工程设计立模面积计算。混凝土立模面积是指混凝土与模板的接触面积，其工程量计算与工程施工组织设计密切相关，尤其初步设计阶段，应根据工程混凝土浇筑分缝、分块、跳仓等实际情况计算立模面积。定额中已考虑了模板露明系数，支撑模板的立柱、围图、桁（排）架及铁件，各式隧洞衬砌模板及涵洞模板的堵头和键槽模板，计算工程量时不再计算。对于悬空建筑物（如渡槽槽身）的模板，定额中只计算到支撑模板结构的承重梁为止，承重梁以下的支撑结构未包括在定额内。

（7）基础固结灌浆与帷幕灌浆的工程量，自起灌基面算起，钻孔长度自实际孔顶高程算起。基础帷幕灌浆采用孔口封闭的，还应计算灌注孔口管的工程量，根据不同孔口管长度以孔为单位计算。地下工程的固结灌浆，其钻孔和灌浆工程量根据设计要求以米计。回填灌浆工程量按设计的回填接触面积计算。接触灌浆和接缝灌浆的工程量，按设计所需面积计算。概算定额中钻孔和灌浆各子目已包括检查孔钻孔和检查孔压水试验。钻机钻灌浆孔需明确钻孔部位岩石级别。

（8）混凝土地下连续墙的成槽和混凝土浇筑工程量应分别计算，并应符合下列规定：

成槽工程量按不同墙厚、孔深和地层以面积计算。混凝土浇筑的工程量，按不同墙厚和地层以成墙面积计算。

（9）锚杆支护工程量，按锚杆类型、长度、直径和支护部位及相应岩石级别以根数计算。预应力锚索的工程量按不同预应力等级、长度、型式及锚固对象以束计算。锚杆（索）长度为嵌入岩石的设计有效长度，按规定应留的外露部分及加工损耗均已计入定额。

（10）喷混凝土工程量应按喷射厚度、部位及有无钢筋以体积计，回弹量不应计入。喷浆工程量应根据喷射对象以面积计。

（11）混凝土灌注桩的钻孔和灌筑混凝土工程量应分别计算，并应符合下列规定：钻孔工程量按不同地层类别以钻孔长度计。灌筑混凝土工程量按不同桩径以桩长度计。混凝土灌注桩工程量计算应明确桩深。若为岩石地层，应明确岩石抗压强度。

（12）枢纽工程对外公路工程量，项目建议书和可行性研究阶段可根据 1：50000～1：10000 的地形图按设计推荐（或选定）的线路，分公路等级以长度计算工程量，也可按扩大指标进行计算。初步设计阶段应根据不小于 1：5000 的地形图按设计确定的公路等级提出长度或具体工程量。场内永久公路中主要交通道路，项目建议书和可行性研究阶段应根据 1：10000～1：5000 的施工总平面布置图按设计确定的公路等级以长度计算工程量，也可按扩大指标进行计算。初步设计阶段应根据 1：5000～1：2000 的施工总平面布置图，按设计要求提出长度或具体工程量。引（供）水、灌溉等工程的永久公路工程量可参照上述要求计算。桥梁、涵洞按工程等级分别计算，提出延米或具体工程量。永久供电线路工程量，按电压等级、回路数以长度计算。

2. 施工临时工程工程量计算

（1）施工导流工程工程量计算要求与永久水工建筑物计算要求相同，其中永久与临时结合的部分（如土石坝的上游围堰等）应计入永久工程量中，不结合部分（如导流洞或底孔封堵、闸门等）计入施工临时工程。阶段系数按施工临时工程计取。

（2）施工支洞工程量应按永久水工建筑物工程量计算要求进行计算，阶段系数按施工临时工程计取。

（3）大型施工设施及施工机械布置所需土建工程量，按永久建筑物的要求计算工程量，阶段系数按施工临时工程计取。

（4）施工临时公路的工程量可根据相应设计阶段施工总平面布置图或设计提出的运输线路分等级计算公路长度或具体工程量。场内临时公路，一般可根据有关参考资料按扩大指标进行计算。

（5）施工供电线路工程量可按设计的线路走向、电压等级和回路数计算。施工场外供电线路一般可根据有关参考资料按扩大指标进行计算。

3. 金属结构工程量计算

（1）水工建筑物的各种钢闸门和拦污栅工程量以吨计，项目建议书可按已建工程类比确定；可行性研究阶段可根据初选方案确定的类型和主要尺寸计算；初步设计阶段应根据选定方案的设计尺寸和参数计算。各种闸门和拦污栅的埋件工程量计算均应与其主设备工程量计算精度一致。

（2）启闭设备工程量计算，宜与闸门和拦污栅工程量计算精度相适应，并分别列出设备重量（吨）和数量（台、套）。

（3）压力钢管工程量应按钢管型式（一般、叉管）、直径和壁厚分别计算，以吨为计量单位，不应计入钢管制作与安装的操作损耗量。一般钢管工程量的计算应包括直管、弯管、渐变管和伸缩节等钢管本体和加劲环、支承环的用量，叉管工程量仅计算叉管段中叉管及方渐变管管节部分的工程量，叉管段中其他管节部分应按一般钢管计算。

第四节　水利工程工程量分类及造价中的处理

水利水电工程各设计阶段的设计工程量，是设计工作的重要成果和编制工程概（估）算的主要依据。工程量计算的准确性是衡量工程造价编制质量好坏的重要标准之一。因此，工程造价专业人员除应掌握本专业的知识外，还应具有一定程度的水工、施工、机电等专业知识，应掌握工程量计算的基本要求、计算方法、计算规则。按照概（估）算编制有关规定，正确处理各类工程量。

1. 设计工程量

设计工程量由图纸工程量和设计阶段扩大工程量组成。

（1）图纸工程量指按设计图纸计算出的工程量。对于各种水工建筑物，也就是按照设计的几何轮廓尺寸计算出的工程量。对于钻孔灌浆工程，就是按设计参数（孔距、排距、孔深等）求得的工程量。

（2）设计阶段扩大工程量。设计阶段扩大工程量是指由于项目建议书、可行性研究阶段和初步设计阶段勘测、设计工作的深度有限，有一定的误差，为留有一定的余地而增加的工程量，即提供给造价专业编制造价的工程量是图纸工程量乘以工程量阶段系数；工程量阶段系数前面已详述，此处不再赘述。

2. 施工超挖、超填工程量及施工附加量

为保证建筑物的安全，施工开挖一般不允许欠挖，以保证建筑物的设计尺寸，施工超挖自然不可避免。影响施工超挖工程量的因素主要有施工方法、施工技术及管理水平、地质条件等。

施工超填工程量是指由施工超挖量、施工附加量相应增加的回填工程量。

施工附加量是指为完成本项目工程必须增加的工程量。例如，小断面圆形隧洞为满足交通需要扩挖下部而增加的工程量；隧洞工程为满足交通、放炮的需要设置洞内错车道、避炮洞所增加的工程量；为固定钢筋网而增加的固定筋工程量等。

现行概算定额已按有关施工规范计入合理的超挖量、超填量和施工附加量，故使用现行概算定额时，工程量不应再计算这三项工程量。现行预算定额中均未计入这三项工程量，因此采用现行预算定额时，应另行按有关规定及工程实际资料计算施工中超挖、超填量和施工附加量。

3. 施工损耗量

（1）体积变化损失量。如土石方填筑工程中的施工期沉陷而增加的工程量，混凝土体积收缩而增加的工程量等。

（2）运输及操作损耗量。如混凝土、土石方在运输、操作过程中的损耗，以及围垦工程、堵坝抛填工程的冲损等。

（3）其他损耗量。如土石方填筑工程施工后，按设计边坡要求的削坡损失工程量，接缝削坡损失工程量，黏土心（斜）墙及土坝的雨后坝面清理损失工程量，混凝土防渗墙一期、二期墙槽接头孔重复造孔及混凝土浇筑增加的工程量。

现行概算定额对这几项损耗已按有关规定计入相应定额中，而现行预算定额未包括混凝土防渗墙接头处理所增加的工程量，因此采用不同的定额编制工程单价时应仔细阅读有关定额说明，以免漏算或重算。

4. 质量检查工程量

（1）基础处理工程检查量。基础处理工程大多采用钻一定数量检查孔的方法进行质量检查。现行概算定额钻孔灌浆子目已计入检查孔钻孔、压水试验、灌浆等工程量，但现行预算定额钻孔灌浆子目未计入检查孔钻孔、压水试验、灌浆等工程量，故采用现行预算定额时，应按灌浆方法和灌浆后的吕荣值（Lu 值），选用相应定额计算检查孔的费用。

（2）其他检查工程量。如土石方填筑工程通常采用的挖试验坑的方法来检查其填筑成品方的干密度。现行概预算定额均已计入了一定数量的土石坝填筑质量检测所需的试验坑，故采用现行概预算定额时不应计列试验坑的工程量。

第二章 水利工程定额分类、适用范围及作用

第一节 水利工程定额分类、适用范围

水利水电工程定额是指在正常的施工条件下完成规定计量单位的合格水利水电建筑安装工程所消耗的人工、材料、施工机械台班等的数量标准。

水利水电工程定额属于水利行业专业定额。

一、水利工程定额分类

目前水利工程定额体系主要是按主编单位和管理权限分类，分为水利部定额体系和省级定额体系。除水利部定额体系外，为了满足地方中小水利水电工程建设需要，目前多数省份都编制了省级定额体系。本教材针对水利部定额体系和贵州省水利水电工程定额体系作简要介绍。

（一）水利部定额体系

水利部现行定额体系主要包括《水利建筑工程概算定额》《水利建筑工程预算定额》《水利水电设备安装工程概算定额》《水利水电设备安装工程预算定额》《水利工程施工机械台时费定额》《水利工程概预算补充定额》以及与之配套使用的《水利工程设计概（估）算编制规定》。

1.《水利建筑工程概算定额》

该定额包括土方开挖工程、石方开挖工程、土石填筑工程、混凝土工程、模板工程、砂石备料工程、钻孔灌浆及锚固工程、疏浚工程、其他工程共九章及附录。

2.《水利建筑工程预算定额》

该定额包括土方工程、石方工程、砌石工程、混凝土工程、模板工程、砂石备料工程、钻孔灌浆及锚固工程、疏浚工程、其他工程共九章及附录。

3.《水利水电设备安装工程概算定额》

该定额包括水轮机安装、水轮发电机安装、大型水泵安装、进水阀安装、水力机械辅助设备安装、电气设备安装、变电站设备安装、通信设备安装、起重设备安装、闸门安装、压力钢管制作及安装共十一章以及附录。

4.《水利水电设备安装工程预算定额》

该定额包括水轮机安装、调速系统安装、水轮发电机安装、大型水泵安装、进水阀安装、水力机械辅助设备安装、电气设备安装、变电站设备安装、通信设备安装、电气调整、起重设备安装、闸门安装、压力钢管制作及安装、设备工地运输共十四章以及附录。

5.《水利工程施工机械台时费定额》

该定额适用于水利建筑安装工程，包括土石方机械、混凝土机械、运输机械、起重机械、砂石料加工机械、钻孔灌浆机械、工程船舶、动力机械及其他机械共九类。

6.《水利工程概预算补充定额》

该补充定额主要补充了近年来工程中经常使用但原定额中没有的定额子目，其编制原则、表现形式、定额水平与部颁系列定额保持一致。

7.《水利工程设计概（估）算编制规定》

本规定主要用于在前期工作阶段确定水利工程投资，是编制和审批水利工程设计概（估）算的依据，是对水利工程实行静态控制、动态管理的基础。建设实施阶段，本规定是编制工程标底、投标报价文件的参考标准，施工企业编制投标文件时可根据企业管理水平，结合市场情况调整相关费用标准。

本规定适用于大型水利项目和报送水利部、流域机构审批的中型水利项目，其他项目可参照执行。

修改定额主要对个别定额的适用范围、人工和机械的效率、材料消耗量等进行了复核，经过复核，界定了定额的适用范围，提高了人工和机械的效率，降低了材料消耗量，使定额更加符合工程实际。

（二）贵州省水利水电工程定额体系

贵州省现行水利水电系列定额主要包括《贵州省水利水电建筑工程概算定额》《贵州省水利水电建筑工程概算定额》《贵州省水利水电设备安装工程概算定额》《贵州省水利水电设备安装工程概算定额》《贵州省水利水电施工机械台班费定额》《贵州省水利工程维修养护定额（试行）》《贵州省水利水电工程系列概（估）算编制规定》（概要内容详见本篇第三章相关内容）。

二、水利工程定额的适用范围

水利部定额体系适用于大型水利项目和报送水利部、流域机构审批的中型水利项目，其他项目可参照执行。

贵州省水利水电系列定额体系适用于贵州省审批、核准或者备案的各类中小型水利水电工程项目。

第二节 定 额 的 作 用

在生产过程中，为了完成某一单位合格产品，就要消耗一定的人工、材料、机械台班等资源。由于这些消耗受技术水平、组织管理水平及其他客观条件的影响，所以其消耗水平是不相同的。因此，为了统一考核其消耗水平，便于经营管理和经济核算，就需要有一个统一的平均消耗标准，于是便产生了定额。

在不同的生产经营领域有不同的定额。水利水电工程定额是专门为水利水电建筑产品生产而制定的一种定额，指在正常的施工条件下，完成一定计量单位的合格产品所必须消耗的劳动力、材料、机械台班的数量标准。

在水利水电工程中实行定额管理的目的，是为了在施工中力求用少的人力、物力和资金消耗量，生产出更多、更好的水利水电建筑产品，取得比较好的经济效益。

水利水电工程定额的作用如下：

1. 在工程建设中的作用

（1）编制投资计划的基础，编制可行性报告的依据。

（2）确定工程概（估）算投资，确定工程造价，选择优化设计方案的依据。

（3）编制竣工结（决）算的依据。

（4）提高企业科学管理，进行经济核算的依据。

（5）提高劳动生产率的手段，开展劳动竞赛的尺度。

2. 在工程计价中的作用

（1）进行设计方案技术经济比较分析的依据。

（2）编制工程概（预）算的依据。

（3）编制招标标底、投标报价的参考依据。

（4）工程贷款、结算的依据。

（5）施工企业降低成本、节约费用、提高效益、进行经济核算和经济活动分析的依据。

第三章 贵州省水利水电工程设计
概（估）算系列定额概要

第一节 概　述

为加强贵州省中小型水利水电工程造价计价管理，进一步规范地方中小型水利水电工程造价计价依据，合理确定和有效控制工程投资，提高投资效益，省级水行政主管部门牵头组织编制了贵州省水利水电工程设计概（估）算系列定额。

贵州省现行水利水电系列定额主要包括：

（1）《贵州省水利水电工程系列概（估）算编制规定》[系列编制规定包括《贵州省水利水电工程设计概（估）算编制规定》《贵州省水土保持工程概（估）算编制规定》《贵州省水文设施工程概算编制规定》《贵州省水利信息化及安全监测工程概（估）算编制规定》共四篇]。

（2）《贵州省水利水电建筑工程概算定额》。

（3）《贵州省水利水电建筑工程预算定额》。

（4）《贵州省水利水电设备安装工程概算定额》。

（5）《贵州省水利水电设备安装工程预算定额》。

（6）《贵州省水利水电施工机械台班费定额》。

（7）《贵州省水利工程维修养护定额（试行）》。

第二节　贵州省水利水电工程设计概（估）算系列编制规定

《贵州省水利水电工程系列概（估）算编制规定》[系列编制规定包括《贵州省水利水电工程设计概（估）算编制规定》《贵州省水土保持工程概（估）算编制规定》《贵州省水文设施工程概算编制规定》《贵州省水利信息化及安全监测工程概（估）算编制规定》共四篇]。

《贵州省水利水电工程设计概（估）算编制规定》是系列编制规定的重要组成部分，也是系列编制规定的核心内容。

一、《贵州省水利水电工程设计概（估）算编制规定》

（一）编规总则

编制总则从适用范围、编制和审批依据、编制单位资格要求、编制人员资格要求、解释管理权限等进行阐述。

（1）适用范围：贵州省水利水电工程设计概（估）算编制规定适用于贵州省各类中小型水利水电新建、改扩建、水生态、水利风景区、除险加固等工程项目。

（2）本编制规定是编制和审批（或核准、备案）可行性研究投资估算、初步设计概算的主要依据。

（3）设计概算是初步设计文件的重要组成部分。经批准的概算是工程项目投资的最高限额。

（4）设计概（估）算应按编制期的国家政策及价格水平进行编制。工程开工年与概算编制年相隔两年以上时，应根据开工年的国家政策及价格水平重新编制并履行审批（或核准、备案）手续。

（5）编制单位和编制人员资格要求。设计概（估）算应由满足资质要求的设计单位或工程造价咨询单位负责编制，编制单位应严格执行国家有关方针政策、法令和规定，保证设计概（估）算文件的编制水平和编制质量；主要编制人员及校审人员必须具备水利水电工程造价编制资格并对工程设计概（估）算编制质量负责。

（6）本编制规定为工程部分的编制规定。水库区征地移民安置、工程区征地移民安置、水土保持工程、环境保护工程、水文设施、水利信息化及安全监测等的项目划分、编制办法及计算标准执行相关规定。

（7）管理权限和解释权限。《贵州省水利水电工程系列概（估）编制规定》管理权限为贵州省水利厅，解释权限为贵州省水利水电建设管理总站。

（二）工程分类、设计概算组成及概算文件编制依据

1. 工程分类、设计概算组成

工程分类及设计概算详见本教材第二篇第一章内容。

2. 概算文件编制依据

贵州省水利水电工程设计概算文件依据如下：

（1）国家及贵州省颁发的有关法令法规、制度、规程。

（2）《水利水电工程设计工程量计算规定》（SL 328—2005）。

（3）《贵州省水利水电工程设计概（估）算编制规定》。

（4）《贵州省水利水电建筑工程概算定额》《贵州省水利水电设备安装工程概算定额》《贵州省水利水电工程施工机械台班费定额》和有关行业主管部门颁发的定额。

（5）设计文件及图纸。

（6）有关合同协议及资金筹措方案。

（7）其他。

（三）概算文件组成内容

1. 概算文件组成及格式要求

（1）概算文件由概算正件及概算附件组成，概算正件及附件均应单独成册并随初步设计文件报审。若总投资与上阶段总投资变化较大时，还应包括投资变化原因分析报告。

（2）概算文件格式要求。

1）编制概算小数点后位数取定方法。①基础单价、工程单价单位为"元"，计算结果精确到小数点后两位；②第一至第五部分概算表单位为"元"，计算结果精确到整数位；概算总表、总概算表、分年度概算表单位为"万元"，计算结果精确到小数点后两位。

2）以"t""km"为单位的项目，工程量计算结果保留小数点后两位数字，第三位小数应四舍五入；以"hm²"为单位的项目，工程量计算结果保留小数点后三位数字，第四位小数应四舍五入；其他以"m³""m²""m""kg""台""套""项"等为计量单位的项目，工程量计算结果保留整数位，第一位小数应四舍五入。

2. 概算正件和概算附件的组成内容

水利水电工程概算由概算正件和概算附件组成：

（1）概算正件的组成。概算正件包括编制说明、工程概算总表、工程部分概算表、工程部分概算附表、专项部分概算表。

1）编制说明包括工程概况、投资主要指标、编制依据、其他应说明的问题等内容。

2）工程概算总表包括工程概算总表应汇总工程部分、专项部分总概算表。

3）工程部分概算表包括工程总概算表、建筑工程概算表、机电设备及安装工程概算表、金属结构设备（管道）及安装工程概算表、临时工程概算表、独立费用概算表、分年度投资概算表、资金流量表等内容。

4）工程部分概算附表包括建筑工程单价汇总表、安装工程单价汇总表、主要材料预算价格汇总表、次要材料预算价格汇总表、施工机械台班费汇总表、主要工程量汇总表、主要材料量汇总表、工日数量汇总表、独立费用计算书等内容。

5）专项部分概算表包括专项工程总概算表、各专项工程概算表。

（2）概算附件的组成。

1）概算正件包括编制说明、工程概算总表、工程部分概算表、工程部分概算附表、专项部分概算表。

2）概算附件包括人工预算单价计算表、主要材料运杂费用计算表、主要材料预算价格计算表、施工用风、水、电价格计算书、石料、骨料单价计算书、混凝土和砂浆材料单价计算表、建筑、安装工程单价计算表、主要设备运杂费率计算书、建设期融资利息计算书、补充定额计算书、补充机械台班费计算书、主要材料、设备价格和专题报告编制评估费等的询价资料。

3. 投资变化原因分析报告

投资变化原因分析报告指可行性研究阶段投资估算与初步设计概算变化原因的分析，应从国家政策性变化、项目及工程量调整、价格变动等方面进行分析说明，并应包括以下附表：

（1）投资对比表。

（2）主要工程量对比表。

（3）主要工程单价对比表。

（4）基础单价、主要材料和设备价格对比表。

（四）贵州省水利水电工程设计概（估）算编制规定的其他内容

《贵州省水利水电工程设计概（估）算编制规定》的其他内容，包括项目组成和项目划分、费用构成、编制办法及计算标准等内容详见本书其他章节。

二、《贵州省水土保持工程概（估）算编制规定》

贵州省水土保持工程概（估）算编制规定主要由三部分内容组成：总则、设计概算的编制、投资估算的编制。

（一）总则

1. 编制依据

为贯彻《中华人民共和国水土保持法》《中华人民共和国水土保持法实施条例》，加强贵州省水利水电工程和其他生产建设项目水土保持工程投资管理，统一概（估）算编制办法，合理确定工程投资，结合《生产建设项目水土保持技术标准》《水土保持工程概（估）算编制规定》（水总〔2003〕67号）和水土保持工程自身特点，制定本编制规定。

2. 适用范围

本编制规定是编制和审批贵州省生产建设项目水土保持工程、生态建设工程概（估）算的依据。

3. 水土保持工程、生态建设工程

本编制规定所称的"水土保持工程、生态建设工程"指"表土保护措施、拦渣措施、边坡防护措施、截排水措施、降水蓄渗措施、土地整治措施、植物措施（林草措施）、封育治理措施、临时防护措施、防风固沙措施"等。

4. 使用要求

本编制规定应与《贵州省水利水电工程设计概（估）算编制规定》《贵州省水利水电工程概算定额》《贵州省水利水电工程施工机械台班费定额》等配套使用。

5. 编制要求

生产建设项目水土保持工程概（估）算价格水平应与贵州省水利水电工程或其他生产建设项目概（估）算编制价格水平保持一致。生态建设工程概（估）算应按编制年的政策及价格水平进行编制。

（二）设计概算的编制

1. 概述

(1) 概算投资组成。水土保持工程概算由工程措施费、植物措施费（林草措施费）、封育治理措施费、监测措施费、临时防护措施费（含其他临时工程）、独立费用、预备费、建设期融资利息及水土保持补偿费构成，如图3-3-1所示。

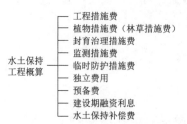

图 3-3-1 水土保持工程概算投资组成

(2) 概算文件编制依据。

1) 国家和行业主管部门以及贵州省颁发的有关法令、制度、规定。

2)《贵州省水利水电工程造价编制规定》。

3)《贵州省水利水电工程概算定额》《贵州省水利水电工程施工机械台班费定额》等。

4) 水土保持设计文件及图纸。

5) 有关合同、协议及资金筹措方案。

6) 其他有关资料。

(3) 概算文件组成内容。

1) 概算编制说明。①水土保持工程概况：水土保持工程建设地点、工程布置形式、工程措施工程量、植物措施工程量、主要材料用量、施工总工期、施工总工日等；②水土保持工程投资主要指标：概算编制的价格水平年，水土保持工程总投资，水土流失防治的技术经济指标，包括单位扰动面积投资（元/hm²），单位弃渣量投资（元/m³），单位减蚀量投资（元/t），以及各部分投资及其占总投资的比例等；③编制原则和依据：概算编制原则和依据，包括所采用的规程、规范、规定、定额标准等文件名称及文号；人工预算单价，主要材料，施工用电、水、风、砂石料、苗木、草、种子等预算价格的计算依据；主要设备价格的编制依据；水土保持工程概算定额、施工机械台班费定额和其他有关指标采用依据；水土保持工程费用计算标准及依据；④水土保持工程概算编制中存在的其他应说明的问题。

2）概算表和概算附表。①总概算表；②工程措施概算表；③植物措施（林草措施）概算表；④封育治理措施概算表；⑤监测措施概算表；⑥临时防护措施概算表；⑦独立费用概算表；⑧分年度投资概算表；⑨概算附表：工程单价汇总表；主要材料预算价格汇总表；施工机械台班费汇总表；主要工程量汇总表；主要材料用量汇总表；工日数量汇总表；⑩概算附件：人工预算单价计算表；主要材料运杂费用计算表；主要材料预算价格计算表；施工用电价格计算书；施工用水价格计算书；施工用风价格计算书；砂石料单价计算书；混凝土材料单价计算表；单价计算表；独立费用计算表。

3）其他说明。①水土保持工程总投资应纳入贵州省水利水电工程和其他生产建设项目总投资。水土保持工程概算文件应单独装订成册，作为贵州省水利水电工程和其他生产建设项目主体工程概算文件附件之一；②主体工程完工后的料场防护工程应纳入水土保持工程概算投资。

2. 项目划分

贵州省水土保持工程涉及面广，类型各异，内容复杂，为适应水土保持工程管理工作的需要，满足水土保持工程设计和建设过程中各项工作要求，必须有一个可供各方面共同遵循的统一的项目划分格式。

水土保持工程项目划分为工程措施、植物措施（林草措施）、封育治理措施、监测措施、临时防护措施（含其他临时工程）、独立费用六部分，各部分下设一级～三级项目。在一级项目之前，应按水土流失防治分区列示防治区域。

（1）组成内容。组成内容详见本教材第二篇第三章第四节。

（2）项目划分。具体项目划分详见编规附件。

3. 费用构成、编制方法和计算标准

水土保持工程建设费用由建筑及安装工程费、设备费、独立费用、预备费、建设期融资利息构成。

水土保持工程费用构成及计算标准详见编规相关内容。

4. 概算表格

（1）总概算表。总概算表由工程措施费、植物措施（林草措施）费、封育治理措施费、监测措施费、临时防护措施费、独立费用、建设期融资利息构成、预备费、水土保持补偿费汇总计算。总概算表见表3-3-1。

表 3 - 3 - 1

总 概 算 表（格式）

序号	工程或费用名称	建安工程费	设备费	植物措施费	独立费用	合计
	第一部分 工程措施费					
一	×××防治区					
（一）	×××工程（一级项目）					
	⋮					
	第二部分 植物措施（林草措施）费					
（一）	×××工程（一级项目）					
	⋮					
	第三部分 封育治理措施费					
（一）	×××工程（一级项目）					
	⋮					
	第四部分 监测措施费					
（一）	土建设施（一级项目）					
	⋮					
	第五部分 临时防护措施费					
（一）	×××工程（一级项目）					
	⋮					
	第六部分 独立费用					
	⋮					
Ⅰ	第一～第六部分合计					
Ⅱ	基本预备费					
Ⅲ	水土保持补偿费					
Ⅳ	工程投资合计					
	工程静态总投资（Ⅰ＋Ⅱ＋Ⅲ）					

注 建设期观测运行费列入建安工程费。

（2）概算表。本表适用于工程措施、植物措施（林草措施）、封育治理措施、监测措施、临时防护措施、独立费用概算。除独立费用外，均按项目划分列至三级项目。概算表（格式）见表 3 - 3 - 2。

表 3 - 3 - 2

概 算 表（格式）

序号	工程或费用名称	单位	数量	单价/元	合价/元
	第一部分 工程措施				
一	×××防治区				
（一）	×××工程（一级项目）				
	⋮				
	第二部分 植物措施（林草措施）				
（一）	×××工程（一级项目）				
	⋮				

（3）概算其他表格。概算其他表格与《贵州省水利水电工程设计概（估）算编制规定》概算表格一致。

（三）投资估算的编制

投资估算是设计文件的重要组成部分。投资估算与概算在组成内容、项目划分和费用构成上基本相同，但设计深度有所不同，因此在编制投资估算时，在组成内容、项目划分和费用构成上可适当简化合并或调整。

现将投资估算的编制方法及计算标准规定如下：

（1）基础单价的编制与概算相同。

（2）工程单价的编制与概算相同，但考虑设计深度不同，应乘以10%的扩大系数。

（3）各部分投资编制方法及标准与概算一致。

（4）可行研究阶段投资估算基本预备费费率取10%；项目建议书阶段基本预备费费率取12%。

（5）投资估算表格参照概算表格编制。

三、《贵州省水文设施工程概算编制规定》

为了规范编制依据，针对贵州省水利水电工程水文设施工程概算编制，制订了《贵州省水文设施工程概算编制规定》。贵州省水文设施工程概算编制规定主要由总则和正文内容两个部分内容组成：总则；正文内容（设计概算的编制）。设计概算编制又由：概算组成与概算编制依据；概算文件组成内容；项目组成；项目划分；费用构成、编制及计算标准；概算表格等六个章节内容组成。

（一）总则

（1）为适应市场经济的发展和我省水利水电基本建设投资管理的需要，完善我省水利水电工程造价管理制度，发挥定额在水利水电行业的引导和约束作用，规范编制依据，提高水利水电工程概算编制质量，合理确定工程造价，满足水文设施工程建设需要，制订本编制规定。

（2）本编制规定与《贵州省水利水电工程设计概（估）算编制规定》配套使用。

（3）本编制规定适用于贵州省境内各类水文设施新建、改（扩）建工程等项目。

（4）本编制规定是编制水文设施工程设计概算的依据，也是编制招标控制价的参考依据。

（5）水文设施工程概算应按编制年的政策及价格水平进行编制。若工程开工年份的设计方案及价格水平与初步设计概算有明显变化时，则其初步设计概算应重编报批。

（二）设计概算的编制

1. 设计概算的组成与编制依据

（1）概算组成。

1）水文设施工程概算由五部分组成，具体划分如图3-3-2所示。

2）各部分下设一级～三级项目。

（2）概算文件编制依据。

1）国家及贵州省颁发的有关法令法规、制度、

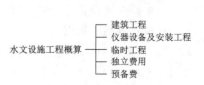

图3-3-2　水文设施工程概算组成

规程。

2)《水利基础设施建设及技术装备标准》（SL 276—2002）。

3)《贵州省水利水电工程设计概（估）算编制规定》《贵州省水文设施工程概算编制办法》。

4)《贵州省水利水电建筑工程概算定额》《贵州省水利水电设备安装工程概算定额》《贵州省水利水电工程施工机械台班费定额》和有关行业主管部门颁发的定额。

5) 水利水电工程设计工程量计算规则。

6) 水文设施工程初步设计文件及图纸。

7) 有关合同协议及资金筹措方案。

8) 其他。

2. 概算文件组成内容

水文设施工程概算由概算正件和概算附件两部分内容组成。

（1）概算正件内容。

1) 编制说明。①工程概况：流域、河系、建设地点、对外交通条件、工程规模，建筑安装工程量、材料用量、工期、资金来源等；②投资主要指标：工程总投资和静态总投资、基本预备费率等；③编制原则和依据：概算编制原则和依据；人工预算单价，主要材料，施工用电、水、风等基础单价的计算依据；主要仪器设备价格的编制依据；费用计算标准及依据；工程资金筹措方案；④概算编制中其他应说明的问题；⑤工程概算总表。

2) 工程概算表。①概算表：总概算表；建筑工程概算表；仪器设备及安装工程概算表；临时工程概算表；独立费用概算表；分年度投资表；②概算附表：建筑工程单价汇总表；安装工程单价汇总表；主要材料预算价格汇总表；次要材料预算价格汇总表；施工机械台班费汇总表；主要工程量汇总表；主要材料量汇总表；工日数量汇总表；建设及施工场地征用数量汇总表。

（2）概算附件内容。

1) 人工预算单价计算表。

2) 主要材料运输费用计算表。

3) 主要材料预算价格计算表。

4) 施工用电、水、风价格计算说明书。

5) 混凝土材料单价计算表。

6) 建筑工程单价表。

7) 安装工程单价表。

8) 主要仪器设备运杂费率计算书。

9) 独立费用计算书。

10) 主要材料、设备价格等的计价依据。

3. 项目组成

水文设施工程项目由：建筑工程、仪器设备及安装工程、临时工程、独立费用四部分组成。详见本书第二篇第四章第二节内容。

4. 项目划分

水文设施工程概算项目分为建筑工程、仪器设备及安装工程、临时工程及独立费用四部分，各部分下设一级～三级项目。

二级、三级项目中，仅列示了代表性子目。编制概算时，二级、三级项目可根据水文设施工程设计工作深度和实际工程情况增减。现将三级项目作划分说明：

（1）土方开挖工程，应将土方开挖与砂砾石、淤泥开挖分列。

（2）石方开挖工程，应将明挖石方、平洞、斜洞、竖井分列。

（3）土石方回填工程，应将土方回填与石方回填分列。

（4）混凝土工程，应将不同部位、不同强度等级、不同级配的混凝土分列。

（5）模板工程，应将不同类型的模板分列。

（6）砌筑工程，应将干砌石、浆砌石、抛石、砌砖分列。

（7）钻孔工程，应将使用不同钻孔机械及不同用途的钻孔分列。

（8）水文缆道支架工程，应将不同重量（高度）和材料的支架分列。

（9）水文缆道缆索架设工程，应将不同跨度和钢丝绳直径的缆道分列。

（10）仪器设备及安装工程，应根据设计提供的水文仪器设备清单，按分项要求逐一列出。

建筑工程项目内容划分见表3-3-3。

表3-3-3　　　　　　　　　　第一部分　建筑工程

序号	一级项目	二级项目	三级项目	技术经济指标
一	测验河段基础设施工程			
1		断面标志工程		
			土方开挖	元/m³
			石方开挖	元/m³
			土石方回填	元/m³
⋮	⋮	⋮	⋮	⋮

5. 费用构成、编制方法及计算标准

水文设施工程费用组成内容及计算标准详见第二篇第四章及编规。

6. 概算表格

（1）概算表。概算表包括总概算表、建筑工程概算表、仪器设备及安装工程概算表、分年度投资表。

1）总概算表。按项目划分的四部分填表并列至一级项目。四部分之后的内容为：一～四部分投资合计、基本预备费；静态总投资；总投资，见表3-3-4。

表3-3-4　　　　　　　　　　总概算表（格式）　　　　　　　　　　单位：万元

序号	工程或费用名称	建安工程费	设备购置费	独立费用	合计	占第一～第四部分投资/%

2）建筑工程概算表。按项目划分列至三级项目。表3-3-5适用于编制建筑工程概算、临时工程概算和独立费用概算。

表3-3-5　　　　　建筑工程（临时工程、独立费用）概算表（格式）

序号	工程或费用名称	单位	数量	单价/元	合计/元

3）仪器设备及安装工程概算表按项目划分列至三级项目。表3-3-6适用于编制仪器设备及安装工程概算。

表3-3-6　　　　　　　仪器设备及安装工程概算表（格式）

序号	名称及规格	单位	数量	单价/元			合计/元		
				设备费	安装费		设备费	安装费	
					安装费	其中：未计价装置性材料		安装费	其中：未计价装置性材料

4）分年度投资表（表3-3-7）。

表3-3-7　　　　　　　　分年度投资表（格式）　　　　　　　　单位：万元

编号	项目	合计	施工年度				
			第1年	第2年	第3年	第4年	第5年
一	建筑工程						
二	仪器设备及安装工程						
三	临时工程						
四	独立费用						
	第一～第四部分合计						
	基本预备费						
	工程部分静态投资						

（2）概算附表。概算附表包括建筑工程单价汇总表、安装工程单价汇总表、主要材料预算价格汇总表、次要材料预算价格汇总表、施工机械台班费汇总表、主要工程量汇总表、主要材料量汇总表、工日数量汇总表、建设及施工场地征用数量汇总表。各表表格形式及填制内容与《贵州省水利水电工程设计概（估）算编制规定》相应表格相同。

（3）概算附件附表。概算附件附表包括人工预算单价计算表、主要材料运输费用计算表、主要材料预算价格计算表、混凝土材料单价计算表、建筑工程单价表、安装工程单价表。各表表格形式及填制内容与《贵州省水利水电工程设计概（估）算编制规定》相应表格相同。

四、《水利信息化及安全监测工程概（估）算编制规定》

为了规范编制依据，针对贵州省水利信息化及安全监测工程概（估）算编制，制订了

《水利信息化及安全监测工程概（估）算编制规定》。水利信息化及安全监测工程概（估）算编制规定由总则、设计概（估）算的编制两个部分内容组成。其中，设计概（估）算的编制由概算组成及编制依据；概算文件组成内容；项目组成和项目划分；费用构成、编制及计算标准；概算表格；投资估算编制等内容组成。

（一）总则

（1）为适应市场经济的发展和贵州省水利水电基本建设投资管理的需要，完善贵州省水利水电工程造价管理制度，发挥定额在水利水电行业的引导和约束作用，规范编制依据，提高水利水电工程概算编制质量，合理确定工程造价，满足水利水电工程信息化建设需要，根据国家、水利部及贵州省有关政策文件，制订本编制规定。

（2）本编制规定是编制和审批贵州省水利水电工程信息化子项工程或专项工程设计概（估）算的依据，国家审批的项目执行水利部现行有关规定。适用于水文、水资源、水环境水生态、安全监测、农村水利、水灾害防治、水土保持、移民等前期工作阶段确定水利信息化工程投资，是水利信息化工程进行静态控制、动态管理的基础，是编制项目建议书、可行性研究投资估算、初步设计概算的主要依据，也是编制工程招标控制价的参考依据。

（3）设计概算是初步设计文件的重要组成部分。经批准的概算是工程项目投资的最高限额。

（4）本编制规定与《贵州省水利水电工程设计概（估）算编制规定》配套使用。

（5）水利信息化及安全监测子项工程概（估）算应按主体工程编制年的政策及价格水平进行编制。水利信息化及安全监测专项工程概（估）算应按编制年的政策及价格水平进行编制。

（二）设计概（估）算的编制

1. 概算组成及编制依据

（1）概算组成。

1）本规定所指的水利信息化项目是指水利水电工程建设中的信息化子项工程与专项工程。

2）水利信息化项目概算划分为建筑工程、设备及安装工程、临时工程、独立费用和预备费五部分。如图3-3-3所示。

3）各部分下设一级～四级项目。

水利信息化工程概算 ┬ 建筑工程
　　　　　　　　　 ├ 设备及安装工程
　　　　　　　　　 ├ 临时工程
　　　　　　　　　 ├ 独立费用
　　　　　　　　　 └ 预备费

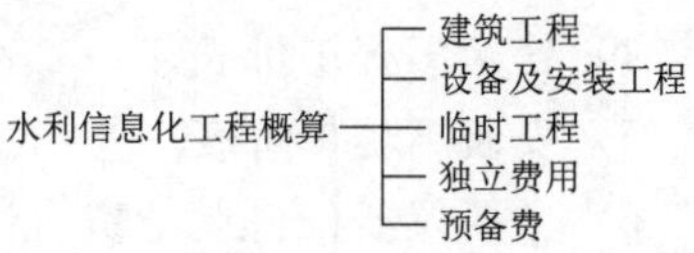

图3-3-3　水利信息化
工程概算组成

4）本规定以后章节主要用于水利水电工程信息化项目部分概算编制，项目建设中涉及的移民等其他专项在其他部分计列。

（2）设计概算编制依据。

1）国家及贵州省颁发的有关法令法规、制度、规程。

2）《水利水电工程设计工程量计算规定》（SL 328—2005）。

3）《贵州省水利水电工程设计概（估）算编制规定》《贵州省水利信息化项目设计概（估）算编制规定》。

4)《贵州省水利水电建筑工程概算定额》《贵州省水利水电设备安装工程概算定额》《贵州省水利水电工程施工机械台班费定额》和有关行业主管部门颁发的定额。

5)水利信息化项目设计文件及图纸。

6)有关合同协议及资金筹措方案。

7)其他。

2．概算文件组成内容

概算文件由概算正件及概算附件组成。概算正件及附件均应单独成册并随初步设计文件报审。若总投资与上阶段总投资相比较发生较大变化时，还应包括投资变化原因分析报告。

概算文件格式要求与《贵州省水利水电工程设计概估算编制规定》相同。

（1）概算正件组成内容。

1）编制说明。①水利信息化工程概况，主要包括兴建地点，工程规模、工程效益、主要设备及软件情况；②投资主要指标：工程总投资和静态总投资、基本预备费率，建设期融资额度、利率和利息等；③编制原则和依据：概算编制原则和依据；编制的价格水平年；人工预算单价，主要材料，施工用风、水、电，砂石料等基础单价的计算依据；主要设备价格的编制依据；软件开发与购置价格的编制依据；系统集成价格的编制依据；建筑、安装工程定额、施工机械台班费定额和有关指标的采用依据；独立费用中各项的计算标准及依据；工程资金筹措方案；④概算编制中其他应说明的问题；⑤概算总表。

2）概算表和概算附表。①概算表：总概算表、建筑工程概算表、设备及安装工程概算表、临时工程概算表、独立费用概算表；②概算附表：建筑工程单价汇总表、安装工程单价汇总表、主要设备价格汇总表、主要材料预算价格汇总表、次要材料预算价格汇总表、施工机械台时费汇总表、主要工程量汇总表、主要材料量汇总表、工日数量汇总表。

（2）概算附件内容。

1）人工预算单价计算表。

2）主要材料（设备）运输费用计算表。

3）主要材料预算价格计算表。

4）建筑工程单价表。

5）安装工程单价表。

6）主要仪器设备运杂费率计算书。

7）软件开发费用计算书。

8）数据处理服务费用计算书。

9）独立费用计算书（按独立项目分项计算）。

10）预备费计算表。

11）计算人工、材料、仪器设备预算价格和费用依据的有关文件、计价依据资料及其他。

（3）投资变化原因分析报告。投资变化原因分析报告，应从国家政策性变化、项目及工程量调整、价格变动等方面进行分析说明，并应包括以下附表：

1）总投资对比表。

2）主要工程量对比表。

3）基础单价、主要材料和设备价格对比表。

3. 项目组成和项目划分

水利信息化及安全监测工程项目组成和项目划分按信息化工程和安全监测工程分别进行划分。

（1）项目组成。项目组成详见本教材第二篇第四章第三节内容。

（2）项目划分。工程各部分下设一级～四级项目。二级～四级项目中，仅列示了代表性子目；编制概算时，二级～四级项目可根据初步设计阶段的工作深度和工程情况进行增减或再划分。

1）信息化工程（格式），见表3-3-8。

表3-3-8　　　　　　　　　第一部分　建筑工程

序号	一级项目	二级项目	三级项目	四级项目	技术经济指标
一	数据（分）中心				
1		中心机房			
			土石方开挖		元/m³
			土石方回填		元/m³
⋮	⋮	⋮	⋮	⋮	⋮

2）安全监测工程（格式），见表3-3-9。

表3-3-9　　　　　　　　　第一部分　建筑工程

序号	一级项目	二级项目	三级项目	四级项目	技术经济指标
一	枢纽工程				
1		变形监测工程			
			平面控制网		
				土方开挖	元/m³
				石方开挖	元/m³
⋮	⋮	⋮	⋮	⋮	⋮

4. 费用构成、编制方法及计算标准

水利信息化及安全监测工程费用构成、编制方法及计算标准详见编规或本教材其他章节内容。

5. 概算表格

（1）概算表。

1）总概算表（格式），见表3-3-10。

表 3 - 3 - 10　　　　　　　　　　　　　　总　概　算　表　　　　　　　　　　　单位：万元

序号	工程或费用名称	设备购置费	建安工程费	独立费用	合计
1	第一部分　建筑工程				
	⋮				
	第二部分　设备及安装工程				
	⋮				
	第三部分　临时工程				
	⋮				
⋮	第四部分　独立费用				
	⋮				
	第一～第四部分投资合计				
	基本预备费				
	静态总投资				
	建设期融资利息				
	总投资				

2) 分部工程概算表（格式），见表 3 - 3 - 11。分部工程概算表包括建筑工程概算表、设备及安装工程概算、金属结构工程及概算表、临时工程概算表、独立费用概算表。①建筑工程概算表：按项目划分列示至四级项目，表 3 - 3 - 11 适用于编制建筑工程、临时工程概算、独立费用概算；②设备及安装工程概算表：按项目划分列示至四级项目，表 3 - 3 - 12 适用于编制设备及安装工程概算。

表 3 - 3 - 11　　　　　　　建筑工程（临时工程、独立费用）概算表

序号	工程或费用名称	单位	数量	单价/元	合计/元

表 3 - 3 - 12　　　　　　　　　　设备及安装工程概算表

序号	名称及规格	单位	数量	单价/元			合计/元		
				设备费	安装费		设备费	安装费	
					安装费	其中：未计价装置性材料		安装费	其中：未计价装置性材料

（2）概算附表。建筑工程单价汇总表、安装工程单价汇总表、主要设备价格汇总表、主要材料预算价格汇总表、其他材料预算价格汇总表、施工机械台时费汇总表等。

各表表格形式及填制内容同《贵州省水利水电工程概（估）算编制规定》相应表格。

1) 建筑工程单价汇总表（格式），见表 3 - 3 - 13。

表 3 - 3 - 13 建筑工程单价汇总表

序号	名称	单位	单价/元	其中								
				人工费	材料费	机械使用费	其他直接费	间接费	利润	未计价材料费	材料补差	税金

2）安装工程单价汇总表（格式），见表 3 - 3 - 14。

表 3 - 3 - 14 安装工程单价汇总表

序号	名称	单位	单价/元	其中								
				人工费	材料费	机械使用费	未计价装置性材料费	其他直接费	间接费	利润	材料补差	税金

3）主要设备价格汇总表（格式），见表 3 - 3 - 15。

表 3 - 3 - 15 主要设备价格汇总表

序号	名称	单价/元	数量	合计/元

4）主要材料预算价格汇总表（格式），见表 3 - 3 - 16。

表 3 - 3 - 16 主要材料预算价格汇总表

序号	名称及规格	单位	预算价格/元	其中			
				原价	运杂费	运输保险费	采购及保管费

5）其他材料预算价格汇总表（格式），见表 3 - 3 - 17。

表 3 - 3 - 17 其他材料预算价格汇总表

序号	名称及规格	单位	合计/元

6）施工机械台班费汇总表（格式），见表 3 - 3 - 18。

表 3 - 3 - 18 施工机械台班费汇总表

序号	名称及规格	台班费/元	其中					
			折旧费	修理费	维护费	安拆费	人工费	动力燃料费

（3）概算附件附表。概算附件附表包括人工预算单价计算表、主要材料运输费用计算表、主要材料预算价格计算表、施工用电、水、风价格说明书、混凝土材料单价计算表、

建筑工程单价表、安装工程单价表、主要仪器设备运杂费率计算书、软件开发费用计算书、数据处理服务费用计算书、系统集成费用计算书、临时房屋建筑工程投资计算书、临时交通工程投资计算书、独立费用计算书（按独立项目分项计算）、预备费计算表、计算人工、材料、仪器设备预算价格和费用依据的有关文件、计价依据资料及其他。

6. 投资估算编制

投资估算是项目建议书、可行性研究报告的重要组成部分，是国家为选定近期开发项目作出科学决策和批准进行初步设计的重要依据。

水利信息化工程项目建议书、可行性研究投资估算与初步设计概算在组成内容、项目划分和费用构成上是基本相同的，但两者设计深度不同，投资估算可根据《水利工程可行性研究报告编制规程》及信息化工程的有关规定，对初步设计概算编制规定中部分内容进行适当简化、合并或调整。

可行性研究投资估算基本预备费率取 8%～10%。

第三节　概　算　定　额

概算定额是在预算定额的基础上，确定完成合格的单位扩大分项工程或单位扩大结构构件所需消耗的人工、材料和机械台班（时）的数量标准，因此概算定额也称作扩大结构定额。

概算定额是以扩大的分部分项工程或单位扩大结构构件为对象，表示完成合格的该工程项目所需消耗的人工、材料和机械台班（时）的数量标准。一般是在预算定额的基础上通过综合扩大编制而成。

贵州省水利水电系列定额概算定额分为《贵州省水利水电建筑工程概算定额》《贵州省水利水电设备安装工程概算定额》。

一、《贵州省水利水电建筑工程概算定额》

1. 定额内容

《贵州省水利水电建筑工程概算定额》是在《贵州省水利水电建筑工程预算定额》的基础上进行编制的，分为土方工程、石方工程、土石填筑工程、混凝土工程、模板工程、钻孔灌浆工程、锚喷支护工程、砂石备料工程、生态建设工程、其他工程共十章及附录。

2. 适用范围

《贵州省水利水电建筑工程概算定额》适用于贵州省新建、扩建的中小型水利水电工程，是编制初步设计概算的依据。

二、《贵州省水利水电设备安装工程概算定额》

1. 定额内容

《贵州省水利水电设备安装工程概算定额》包括水轮机安装、调速系统安装、水轮发电机安装、水泵及电动机安装、阀门安装、水力机械辅助设备安装、电气设备安装、变电站设备安装、通风采暖设备安装、通信设备安装、起重设备安装、闸门安装、压力钢管制作安装、输水管道安装、信息化设备安装、水文水资源设备安装、安全监测设备及安装、节水灌溉设备安装、设备工地运输等共十九章以及附录。

2. 定额适用范围

《贵州省水利水电设备安装工程概算定额》适用于贵州省新建、扩建的中小型水利水电工程，是编制水利水电设备安装工程概算的依据。

3. 定额表现形式

《贵州省水利水电设备安装工程概算定额》采用实物量和安装费率两种定额表现形式。定额包括的内容为设备安装和构成工程实体的主要装置性材料安装的直接工程费（人工费、材料费、机械使用费）。安装工程单价中的其他直接费、间接费、利润和税金等，应另按《贵州省水利水电工程设计概（估）算编制规定》进行计算。

第四节　预　算　定　额

预算定额是以工程基本构造要素，即分项工程和结构构件为研究对象，规定完成单位合格产品，需要消耗的人工、材料、机械台班（时）的数量标准，是计算建筑安装工程产品价格的基础。

预算定额是以建筑物或构筑物各个分部分项工程为对象编制的定额。从编制程序上，预算定额是以施工定额为基础综合扩大编制的，同时它也是编制概算定额的基础。随着经济的发展，在一些地区出现了综合预算定额的形式，它实际上是预算定额的一种，只是在编制方法上更加扩大、综合、简化。

贵州省水利水电系列定额预算定额分为《贵州省水利水电建筑工程预算定额》《贵州省水利水电设备安装工程预算定额》。

一、《贵州省水利水电建筑工程预算定额》

1. 定额内容

定额分为土方工程、石方工程、土石填筑工程、混凝土工程、模板工程、钻孔灌浆工程、锚喷支护工程、砂石备料工程、水保生态建工程程、其他工程共十章及附录。

2. 适用范围

《贵州省水利水电建筑工程预算定额》适用于贵州省新建、扩建的中小型水利水电工程，是编制工程预算的依据，也是编制《贵州省水利水电建筑工程概算定额》的基础。

二、《贵州省水利水电设备安装工程预算定额》

1. 定额内容

《贵州省水利水电设备安装工程预算定额》包括水轮机安装、调速系统安装、水轮发电机安装、水泵及电动机安装、阀门安装、水力机械辅助设备安装、电气设备安装、变电站设备安装、通风采暖设备安装、通信设备安装、电气调整、安全监测设备及安装、起重设备安装、闸门安装、压力钢管制作安装、输水管道安装、信息化设备安装、水文水资源设备安装、节水灌溉设备安装、设备工地运输等共二十章以及附录。

2. 定额适用范围

《贵州省水利水电设备安装工程预算定额》适用于贵州省新建、扩建的中小型水利水电工程，是编制工程预算的依据，也是编制《贵州省水利水电设备安装工程概算定额》的基础。

第五节　维修养护定额

　　贵州省水利工程维修养护定额是《贵州省水利水电工程系列定额》的组成部分，是编制和审批贵州省水利工程维修养护费用、主管部门确定和控制水利工程维修养护费用的依据，也是编制贵州省水利工程维修养护购买社会服务费用的指导性标准。由《贵州省水利工程维修养护定额编制规定（试行）》《贵州省水利工程设备维修养护定额（试行）》《贵州省水利建筑工程维修养护定额（试行）》三部分组成。

　　《贵州省水利工程维修养护定额编制规定（试行）》由总则、费用构成、编制方法及计算标准、维修养护费用编制四部分组成。其中总则主要说明维修养护定额编制的依据、目的和任务、适用的范围、与现有贵州省水利定额的关系等；费用构成主要说明水利工程维修养护费用由建筑工程维修养护费用、设备维修养护费用、临时工程费用、独立费用构成；编制方法及计算标准主要说明人材机，风水电等基础单价编制的方法及计算标准；维修养护费用编制主要分项说明建筑工程维修养护费用、设备维修养护费用、施工临时工程费用、独立费用的编制方法及计算标准等。

　　《贵州省水利工程设备维修养护定额（试行）》由总则、定额项目构成、维修养护工作（工程）量、附则四部分组成。其中总则主要说明编制的目的、原则、适用范围、维修养护等级划分、定额的使用方法等；定额项目构成主要分别说明水闸工程设备、泵站工程设备、水库工程设备、堤防工程以及管道工程定额项目构成；维修养护工作（工程）量主要分别说明水闸工程设备、泵站工程设备、水库工程设备、堤防工程以及管道工程维修养护项目工程（工作）量及相应的调整系数；附则主要分别说明水闸工程设备、泵站工程设备、水库工程设备、堤防工程以及管道工程维修养护项目定额标准及相应的调整系数。

　　《贵州省水利建筑工程维修养护定额（试行）》由土石方工程、浆砌石工程、混凝土工程、其他工程、附录五部分组成。其中土石方工程包括清杂，人工修整坝、堤、渠道等边坡，回填土料（松填），危石（岩）处理，清理塌方、滑坡，静态爆破，人工凿石，人工凿沟槽，人工凿基坑，切割机切一般石方，切割机切坑（槽）石方共11节56个子目；浆砌石工程包括原砌体表面清理，砌体砂浆抹面，砌体拆除，砂浆拌制，人工运砂浆，胶轮车运砂浆，生态挡墙砌筑，生态护坡铺设，砌体裂缝修补，土工布贴缝共10节49个子目；混凝土工程包括混凝土表层涂抹修补，混凝土修补空洞，混凝土裂缝修补，止水修补，混凝土表面防碳化等混凝土的修补和养护，共5节72个子目；其他工程包括生态混凝土护坡，三维植物网垫护坡，绿滨垫护坡，生态袋护坡，柔性防护网，水下清基，疏通泄水管，保洁，路面维修，栏杆维修，白蚁防治，树干绑扎草绳，行道树刷白，途环，整修绿化平台，绿化养护，人工换土植物花草，房屋综合维修养护，机械拆除混凝土及构筑物，小型机械拆除路面，拆除混凝土管道，拆除金属管道，路面凿毛共22节95个子目；附录主要包括生态混凝土配合比材料表及补充施工机械台班费定额。

第六节　施工机械台班费定额

《贵州省水利水电施工机械台班费定额》适用于贵州省水利水电建筑安装工程，内容包括：土石方机械、混凝土机械、运输机械、起重机机械、砂石料加工机械、钻孔灌浆机械、动力机械、工程船舶及其他机械共九类。定额以台班为计量单位。

一、定额费用组成

定额由两类费用组成，主要如下：

（1）一类费用分为折旧费、检修费、维护费和安装拆卸费，按 2020 年度价格水平计算并用金额表示。

（2）二类费用分为人工、动力、燃料或消耗材料，以工日数量和实物消耗量表示，其费用按《贵州省水利水电设计概（估）算系列编制规定》的人工预算单价计算办法和工程所在地的材料物价水平分别计算，其中人工费按机上人工计算。

二、各类费用定义

1. 折旧费

折旧费指机械在寿命期间内回收原值的台班折旧摊销费用。

2. 检修费

检修费指机械使用过程中，为了使机械保持正常功能而进行的修理所需费用、替换设备、随机使用的工具辅具等所需台班摊销费。

3. 维护费

维护费指日常保养所需的润滑油料费、擦拭用品费、机械保管费的台班摊销费。

4. 安装拆卸费

安装拆卸费指机械进出工地的安装、拆卸、试运转和场内转移以及辅助设施的摊销费。不需要安装拆卸的施工机械，台班费中不计列此项费用。

5. 人工

人工指机械使用时机上操作人员的工日消耗，包括机械运转时间、辅助时间、用餐时间、交接班及必要的机械正常中断时间。

6. 燃料动力费

燃料动力费指正常运转所需的风（压缩空气）、水、电、油煤等。

定额备注栏内有符号"※"的大型施工机械，表示该项定额未列安装拆卸费，其费用应按《贵州省水利水电工程系列概（估）算编制规定》中相关规定计入相应子目中。定额单斗挖掘机台班费适用于正铲和反铲。

第四章 水利工程造价文件类型及作用

第一节 基 本 建 设 程 序

基本建设程序是基本建设项目从决策、设计、施工到竣工验收整个工作过程中各个阶段必须遵循的先后次序。水利水电基本建设因其规模大、费用高、制约因素多等特点，更具复杂性及失事后果的严重性。

一、流域（或区域）规划阶段

流域（或区域）规划就是根据该流域（或区域）的水资源条件和国家长远计划，以及该地区水利水电工程建设发展的要求，提出该流域水资源的梯级开发和综合利用的最优方案。对该流域的自然地理、经济状况等进行全面、系统的调查研究，初步确定流域内可能的建设位置，分析各个拟建坝址的建设条件，拟订梯级布置方案、工程规模、工程效益等，进行多方案分析比较，选定合理梯级开发方案，并推荐近期开发的水利水电工程建设项目。

二、项目建议书阶段

项目建议书又称立项报告，是在流域（或区域）规划的基础上，由主管部门提出的建设性项目轮廓设想，主要是从宏观上衡量分析该项目建设的必要性和可行性，即分析建设条件是否具备，是否值得投入资金和人力。

项目建议书是可行性研究的依据。

三、可行性研究阶段

可行性研究是项目能否成立的基础，这个阶段的成果是可行性研究报告。它是运用现代技术科学、经济科学和管理工程学等，对项目进行技术经济分析的综合性工作。其任务是研究兴建某个建设项目在技术上是否可行，经济效益是否显著，财务上是否能够盈利；建设中要动用多少人力、物力和资金；建设工期的长短，如何筹建建设资金等重大问题。

因此，可行性研究是进行建设项目决策的主要依据。

四、设计阶段

设计工作是分阶段进行的，一般采用两阶段进行，即初步设计与施工图设计。对于某些大型工程或技术复杂的工程一般采用三阶段设计即初步设计、技术设计及施工图设计。

1. 初步设计

初步设计是依据批准的可行性研究报告和必要且准确的设计资料，对设计对象进行通盘研究，阐明拟建工程在技术上的可行性和经济上的合理性，规定项目的各项基本技术参数，编制项目的总概算。

初步设计是在可行性研究的基础上进行的要提出设计报告、初步设计概算和经济评价三项资料。初步设计的主要任务是确定工程规模；确定工程总体布置、主要建筑物的结构型式及布置；确定电站或泵站的机组机型、装机容量和布置；选定对外交通方案、施工导流方式、施工工总进度和施工总布置、主要建筑物施工方法及主要施工设备、资源需用量及其来源；确定水库淹没、工程占地的范围，提出水库淹没处理、移民安置规划和投资概算；提出环境保护措施设计；编制初步设计概算；复核经济评价等。对灌区工程来说，还要确定灌区的范围，主要干支渠的规划布置，渠道的初步定线、断面设计和土石方量的估算等。

2. 技术设计

技术设计是根据初步设计和更详细的调查研究资料编制的，进一步解决初步设计中的重大技术问题，如工艺流程、建筑结构、设备选型及数量的确定等，以使建设项目的设计更具体、更完善、技术革新经济指标更好。

技术设计要完成以下内容：

（1）落实各项设备选型方案、关键设备科研，根据提供的设备规格、型号、数量进行订货。

（2）对建筑和安装工程提供必要的技术数据，从而可以编制施工组织总设计。

（3）编制修改总概算，并提出符合建设总进度的分年度所需要资金的数额，修改总概算金额应控制在设计总概算金额之内。

（4）列举配套工程项目、内容、规模和要求配套建成的期限。

（5）为工程施工所进行的组织准备和技术准备提供必要的数据。

3. 施工图设计

施工图设计是在初步设计和技术设计的基础上，根据工程的需要，针对各项工程的具体施工，绘制施工详图。施工图纸一般包括：施工总平面图；建筑物的平面、立面剖面图；结构详图（包括钢筋图）；设备安装详图；各种材料、设备明细表；施工说明书。根据施工图设计，提出施工图预算及预算书。

五、施工准备阶段

项目在主体工程开工之前，必须完成各项施工准备工作，包括以下主要内容：

（1）施工场地的征地、拆迁，施工用水、电、通信、道路的建设和场地平整等工程。

（2）完成必需的生产、生活临时建筑工程。

（3）组织招标设计、咨询、设备和物资采购等服务。

（4）组织建设监理和主体工程招标投标，并择优选择建设监理单位和施工承包商。

（5）进行技术设计，编制修正总概算和施工详图设计，编制设计预算。

六、建设实施阶段

建设实施阶段是指主体工程的建设实施。项目法人按照批准的建设文件组织工程建设，保证项目建设目标的实现。

按照"政府监督、项目法人负责、社会监理、企业保证"的要求，建立健全质量管理体系，重要的建设项目，须设立质量监督项目站，行使政府对项目建设的监督职能。

七、生产准备阶段

生产准备是项目投产前所要进行的一项重要工作，是建设阶段转入生产经营的必要条件。项目法人应按照建管结合和项目法人责任制的要求，适时做好有关生产准备工作，生产准备工作应根据不同类型的工程要求确定，一般应包括如下内容：

（1）生产组织准备。

（2）招收和培训人员。

（3）生产技术准备。

（4）生产物资准备。

（5）正常的生活福利设施准备。

（6）及时具体落实产品销售合同协议的签订，提高生产经营效益，为偿还债务和资产的保值增值创造条件。

八、竣工验收阶段

竣工验收是工程完成建设目标的标志，是全面考核基本建设成果、检验设计和工程质量的重要步骤。竣工验收合格的项目即从基本建设转入生产或使用。

当建设项目的建设内容全部完成，经过单位工程验收，符合设计要求，并按水利基本建设项目档案管理的有关规定，完成了档案资料的整理工作；在完成竣工报告、竣工决算等必需文件的编制后，项目法人按照有关规定，向验收主管部门提出申请，根据《水利水电建设工程验收规程》（SL 223—2008）组织验收。

水利水电工程把上述验收程序分为阶段验收和竣工验收，凡能独立发挥作用的单项工程均应进行阶段验收，如截流、下闸蓄水、机组启动、通水等。

九、后评价阶段

后评价是工程交付生产运行后一段时间内（一般经过1～2年），对项目的立项决策、设计、施工、竣工验收、生产运营等全工程进行系统评估的一种技术活动，是基本建设程序的最后一环。通过后评价达到肯定成绩、总结经验、研究问题、提高项目决策水平和投资效果的目的。通常包括影响评价、经济效益评价和过程评价。

1．影响评价

影响评价是项目投产后对各方面的影响所进行的评价。

2．经济效益评价

经济效益评价是对项目投资、国民经济效益、财务效益、技术进步和规模效益、可行性研究深度等方面进行的评价。

3．过程评价

过程评价是对项目立项、设计、施工、建设管理、竣工投产、生产运营等全过程进行的评价。

第二节　水利水电工程造价文件类型及作用

水利水电工程建设程序包括流域（或区域）规划、项目建议书、可行性研究报告、施工准备、初步设计、建设实施、生产准备、竣工验收、后评价等阶段。每个阶段中由于工作深度不同、要求不同，其工程造价文件类型也不同。现行的工程造价文件类型主要有投

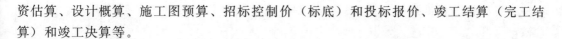

资估算、设计概算、施工图预算、招标控制价（标底）和投标报价、竣工结算（完工结算）和竣工决算等。

一、投资估算

1. 定义

投资估算是指对拟建项目固定资产投资、流动资金和项目建设期贷款利息的估算。在国外，投资估算分机会研究阶段、初步可行性研究阶段和技术经济可行性研究阶段的投资估算。各阶段的估算方法有粗细程度之别。在国内，主要是两阶段的投资估算：①项目建议书阶段的投资估算：对固定资产投资主要采用指数估算法和系数估算法；对流动资金采用流动资金占产值、固定资金、成本等的比率进行估算；对建设期贷款利息可不予考虑；②可行性研究阶段的投资估算：对固定资产投资一般采用概算指标估算法进行估算；概算指标法需按固定资产投资的建筑工程、设备购置、安装工程、其他费用，以及它们的具体费用项目进行估算；对流动资金除采用项目建议书的上述估算方法外，还可采用定额流动资金的测算方法；对项目建设贷款利息，则通过借款偿还平衡表及财务平衡表进行估算。

2. 投资估算的作用

（1）项目建议书阶段的投资估算，是项目主管部门审批项目建议书的依据之一，并对项目的规划和规模起参考作用。

（2）项目可行性研究阶段的投资估算是项目投资决策的重要依据，也是研究、分析和计算项目投资经济效果的重要条件。

（3）项目投资估算对工程设计概算起控制作用，设计概算不得突破有关部门批准的投资估算，并应控制在投资估算额以内。

（4）项目投资估算可作为项目资金筹措及制定建设贷款计划的依据，建设单位可根据批准的项目投资估算额，进行资金筹措和向银行申请贷款。

（5）项目投资估算是核算建设项目固定资产投资需要额和编制固定资产投资计划的重要依据。

（6）项目投资估算是进行工程设计招标、优选设计方案的依据之一。它也是工程限额设计的依据。

二、设计概算

设计概算是指设计单位在初步设计或扩大初步设计阶段，根据设计图纸及说明书、设备清单、概算定额或概算指标、各项费用取费标准等资料、类似工程预算文件等资料，用科学的方法计算和确定建筑安装工程全部建设费用的经济文件。

设计概算是设计文件的重要组成部分，是编制基本建设计划，实行基本建设投资大包干，控制基本建设拨款和贷款的依据，也是考核设计方案和建设成本是否经济合理的依据。

水利水电工程设计概算包括：建筑工程概算、机电设备及安装工程概算、金属结构设备及安装工程概算、临时工程概算、独立费用概算等分部工程概算；总概算以及编制说明等。是由单个到综合，局部到总体，逐个编制，层层汇总而成。

设计概算应按建设项目的建设规模、隶属关系和审批程序报请审批。总概算按规定的程序经有权机关批准后，就成为国家控制该建设项目总投资额的主要依据，不得任意突破。

根据有关规定，概算经批准后，两年及两年以上工程未开工的，工程项目法人应委托设计单位对概算进行重编，并报原审批单位审批。

建设项目实施过程中，由于设计变更等原因造成工程投资超过批准概算投资的，项目法人可以要求编制调整概算。

三、施工图预算

施工图预算，又称设计预算。它是在施工图设计阶段，在批准的概算范围内，根据施工图设计文件、施工组织设计、现行法定的工程预算定额及费用标准等文件编制的工程造价。

施工图预算的作用：

（1）施工图预算是确定单位工程项目造价的依据。

（2）施工图预算是签订工程承包合同，实行投资包干和办理工程价款结算的依据。

（3）施工图预算是施工企业内部进行经济核算和考核工程成本的依据。

（4）施工图预算是进一步考核设计经济合理性的依据。

四、招标控制价（标底）和投标报价

1．招标控制价

招标控制价，也称拦标价，是招标人根据国家或省级、行业建设主管部门颁发的有关计价依据和办法，以及拟定招标文件和招标工程量清单，编制的招标工程的最高限价。国有资金投资的工程建设项目应实行工程量清单招标，并应编制招标控制价。投标人的投标报价高于招标控制价的，其投标应予以拒绝。招标控制价应在招标时公布。

2．标底

标底是指招标人根据招标项目的具体情况，编制的完成招标项目所需的全部费用，是根据国家规定的计价依据和计价办法计算出来的工程造价，是招标人对建设工程的期望价格。标底由成本、利润、税金等组成。一般应该控制在批准的总概算及投资包干限额内。

国有资金投资的工程进行招标，根据《中华人民共和国招标投标法》的规定，招标人可以设标底。当招标人不设标底时，为有利于客观、合理的评审投标报价和避免哄抬标价，造成国有资产流失，招标人应编制招标控制价。《招标投标法实施条例》第二十七条规定："招标人可以自行决定是否编制标底。"一个招标项目只能有一个标底。标底必须保密。接受委托编制标底的中介机构不得参加受托编制标底项目的投标，也不得为该项目的投标人编制投标文件或者提供咨询。招标人设有最高投标限价的，应当在招标文件中明确最高投标限价或者最高投标限价的计算方法。招标人不得规定最低投标限价。

对设置标底的招标工程，标底价格是招标人的预算价格，对工程招标阶段的工作有一定的作用。

（1）标底价格是招标人控制建设工程投资，确定工程合同价格的参考依据。

（2）标底价格是衡量、评审投标人投标报价是否合理的尺度和依据。

因此，标底必须以严肃认真的态度和科学合理的方法进行编制，应当实事求是，综合

考虑和体现发包方和承包方的利益，编制切实可行的标底，真正发挥标底价格的作用。

3. 投标报价

投标报价是指承包人采取投标方式承揽工程项目时，计算和确定承包该工程的投标总价格。

投标报价的编制依据包括：①招标文件；②招标人提供的设计图纸及有关的技术说明书等；③工程所在地现行的定额及与之配套执行的各种造价信息、规定等；④招标人书面答复的有关资料；⑤企业定额、类似工程的成本核算资料；⑥其他与报价有关的各项政策、规定及调整系数等。

在投标报价的计算过程中，对于不可预见费用的计算必须慎重考虑，不要遗漏。

五、竣工结算（完工结算）

1. 竣工结算的概念

竣工结算是建设单位与施工单位之间办理工程价款结算的一种方法，是指工程项目竣工以后甲乙双方对该工程发生的应付、应收款项做最后清理结算。

2. 竣工结算的分类

工程竣工结算分为单位工程竣工结算、单项工程竣工结算、建设项目竣工总结算三种。

3. 竣工结算的编制

在工程进度款结算的基础上，根据所收集的各种设计变更资料和修改图纸，以及现场签证、工程量核定单、索赔等资料进行合同价款的增减调整计算，最后汇总为竣工结算价款。

竣工结算是在工程竣工并经验收合格后，在原合同造价的基础上，将有增减变化的内容，按照施工合同约定的方法与规定，对原合同造价进行相应的调整，编制确定工程实际造价并作为最终结算工程价款的经济文件。

4. 竣工结算工程价款

在调整合同造价中，应把施工中发生的设计变更、费用签证、费用索赔等使工程价款发生增减变化的内容加以调整。竣工结算价款的计算公式为

竣工结算工程价款＝预算或合同价款＋施工过程中预算或合同价款调整数额
－预付及已结算工程价款－质量保证（保修）金

六、竣工决算

竣工决算是建设工程经济效益的全面反映，是项目法人核定各类新增资产价值，办理其交付使用的依据。通过竣工决算，一方面能够正确反映建设工程的实际造价和投资结果；另一方面可以通过竣工决算与概算、预算的对比分析，考核投资控制的工作成效，总结经验教训，积累技术经济方面的基础资料，提高未来建设工程的投资效益。

工程竣工决算是指在工程竣工验收交付使用阶段，由建设单位编制的建设项目从筹建到竣工验收、交付使用全过程中实际支付的全部建设费用。竣工决算是整个建设工程的最终价格，是作为建设单位财务部门汇总固定资产的主要依据。

竣工决算是由建设单位编制的反映建设项目实际造价和投资效果的文件。

1. 竣工决算的内容

竣工决算的内容应包括从项目策划到竣工投产全过程的全部实际费用。竣工决算的内容包括竣工财务决算说明书、竣工财务决算报表、工程竣工图和工程造价对比分析等四个部分。其中竣工财务决算说明书和竣工财务决算报表又合称为竣工财务决算，它是竣工决算的核心内容。

2. 竣工决算的编制依据

竣工决算的编制依据主要有：

（1）经批准的可行性研究报告及其投资估算书。

（2）经批准的初步设计或扩大初步设计及其概算书或修正概算书。

（3）经批准的施工图设计及其施工图预算书。

（4）设计交底或图纸会审会议纪要。

（5）招投标的招标控制价（标底）、承包合同、工程结算资料。

（6）施工记录或施工签证单及其他施工发生的费用记录。

（7）竣工图及各种竣工验收资料。

（8）历年基建资料、财务决算及批复文件。

（9）设备、材料等调价文件和调价记录。

（10）有关财务核算制度、办法和其他有关资料、文件等。

3. 竣工决算和竣工结算的区别

（1）竣工决算和竣工结算两者包含的范围不同。竣工决算包括从筹集到竣工投产全过程的全部实际费用，即包括建筑工程费、安装工程费、设备工器具购置费用及预备费和投资方向调解税等费用，由竣工财务决算说明书、竣工财务决算报表、工程竣工图和工程竣工造价对比分析四部分组成；竣工结算分为单位工程竣工结算、单项工程竣工结算和建设项目竣工总结算，其工程价款等于合同价款加上施工过程中合同价款调整数额减去预付及已结算的工程价款再减去保修金。

（2）编制人和审查人不同。竣工决算的文件，由建设单位负责组织人员编写，上报主管部门审查，同时抄送有关设计单位。大中型建设项目的竣工决算还应抄送财政部、建设银行总行和省、直辖市、自治区的财政局和建设银行分行各一份。

竣工结算由承包人编制，发包人审查；实行总承包的工程，由具体承包人编制，在总承包人审查的基础上，发包人审查。单项工程竣工结算或建设项目竣工总结算由总（承）包人编制，发包人可直接审查，也可以委托具有相应资质的工程造价咨询机构进行审查。

（3）竣工决算和竣工结算两者的目标不同。竣工决算要正确核定新增固定资产价值，考核投资效果；竣工结算是在施工完成已经竣工后编制的，反映的是基本建设工程的实际造价。

第五章 水利工程概算、估算文件编制

第一节 基础单价编制

一、人工预算单价

人工预算单价是指在编制概（预）算时，用来计算直接从事建筑安装工程施工的生产工人人工费时所采用的人工价格，是生产工人在单位时间（工日）所开支的各项费用。它是计算建筑安装工程单价和施工机械台班费的重要基础单价。人工预算单价和生产工人的工资不同，它不能作为建安工人实发工资的标准。

人工预算单价指支付给从事建筑安装工程施工的生产工人和附属生产单位工人的各项费用，包括基本工资、辅助工资等。贵州省水利水电工程定额工资不分地区和工程类别，分为技工、普工及机上人工标准。

（1）根据贵州省人力资源和社会保障厅公布最低工资标准的计算式为

普工日工资＝月最低工资标准×12÷年工作天数×1.3

技工日工资＝月最低工资标准×12÷年工作天数×2.0

机上人工日工资＝月最低工资标准×12÷年工作天数×1.6

备注：月最低工资标准不分工资区，按算术平均计算，年工作天数为 250 天。

（2）据贵州省人力资源和社会保障厅（黔人社发〔2019〕16 号）文颁发的《省人力资源和社会保障厅关于调整贵州省最低工资标准的通知》中规定：

1）一类地区月最低工资标准为 1790 元。

2）二类地区月最低工资标准为 1670 元。

3）三类地区月最低工资标准为 1570 元。

（3）按以上规定结合《贵州省水利水电工程设计概（估）算编制规定》的计算方法，人工预算单价计算为

普工＝（1790＋1670＋1570）/3×12/250×1.3＝104.62（元/工日）

技工＝（1790＋1670＋1570）/3×12/250×2.0＝160.96（元/工日）

机上人工＝（1790＋1670＋1570）/3×12/250×1.6＝128.76（元/工日）

二、材料预算价格

材料预算价格指用于建筑安装工程项目上的消耗性材料、装置性材料和周转性材料摊销费。包括定额工作内容规定应计入的未计价材料和计价材料。

材料的分类：按对投资影响程度划分分为主材（如水泥、钢材、木材、油料、炸药、砂石料、粉煤灰、沥青等）和次材（除主材之外的其他材料）；按供用方式划分为外购材料和自产材料；按材料性质划分消耗性材料（如炸药、电焊条、氧气、油料等）、周转性

材料（如模板、支撑件等）和装置性材料（如管道、轨道、母线、电缆等）。

当调查收集材料市场价格为含税价时，材料价格可采用含税价格除以调整系数的方式调整为不含税价格，调整方法为：主要材料原价除以 1.13；次要材料原价除以 1.03；外购石料、骨料、土料暂按除以 1.02；商品混凝土除以 1.03 的调整系数；电价除以 1.13。

1. 主要材料

主要材料应根据工程实际及建筑材料市场供应情况确定。一般情况下，选定钢筋、水泥、粉煤灰、商品混凝土、外购地材（毛石、块石、碎石、砂）、汽油、柴油、炸药等为主要材料，编制主要材料预算价格。

2. 主要材料来源地

按施工组织设计确定。

3. 主要材料预算价格组成

主要材料预算价格，指材料自供应点运至工地仓库或材料堆放场的出库或出场价格。一般包括材料原价、运杂费、运输保险费和采购及保管费四项。

（1）材料原价指材料供货地点的不含增值税进项税额价格，主要材料代表规格为水泥：P.O42.5（袋装、散装比例由设计确定）；钢筋：选用 20% 的 HPB300 圆钢（$\phi 8 \sim 10\text{mm}$）和 80% 的 HRB400 螺纹钢（$\phi 20 \sim 25\text{mm}$）；柴油：0#；汽油：92#；炸药，按定额说明选用。炸药配送费用按各州市相关规定计算，计入材料预算价格中。

（2）运杂费指材料自供应点至工地仓库或材料堆放场所发生的全部费用，主要包括运输费及装卸费，从工地仓库或材料堆放场到各施工点（工作面）的运杂费已计入相应定额内，不得另行计算。

1）运输费标准：工程主要建筑材料场外运输费标准执行当地县级以上交通管理部门有关规定计算。如无相应规定，可参考表 3-5-1 的标准计算。

表 3-5-1　　　　　　　　　运输费标准

序号	材料名称	公路运输单价		备注
		运费基价	计费标准	
1	钢筋、水泥、粉煤灰	5 元/t	0.80 元/(t·km)	罐车运输水泥、粉煤灰时，运输单价乘以 1.3 的系数
2	毛石、块石、碎石、砂	7 元/m³	1.00 元/(m³·km)	外购

注　其他主要材料运输费按市场价格计算。

2）装卸费标准：工程主要建筑材料装卸费标准执行当地县级以上交通管理部门有关规定计算。如无相应规定，可参考表 3-5-2 的标准计算。

表 3-5-2　　　　　　　　　装卸费标准

序号	材料名称	装车费/元	卸车费/元
1	钢筋/t	15	20
2	水泥、粉煤灰/t	12	15
3	砂/m³	4	

续表

序号	材 料 名 称	装车费/元	卸车费/元
4	碎石/m³	5	
5	块石、毛石/m³	8	

注 1. 罐车运输水泥、粉煤灰时不计装车、卸车费。
2. 装卸费已综合考虑了人工和机械。
3. 材料原价已含装车费时不再计算。

（3）运输保险费。运输保险费指材料在运输途中的保险费，计算方法为

运输保险费＝材料原价×材料运输保险费率

材料运输保险费率根据工程所在地保险市场费率进行计算。

（4）材料采购及保管费按材料运到工地仓库或材料堆放场价格（不含运输保险费）计算，费率按 2.5％ 计取。

4. 主要材料预算价格计算

（1）计算公式为

材料预算价格＝（材料原价＋运杂费）×（1＋采购及保管费率）＋运输保险费

（2）材料原价采用工程所在地不含增值税进项税额价格，按编制期调查的最新市场价格计算。

（3）柴油和汽油采用有关部门公布的编制期最新不含增值税进项税额成品油零售价计算，不再计算运杂费。

（4）炸药等火工材料按当地有关部门规定的不含增值税进项税额销售价格及配送及管理费等。

5. 其他材料预算单价

其他材料预算单价按编制时期的《贵州省水利水电工程造价信息》或有关规定执行，无资料时可参照其他材料预算价格或造价信息。

例如：贵州某小型水利工程，经调查其主要材料的供应及价格情况见表 3-5-3。请计算材料的预算价。

表 3-5-3　　　　贵州某小型水利工程主要材料供应及价格情况表

材料名称	供应地点	供应比例/%	运距/km	不含税原价/元	备注
钢筋/t	甲供应地	30	50	HPB300 圆钢（$\phi 8 \sim 10mm$）5150 HRB400 螺纹钢（$\phi 20 \sim 25mm$）4900	仓库交货
	乙供应地	70	120	HPB300 圆钢（$\phi 8 \sim 10mm$）5050 HRB400 螺纹钢（$\phi 20 \sim 25mm$）4800	仓库交货
P.O42.5 袋装水泥/t	水泥厂	100	60	315	车上交货
粉煤灰/t	火电厂	100	52	80	罐车运输
块石/m³	石料场	100	5	70	人工装车
毛石/m³	石料场	100	5	70	机械装车

续表

材料名称	供应地点	供应比例/%	运距/km	不含税原价/元	备注
砂/m³	砂场	100	7	70	车上交货
碎石/m³	砂场	100	7	70	车上交货
炸药/t	化工厂	100	150	12000	专人管理使用
汽油/t	加油站	100	20	8483	零售价
柴油/t	加油站	100	20	7139	零售价

注 炸药的配送及保管等费用为2000元/t。

解: 计算钢筋的综合原价,甲供应地钢筋的综合价＝5150×20％＋4900×80％＝4950(元/t);乙供应地钢筋的综合价＝5050×20％＋4800×80％＝4850(元/t)。钢筋的综合原价＝4950×30％＋4850×70％＝4880(元/t)。主要材料运杂费用计算表见表3-5-4.1～表3-5-4.9。

表3-5-4.1　　　　　　　　　主要材料运杂费用计算表

编号	1	2	3	4	材料名称	钢筋		材料编号	
交货条件	仓库	仓库			运输方式	火车	汽车	船运	火车
交货地点	甲供应地钢材市场	乙供应地钢材市场			货物等级			整车	零担
交货比例/%	30.00	70.00			装载系数				
编号	运输费用项目				运输起讫地点	运输距离/km	计算公式		合计/元
1	装车费						15		15.00
	汽车运输				甲供应地—工地	50.00	5+0.8×50		45.00
	卸车费						20		20.00
	综合运杂费								80.00
2	装车费						15		15.00
	公路运输费				乙供应地—工地	120.00	5+0.8×120		101.00
	卸车费					0.00	20		20.00
	综合运杂费								136.00
合计									119.20

表3-5-4.2　　　　　　　　　主要材料运杂费用计算表

编号	1	2	3	4	材料名称	水泥P.O42.5袋装		材料编号	
交货条件	仓库				运输方式	火车	汽车	船运	火车
交货地点	水泥厂				货物等级			整车	零担
交货比例/%	100.00				装载系数				
编号	运输费用项目				运输起讫地点	运输距离/km	计算公式		合计/元
1	汽车运输				水泥厂—工地	60.00	5+0.8×60		53.00
	卸车费						15		15.00
合计									68.00

表 3-5-4.3　　　　　　　主要材料运杂费用计算表

编号	1	2	3	4	材料名称	炸药（综合）	材料编号	
交货条件	仓库				运输方式	火车　汽车　船运		火车
交货地点	化工厂				货物等级		整车	零担
交货比例/%	100.00				装载系数			

编号	运输费用项目	运输起讫地点	运输距离/km	计算公式	合计/元
1	配送及保管等费用	化工厂—工地		2000	2000.00
	合计				2000.00

表 3-5-4.4　　　　　　　主要材料运杂费用计算表

编号	1	2	3	4	材料名称	块石	材料编号	
交货条件	石料场				运输方式	火车　汽车　船运		火车
交货地点	石料场				货物等级		整车	零担
交货比例/%	100.00				装载系数			

编号	运输费用项目	运输起讫地点	运输距离/km	计算公式	合计/元
1	装车费			8	8.00
	汽车运输	石料场—工地	5.00	7+1×5	12.00
	合计				20.00

表 3-5-4.5　　　　　　　主要材料运杂费用计算表

编号	1	2	3	4	材料名称	毛石	材料编号	
交货条件	石料场				运输方式	火车　汽车　船运		火车
交货地点	石料场				货物等级		整车	零担
交货比例/%	100.00				装载系数			

编号	运输费用项目	运输起讫地点	运输距离/km	计算公式	合计/元
1	装车费			8	8.00
	汽车运输	石料场—工地	5.00	7+1×5	12.00
	合计				20.00

表 3-5-4.6　　　　　　　主要材料运杂费用计算表

编号	1	2	3	4	材料名称	砂	材料编号	
交货条件	车上				运输方式	火车　汽车　船运		火车
交货地点	砂场				货物等级		整车	零担
交货比例/%	100.00				装载系数			

编号	运输费用项目	运输起讫地点	运输距离/km	计算公式	合计/元
1	汽车运输	砂场—工地	7.00	7+1×7	14.00
	综合运杂费				14.00
	合计				14.00

表 3-5-4.7 主要材料运杂费用计算表

编号	1	2	3	4	材料名称		碎石	材料编号	
交货条件	车上				运输方式	火车 汽车 船运		火车	
交货地点	砂场				货物等级			整车	零担
交货比例/%	100.00				装载系数				
编号	运输费用项目				运输起讫地点	运输距离/km	计算公式		合计/元
1	汽车运输				砂场—工地	7.00	7+1×7		14.00
	综合运杂费								14.00
合计									14.00

表 3-5-4.8 主要材料运杂费用计算表

编号	1	2	3	4	材料名称		粉煤灰	材料编号	
交货条件	仓库				运输方式	火车 汽车 船运		火车	
交货地点	火电厂				货物等级			整车	零担
交货比例/%	100.00				装载系数				
编号	运输费用项目				运输起讫地点	运输距离/km	计算公式		合计/元
1	汽车运输				火电厂—工地	52.00	5+0.8×1.3×52		59.08
	综合运杂费								59.08
合计									59.08

表 3-5-4.9 主要材料预算价格计算表

编号	名称	原价依据	单位毛重/t	每吨运费/元	价格/元				
					原价	运杂费	采购及保管费	保险费	预算价
M0080	汽油/t	市场零售价			8483.00				8483.00
M0090	柴油/t	市场零售价			5107.00				5107.00
M0120	钢筋/t	市场价	1.00	119.20	4880.00	119.20	124.98	24.40	5148.58
M0254	水泥 P.O42.5 袋装/t	出厂价	1.00	68.00	315.00	68.00	9.58	1.57	394.15
M0300	炸药（综合）/t	出厂价	1.00	2000.00	12000.00	2000.00			14000.00
M0301	块石	市场价		20.00	70.00	20.00			90.00
M0304	毛石	市场价		20.00	70.00	20.00			90.00
M0305	砂	市场价		14.00	70.00	14.00			84.00
M0306	碎石	市场价		14.00	70.00	14.00			84.00
M1449	粉煤灰/t	市场价	1.00	59.08	80.00	59.08	3.48	0.40	142.96

三、风、水、电预算价格

1. 施工用电价格

施工用电价格由基本电价、电能损耗摊销费和供电设施维修摊销费组成，根据施工组织设计确定的供电方式以及不同电源的电量所占比例，按规定的电网电价和规定的加价、以及供电过程中发生的费用进行计算。

（1）电价计算公式为

电网供电价格＝电网销售价格÷（1－输电线路损耗率）÷

（1－变配电设备及配电线路损耗率）＋供电设施维修摊销费

$$\text{柴油发电机供电价格（自设水泵供冷却水）}=\frac{\text{柴油发电机组（台）班总费用＋水泵组（台）班总费用}}{\text{柴油发电机额定容量之和}\times8K_1K_2}\div$$

（1－厂用电率）÷（1－变配电设备及配电线路损耗率）＋

供电设施维修摊销费

（2）柴油发电机供电如采用循环冷却水，不用水泵，电价计算公式为

$$\text{柴油发电机供电价格}=\frac{\text{柴油发电机组（台）班总费用}}{\text{柴油发电机额定容量之和}\times8K_1K_2}\div（1-\text{厂用电率}）÷$$

（1－变配电设备及配电线路损耗率）＋单位循环冷却水费＋

供电设施维修摊销费

式中　K_1——时间利用系数，一般取 0.70～0.80；

K_2——能量利用系数，一般取 0.80～0.85。

其中，厂用电率取 3％～5％；输电线路损耗率取 3％～5％；变配电设备及配电线路损耗率取 4％～7％；供电设施维修摊销费取 0.03～0.05 元/(kW·h)；单位循环冷却水费取 0.05～0.07 元/(kW·h)。

2. 施工用水价格

施工用水价格由基本水价、供水损耗摊销费和供水设施维修摊销费组成，根据施工组织设计配置的供水系统设备组（台）班总费用和组（台）班有效供水量计算。水价计算公式为

$$\text{施工用水价格}=\frac{\text{水泵组（台）班总费用}}{\text{水泵额定容量之和}\times8K_1K_2}\div（1-\text{供水损耗率}）＋$$

供水设施维修摊销费

式中　K_1——时间利用系数，一般取 0.70～0.80；

K_2——能量利用系数，一般取 0.75～0.85。

其中，供水损耗率取 6％～10％；供水设施维修摊销费取 0.03～0.05 元/m³。

施工用水价格的计算要注意以下问题：

1）施工用水为多级提水并中间有分流时，要逐级计算水价。

2）施工用水有循环用水时，水价要根据施工组织设计的供水工艺流程计算。

3）施工用水由市政管网供水时，水价按不含增值税进项税额的水价计算。

3. 施工用风价格

施工用风价格由基本风价、供风损耗摊销费和供风设施维修摊销费组成。根据施工组织设计配置的空气压缩机系统设备组（台）班总费用和组（台）班总有效供风量计算。

（1）风价计算公式为

$$\text{施工用风价格}=\frac{\text{空气压缩机组（台）班总费用＋水泵组（台）班总费用}}{\text{空气压缩机额定容量之和}\times60\times8K_1K_2}\div$$

（1－供风损耗率）＋供风设施维修摊销费

（2）空气压缩机系统如采用循环用水，不用水泵，则风价计算公式为

$$施工用风价格＝\frac{空气压缩机组（台）班总费用}{空气压缩机额定容量之和×60×8K_1K_2}÷$$

（1－供风损耗率）＋单位循环冷却水费用＋供风设施维修摊销费

式中　K_1——时间利用系数，一般取 0.70～0.80；

K_2——能量利用系数，一般取 0.70～0.85。

其中，供风损耗率取 6％～10％；单位循环冷却水费 0.008～0.01 元/m^3；供风设施维修摊销费 0.005～0.008 元/m^3。

工程规模小且分散的工程风、水、电单价参照表 3-3-5 取值。

表 3-5-5　　　　　　规模小且分散的工程风、水、电单价参照表

名称	风/（元/m^3）	水/（元/m^3）	电/［元/（kW·h）］
电网供电	0.10～0.20	1.00～2.00	0.75～1.00
自备电源	0.20～0.49	2.00～3.80	3.00～3.50

例如：贵州省某中型工程施工用风、水、电的施工组织设计方案为施工用电全部由 35kV 变电站供电；施工用风采用 3 台 20m^3/min 的移动式空压机作为供风设备；施工用水采用 3 台 5.5kW 出水量 12.5m^3/h 的单级离心水泵作为供水设备。试计算施工用电、水、风的预算价格。

解：（1）机上人工工日费＝（1790＋1670＋1570）/3×12/250×1.6＝128.76（元/工日）。

（2）施工供电价格计算：查贵州省电网销售电价表的含税电度电价为 0.6027 元/（kW·h）；输电线路损耗率取 5％；变配电设备及配电线路损耗率取 7％；供电设施维修摊销费取 0.05 元/（kW·h）。

施工供电价格＝电网销售价格÷（1－输电线路损耗率）÷（1－变配电设备及配电线路损耗率）＋供电设施维修摊销费＝0.6027÷1.13÷（1－5％）÷（1－7％）＋0.05＝0.65［元/（kW·h）］。

经查《台班定额》，20m^3/min 的移动式空压机台班定额的一类费用为 87.05 元、机上人工 1.5 工日、用电量 499.20kW·h。20m^3/min 的移动式空压机台班费＝87.05＋1.5×［1＋（250－210）］÷210×128.76＋449.20×0.65＝316.98＋324.98＝641.46（元/台班）。

式中　K_1——时间利用系数，取 0.80；

K_2——能量利用系数，取 0.85。

当供风损耗率取 10％、单位循环冷却水费取 0.01 元/m^3、供风设施维修摊销费取 0.008 元/m^3时的施工用风价格为

$$施工用风价格＝\frac{空气压缩机组（台）班总费用}{空气压缩机额定容量之和×60×8K_1K_2}÷$$

（1－供风损耗率）＋单位循环冷却水费用＋供风设施维修摊销费

＝641.46×3÷（20×3×60×8×0.8×0.85）÷（1－10％）＋0.01＋0.008

＝0.13（元/m^3）

4. 施工用水价格

经查《台班定额》，5.5kW 出水量 12.5m³/h 的单级离心水泵台班定额的一类费用为 5.7 元、机上人工 1.00 工日、用电量 34.00kW・h。5.5kW 出水量 12.5m³/h 的单级离心水泵台班费 $=5.7+1.0\times[1+(250-210)\div210]\times128.76+34\times0.65=158.99+22.10=181.09$（元/台班）。

式中　K_1——时间利用系数，取 0.80；

　　　K_2——能量利用系数，取 0.85。

其中，供水损耗率取 10%；供水设施维修摊销费取 0.05 元/m³。

水价计算公式为

$$\text{施工用水价格}=\frac{\text{水泵组（台）班总费用}}{\text{水泵额定容量之和}\times8K_1K_2}\div(1-\text{供水损耗率})+$$
$$\text{供水设施维修摊销}$$
$$=181.09\times3\div(12.5\times3\times8\times0.8\times0.85)\div(1-10\%)+0.05=3.00\text{（元/m³）}$$

四、石料、骨料单价

石料、骨料由施工单位自行开采加工时，其单价应根据料源情况、开采条件和工艺流程按有关定额进行计算，并计取其他直接费、间接费、利润。自采石料、骨料不计税金，同时应执行材料基价规定。石料、骨料外购时，其预算价格计算方法同主要材料。

石料、骨料单价的计算方法如下：

1. 系统单价法

系统单价法是以整个砂石料生产系统为计算单元，用系统单位时间的生产总费用除以系统单位时间的骨料产量，求得骨料单价，即从原料开采运输起到骨料运至搅拌楼（场）骨料料仓（堆）止的生产全过程作为一个生产系统，计算出骨料单价，计算公式为

骨料单价＝系统生产总费用÷系统骨料产量系统生产总费用中的人工费按施工组织设计确定的劳动组合计算的人工数量×人工单价

机械使用费按施工组织设计确定的机械组合所需机械型号、数量分别乘以相应的机械台时单价求得。材料费可参考定额数量计算。系统产量应考虑施工期不同时期（初期、中期、末期）的生产不均匀性因素，经分析计算后确定。系统单价法避免了影响计算成果准确的损耗和体积变化这两个复杂问题，计算原理相对科学，但对施工组织设计深度要求较高。

2. 工序单价法

工序单价法按骨料生产流程，分解成若干个工序，以工序为计算单元，按现行概算相应定额计算各工序单价，再累计计算成品骨料单价的方法。现举例介绍工序单价法。

例如：贵州某水利工程为初步设计阶段，砂石料为自行加工，施工组织设计提供的资料为：覆盖层及无用料的清除 388242m³；本工程砂石料用量为 1984512m³；覆盖层及无用料用 2m³ 挖掘机挖装 15t 自卸汽车运 4km；原料的开采用 100 型潜孔钻钻孔深孔爆破岩石级别 Ⅺ～Ⅻ，2m³ 装载机装 15t 自卸汽车运 0.5km 至砂石料加工系统；碎石加工用制 40t/h 的颚式破碎机加工，砂加工用 40t/h 的制砂机加工；成品料的运输用 2m³ 装载机装砂石料 15 自卸汽车运 2km；块石用机械开采、机械清渣、岩石级别 Ⅷ～Ⅹ，块石运输为 1m³ 装载机装块石 8t 自卸汽车运 2km。试计算砂、碎石、块石的预算价。

解： 经计算基础单价为

（1）技工工日费＝160.96 元/工日、普工工日费＝104.63 元/工日、机上人工工日费＝128.76 元/工日；

（2）风价格＝0.18 元/m³、水＝0.82 元/m³、电＝0.84 元/(kW·h)；

（3）经调查材料不含税的材料价格为：炸药＝10.2 元/kg、雷管＝5 元/个、导电线＝1 元/m、导爆管＝5 元/m、柴油＝5.79 元/kg、合金钻头＝40 元/个、潜孔钻钻头（100 型）＝410 元/个、冲击器＝2520 元/个、导爆管雷管＝5 元/个。

根据以上条件查定额计算见表 3－5－6.1～表 3－5－6.7。

表 3－5－6.1　　　　　　原料开采运输工程建筑工程单价表　　　　　　定额单位：100m³

定额编号：[G08025]＋[G08080]

施工方法：100 型潜孔钻钻孔深孔爆破 岩石级别 Ⅺ～Ⅻ，2m³ 装载机装 15t 自卸汽车运 0.5km

编号	名称及规格	单位	数量	单价/元	合价/元
一	直接费				1622.89
（一）	基本直接费				1614.82
1	人工费				324.75
	技工	工日	0.62	160.96	99.80
	普工	工日	2.15	104.63	224.95
2	材料费				559.37
	合金钻头	个	0.12	40.00	4.80
	潜孔钻钻头　100 型	个	0.17	410.00	69.70
	冲击器	套	0.02	2520.00	50.40
	炸药	kg	36.18	6.00	217.08
	电雷管	个	10.24	3.00	30.72
	导电线	m	21.50	1.00	21.50
	导爆管	m	17.70	5.00	88.50
	其他材料费		15.00%	482.70	72.41
	零星材料费		1.00%	425.54	4.26
3	机械费				730.70
	风钻手持式	台班	0.27	171.40	46.28
	潜孔钻　100 型	台班	0.36	747.73	269.18
	装载机 2m³	台班	0.12	601.78	72.21
	推土机 88kW	台班	0.06	773.45	46.41
	自卸汽车　15t	台班	0.44	602.43	265.07
	其他机械费		10.00%	315.46	31.55
（二）	其他直接费		0.50%	1614.82	8.07
二	间接费		4.00%	1622.89	64.92
三	利润		7.00%	1687.81	118.15
四	材料补差				232.17
（一）	炸药	kg	36.18	4.20	151.96
（二）	电雷管	个	10.24	2.00	20.48
（三）	柴油	kg	33.37	1.79	59.73
	合计				2038.13

表 3-5-6.2　　　　　　　**碎石加工工程建筑工程单价表**　　　　　　定额单位：100m³

定额编号：[G08146]

施工方法：制碎石（颚式破碎机）处理能力（40t/h）

编号	名称及规格	单位	数量	单价/元	合价/元
一	直接费				5730.81
（一）	基本直接费				5702.30
1	人工费				579.15
	技工	工日	1.96	160.96	315.48
	普工	工日	2.52	104.63	263.67
2	材料费				1946.09
	原料采运	m³	93.74	20.38	1910.42
	水	m³	20.00	0.82	16.40
	其他材料费	1.00%		1926.82	19.27
3	机械费				3177.06
	装载机　2m³	台班	0.12	601.78	72.21
	推土机　88kW	台班	0.10	773.45	77.35
	颚式破碎机　600×900	台班	1.02	817.02	833.36
	反击式破碎机　PYF1007 60	台班	1.02	632.61	645.26
	圆振动筛　3YAg1536	台班	1.02	259.28	264.47
	给料机（重型槽式）1100×2700（mm）	台班	1.02	263.52	268.79
	堆料机　双臂　生产率 300m³/h	台班	1.02	338.65	345.42
	胶带输送机　固定式 800×50	组班	1.02	238.24	243.00
	胶带输送机　固定式 1000×50	组班	1.02	270.50	275.91
	其他机械费	5.00%		3025.77	151.29
（二）	其他直接费	0.50%		5702.30	28.51
二	间接费	4.00%		5730.81	229.23
三	利润	7.00%		5960.04	417.20
四	材料补差				24.57
（一）	柴油	kg	13.73	1.79	24.57
	合计				6401.81

表 3-5-6.3　　　　　　　**砂加工工程建筑工程单价表**　　　　　　定额单位：100m³

定额编号：[G08149]

施工方法：制砂（制砂机）处理能力（40t/h）

编号	名称及规格	单位	数量	单价/元	合价/元
一	直接费				6489.22
（一）	基本直接费				6456.94

续表

编号	名称及规格	单位	数量	单价/元	合价/元
1	人工费				990.65
	技工	工日	3.73	160.96	600.38
	普工	工日	3.73	104.63	390.27
2	材料费				2129.75
	原料采运	m³	102.26	20.38	2084.06
	水	m³	30.00	0.82	24.60
	其他材料费		1.00%	2108.66	21.09
3	机械费				3336.54
	装载机 2m³	台班	0.12	601.78	72.21
	推土机 88kW	台班	0.10	773.45	77.35
	颚式破碎机 400×600	台班	1.15	355.80	409.17
	反击式破碎机 PYF1010 100	台班	1.15	705.73	811.59
	圆振动筛 3YAg1536	台班	1.15	259.28	298.17
	给料机（重型槽式）1100×2700（mm）	台班	1.15	263.52	303.05
	堆料机 双臂 生产率 300m³/h	台班	1.15	338.65	389.45
	高效制砂机 30t/h	台班	1.15	312.87	359.80
	胶带输送机 固定式 800×50	组班	2.31	238.24	550.33
	其他机械费		2.00%	3271.12	65.42
（二）	其他直接费		0.50%	6456.94	32.28
二	间接费		4.00%	6489.22	259.57
三	利润		7.00%	6748.79	472.42
四	材料补差				24.57
（一）	柴油	kg	13.73	1.79	24.57
合计					7245.78

表 3－5－6.4　　　　　　成品料运输工程建筑工程单价表　　　　　定额单位：100m³

定额编号：［G08082］

施工方法：2m³ 装载机装砂石料 15 自卸汽车运 2km

编号	名称及规格	单位	数量	单价/元	合价/元
一	直接费				566.47
（一）	基本直接费				563.65
1	人工费				41.85
	普工	工日	0.40	104.63	41.85
2	材料费				5.58
	零星材料费		1.00%	558.07	5.58

续表

编号	名称及规格	单位	数量	单价/元	合价/元
3	机械费				516.22
	装载机 2m³	台班	0.12	601.78	72.21
	推土机 88kW	台班	0.06	773.45	46.41
	自卸汽车 15t	台班	0.66	602.43	397.60
（二）	其他直接费		0.50%	563.65	2.82
二	间接费		4.00%	566.47	22.66
三	利润		7.00%	589.13	41.24
四	材料补差				79.42
（一）	柴油	kg	44.37	1.79	79.42
合计					709.79

表 3－5－6.5　　　　　　块石开采工程建筑工程单价表　　　　　定额单位：100m³

定额编号：［G08005］

施工方法：块石开采、机械开采、机械清渣、岩石级别 Ⅷ～Ⅹ

编号	名称及规格	单位	数量	单价/元	合价/元
一	直接费				4074.15
（一）	基本直接费				4053.88
1	人工费				2658.87
	技工	工日	1.88	160.96	302.60
	普工	工日	22.52	104.63	2356.27
2	材料费				718.81
	合金钻头	个	1.60	40.00	64.00
	导爆管雷管	个	30.93	3.00	92.79
	炸药	kg	33.41	6.00	200.46
	导爆管	m	53.56	5.00	267.80
	其他材料费		15.00%	625.05	93.76
3	机械费				676.20
	推土机 88kW	台班	0.52	773.45	402.19
	风钻 手持式	台班	1.24	171.40	212.54
	其他机械费		10.00%	614.73	61.47
（二）	其他直接费		0.50%	4053.88	20.27
二	间接费		4.00%	4074.15	162.97
三	利润		7.00%	4237.12	296.60
四	材料补差				257.11
（一）	导爆管雷管	个	30.93	2.00	61.86
（二）	炸药	kg	33.41	4.20	140.32
（三）	柴油	kg	30.69	1.79	54.93
合计					4790.83

表 3－5－6.6　　　　　　　　　块石运输工程建筑工程单价表　　　　　定额单位：100m³

定额编号：[G08051]

施工方法：1m³ 装载机装块石 8 自卸汽车运 2km

编号	名称及规格	单位	数量	单价/元	合价/元
一	直接费				2610.60
（一）	基本直接费				2597.61
1	人工费				106.72
	普工	工日	1.02	104.63	106.72
2	材料费				25.72
	零星材料费		1.00%	2571.89	25.72
3	机械费				2465.17
	装载机 1m³	台班	0.31	435.43	134.98
	推土机 88kW	台班	2.29	773.45	1771.20
	自卸汽车 8t	台班	1.26	443.64	558.99
（二）	其他直接费		0.50%	2597.61	12.99
二	间接费		4.00%	2610.60	104.42
三	利润		7.00%	2715.02	190.05
四	材料补差				350.09
（一）	柴油	kg	195.58	1.79	350.09
	合计				3255.16

表 3－5－6.7　　　　　　　　　砂石料单价计算书

编号	工程或费用名称	单位	单价/元	系数	综合单价/元
1	砂				79.56
	原料开采运输	m³	20.38		
	碎石加工	m³	64.02		
	砂加工	m³	72.46	1	72.46
	成品料运输	m³	7.10	1	7.10
2	碎石				71.12
	原料开采运输	m³	20.38		
	碎石加工	m³	64.02	1	64.02
	砂加工	m³	72.46		
	成品料运输	m³	7.10	1	7.10
3	块石				80.46
	块石开采	m³	47.91	1	47.91
	块石运输	m³	32.55	1	32.55

经计算砂 79.56 元/m³、碎石 71.12 元/m³、块石 80.46 元/m³，覆盖层及无用料清除费用在临时工程列项计算。

五、混凝土材料单价

根据设计确定的不同工程部位的混凝土强度等级、级配和龄期，分别计算出（包括水泥、掺和料、骨料、外加剂和水）每立方米混凝土材料单价，计入相应的混凝土工程单价内。其混凝土配合比的各项材料用量，应根据工程试验提供的资料计算，若无试验资料时，可参照《贵州省水利建筑工程概算定额》附录6中"混凝土、砂浆配合比及材料用量表"计算，混凝土配合比表的材料预算量包括场内运输及操作损耗在内。不包括搅拌后（熟料）的运输和浇筑损耗，搅拌后的运输和浇筑损耗已根据不同浇筑部位计入定额内。

例如：贵州省某水利枢纽工程设计枢纽和灌区皆使用到C25纯混凝土（水灰比0.55、二级配、龄期28天），本工程材料预算价格为：水泥480.00元/t、水1.50元/m³、卵石78.00元/m³、粗砂85.00元/m³。根据该工程的施工组织设计方案，枢纽混凝土用2×1m³拌和机拌制，灌区混凝土用人工拌和。本工程为初步设计阶段，尚无混凝土配合比试验资料。试计算混凝土材料费。

解：因为没有混凝土配合比试验资料，故根据定额附录"纯混凝土配合比及材料用量参考表"计算，经查对应之混凝土配合比见表3-5-7.1。

表3-5-7.1　　　　　　　　　纯混凝土配合比及材料用量参考表

序号	混凝土强度等级	水泥强度等级	水灰比	级配	最大粒径/mm	预算量			
						水泥/kg	粗砂/m³	碎石/m³	水/m³
4	C25	42.5	0.55	2	40	318	0.56	0.88	0.165

混凝土配合比表系碎石、粗砂混凝土，因该工程碎石改为卵石，故各种材料的按表3-5-7.2调整。

表3-5-7.2　　　　　　　　　纯混凝土配合比换算材料调整表

项目	水泥	砂	石子	水
碎石换为卵石	0.91	0.91	0.94	0.91

水泥用量按机械拌和拟定，若系人工拌和，水泥用量增加5%。编规对材料的基价规定为：水泥230元/t、石料、骨料40元/m³。根据上述条件及规定，混凝土材料费计算见表3-5-7.3。

表3-5-7.3　　　　　　　　　混凝土材料单价计算表　　　　　　　　　单位：m³

编号	名称及规格	单位	预算量	调整系数	单价/元	合价/元
1	C25纯混凝土（R28　二级配）（枢纽）					120.25
	P.O42.5水泥	kg	318.00	0.91	0.23	66.56
	卵石	m³	0.88	0.94	40.00	33.09
	粗砂	m³	0.56	0.91	40.00	20.38
	水	m³	0.17	0.91	1.50	0.23

续表

编号	名称及规格	单位	预算量	调整系数	单价/元	合价/元
2	C25 纯混凝土（R28　二级配）（灌区）					123.58
	P.O42.5 水泥	kg	318.00	0.91×1.05	0.23	69.89
	卵石	m³	0.88	0.94	40.00	33.09
	粗砂	m³	0.56	0.91	40.00	20.38
	水	m³	0.17	0.91	1.50	0.23

六、材料基价

材料基价是对主要材料及石料、骨料价格的限定，在计算工程单价时按限定的基价直接计入，若材料预算价低于基价时，按预算价格进入工程单价，若材料预算价格高于基价时，按基价进入工程单价，预算价格与基价差额以补差形式计算列入表 3-5-8 中，并按规定计取税金。

计算风、水、电基础单价所用的油料直接采用预算价格进行计算。

表 3-5-8　　　　　　　　　材料基价表（不含税）

材料名称	水泥 /（元/t）	钢筋 /（元/t）	石料、骨料 /（元/m³）	汽油、柴油 /（元/t）	商品混凝土 /（元/m³）	炸药 /（元/t）	雷管/发
基价	230	2000	40	4000	200	6000	3.0

七、材料（设备）二次转运费

受施工条件限制，交通特别困难的工程，材料或设备不能使用常规交通运输工具通过公路直接运达工地仓库或堆料场时，根据设计方案，可计算材料二次运输费，列入相应材料（设备）运输费项目中。

八、施工机械使用费

指消耗在建筑安装工程项目上的机械磨损、维修和动力燃料费用等。包括一类费用（折旧费、检修费、维护费、安装拆卸费）、二类费用（机上人工费、动力燃料费）和其他等。

（一）机械台班费组成

1. 折旧费

折旧费指施工机械在规定使用年限内回收原值的台班折旧摊销费用，即

$$折旧费 = \frac{预算价格 \times （1-残值率）}{耐用总台班}$$

2. 检修费

检修费指施工机械在使用过程中检修发生的工日费、配件费、辅料费等，即

$$检修费用 = \frac{一次检修费用 \times 检修次数}{耐用总台班}$$

3. 维护费

维护费指施工机械各级维护、保养、替换设备等费用，即

$$维护费 = \frac{\sum(各级维护一次费用×各级维护次数)+临时故障排除费用}{耐用总台班费用}+$$

替换设备和工具附具台班摊销费

当维护费计算公式中各项数值难以取定时，维护费也可计算为

$$维护费 = 检修费×K$$

式中 K——维护费系数，指维护费占检修费的百分数。

4. 安装拆卸费

安装拆卸费指施工机械进出工地的安装、拆卸、试运转和场内转移及辅助设施的摊销费用。部分大型施工机械的安装拆卸不在其施工机械使用费中计列，应在施工临时工程中单独列项计算。

$$安拆费及场外运费 = \frac{一次安拆费机场外运费×年平均安拆次数}{年工作台班}$$

5. 机上人工费

（1）人工耗量指机上同机和其他操作人员工日消耗量，人工费指施工机械使用时机上操作人员人工费用。

$$人工费 = 人工耗量×\left(1+\frac{年制度工作日-年工作台班}{年工作台班}\right)×人工单价$$

（2）动力燃料费用指施工机械正常运转时所耗用的风、水、电、油、气等费用。

$$燃料动力费 = \sum(燃料动力消耗量×燃料动力单价)$$

（3）其他费用。如运输车辆的车船使用税、交通强制性保险费等。

$$其他费用 = \frac{年车船税+年保险费+年检测费}{年工作台班}$$

（二）机械台班费计算

根据《贵州省水利水电工程施工机械台班费定额》及人工预算单价、动力燃料预算价格进行计算。

当施工组织设计选取的施工机械在台时费定额中缺项，或规格、型号不符时，必须编制补充施工机械台班费，其水平要与同类机械相当。编制时一般依据该机械的预算价格、年工作台时、额定功率及额定动力或燃料消耗量等参数，按施工机械台班费定额编制方法进行编制。

例如：某水利工程施工机械为台班定额缺项，其预算价格为150万元，耐用总台班为3000台班，残值率为5%，在耐用总台班内的检修次数为12次，一次检修的费用为1.5万元，维护费系数=3.56，试编制如下：

解：折旧费=预算价格×（1-残值率）÷耐用总台班=1500000×（1-5%）÷3000=475.00（元/台班）。

检修费=一次检修费用×检修次数÷耐用总台班=15000×12÷3000=60.00（元/台班）。

维护费=检修费×维护费系数=60×3.56=213.60（元/台班）。

台班费一类费用=折旧费+检修费+维护费=475.00+60.00+213.60=748.60（元/台班）。

第二节 建筑、安装工程单价编制

一、工程单价

工程单价分建筑工程单价和安装工程单价两类。工程单价是指完成单位工程量（如 $1m^3$、$1m^2$、$1t$ 等）所耗用的直接费、间接费、利润、材料补差和税金五部分费用的总和，是编制水利水电建筑安装工程概（预）算的基础。

二、单价编制编规和定额依据

单价编制执行《贵州省水利水电工程系列概（估）算编制规定》及《贵州省水利水电系列定额》。

1. 编规

《贵州省水利水电工程系列概（估）算编制规定》（以下简称《编规》）是编制水利水电工程概（估）算的编制规定，其中涉及有关单价编制的内容是编制单价必须严格遵守。

2. 定额

（1）套用定额子目：概算编制者必须熟读定额的总说明、章节说明、定额表附注及附录等内容，熟悉各定额子目的适用范围、工作内容及有关定额系数的使用方法，根据合理的施工组织设计确定的有关技术条件，选用相应的定额子目。

（2）现行《定额》中没有的工程项目，可依照相关要求编制补充定额，参照外省水利水电定额或非水利水电行业定额时可根据适用条件调整使用，视为补充定额。对于非水利水电专业工程（公路、房屋、输配电等），可按照相关专业规定编制专项工程概（估）算，计入专项投资。

（3）现行《概算定额》各定额子目中，已按现行施工规范和有关规定，计入了各种施工操作损耗、允许超挖及超填量、合理的施工附加量及体积变化等所需增加的人工、材料及机械台班消耗量，编制工程概算时，应一律按设计几何轮廓尺寸计算的工程量计算。

（4）现行《预算定额》各定额子目，没有计入各种施工操作损耗、允许超挖及超填量、合理的施工附加量及体积变化等所需增加的人工、材料及机械台班消耗量，编制工程概（预）算时，应按规范和有关规定另计工程量计算投资。

（5）使用现行《定额》编制工程单价时，除定额中规定允许调整外，均不得对定额中的人工、材料、施工机械台班数量及施工机械的名称、规格、型号进行调整。

三、工程单价编制

（一）编制步骤

（1）了解工程概况，熟悉设计图纸，收集基础资料，弄清工程地质条件，熟悉施工条件。

（2）根据工程特征和施工条件确定的施工组织设计的施工方法及采用的机械设备情况，正确选用定额子目。

（3）根据本工程的基础单价和有关费用标准，计算直接费、间接费、利润、材料价差和税金，汇总求得工程单价。

（二）工程单价计算

1. 建筑工程单价计算

建筑工程概算单价计算采用 2021 年《贵州省水利水电建筑工程概算定额》编制概算单价时计算方法见表 3-5-9。

表 3-5-9　　　　　　　　　　建筑工程概算单价计算程序表

序号	费用名称	计 算 方 法
（一）	直接费	(1)+(2)
(1)	基本直接费	①+②+③
①	人工费	∑定额劳动量（工日）×人工预算单价（元/工日）
②	材料费	∑定额材料用量×材料预算价格
③	施工机械使用费	∑定额机械使用量（台班）×施工机械台时费（元/台班）
(2)	其他直接费	(1)×其他直接费费率之和（%）
（二）	间接费	（一）×间接费费率（%）
（三）	利润	[（一）+（二）]×利润率（%）
（四）	材料价差	∑（材料预算价格-材料基价）×材料消耗量
（五）	税金	[（一）+（二）+（三）+（四）]×税率（%）
（六）	建筑工程单价	（一）+（二）+（三）+（四）+（五）

2. 安装工程单价计算

（1）以实物量形式表现的定额编制安装工程概算单价的计算方法及程序见表 3-5-10。

表 3-5-10　　　　　　　　　实物量形式安装工程单价计算程序表

序号	项　目	计 算 方 法
（一）	直接费	(1)+(2)
(1)	基本直接费	①+②+③
1	人工费	∑定额劳动量（工日）×人工预算单价（元/工日）
2	材料费	∑定额材料用量×材料预算价格
3	施工机械使用费	∑定额机械使用量（台班）×施工机械台时费（元/台班）
(2)	其他直接费	(1)×其他直接费费率之和（%）
（二）	间接费	（一）×间接费费率（%）
（三）	利润	[（一）+（二）]×利润率（%）
（四）	材料价差	∑（材料预算价格-材料基价）×材料消耗量
（五）	未计价装置性材料费	∑未计价装置性材料用量×材料预算单价
（六）	税金	[（一）+（二）+（三）+（四）+（五）]×税率（%）
（七）	安装工程单价	（一）+（二）+（三）+（四）+（五）+（六）

（2）以安装费费率形式表现的定额编制安装工程概算单价的计算方法及程序见表3-5-11。

表3-5-11　　　　　　　　安装费费率表示的安装工程单价计算程序表

序号	项　目	计　算　方　法
（一）	直接费	(1)+(2)
(1)	基本直接费	①+②+③+④
①	人工费	定额人工费费率（%）
②	材料费	定额材料费费率（%）
③	装置性材料费	定额装置性材料费费率（%）
④	施工机械使用费	定额机械使用费费率（%）
(2)	其他直接费	(1)×其他直接费费率之和（%）
（二）	间接费	①×间接费费率（%）
（三）	利润	[（一）+（二）]×利润率（%）
（四）	税金	[（一）+（二）+（三）]×税率（%）
（五）	安装工程单价费率	（一）+（二）+（三）+（四）
（六）	安装工程单价	（五）×设备费

注　设备费为含增值税的设备价。

3. 费率取值

（1）其他直接费。根据项目性质，按基本直接费的百分率计算。

1）冬雨季施工增加费费率。冬雨季施工增加费费率指在冬雨季施工期间为保证工程质量和安全生产所需增加的费用。包括增加施工工序，增设防雨、保温、降水排水等设施增耗的动力、燃料、材料以及因人工、机械效率降低而增加的费用。冬雨季施工增加费费率表见表3-5-12。

表3-5-12　　　　　　　　　　冬雨季施工增加费费率表

序号	费用名称	计算基数	费　率/%
1	建筑安装工程	基本直接费	1.0

2）夜间施工增加费费率。夜间施工增加费费率指施工场地和公用施工道路的照明费用。地下工程照明费已列入定额，照明线路工程费用包括在"小型临时设施费"中；施工附属企业系统、加工厂、车间的照明，列入相应的产品中，均不包括在本项费用之内。夜间施工增加费费率表见表3-5-13。

表3-5-13　　　　　　　　　　夜间施工增加费费率表

序号	费用名称	计算基数	费　率/%	
			枢纽工程	引（调）水及其他工程
1	建筑安装工程	基本直接费	0.5	0.2

3）小型临时设施费费率。小型临时设施费费率指施工企业为进行建筑安装工程施工所必需的但又未被划入施工临时工程的临时建筑物、构筑物和各种临时设施的建设、维修、拆除、摊销等。如：场内供风、供水（支线）、供电（场内）及通信支线，土石料场，简易砂石料加工站，小型混凝土拌和浇筑站，混凝土预制构件厂，场内施工排水，场内场地平整、照明线路工程、场内道路养护及其他小型临时设施等。小型临时设施费费率表见表 3 - 5 - 14。

表 3 - 5 - 14　　　　　　　　　　小型临时设施费费率表

序号	费用名称	计算基数	费　率/%	
			枢纽工程	引（调）水及其他工程
1	建筑安装工程	基本直接费	3.0	1.0

4）安全生产措施费。安全生产措施费指为保证施工现场安全作业环境及安全施工、文明施工需要，在工程设计已考虑的安全措施之外发生的安全生产、文明施工相关费用。安全生产措施费费率表见表 3 - 5 - 15。

表 3 - 5 - 15　　　　　　　　　　安全生产措施费费率表

序号	费用名称	计算基数	费　率/%
1	建筑安装工程	基本直接费	2.0

5）其他。其他包括施工工具用具使用费、检验试验费、工程定位复测、施工控制网测设、工程点交、完工场地清理、工程项目及设备仪表移交生产前的维护费等。其他费率表见表 3 - 5 - 16。

表 3 - 5 - 16　　　　　　　　　　其 他 费 率 表

序号	费用名称	计算基数	费　率/%	
			枢纽工程	引（调）水及其他工程
1	建筑安装工程	基本直接费	1.5	1.0

注　砂石备料工程的其他直接费率按基本直接费的 0.5% 计算。

6）其他直接费费率汇总表。其他直接费费率汇总如表 3 - 5 - 17 所示。

表 3 - 5 - 17　　　　　　　　　　其他直接费费率汇总表

序号	费用名称	计算基数	费　率/%	
			枢纽工程	引（调）水及其他工程
一	建筑安装工程	基本直接费	8.0	6.2
	冬雨季施工增加费		1.0	1.0
	夜间施工增加费		0.5	0.2
	小型临时设施费		3.0	1.0
	安全生产措施费		2.0	2.0
	其他		1.5	1.0
二	砂石备料工程	基本直接费	0.5	

（2）间接费。间接费按直接费或人工费的百分率计算，费率按工程类别确定。间接费费率表见表3-5-18。

表 3-5-18　　　　　　　　　间 接 费 费 率 表　　　　　　　　　%

序号	工程类别	计算基数	费用标准	备　注
一	建筑工程	直接费		
1	土方开挖工程	直接费	14	
2	石方开挖工程	直接费	8	
3	土石填筑工程	直接费	11	
4	砂石备料工程	直接费	4	
5	模板工程	直接费	4	
6	混凝土工程	直接费	13	
	其中：钢筋制安	直接费	4	
7	钻孔灌浆工程	直接费	6	
8	锚喷支护工程	直接费	12	
9	生态建设工程	直接费	10	
10	其他工程	直接费	10	
二	设备安装工程	人工费	45	

注　1. 建筑工程类别划分与《贵州省水利水电建筑工程概算定额》各章节内容相一致。
　　2. 工程类别划分说明：土方开挖工程包括土方明挖、洞挖等；石方开挖工程包括石方明挖、洞挖；土石填筑工程包括填筑、砌石、抛石工程等；模板工程包括现浇各种混凝土时制作及安装的各类模板工程等；混凝土浇筑工程包括现浇和预制各种混凝土、伸缩缝、止水、防水层、温控措施等；钻孔灌浆工程包括各种类型的钻孔灌浆工程等；钢筋制安工程包括钢筋（网）制作与安装工程等；锚喷支护工程包括锚杆、锚索、喷浆、喷混凝土等；生态建设工程指和生态建设有关的工程措施和植物措施工程；其他工程指上述工程以外的其他工程；设备安装工程指机电设备、金属结构设备（管道）安装工程。

（3）利润指按规定应计入建筑安装工程费用中的利润。按直接费和间接费之和的7%计算。

（4）税金指应计入建筑安装工程费用内的增值税销项税额，按直接费、间接费、利润、未计价（装置性）材料费、材料补差之和为基数，按9%计算，如税率变化执行国家有关规定。

四、土方开挖工程单价编制

（一）土方开挖项目

土方开挖工程包括一般土方开挖、渠道土方开挖、沟槽土方开挖、柱坑土方开挖、平洞土方开挖及运输等，编制其单价要根据工程的开挖尺寸、土质类别、施工方法和运距等划分项目并正确地选用定额子目。在项目划分上，对不同开挖尺寸，不同土质和不同施工方法的土方开挖工程均应分别列项计算单价。

（二）项目划分

1. 按组成内容分

土方开挖工程由开挖和运输两个主要工序组成。计算土方开挖工程单价时，应计算土方开挖和运输工程综合单价。

2. 按施工方法分

土方开挖工程可分为机械施工和人力施工两种，人力施工效率低而且成本高，只有当工作面狭窄或施工机械进入困难的部位才采用，如小断面沟槽开挖、陡坡上的小型土方开挖等。

3. 按开挖尺寸分

土方开挖工程可分为一般土方开挖、渠道土方开挖、沟槽土方开挖、柱坑土方开挖、平洞土方开挖、斜井土方开挖、竖井土方开挖等。在编制土方开挖工程单价时，应按下述规定来划分项目：

（1）一般土方开挖工程是指除表土剥离、清耕植土、坑土方开挖、洞挖土方、沟槽土方开挖、渠道土方开挖等的土方开挖工程。

（2）渠道土方开挖工程是指上口宽小于或等于（人工 8m，机械 16m）的梯形断面、长条形、底及边均需要修整的渠道土方工程。

（3）沟槽土方开挖工程是指上口宽小于或等于 4m 的矩形断面或边坡陡于 1∶0.5 的梯形断面，长度大于宽度 3 倍的长条形，只修底不修边坡的土方工程，如截水墙、齿墙等各类墙基和电缆沟等。

（4）柱坑土方开挖工程是指上口面积小于或等于（人工开挖 80m²、机械开挖 20m²），长度小于宽度 3 倍、深度小于上口短边长度或直径、四侧垂直或边坡陡于 1∶0.5、只修底不修边坡的坑挖工程，如集水坑、柱坑、机座等工程。

（5）平洞土方开挖工程是指水平夹角小于或等于 6°，断面积大于 2.5m² 的洞挖工程。

4. 按土质级别和运距分

不同的土质和运距均应分别列项计算工程单价。

（三）定额选用

1. 了解土类级别的划分

土类的级别是按十六级分类法划分，土类级别共分为Ⅰ～Ⅳ级。

2. 熟悉影响土方开挖工程工效的主要因素

影响土方开挖工程工效的主要因素有土的级别、取（运）土的距离、施工方法、施工条件、质量要求等。

3. 正确选用定额子目

了解工程概况，掌握现场的地质条件和施工条件，根据合理的施工组织设计确定的施工方法选用机械设备，才能正确地选用定额子目。

（四）注意事项

1. 定额的松实系数

定额中使用的计量单位有自然方、实方和松方。其中：自然方是指未经扰动的自然状态的土方；松方是指自然方经人工或机械开挖而松动过的土方；实方是指填筑并经过压实过的成品方。三者之间可以相互换算，松实系数见表3-5-19。

表3-5-19 松 实 系 数

项 目	自 然 方	松 方	实 方	码 方
土方	1	1.33	0.85	
石方	1	1.53	1.31	
砂方	1	1.07	0.94	
砂砾石	1	1.10	0.96	
混合料	1	1.19	0.88	
块石	1	1.75	1.43	1.67
毛石	1	1.77	1.45	1.69

土方定额的计量单位，除注明外，均按自然方计算。在计算土方开挖、运输工程单价时，计量单位均按自然方计算。

2. 其他注意事项

(1) 砂砾（卵）石开挖和运输，按Ⅳ类土定额计算。

(2) 土方开挖工程，除定额规定的工作内容外，还包括挖小排水沟、修坡、清除场地草皮杂物、交通指挥、安全设施、取土场和卸土场的小路修筑与维护等工作。

(3) 推土机的推土距离和铲运机的铲运距离是指取土中心至卸土中心的平均距离。推土机推松土时，定额乘以系数0.8。

(4) 挖掘机、装载机挖装土自卸汽车或机动翻斗车运输定额，系数按挖装自然方拟定。如挖装松土时，其中人工及挖装机械乘以系数0.85。

(5) 挖掘机、装载机挖装土自卸汽车或机动翻斗车运输各节，适用于Ⅲ类土。Ⅰ类、Ⅱ类土和Ⅳ类土按表3-5-20调整。

表3-5-20 人工、机械调整系数表

项 目	人 工	机 械
Ⅰ类、Ⅱ类土	0.91	0.91
Ⅲ类土	1.00	1.00
Ⅳ类土	1.09	1.09

(6) 机械定额中，凡一种机械名称之后，同时并列几种型号规格的，如压实机械中的羊脚碾、运输定额中的自卸汽车等，表示这种机械只能选用其中一种型号规格的机械定额进行计价。凡一种机械分几种型号规格与机械名称同时并列的，表示这些名称相同规格不同的机械定额都应同时进行计价。

(7) 定额中的其他材料费、零星材料费、其他机械费均以费率（%）形式表示，其计量基数如下：

1) 其他材料费：以主要材料费之和为计算基数。

2）零星材料费：以人工费、机械费之和为计算基数。

3）其他机械费：以主要机械费之和为计算基数。

（8）挖掘机及装载机挖装土自卸汽车运输定额，根据不同运距，定额选用及计算方法如下：

1）运距小于4km，且又是整数运距时，如1km、2km、3km，直接按表中定额子目选用。

2）若遇到0.8km、3.4km时，采用插入法计算其定额值。计算公式为

$$A=B+[(C-B)(a-b)\div(c-b)]$$

式中　A——所求定额值；

　　　　B——小于 A 而接近 A 的定额值；

　　　　C——大于 A 而接近 A 的定额值；

　　　　a——A 项定额值；

　　　　b——B 项定额值；

　　　　c——C 项定额值。

3）若运距5.6km时，定额值＝4km定额值＋（运距－4）×增运1km定额值。

4）若运距大于10km时，对于超过10km的部分乘以系数0.75，即

定额值＝4km定额值＋6×增运1km定额值＋（运距－10）×增运1km定额值×0.75

（五）土方开挖工程概算单价实例分析

1. 项目背景

某大坝工程，其基础砂砾石层开挖工程采用 1m³ 挖掘机挖装 8t 自卸汽车运 1.8km 至弃渣场弃渣。已知基本资料如下：

（1）大坝基础开挖为砂砾石层开挖。

（2）柴油预算价格 7700 元/t。

（3）机械台班费：按已知的人工工资：普工 104.62 元/工日、机上人工 128.77 元/工日，计算挖掘机 1.0m³ 台班费 953.50 元、柴油消耗量 68.40kg/台班、台班量 0.19；推土机 59kW 台班费 534.83 元、柴油消耗量 43.30kg/台班、台班量 0.10；自卸汽车 8t 台班费 443.64 元、柴油消耗量 35.00kg、台班量 1.17。

2. 工作任务

计算该项目砂砾石基础开挖运输的概算单价。

3. 分析与解答

（1）第一步：分析基本资料，由题意得知该工程为枢纽工程，其他直接费费率取 8.00%，间接费费率取 14.00%，利润率为 7.00%，税率 9.00%。

（2）第二步：根据工程特征和施工组织设计确定的施工条件、施工方法、土类级别及采用的机械设备情况，选用《贵州水利水电建筑工程概算定额》中［G01369］和［G01370］定额采用内插计算，即［G01369］×0.2＋［G01370］×0.8。另外，因为是砂砾石开挖，按表 3-5-20 选用调整系数 1.09。

（3）第三步：因采用基价法计算，需统计计算出柴油消耗量，计算柴油价差，按定额所需柴油量统计计算为 57.743kg/100m³，按柴油价差（7.70 元/kg－4.00 元/kg＝3.70

元/kg），计算价差。

（4）第四步：填表计算得出相应直接费、间接费、利润、材料补差、税金等，汇总即得出该工程项目的工程单价。

砂砾石开挖概算单价计算见表 3-5-21，计算结果为 14.70 元/m³。

表 3-5-21　　　　　　　　　砂砾石开挖概算单价计算表　　　　　　　　定额单位：100m³

定额编号：[G01369]×0.2×1.09＋[G01370]×0.8×1.09

施工方法：挖掘机挖一般土方自卸汽车运输 1.0m³ 挖掘机；运距 1.8km

编号	名称及规格	单位	数量	单价/元	合计/元
一	直接费				930.77
（一）	基本直接费				861.82
1	人工费				82.11
（1）	普工	工日	0.78	104.62	82.11
2	材料费				33.15
（1）	零星材料费		4.00%	146.39	5.86
（2）	零星材料费		4.00%	682.28	27.29
3	机械费				746.57
（1）	挖掘机 1.0m³	台班	0.19	953.50	176.68
（2）	推土机 59kW	台班	0.10	534.83	52.47
（3）	自卸汽车 8t	台班	1.17	443.64	517.42
（二）	其他直接费		8.00%	861.82	68.95
1	冬雨季施工增加费		1.00%	861.82	8.62
2	夜间施工增加费		0.50%	861.82	4.31
3	小型临时设施费		3.00%	861.82	25.85
4	安全生产措施费		2.00%	861.82	17.24
5	其他		1.50%	861.82	12.93
二	间接费		14.00%	930.77	130.31
三	利润		7.00%	1061.08	74.28
四	材料价差				213.65
（1）	柴油	kg	57.74	3.70	213.65
五	税金		9.00%	1349.01	121.41
六	合计				1470.42

五、石方开挖工程单价编制

（一）石方开挖项目

石方开挖工程包括一般石方开挖、非爆石方开挖、基础石方开挖、沟（渠）槽石方开挖、坡面石方开挖、坑石方开挖、水下石方爆破、孤石开挖、洞挖（平、斜、竖）石方开挖、砌体、混凝土拆除等开挖项目。石渣运输包括人工装胶轮车、机动翻斗车、拖拉机、小型自卸汽车运输项目；挖掘机、装载机装自卸汽车运输项目及洞挖卷扬机提升运输项目。编制其单价要根据工程的开挖尺寸、岩石类别、施工方法和运距等划分项目，并正确地选用定额子目。在项目划分上，对不同开挖尺寸，不同岩石类别和不同施工方法的石方开挖工程均应分别列项计算单价。

（二）石方开挖运输项目划分

1. 开挖项目划分

（1）按施工条件划分。石方开挖分明挖石方和暗挖石方两大类。

（2）按施工方法划分。石方开挖分为风钻钻孔、潜孔钻钻孔、液压钻钻孔、多臂钻钻孔爆破开挖和掘进机开挖等。钻孔爆破方法一般有浅孔爆破法、深孔爆破法、洞室爆破法和控制爆破法，包括定向、光面、预裂、静态等爆破。掘进机是一种新型的开挖专用设备，掘进机开挖是对岩石进行纯机械的切割或挤压破碎，并使掘进与出渣、支护等作业能平行连续地进行，施工安全、工效较高。但掘进机一次性投入大，费用高。

（3）按开挖形状及对开挖面的要求划分。石方开挖分为一般石方开挖、非爆石方开挖、基础石方开挖、沟（渠）槽石方开挖、坡面石方开挖、坑石方开挖、水下石方爆破、孤石开挖、洞挖（平、斜、竖）石方开挖等。在编制石方开挖工程单价时，应按《概算定额》石方开挖工程划分如下：

1）一般石方开挖是指除一般坡面石方开挖、坡面沟（渠）槽石方开挖、沟槽石方开挖、平洞石方开挖、竖井石方开挖、斜井石方开挖等的石方开挖工程。

2）一般坡面石方开挖是指设计倾角大于 20°和厚度 5m 以内的石方开挖。

3）基础石方开挖是指不同开挖深度的石方开挖工程。如坝、水闸、溢洪道、厂房、消力池等基础石方开挖。基础石方开挖是一般石方开挖与保护层石方开挖的综合定额，编制概算时，按设计开挖深度选取基础石方开挖定额即可。

4）沟槽石方开挖是指底宽小于或等于 4m、两侧垂直或有边坡的长条形石方开挖工程。如渠道、截水槽、排水沟、地槽等。底宽超过 4m 的按一般石方开挖定额计算。

5）坡面沟槽石方开挖是指槽底轴线与水平夹角大于 20°的沟槽石方开挖工程。

6）坑挖石方是指坑口面积小于或等于 40m²、深度不大于上口短边长度或直径的工程。如集水坑、墩基、柱基、机座、混凝土基坑等。坑口面积大于 40m² 的坑挖工程按一般石方开挖定额计算。

7）平洞石方开挖是指洞轴线与水平夹角不大于 6°的洞挖工程。

8）斜井石方开挖是指水平夹角为 45°～75°的井挖工程。水平夹角为 6°～45°的斜井，按斜井石方开挖定额乘以系数 0.90 计算。

9）竖井石方开挖是指水平夹角大于 75°、上口面积大于 5m²、深度大于上口短边长度或直径的石方开挖工程。如调压井、闸门井等。

10）洞、井石方开挖定额中，各子目标示的断面面积系指设计开挖断面面积，不包括超挖部分，规范允许超挖部分的工程量已含在相应的定额中；定额中通风机台时量系按一个工作面长 400m 拟定，如超过 400m，按表 3 - 5 - 22 计算。

表 3 - 5 - 22　　　　　　　　　　　通 风 机 调 整 系 数 表

隧洞工作面长/m	系数	隧洞工作面长/m	系数
400	1.00	1300	2.15
500	1.20	1400	2.29
600	1.33	1500	2.40
700	1.43	1600	2.50
800	1.50	1700	2.65
900	1.67	1800	2.78
1000	1.80	1900	2.90
1100	1.91	2000	3.00
1200	2.00		

2. 石渣运输项目划分

（1）按施工方法主要分为人力运输和机械运输。

1）人力运输即人工装双胶轮车、轻轨斗车等运输，适用于工作面狭小、运距短、施工强度低的工程或工程部位。

2）机械运输即挖掘机（或装载机）配自卸汽车运输，它的适应性较大，故一般工程都可采用；电瓶机车、矿车、绞车、卷扬机可用于洞井出渣。

（2）按作业环境主要分为洞内运输与洞外运输。

（三）定额选用

1. 了解岩石级别的分类

岩石级别的分类是按土石十六级分类法划分的，其中Ⅴ～ⅩⅥ级为岩石。

2. 定额计量单位

除注明外，均为自然方。

3. 熟悉影响石方开挖工效的因素

石方开挖工序由钻孔、装药、爆破、翻渣、清理 等组成。影响开挖工序的主要因素如下：

（1）岩石级别：岩石级别越高，其强度越高，是影响开挖工效的主要因素。

（2）石方开挖的施工方法：石方开挖所采用的钻孔设备、爆破的方法、炸药的种类、开挖的部位不同，都会对石方开挖的工效产生影响。

（3）石方开挖的形状及设计对开挖面的要求，根据工程设计的要求，石方开挖往往需开挖成一定的形状，如沟、槽、坑、洞、井等，其爆破系数（每平方米工作面上的炮孔数）较没有形状要求的一般石方开挖要大得多，爆破系数越大，爆破效率越低，耗用爆破器材（炸药、雷管、导线）也越多。为了防止不必要的超挖，工程设计对开挖面有基本要求时，需对钻孔、爆破、清理等工序必须在施工方法和工艺上采取措施。

4. 正确选用定额子目

石方开挖定额大多按开挖形状及部位来分节的，各节再按岩石级别来划分定额子目，所以在编制开挖石方工程单价时，应根据施工组织设计确定的施工方法、运输距离、建筑

物施工部位的岩石级别及设计开挖断面的要求等来正确选用定额子目。

（四）注意事项

（1）在编制石方开挖及运输工程单价时，均以自然方为计量单位。

（2）《预算定额》石方开挖各节定额中未考虑允许的超挖量和合理的施工附加量，故使用《预算定额》时，允许的超挖量和合理的施工附加量应另行计算费用。

（3）《预算定额》中保护层开挖措施应另行计算费用。

（4）石方开挖定额中的电雷管、导爆管雷管均按带 2m 脚线拟定，炸药按岩石乳化炸药拟定，使用时规格不同不做调整。

（5）石方运输单价与开挖综合单价关系：在预算中，石方开挖与石渣运输是完全分离的两个定额，编制预算单价时，应分别计算出石方开挖综合单价与石渣运输综合单价，然后相加组合成石方开挖、运输综合单价。

（6）在计算石方运输单价时，各节运输定额，一般都有"露天""洞内"之分，若洞内外采用同一种运输机械运输，洞内运输部分，套用"洞内"定额基本运距及"增运"子目；洞外运输部分，套用"露天"定额"增运"子目；若洞内外采用不同运输机械运输，洞外运输部分，套用"露天"定额基本运距及"增运"子目。若洞挖工程中有多个工作面时，应分别考虑不同工作面的运距，最后加权平均换算为综合运距。另外应注意增运部分的机械使用费不作为零星材料费计算基数。

（7）机械定额中，凡一种机械名称之后，同时并列几种型号规格的，如运输定额中的推土机、自卸汽车等，表示这种机械只能选用其中一种型号规格的机械定额 进行计价。凡一种机械分几种型号规格与机械名称同时并列的，表示这些名称相同规格不同的机械定额都应同时进行计价。

（五）石方开挖工程概算单价实例分析

1. 项目背景

某大坝工程，左侧库岸有危岩体约 1500m³，设计采用风钻钻孔爆破 1m³ 挖掘机挖装 8t 自卸汽车运 1.8km 至弃料场弃料。已知基本资料如下：

（1）人工工资预算单价：技工 160.96 元/工日、普工 104.62 元/工日、机上人工 128.77 元/工日。

（2）材料预算价：合金钻头 70.00 元/个、导爆管雷管 3.00 元/个、炸药 12.07 元/kg、导爆管 3.00 元/个、柴油 7.70 元/kg。

（3）危岩体岩石级别为Ⅷ级石。

2. 工作任务

计算该项目石方开挖运输的概算单价。

3. 分析与解答

（1）第一步：分析基本资料，由题意得知该工程为枢纽工程，其他直接费费率取 8.00%，间接费费率取 8.00%，利润率为 7.00%，税率 9.00%。

（2）第二步：计算 1m³ 挖掘机挖装 8t 自卸汽车运 1.8km 至弃渣场中间单价为 17.04 元/m³（略）；按《机械台班费定额》计算手持式风钻 162.41 元/台班；材料调差：炸药价差为预算价减基价乘定额量=（12.07-6.00）×25.80＝156.61 元/100m³；柴油价差为

各耗油机械台班量乘台班耗油量汇总油耗为 116.60kg/100m³，总油耗乘预算价与基价的差 =116.60×（7.70－4.00）=431.40 元/100m³。

（3）第三步：根据工程特征和施工组织设计确定的施工条件、施工方法，选用《贵州水利水电建筑工程概算定额》的［G02001］定额计算。

（4）第四步：填表计算得出相应直接费、间接费、利润、材料补差、税金等，汇总即得出该工程项目的工程单价。

危岩体清除概算单价计算见表 3-5-23，计算结果为 47.90 元/m³。

表 3-5-23　　　　　　　　危岩体清除概算单价计算表　　　　　　　定额单位：100m³

定额编号：［G02001］＋［Z0003］×104

施工方法：一般石方开挖——风钻钻孔；岩石级别Ⅴ～Ⅷ

编号	名称及规格	单位	数量	单价/元	合计/元
一	直接费				3294.05
（一）	基本直接费				3050.05
1	人工费				640.60
（1）	技工	工日	1.25	160.96	201.20
（2）	普工	工日	4.20	104.62	439.40
2	材料费				505.09
（1）	合金钻头	个	1.02	70.00	71.40
（2）	导爆管雷管	个	25.88	3.00	77.64
（3）	炸药	kg	25.80	6.00	154.80
（4）	导爆管	m	41.40	3.00	124.20
（5）	其他材料费		18.00%	428.04	77.05
3	机械费				132.20
（1）	风钻 手持式	台班	0.74	162.41	120.18
（2）	其他机械费		10.00%	120.18	12.02
4	中间单价				1772.16
Z0003	石渣运输	m³	104.00	17.04	1772.16
（二）	其他直接费		8.00%	3050.05	244.00
1	冬雨季施工增加费		1.00%	3050.05	30.50
2	夜间施工增加费		0.50%	3050.05	15.25
3	小型临时设施费		3.00%	3050.05	91.50
4	安全生产措施费		2.00%	3050.05	61.00
5	其他		1.50%	3050.05	45.75
二	间接费		8.00%	3294.05	263.52
三	利润		7.00%	3557.57	249.03
四	材料价差				588.01
（1）	炸药	kg	25.80	6.07	156.61

续表

编号	名称及规格	单位	数量	单价/元	合计/元
（2）	柴油	kg	116.60	3.70	431.40
五	税金		9.00%	4394.61	395.51
六	合计				4790.12

六、土石填筑工程单价编制

（一）土石填筑项目

土石填筑工程主要包括铺筑砂石垫层、抛石护底护岸、石笼、雷诺护垫、堆石、砌石、砌混凝土块体及土石坝物料压实等工程。在编制土石填筑工程单价时，一般应根据工程类别、结构部位、施工方法和材料种类等来选用相应的定额子目。在项目划分上要注意区分工程部位的含义和主要材料规格与标准，分别列项计算单价。

（二）定额中主要材料规格与标准

（1）骨料：指经过加工分级后可用于混凝土制备的砂、碎石的统称。

（2）砂：指粒径小于或等于5mm的骨料。

（3）碎石：指经破碎、加工分级后，粒径大于5mm的骨料。

（4）砾石（小卵石）：指砂砾料经加工分级后粒径大于5mm的卵石。

（5）毛石：指块径大于15cm，体积0.01~0.05m³，有一面大致平整的石块。

（6）片石：指长、宽各为厚度的3倍以上，厚度大于15cm的石块。

（7）块石：指厚度大于20cm，体积0.01~0.05m³，有两面大致平行的石块。

（8）毛条石：指一般长度大于60cm的长条形四棱方正的石料。

（9）料石：指毛条石经过修边打荒加工，外露面方正，各相邻面正交，表面凹凸不超过10mm的石料。

（10）卵石：指最小粒径大于20cm的天然河卵石。

（11）反滤料、过渡料：指土石坝或一般堆砌石工程的防渗体与坝壳（土料、砂砾料或堆石料）之间的过渡区石料，由粒径、级配均有一定要求的砂、砾石（碎石）组成。

（12）堆石料：指山场岩石经爆破后，无一定规格、无一定大小的任意石料。

（三）定额中材料的计量单位

（1）砂、碎石、堆石料、砂砾料为堆方。

（2）块石、毛石为码方。

（3）毛条石、料石为清料方。

（四）备料单价

砂石垫层中的砂、碎石（砾石），堆、砌石中的块石（毛石、片石、卵石、毛条石、料石、堆石料）为备料。备料单价作为堆、砌筑工程单价中的中间单价，计算时应根据施工组织设计确定的施工方法，套用砂石备料工程定额相应开采、运输定额子目计算（计算其他直接费、间接费、利润）。其覆盖层清除、无用料清除、料场防护工程及其他工程不计入备料价，单独列项计价。如为外购，按材料预算价格计算。

备料石基价为40元/m³，需按调差方式进行单价计算，即超过部分需在最终单价计算中列入税金之前材料价差项。

(五) 注意事项

(1) 本章定额计量单位，除注明外，均为成品方。

(2) 本章压实定额适用于水利筑坝工程和堤、堰填筑工程。如为非土石堤、坝的一般土料、石料压实，其人工、机械定额乘以系数 0.8。

(3) 在定额中，砂、石料作为砌筑工程定额中的一项材料单价，开采加工或外购的砂、石料自料场运至施工分仓库（施工现场堆放点）的运输费用应包括在砂、石料单价内，受施工条件限制，交通特别困难的工程，砂、石料不能使用常规交通运输工具通过公路直接运达工地仓库或堆料场时，根据设计方案，可计算材料二次运输费，列入相应三级项目中。施工分仓库（施工现场堆放点）至工作面的场内运输已包括在工程定额内。编制填筑工程单价时，不得重复计算运输费。砂、石料如为外购，则按材料预算价格计算。

(4) 编制堆砌石工程单价时，应考虑在开挖石渣中检集块（片）石的可能性，以节省开采费用，其利用数量应根据开挖石渣的多少和岩石质量情况合理确定。

(5) 浆砌石定额中已计入了一般要求的勾缝，如设计有防渗要求的开槽勾缝，可增列相应项目。

(6) 料石砌筑定额包括了砌体外露面的一般修凿，如设计要求做装饰性修凿，应另行增列相应项目。

(六) 填筑工程概算单价实例分析

1. 项目背景

某水库大坝工程为混凝土面板堆石坝，设计采用潜孔钻深孔爆破开挖堆石料，1m³挖掘机挖装 8t 自卸汽车运 2.1km 上坝。已知基本资料如下：

(1) 人工工资预算单价：技工 160.96 元/工日、普工 104.62 元/工日、机上人工 128.77 元/工日。

(2) 材料预算价：柴油 6.87 元/kg。

(3) 堆石料开采运输中间单价：26.17 元/m³。

2. 工作任务

计算项目坝体堆石概算单价。

3. 分析与解答

(1) 第一步：分析基本资料，由题意得知该工程为枢纽工程，其他直接费费率取 8%，间接费费率取 11%，利润率为 7%，税率 9%。

(2) 第二步：计算潜孔钻深孔爆破开挖堆石料，1m³挖掘机挖装 8t 自卸汽车运 2.1km 上坝堆石料单价为 26.17 元/m³（略）；按《机械台班费定额》计算推土机 74kW 台班 640.66 元、拖拉机履带式 74kW 台班 570.38 元、振动碾拖式 13～14t 台班 304.74 元、蛙式夯实机 2.8kW 台班 207.83 元；材料调差：柴油价差为各耗油机械台班量乘台班耗油量汇总油耗为 35.327kg/100m³，总油耗乘预算价与基价的差＝116.595×(7.70－4)＝431.40（元/100m³）。

(3) 第三步：根据工程特征和施工组织设计确定的施工条件、施工方法，选用《贵州水利水电建筑工程概算定额》：[G03138] 定额计算。第四步：填表计算得出相应直接费、间接费、利润、材料补差、税金等，汇总即得出该工程项目的工程单价。

坝体堆石概算单价计算见表 3-5-24，计算结果为 55.56 元/m³。

表 3-5-24　　　　　　　坝体堆石概算单价计算表　　　　　　定额单位：100m³

定额编号：[G03138]

施工方法：振动碾压实；主堆石料

编号	名称及规格	单位	数量	单价/元	合计/元
一	直接费				4206.40
（一）	基本直接费				3894.82
1	人工费				156.93
（1）	普工	工日	1.50	104.62	156.93
2	材料费				3310.51
（1）	堆石料	m³	115.00	26.17	3009.55
（2）	其他材料费		10.00%	3009.55	300.96
3	机械费				427.39
（1）	推土机 74kW	台班	0.50	640.66	320.33
（2）	拖拉机 履带式 74kW	台班	0.07	570.38	39.93
（3）	振动碾 拖式 13~14t	台班	0.07	304.74	21.33
（4）	蛙式夯实机 2.8kW	台班	0.20	207.83	41.57
（5）	其他机械费		1.00%	423.15	4.23
（二）	其他直接费		8.00%	3894.82	311.58
1	冬雨季施工增加费		1.00%	3894.82	38.95
2	夜间施工增加费		0.50%	3894.82	19.47
3	小型临时设施费		2.50%	3894.82	97.37
4	安全生产措施费		2.50%	3894.82	97.37
5	其他		1.50%	3894.82	58.42
二	间接费		11.00%	4206.40	462.70
三	利润		7.00%	4669.10	326.84
四	材料价差				101.45
（1）	柴油	kg	35.33	2.87	101.45
五	税金		9.00%	5097.39	458.76
六	合计				5556.15

七、混凝土工程单价编制

（一）混凝土工程项目

混凝土工程按施工工艺可分为现浇混凝土和预制混凝土两大类。现浇混凝土又可分为常态混凝土、碾压混凝土、沥青混凝土、自密实混凝土、胶凝混凝土、富胶凝混凝土。在编制混凝土浇筑工程概算单价时，应根据混凝土结构部位、施工方法来选用相应的定额子目。注意区分工程部位和混凝土规格与标准，分别列项计算单价。

（二）混凝土项目主要工作内容

（1）常态混凝土，包括冲（凿）毛、冲洗、清仓，铺水泥砂浆、平仓浇筑、振捣、养护，工作面运输及辅助工作。

（2）碾压混凝土，包括冲毛、冲洗、清仓，铺水泥砂浆、平仓、碾压、切缝、养护，工作面运输及辅助工作。

（3）沥青混凝土，包括配料、混凝土加温、铺筑、养护，模板制作、安装、拆除、修整，以及场内运输及辅助工作。

（4）预制混凝土，包括预制场冲洗、清理、配料、拌制、浇筑、振捣、养护，模板制作、安装、拆除、修整，预制场内的混凝土运输，材料场内运输和辅助工作，预制件场内吊移、堆放。

（5）混凝土拌制，包括配料、加水、加外加剂，搅拌、出料、清洗及辅助工作。

（6）混凝土运输，包括装料、运输、卸料、空回、冲洗、清理及辅助工作。

（三）定额选用

根据设计提供的资料，确定建筑物的施工部位、混凝土的强度等级和级配，并依据施工组织设计确定的拌和系统的布置形式和选定的施工方法及运输方案，选用相应的定额。

（四）注意事项

（1）混凝土定额的计量单位除注明者外，均为建筑或构筑物的成品实体方。

（2）混凝土材料定额中的"混凝土"，系指完成单位产品所需的混凝土半成品量，概算定额包括干缩，运输、浇筑和超填等损耗的消耗量；混凝土半成品中的水泥、砂石骨料、水、掺和料及外加剂等材料用量，应按试验资料确定；无试验资料时，可采用本定额附录中的混凝土材料配合比表列示量。

（3）混凝土拌制定额计量单位为半成品方，定额中不包括干缩，运输、浇筑和超填等损耗的消耗量和费用。

（4）"骨料或水泥系统"是指运输骨料或水泥及掺和料进入搅拌站所必须配备与搅拌站相衔接的机械设备。分别包括：自骨料接料斗开始的胶带输送机及供料设备；自水泥及掺和料罐开始的水泥提升机械或空气输送设备，以及胶带输送机和吸尘设备等。

（5）搅拌机（站）清洗用水已计入拌制定额的零星材料费中。

（6）"混凝土运输"指混凝土自搅拌站或搅拌机出料口至仓面的全部水平和垂直运输。

（7）混凝土运输定额计量单位为半成品方，定额中不包括干缩，运输、浇筑和超填等损耗的消耗量和费用。

（8）混凝土浇筑定额中包括浇筑和工作面运输所需全部人工、材料和机械的数量及费用。

（9）混凝土浇筑的仓面清洗及养护用水，已计入浇筑定额的用水量中。

（10）混凝土拌制及浇筑定额中，不包括骨料预冷、加冰、通水等温控所需人工、材料、机械的数量和费用。

（11）平洞、竖井、地下厂房、渠道等混凝土衬砌定额中所列示的开挖断面和衬砌厚度按设计尺寸选取。设计厚度和开挖断面不符时，可用插入法计算。

（12）平洞衬砌定额，适用于水平夹角小于和等于6°单独作业的平洞。如开挖、衬砌平行作业时，人工和机械定额乘系数1.1；水平夹角大于6°的斜井衬砌，按平洞定额的人工、机械乘以系数1.23。预制混凝土构件吊（安）装定额，仅系吊（安）装过程中所需的人工材料、机械使用量。制作和预制场内的运输费用包括在预制混凝土构件的预算单价中，从预制件堆放点至安装现场的运输费用另按相关定额计算。

（13）混凝土构件的预制、运输及吊（安）装定额，若预制混凝土构件单件重量超过定额中起重机械起重量时，可用相应起重量机械替换，台班数量不做调整。

（14）预制混凝土定额中的模板材料为单位混凝土成品方的摊销量，已考虑了周转和回收。

（15）如设计采用钢纤维混凝土、聚丙烯纤维混凝土、塑性混凝土、硅粉混凝土等特种混凝土时，其材料配合比采用试验资料计算。

（16）钢筋制作与安装定额，不分部位、规格型号综合计算。其定额中钢筋消耗量含加工损耗，不包括搭接长度及施工架立筋附加量。

（17）沥青混凝土面板、沥青混凝土心墙铺筑、沥青混凝土涂层运输等定额，适用于抽水蓄能电站库盆的防渗处理、堆石坝和砂砾石坝的心墙、斜墙及均质土坝上游面的防渗处理。

（18）沥青混凝土定额的名称，包括以下方面：

1）开级配：指面板或斜墙中的整平胶结层和排水层的沥青混凝土。

2）密级配：指面板或斜墙中的防渗层沥青混凝土和岸边接头沥青砂浆。

3）密封层：指面板或斜墙最表面，涂刷于防渗上层层面的沥青胶涂层。

4）涂层：指涂刷在垫层、整平胶结层、排水层或防渗层表面起胶结作用或保护下层作用的沥青制剂或沥青胶。包括乳化沥青、稀释沥青、热沥青胶及再生橡胶粉沥青胶等。

5）岸边接头：指沥青混凝土斜墙与两岸岸边接头的部位。

（19）混凝土工程定额中，除预制混凝土浇筑、沥青混凝土和路面混凝土浇筑定额已含模板制作、安装、拆除外，其他现浇混凝土定额中不包含模板制作、安装、拆除，其费用应按模板工程定额另行计算。

（20）注意"节"定额表下面的"注"在使用有些定额子目时，应根据"注"的要求来调整人工、机械的定额消耗量。

（五）工序单价的计算

现浇混凝土工程工序单价主要包括混凝土材料单价、混凝土拌制单价、混凝土运输单价；预制混凝土工序单价除含有现浇混凝土工程工序单价外还应包括预制混凝土件运输、安装工序单价；另外止水、防水层、伸缩缝、钢筋制作安装等项目也属混凝土章节内容，需独立计算单价。

1. 混凝土材料单价

混凝土材料单价，指按级配计算的砂、石、水泥、水、掺和料及外加剂等每立方米混凝土的材料费用的价格。编制单价时，应按本工程的混凝土级配试验资料计算，如无试验资料，参照《概算定额》附录5"混凝土配合比表"计算混凝土材料单价。

2. 混凝土拌制单价

混凝土的拌制包括配料、运输、搅拌、出料等工序。在进行混凝土拌制单价计算时，应根据所采用的拌制机械来选用现行《概算定额》相应子目，进行工程单价计算。混凝土拌制单价只计算定额基本直接费。在使用定额时，要注意各节用搅拌楼拌制现浇混凝土定额子目中，以组时表示的"骨料系统"和"水泥系统"是指骨料、水泥进入搅拌楼之前与搅拌楼衔接而必须配备的有关机械设备，包括自搅拌楼骨料仓下廊道内接料斗开始的胶带输送机及其供料设备；自水泥罐开始的水泥提升机械或空气输送设备、胶带运输机、吸尘设备，以及袋装水泥的拆包机械等。其组时费用根据施工组织设计选定的施工工艺和设备配备数量自行计算。

3. 混凝土运输单价

混凝土运输是指混凝土自搅拌机（楼）出料口至浇筑现场工作面的运输，包括水平运输和垂直运输两部分。水利工程多采用数种运输设备相互配合的运输方案，不同的施工阶段，不同的浇筑部位，可能采用不同的运输方式。但使用现行《概算定额》时须注意，各节现浇混凝土定额中"混凝土运输"作为浇筑定额的一项内容，它的数量已包括完成一定额单位有效实体成品方所需增加的半成品方，其中考虑了运输及浇筑损耗等。编制单价时，应根据施工组织设计选定的运输方式来选用运输定额子目，混凝土运输单价只计算定额基本直接费。

4. 混凝土浇筑单价

混凝土浇筑的主要子工序包括基础面清理、施工缝处理、入仓、平仓、振捣、养护、凿毛等。计算混凝土浇筑单价时，应注意以下几点：

（1）混凝土浇筑定额中包括混凝土拌制、运输（水平和垂直运输）所需全部人工、材料和机械的数量和费用。

（2）混凝土浇筑仓面清洗用水，地下工程混凝土浇筑施工照明用电，已分别计入浇筑定额的用水量及其他材料费中。

（3）混凝土材料定额中的"混凝土"，系指完成单位产品所需的混凝土成品量，包括干缩、运输、浇筑等损耗量在内。

（4）预制混凝土单价除包含现浇混凝土的工序外，还应包括预制件运输及安装工序费用，需根据所采用的运输机械、安装方式选用相应的运输、砌筑或安装定额，计算单价。

（六）混凝土工程概算单价实例分析

1. 项目背景

某大坝工程，为堆石混凝土坝，设计溢流面混凝土为 C35 混凝土溢流面（R28 二级配）；混凝土供应由 $25\text{m}^3/\text{h}$ 的混凝土搅拌站提供，3m^3 搅拌车运混凝土 0.8km；12t 混凝土塔式起重机配 3m^3 混凝土吊罐吊高 150m 施工。已知基本资料如下：

（1）人工工资预算单价：技工 160.96 元/工日、普工 104.62 元/工日、机上人工 128.77 元/工日。

（2）材料预算价：柴油 7.70 元/kg、水 0.83 元/m^3、砂 100.24 元/m^3、碎石 96.67 元/m^3、水泥 0.44 元/kg。

（3）按设计组合机械计算骨料系统 110.87 元/组班、水泥系统 941.54 元/组班。

（4）混凝土材料单价按定额配合比计算为 142.45 元/m³，见表 3 - 5 - 25。

表 3 - 5 - 25　　　　　　　　　混凝土材料单价计算表　　　　　　　　　单位：m³

| 序号 | 混凝土强度等级 | 水泥强度等级 | 级配 | 预算量 | | | | | 单价/元 |
				水泥/kg 0.23 元/kg	砂/m³ 40 元/m³	石子/m³ 40 元/m³	外加剂/kg 10 元/kg	水/kg 0.83 元/m³	
1	纯混凝土 C15 水泥强度 32.5 水灰比 0.65 二级配（水泥 32.5 换 42.5）	42.5	2	228.760	0.590	0.880		0.170	111.55
2	纯混凝土 C15 水泥强度 32.5 水灰比 0.65 三级配（水泥 32.5 换 42.5）	42.5	3	190.060	0.480	1.050		0.140	105.03
3	纯混凝土 C20 水泥强度 42.5 二级配	42.5	2	287.000	0.580	0.880		0.170	124.55
4	纯混凝土 C20 水泥强度 42.5 三级配	42.5	3	240.000	0.480	1.040		0.140	116.12
5	纯混凝土 C25 水泥强度 42.5 二级配	42.5	2	318.000	0.560	0.880		0.170	130.88
6	纯混凝土 C35 水泥强度 42.5 二级配	42.5	2	377.000	0.510	0.880		0.170	142.45
7	泵用纯混凝土 C20 水泥强度 42.5 水灰比 0.63 二级配	42.5	2	327.000	0.560	0.830		0.190	130.97
8	自密混凝土 C15 水泥强度 42.5	42.5		163.000	0.570	0.550	6.500	0.190	213.45
9	水泥砂浆（水泥 32.5 换 42.5）	42.5		181.460	1.130			0.130	87.05
10	水泥接缝砂浆 砂浆 M25 体积配合比（水泥：砂）1：1.9（水泥 32.5 换 42.5）	42.5		544.380	0.940			0.270	163.03

2. 工作任务

计算 C35 混凝土溢流面（R28 二级配）概算单价。

3. 分析与解答

（1）第一步：分析基本资料，由题意得知该工程为枢纽工程，其他直接费费率取 8%，间接费费率取 13%，利润率为 7%，税率 9%。

（2）第二步：计算混凝土材料单价按定额配合比计算为 142.45 元/m³，见表 3 - 5 - 25（第 6 项），按设计组合机械计算骨料系统 110.87 元/组班、水泥系统 941.54 元/组班，混凝土搅拌站 25m³/h 台班 953.24 元，经汇总计算混凝土拌制单价 22.48 元/m³，计算见表 3 - 5 - 27；3m³ 搅拌车运混凝土 0.8km 单价 14.36 元/m³，计算见表 3 - 5 - 28；12t 混凝土塔式起重机配 3m³ 混凝土吊罐吊高 150m 单价 6.71 元/m³，计算见表 3 - 5 - 29。

（3）第三步：根据工程特征和施工组织设计确定的施工条件、施工方法，选用《贵州水利水电建筑工程概算定额》的［G04041］定额计算。

（4）第四步：填表计算得出相应直接费、间接费、利润、材料补差、税金等，汇总即得出该工程项目的工程单价。

C35 混凝土溢流面（R28 二级配）概算单价计算见表 3-5-26，计算结果为 492.98 元/m³。

表 3-5-26　　　　C35 混凝土溢流面（R28 二级配）概算单价计算表　　　　定额单位：100m³

定额编号：［G04041］+［Z0001］×10³+［Z0002］×10³+［Z0005］×10³

施工方法：溢流面

编号	名称及规格	单位	数量	单价/元	合计/元
一	直接费				26733.79
（一）	基本直接费				24753.50
1	人工费				4772.97
（1）	技工	工日	20.95	160.96	3372.11
（2）	普工	工日	13.39	104.62	1400.86
2	材料费				14921.35
（1）	纯混凝土 C35 水泥强度 42.5 2 级配	m³	103.00	142.45	14672.35
（2）	水	m³	122.00	0.83	101.26
（3）	其他材料费		1.00%	14773.61	147.74
3	机械费				572.50
（1）	振动器 插入式 1.1kW	台班	3.70	8.24	30.49
（2）	风（砂）水枪 6m³/min	台班	2.14	233.46	499.60
（3）	其他机械费		8.00%	530.09	42.41
4	中间单价				4486.68
Z0001	混凝土拌制	m³	103.00	22.48	2315.44
Z0002	混凝土水平运输	m³	103.00	14.37	1480.11
Z0005	混凝土垂直运输	m³	103.00	6.71	691.13
（二）	其他直接费		8.00%	24753.50	1980.29
1	冬雨季施工增加费		1.00%	24753.50	247.54
2	夜间施工增加费		0.50%	24753.50	123.77
3	小型临时设施费		3.00%	24753.50	742.61
4	安全生产措施费		2.00%	24753.50	495.07
5	其他		1.50%	24753.50	371.30
二	间接费		13.00%	26733.79	3475.39
三	利润		7.00%	30209.18	2114.64
四	材料价差				12903.45
（1）	水泥强度 42.5	kg	38831.00	0.21	8154.51
（2）	碎石	m³	90.64	26.67	2417.37

编号	名称及规格	单位	数量	单价/元	合计/元
(3)	砂	m³	52.53	30.24	1588.51
(4)	柴油	kg	200.83	3.70	743.06
五	税金		9.00%	45227.27	4070.45
六	合计				49297.72

表 3-5-27　　　　　　混凝土拌制概算单价表　　　　　　定额单位：100m³

项目编号：Z0001

定额组成：[G04181]

施工方法（工作内容）：强制式搅拌站拌制混凝土搅拌生产率 25m³/h

编号	名称	单位	数量	单价	合价
一	人工费				516.18
	技工	工日	1.40	160.96	225.34
	普工	工日	2.78	104.62	290.84
二	材料费				107.04
	零星材料费		5%	2140.85	107.04
三	机械费				1624.67
	混凝土搅拌站 25m³/h	台班	0.81	953.24	772.12
	骨料系统	组班	0.81	110.87	89.90
	水泥系统	组班	0.81	941.54	762.65
四	装置性材料费				
	合计				2247.89

表 3-5-28　　　　　　混凝土水平运输概算单价表　　　　　　定额单位：100m³

项目编号：Z0002

定额组成：[G04240]×0.400＋[G04241]×0.600

施工方法（工作内容）：搅拌车运混凝土，运距 0.8km；搅拌车运混凝土，运距不大于 0.5km；搅拌车运混凝土，运距 1km

编号	名称	单位	数量	单价	合价
一	人工费				324.25
	技工	工日	1.54	160.96	247.88
	普工	工日	0.73	104.62	76.37
二	材料费				27.76
	零星材料费		2%	543.42	10.86
	零星材料费		2%	845.13	16.90
三	机械费				1084.30
	混凝土搅拌车 3m³	台班	2.18	496.93	1084.30
四	装置性材料费				
	合计				1436.31

表 3 - 5 - 29　　　　　　　混凝土垂直运输概算单价表　　　　　　　定额单位：100m³

项目编号：Z0005

定额组成：〔G04278〕

施工方法（工作内容）：塔式起重机吊运混凝土；3m³ 吊罐；吊高 10～30m

编号	名称	单位	数量	单价	合价
一	人工费				226.15
	技工	工日	1.21	160.96	194.76
	普工	工日	0.30	104.62	31.39
二	材料费				38.01
	零星材料费		6.00%	633.14	37.99
三	机械费				406.99
	混凝土吊罐 3m³	台班	0.44	40.62	17.87
	塔式起重机 12t 150m	台班	0.44	884.36	389.12
四	装置性材料费				
	合计				671.13

八、模板工程单价编制

（一）模板工程项目

模板工程是指用于混凝土浇筑定型时的支撑固定件，有平面模板、曲面模板、异形模板、滑动模板等的制作、安装及拆除。

1. 按形式分

模板可分为平面模板、曲面模板、异形模板（如渐变段、厂房蜗壳及尾水管等）、针梁模板、滑模、钢模台车。

2. 按材质分

模板可分为木模板、钢模板、预制混凝土模板、竹木胶合板模板、塑料模板，钢模板相较于木模板来说周转次数多，成本低，现广泛用于水利工程建设中，而木模板的周转次数少、成本高、易于加工，大多用于异形模板。

3. 按安装性质分

模板可分为固定模板和移动模板。固定模板每使用一次，就拆除一次。移动模板与支撑结构构成整体，使用后整体移动，如隧洞中常用的钢模台车或针梁模板。对于边浇筑边移动的模板称为滑动模板（简称滑模），采用滑模浇筑具有进度快、浇筑质量高、整体性好等优点，故广泛应用于大坝及溢洪道的溢流面、闸（桥）墩、竖井、闸门井等部位。

4. 按模板自身结构分

模板可分为悬臂组合钢模板、普通标准钢模板、普通平面模板等。

5. 按使用部位分

模板可分为尾水肘管模板、蜗壳模板、牛腿模板、渡槽槽身模板等。

（二）注意事项

（1）本章定额的计量单位，除注明外均为混凝土立模面积，即混凝土与模板的接触面积。各式隧洞称其模板定额中的堵头和键槽模板已按一定比例摊入，不再计算立模面的面积。

（2）安装、拆除定额中模板的预算价格，采用相应模板制作定额计算的直接工程费。如采用外购模板，模板预算价格计算公式为

模板预算价格＝外购模板预算价格×（1－残值率）÷周转次数×综合系数

其中，残值率为10%；周转次数为50次；综合系数为1.15（含露明系数及维修损耗系数）。

（3）模板定额中的材料，除模板本身外，还包括支撑模板的立柱、围图、桁（排）架等。对于悬空建筑物（如渡槽槽身）的模板，计算到支撑模板结构的承重梁（或枋木）为止，承重梁以下的支撑结构未包括在本定额内。

（4）模板定额材料中的"铁件"包括预埋铁件。铁件和预制混凝土柱均按成品预算价格计算。

（5）滑模台车、针梁模板台车和钢模台车的行走机构、构架、模板及其支撑型钢，为拉滑模板或台车行走及支立模板所配备的电动机、卷扬机、千斤顶等动力设备等，均作为整体设备以工作台班费计入定额。

溢流面滑模定额中的材料为滑模台车轨道和安装轨道所用的埋件、支架和铁件等。

钢模台车轨道及安装轨道所用的埋件等计入其他施工临时工程。

（6）安装、拆除定额中其他材料费的计算基数，不包括"模板"本身的价值。

（7）模板单价包括模板及其支撑结构的制作、安装、拆除、场内运输及修理等全部工序的人工、材料和机械费用。

（8）模板材料均按预算消耗量计算，包括了制作、安装、拆除、维修的损耗和消耗，并考虑了周转和回收。

（9）在隧洞衬砌钢模台车、针梁模板台车、竖井衬砌的滑模台车及混凝土面板滑模台车中，所用到的行走机构、构架、模板及支撑型钢、电动机、卷扬机、千斤顶等动力设备，均作为整体设备以工作台时计入定额。但定额中未包括轨道及埋件，只有溢流面滑模定额中含轨道及支撑轨道的埋件、支架等材料。

（10）大体积混凝土（如坝、船闸等）中的廊道模板，均采用一次性预制混凝土板（浇筑后作为建筑物结构的一部分）。混凝土模板预制及安装，可参考混凝土预制及安装定额编制其单价。

（三）模板工程概算单价实例分析

1. 项目背景

某大坝工程，为堆石混凝土坝，设计混凝土墙浇筑模板采用钢模板。已知基本资料如下：

（1）人工工资预算单价：技工160.96元/工日、普工104.62元/工日、机上人工128.77元/工日。

（2）材料预算价：模板5.00元/m²、汽油8.63元/kg、柴油7.70元/kg、电焊条5.50元/kg、型钢4.20元/kg、铁件4.60元/kg、组合钢模板4.00元/kg、卡扣件4.90元/kg、预制混凝土柱700元/m³。

2．工作任务

计算混凝土墙浇筑模板概算单价。

3．分析与解答

（1）第一步：分析基本资料，由题意得知该工程为枢纽工程，其他直接费费率取8％，间接费费率取4％，利润率为7％，税率9％。

（2）第二步：查《贵州省水利水电施工机械台班费定额》计算得载重汽车5t台班费348.64元、电焊机 交流25kVA台班费103.98元、汽车起重机5.0t台班费505.09元。

（3）第三步：根据各耗油机械台班用量、各台班耗油量、统计计算总耗油量（汽油37.21kg、柴油1.50kg），按单价差汽油8.63－4.00＝4.63元、柴油7.70－4.00＝3.70元分别乘以汽柴油总油耗，得出材料价差177.81元/100m²。

（4）第四步：根据工程特征和混凝土墙浇筑所需模板，选择［G05001］制作及［G05002］安装、拆险定额计算。

（5）第五步：填表计算得出相应直接费、间接费、利润、材料补差、税金等，汇总即得出该工程项目的工程单价。

混凝土墙浇筑模板概算单价计算见表3－5－30，计算结果为71.66元/m²。

表 3 - 5 - 30　　　　　　混凝土墙浇筑模板概算单价表　　　　　　定额单位：100m²

定额编号：［G05001］+［G05002］

施工方法：普通平面钢模板　一般部位制作

编号	名称及规格	单位	数量	单价/元	合计/元
一	直接费				5298.91
（一）	基本直接费				4906.40
1	人工费				2774.37
（1）	技工	工日	14.76	160.96	2375.77
（2）	普工	工日	3.81	104.62	398.60
2	材料费				1488.22
（1）	电焊条	kg	2.48	5.50	13.64
（2）	型钢	kg	44.00	4.20	184.80
（3）	铁件	kg	126.00	4.60	579.60
（4）	组合钢模板	kg	81.00	4.00	324.00
（5）	卡扣件	kg	30.00	4.90	147.00
（6）	预制混凝土柱	m³	0.30	700.00	210.00
（7）	其他材料费		2.00%	667.75	13.36
（8）	其他材料费		2.00%	791.29	15.83
3	机械费				643.81
（1）	载重汽车5t	台班	0.05	348.64	17.43
（2）	电焊机 交流25kVA	台班	0.34	103.98	35.35

续表

编号	名称及规格	单位	数量	单价/元	合计/元
（3）	汽车起重机 5.0t	台班	1.17	505.09	590.96
（4）	其他机械费		0.30%	22.631	0.07
（二）	其他直接费		8.00%	4906.40	392.51
1	冬雨季施工增加费		1.00%	4906.40	49.06
2	夜间施工增加费		0.50%	4906.40	24.53
3	小型临时设施费		3.00%	4906.40	147.19
4	安全生产措施费		2.00%	4906.40	98.13
5	其他		1.50%	4906.40	73.60
二	间接费		4.00%	5298.91	211.96
三	利润		7.00%	5510.87	385.76
四	装置性材料费				500.00
（1）	模板	m²	100.00	5.00	500.00
五	材料价差				177.81
（1）	柴油	kg	1.500	3.70	5.55
（2）	汽油	kg	37.21	4.63	172.26
六	税金		9.00%	6574.44	591.70
七	合计				7166.14

九、钻孔灌浆工程单价编制

（一）钻孔灌浆工程项目

钻孔灌浆工程一方面指为提高地基承载能力、改善和加强其抗渗性能及整体性所采取的地基处理措施；另一方面是指为观测或为观测设施的埋设而进行的钻孔，包括灌浆钻孔、观测钻孔、帷幕灌浆、固结灌浆、桩基础、减压井等工程。

1. 灌浆材料

灌浆按灌浆材料分为水泥灌浆、水泥黏土灌浆、黏土灌浆、水泥添加掺合料灌浆、水泥砂浆灌浆和化学灌浆等。

2. 灌浆作用

灌浆按作用分为帷幕灌浆、固结灌浆、接缝灌浆、回填（接触）灌浆等。

3. 桩基础

桩基础主要为振冲桩、灌注桩和旋喷桩。

（二）定额选用

根据设计确定的孔深、灌浆压力等参数以及岩石的级别、透水率等，按施工组织设计确定的钻机、灌浆方式、施工条件来选择概（预）算定额相应的定额子目。

（1）钻孔工程定额，按一般石方工程定额十六级分类法中Ⅴ～ⅩⅣ级拟定，对大于ⅩⅣ级岩石，可参照有关资料拟定定额。

（2）冲击钻钻孔定额，按地层特征划分为 11 类。

（3）混凝土钻孔除节内注明外，一般按混凝土粗骨料的岩石级别计算；如无资料，可按岩石十六级分类法中的Ⅹ级岩石计算。

（4）钻浆砌石，可按石料相同的岩石级别计算。

（三）注意事项

（1）灌浆工程定额中的水泥、黏土用量系概算基本量。如有实际资料，可按实际消耗量调整。

（2）定额除节内注明外，地质钻机钻岩石层孔、潜孔钻钻岩石层孔、坝基岩石帷幕灌浆、超细水泥灌浆、孔口封闭灌浆、水泥超灌等。

1）终孔孔径大于 91mm 或孔深超过 70m 时改用 300 型钻机。

2）在倾角大于 20°的坡面上施工时，人工机械定额乘以系数 1.1。

3）在廊道或隧洞内施工时，人工、机械定额乘以表 3-5-31 所列系数。

表 3-5-31　　　　　　　　　人工、机械定额系数表

廊道或隧洞高度/m	≤2.0	2.0～3.5	3.5～5.0	>5.0
系数	1.19	1.1	1.07	1.05

（3）地质钻机钻灌不同角度的灌浆孔、观测孔、试验孔、锚索孔时，人工、机械、合金片、钻头和岩芯管定额乘以表 3-5-32 所列系数。

表 3-5-32　　　　　　　人工、机械、合金片、钻头和岩芯管定额系数表

钻孔与水平夹角/(°)	≤60	60～75	75～85	85～90
系数	1.19	1.05	1.02	1.00

（4）检查孔按灌浆方法和灌浆后的 Lu 值，选用相应定额计算。

（5）在有架子的平台上钻孔，平台到地面孔口高差超过 2.00m 时，钻机和人工定额乘以系数 1.05。

（6）本章灌浆压力划分标准为：高压大于 3MPa；中压为 1.5～3MPa；低压小于 1.5MPa。

（7）本章各节灌浆定额中水泥强度等级的选择应符合设计要求，设计未明确的，可按以下标准选择：回填灌浆 P.O42.5、帷幕与固结灌浆 P.O42.5、接缝灌浆 P.O52.5、劈裂灌浆 P.O42.5、高喷灌浆 P.O42.5。

（8）施工时离地高度 2m 以内所需的操作平台，其摊销费包含在定额中。

（9）帷幕灌浆和固结灌浆用预算定额计算时需另计检查孔及压水试验费用。

（10）岩石的平均级别和平均透水率：水工建筑物的地基绝大多数不是单一的地层，各层的岩土级别、透水率各不相同，一般采用计算平均岩石级别和平均透水率来计算钻孔灌浆单价。也可按勘探孔资料分段（按一定范围岩石级别和一定范围透水率）划

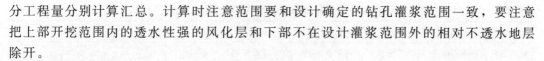

分工程量分别计算汇总。计算时注意范围要和设计确定的钻孔灌浆范围一致，要注意把上部开挖范围内的透水性强的风化层和下部不在设计灌浆范围外的相对不透水地层除开。

（11）压水试验一个压力点法适用于固结灌浆，三压力五阶段法适用于帷幕灌浆。压浆试验适用于回填灌浆。

1）一个压力点法的工程量（试段数量）计算方法为

工程量每孔段数×固结灌浆孔数×5%

每孔段数=孔深÷5（取整）

2）三压力五阶段法的工程量（试段数量）计算方法为

工程量每孔段数×帷幕灌浆孔数×10%

每孔段数=孔深÷5（取整）

（12）隧洞回填灌浆工程量是在顶拱中心角120°范围内的拱背面积；高压管道回填灌浆按钢管外径面积计算工程量。

（四）钻孔灌浆工程概算单价实例分析

1. 项目背景

某大坝工程，为堆石混凝土坝，设计大坝基础处理帷幕灌浆采用自下而上灌浆法，岩石级别Ⅸ级，勘探孔压水试验按加权平均计算平均透水率8.9Lu，根据调查了解已知基本资料如下：

（1）人工工资预算单价：技工160.96元/工日、普工104.62元/工日、机上人工128.77元/工日。

（2）材料预算价：金刚石钻头390元/个、扩孔器225元/个、钻杆ϕ50mm 95元/m、岩芯管ϕ130mm 95元/m、钻杆接头45元/个、水0.83元/m³、水泥436.07元/t。

2. 工作任务

计算坝基岩石钻孔、灌浆概算单价。

3. 分析与解答

（1）第一步：分析基本资料，由题意得知该工程为枢纽工程，其他直接费费率取8%，间接费费率取6%，利润率为7%，税率9%。

（2）第二步：查《贵州省水利水电施工机械台班费定额》计算得地质钻机150型台班费366.64元、胶轮车台班费4.07元、灌浆自动记录仪台班费51.33元、灰浆搅拌机500Lu J325台班费172.92元、灌浆泵中低压（泥浆）台班费338.04元。

（3）第三步：根据水泥用量及单价差计算出水泥价差1375.52元/100m。

（4）第四步：根据工程基岩岩石级别Ⅸ级，自下而上灌浆法，选取［G06002］定额计算岩石层帷幕灌浆孔钻孔单价；另根据加权平均计算透水率8.9Lu，双排孔调整系数调整［G06058］定额计算岩石层帷幕灌浆孔灌浆单价。

（5）第五步：填表计算得出相应直接费、间接费、利润、材料补差、税金等，汇总即得出该工程项目的工程单价。

概算单价计算见表3-5-33、表3-5-34，计算结果为坝基岩石钻孔单价161.98元/m、坝基岩石灌浆单价354.38元/m。

表 3 - 5 - 33 　　　　　　　基岩钻灌浆孔概算单价计算表　　　　　　　定额单位：100m

定额编号：[G06002]

施工方法：钻机钻岩石层帷幕灌浆孔；自下而上灌浆法；岩石级别Ⅸ～Ⅹ

编号	名称及规格	单位	数量	单价/元	合计/元
一	直接费				13102.58
（一）	基本直接费				12132.02
1	人工费				4226.59
（1）	技工	工日	15.95	160.96	2567.31
（2）	普工	工日	15.86	104.62	1659.27
2	材料费				4036.46
（1）	金刚石钻头	个	4.37	390.00	1704.30
（2）	扩孔器	个	2.33	225.00	524.25
（3）	钻杆 φ50mm	m	2.91	95.00	276.45
（4）	岩芯管 φ130mm	m	3.30	95.00	313.50
（5）	钻杆接头	个	3.20	45.00	144.00
（6）	水	m³	659.60	0.83	547.47
（7）	其他材料费		15.00%	3509.97	526.50
3	机械费				3868.97
（1）	地质钻机 150 型	台班	10.05	366.64	3684.73
（2）	其他机械费		5.00%	3684.73	184.24
（二）	其他直接费		8.00%	12132.02	970.56
1	冬雨季施工增加费		1.00%	12132.02	121.32
2	夜间施工增加费		0.50%	12132.02	60.66
3	小型临时设施费		3.00%	12132.02	363.96
4	安全生产措施费		2.00%	12132.02	242.64
5	其他		1.50%	12132.02	181.98
二	间接费		6.00%	13102.58	786.15
三	利润		7.00%	13888.73	972.21
四	税金		9.00%	14860.94	1337.48
五	合计				16198.42

表 3 - 5 - 34 　　　　　　基岩帷幕灌浆（双排）概算单价计算表　　　　　　定额单位：100m

定额编号：[G06058]

施工方法：坝基岩石帷幕灌浆；自下而上灌浆法；透水率（Lu）5～10

编号	名称及规格	单位	数量	单价/元	合计/元
一	直接费				27452.06
（一）	基本直接费				25418.57
1	人工费				11956.96
（1）	技工	工日	43.42	160.96	6988.43
（2）	普工	工日	47.49	104.62	4968.53
2	材料费				2364.20

续表

编号	名称及规格	单位	数量	单价/元	合计/元
(1)	水泥	t	6.675	230.00	1535.25
(2)	水	m³	671.04	0.83	556.96
(3)	其他材料费		13.00%	2092.21	271.99
3	机械费				11097.41
(1)	胶轮车	台班	0.93	4.07	3.79
(2)	地质钻机150型	台班	1.72	366.64	630.62
(3)	灌浆自动记录仪	台班	10.82	51.33	555.39
(4)	灰浆搅拌机500Lu J325	台班	17.32	172.92	2994.97
(5)	灌浆泵 中低压（泥浆）	台班	18.89	338.04	6384.19
(6)	其他机械费		5.00%	10568.96	528.45
(二)	其他直接费		8.00%	25418.57	2033.49
1	冬雨季施工增加费		1.00%	25418.57	254.19
2	夜间施工增加费		0.50%	25418.57	127.09
3	小型临时设施费		3.00%	25418.57	762.56
4	安全生产措施费		2.00%	25418.57	508.37
5	其他		1.50%	25418.57	381.28
二	间接费		6.00%	27452.06	1647.12
三	利润		7.00%	29099.18	2036.94
四	材料价差				1375.52
(1)	水泥	t	6.675	206.07	1375.52
五	税金		9.00%	32511.64	2926.05
六	合计				35437.69

十、锚喷支护工程

(一) 锚喷支护工程分类

锚喷支护工程是指锚杆支护、预应力锚索支护、喷浆支护、喷混凝土支护工程，按地面、地下施工分别制定定额。

(1) 锚杆按成孔类型分为风钻锚杆、潜孔钻锚杆、履带钻锚杆、锚杆台车锚杆、地质钻机钻锚杆。

(2) 锚杆按锚固类型分为砂浆锚杆和药卷锚杆。

(3) 锚杆按施工方式分为动力式锚杆和自进式锚杆。

(4) 喷浆、喷混凝土按有无钢筋、喷护厚度制定定额子目，喷混凝土又按施工方式分为干喷混凝土和湿喷喷混凝土。

(二) 定额选用

根据设计确定的锚杆、锚索型号，喷浆、喷混凝土方式及厚度、预应力锚索形式选择概（预）算定额相应的定额子目。

(三) 注意事项

(1) 锚杆钻孔的地层划分：按一般石方工程定额十六级分类法中Ⅴ～ⅩⅣ级拟定。混凝土面锚杆钻孔，一般按混凝土粗骨料的岩石级别计算；如无资料，可按 X 级岩石计算。

（2）锚杆定额以"根"为单位，按锚杆入岩长度不同划分子目。

（3）锚杆、锚杆束，有以下工作内容：

1）砂浆锚杆、药卷锚杆、中空锚杆的工作内容包括钻孔、锚杆制作、安装、制浆、注浆、锚定等。

2）锚杆束的工作内容包括钻孔、锚杆束制作、安装、制浆、灌浆、封孔等。

3）锚杆定额中的锚杆长度是指嵌入岩石的设计有效长度。按规定应留的外露部分（10cm）及加工过程中的损耗，均已计入定额。

4）当锚杆设计的外露长度超过 10cm 时，定额中钢筋的用量可以调整（即增加外露长度 10cm 以外钢筋的重量）。

5）喷浆定额以"m^2"为单位，按设计喷浆厚度不同划分子目。

6）喷混凝土定额以"m^3"为单位，按设计喷混凝土厚度不同划分子目。

7）喷浆、喷混凝土工作内容：凿毛、配料、上料、拌制、喷射、处理回弹料、养护。

8）定额中的材料用量，已包括了回弹量及施工损耗量。

9）预应力锚索定额以"束"为单位，按锚索入岩长度不同划分子目。

10）预应力锚索，有以下工作内容：

a. 岩石预应力锚索（无黏结型）：编索、运索、装索，孔口安装，浇筑混凝土垫墩，注浆，安装工作锚及限位板，张拉，外锚头保护，孔位转移等。

b. 岩石预应力锚索（黏结型）：编索、运索、装索，内锚段注浆，孔口安装，浇筑混凝土垫墩，安装工作锚及限位板，张拉，自由段注浆，外锚头保护，孔位转移等全部工作。

c. 混凝土预应力锚索：包括钢管埋设，编索、运索、装索，安装工作锚具、钢垫板、注浆，张拉，外锚头保护等全部工作。

11）如设计要求使用的钢绞线用量与定额不同时，钢绞线用量可以调整。

12）在有架子的平台上钻孔，平台到地面孔口高差超过 2.0m 时，钻机和人工定额乘以 1.05 系数。

13）锚筋桩可参照本章相应的锚杆定额。

14）施工时离地高度 2m 以内所需的操作平台，其摊销费包含在定额中。

（四）锚喷支护工程概算单价实例分析

1. 项目背景

某大坝工程，为堆石混凝土坝，设计溢洪道底板用 ϕ25 锚杆（$L=4.5$m）锚固，大坝坝肩边坡采用 C20 挂网干喷混凝土边坡支护（厚 10cm），岩石级别 IX 级，根据调查了解已知基本资料如下：

（1）人工工资预算单价：技工 160.96 元/工日、普工 104.62 元/工日、机上人工 128.77 元/工日。

（2）材料预算价：合金钻头 70 元/个、ϕ25 钢筋 4.10 元/kg、M25 水泥接缝砂浆 砂浆 163.03 元/m^3、水泥 436.07 元/t、碎石 66.67 元/m^3、水 0.83 元/m^3、速凝剂 2800 元/t。

2. 工作任务

计算溢洪道底板 ϕ25 锚杆（$L=4.5$m）锚杆及 C20 挂网喷混凝土边坡支护（厚 10cm）

概算单价。

3. 分析与解答

(1) 第一步：分析基本资料，由题意得知该工程为枢纽工程，其他直接费费率取 8%，间接费费率取 12%，利润率为 7%，税率 9%。

(2) 第二步：查《贵州省水利水电施工机械台班费定额》计算得手持式风钻台班费 162.41 元、风镐（铲）台班费 71.38 元、250L 强制式混凝土搅拌机台班费 199.53 元、混凝土喷射机 5m³/h 台班费 828.90 元、胶带输送机 固定式 800×30 台班费 157.47 元。

(3) 第三步：根据水泥、钢筋、砂、碎石用量及单价差计算出 ϕ25 锚杆（L=4.5m）价差 4097.81 元/100 根、C20 挂网喷混凝土边坡支护（厚 10cm）价差 18300.13 元/100m³。

(4) 第四步：根据工程基岩岩石级别Ⅸ级，锚杆长度 4.5m，选取［G07010］定额和［G07014］定额内插计算 ϕ25 锚杆（L=4.5m）锚杆单价；根据挂网、干喷厚 10cm 混凝土选取［G07263］定额计算 C20 挂网喷混凝土边坡支护（厚 10cm）单价。

(5) 第五步：填表计算得出相应直接费、间接费、利润、材料补差、税金等，汇总即得出该工程项目的工程单价。

概算单价计算见表 3-5-35、表 3-5-36，计算结果为底板 ϕ25 锚杆（L=4.5m）单价 241.40 元/根、C20 挂网喷混凝土边坡支护（厚 10cm）单价为 934.29 元/m³。

表 3-5-35　　　　　　　　边坡 ϕ25 锚杆（L=4.5m）概算单价计算表　　　　　　定额单位：100 根

定额编号：［G07010］×0.5+［G07014］×0.5

施工方法：地面砂浆锚杆——风钻钻孔；锚杆长度 4.5m；岩石级别Ⅸ～Ⅹ

编号	名称及规格	单位	数量	单价/元	合计/元
一	直接费				15060.65
(一)	基本直接费				13945.04
1	人工费				6333.25
(1)	技工	工日	19.95	160.96	3210.35
(2)	普工	工日	29.85	104.62	3122.91
2	材料费				4906.06
(1)	合金钻头	个	12.10	70.00	847.00
(2)	钢筋 ϕ25	kg	1915.29	2.00	3830.57
(3)	水泥接缝砂浆 砂浆 M25 体积配合比（水泥：砂）1：1.9（水泥 32.5 换 42.5）	m³	0.53	163.03	85.59
(4)	其他材料费		3.00%	2119.06	63.57
(5)	其他材料费		3.00%	2644.10	79.32
3	机械费				2705.73
(1)	风钻 手持式	台班	15.57	162.41	2528.72
(2)	其他机械费		7.00%	1019.12	71.34
(3)	其他机械费		7.00%	1509.60	105.67
(二)	其他直接费		8.00%	13945.04	1115.61

续表

编号	名称及规格	单位	数量	单价/元	合计/元
1	冬雨季施工增加费		1.00%	13945.04	139.45
2	夜间施工增加费		0.50%	13945.04	69.73
3	小型临时设施费		3.00%	13945.04	418.35
4	安全生产措施费		2.00%	13945.04	278.90
5	其他		1.50%	13945.04	209.18
二	间接费		12.00%	15060.65	1807.28
三	利润		7.00%	16867.93	1180.75
四	材料价差				4097.81
(1)	钢筋 $\phi25$	kg	1915.29	2.10	4022.86
(2)	水泥 42.5	kg	285.80	0.21	60.02
(3)	砂	m^3	0.494	30.24	14.92
五	税金		9.00%	22146.49	1993.18
六	合计				24139.67

表 3-5-36　　C20 挂网喷混凝土边坡支护 (厚 10cm) 概算单价计算表　　定额单位：100m³

定额编号：[G07263]

施工方法：地面护坡干喷混凝土 (有钢筋)；喷射厚度 5~10cm

编号	名称及规格	单位	数量	单价/元	合计/元
一	直接费				57343.87
(一)	基本直接费				53096.18
1	人工费				16425.82
(1)	技工	工日	51.65	160.96	8313.58
(2)	普工	工日	77.54	104.62	8112.23
2	材料费				22258.68
(1)	水泥	t	57.29	230.00	13176.70
(2)	碎石	m^3	74.78	40.00	2991.20
(3)	水	m^3	46.35	0.83	38.47
(4)	速凝剂	t	1.93	2800.00	5404.00
(5)	其他材料费		3.00%	21610.37	648.31
3	机械费				14411.68
(1)	风镐 (铲)	台班	41.10	71.38	2933.72
(2)	强制式混凝土搅拌机 250L	台班	9.10	199.53	1815.72
(3)	混凝土喷射机 5m³/h	台班	9.10	828.90	7542.99
(4)	胶带输送机 固定式 800×30	台班	9.10	157.47	1432.98
(5)	其他机械费		5.00%	13725.41	686.27

续表

编号	名称及规格	单位	数量	单价/元	合计/元
(二)	其他直接费		8.00%	53096.18	4247.69
1	冬雨季施工增加费		1.00%	53096.18	530.96
2	夜间施工增加费		0.50%	53096.18	265.48
3	小型临时设施费		3.00%	53096.18	1592.89
4	安全生产措施费		2.00%	53096.18	1061.92
5	其他		1.50%	53096.18	796.44
二	间接费		12.00%	57343.87	6881.26
三	利润		7.00%	64225.13	4495.76
四	装置性材料费				3193.20
五	材料价差				13800.13
(1)	水泥	t	57.29	206.07	11805.75
(2)	碎石	m³	74.78	26.67	1994.38
六	税金		9.00%	85714.22	7714.28
七	合计				93428.50

十一、砂石备料工程

(一) 砂石备料工程分类

砂石备料工程是指砂石料的开采、运输、加工、成品料运输堆放的过程。砂石料按成品料形状、大小的不同及用途不同分为砂、碎石、块石、毛石、毛条石、料石等。

砂、碎石按一定比例与适量的水泥、水搅拌成混凝土；砂、水泥、水搅拌成砂浆；块石、毛石、毛条石、料石及混凝土、砂浆成为构筑物的主体建筑材料。

(1) 砂：指粒径小于或等于5mm的骨料。

(2) 碎石：指经破碎、加工分级后，粒径大于5mm的骨料。

(3) 毛石：指块径大于15cm，体积0.01~0.05m³，有一面大致平整的石块。

(4) 块石：指厚度大于20cm，体积0.01~0.05m³，有两面大致平行的石块。

(5) 毛条石：指一般长度大于60cm的长条形四棱方正的石料。

(6) 料石：指毛条石经过修边打荒加工，外露面方正，各相邻面正交，表面凹凸不超过10mm的石料。

(二) 定额选用

根据设计确定的混凝土种类、强度、级配，砂浆种类、强度及堆砌石的要求合理选用相应砂石料，组成构筑物的建筑材料，再按设计要求的部位、尺寸合理选择定额子目。

(三) 注意事项

(1) 本章定额计量单位，除注明者外，砂石料开采、运输、加工等节一般为成品方（堆方、码方）。各砂石料的密度如无实测资料时，可参考表3-5-37。

表 3-5-37　　　　　　　　　　　　砂石材料密度参考表

砂石材料 类别	天然砂石料			人工砂石料		
	松散砂砾混合料	分级砾石	砂	原料	成品碎石	成品砂
密度/(t/m³)	1.74	1.65	1.55	1.76	1.45	1.50

（2）碎石定额适用于单独生产碎石的加工工序。如生产碎石的同时，附带生产人工砂其数量不超过 15％，也可采用本节定额。

（3）砂定额适用于单独生产人工砂的加工工艺。

（4）碎石和砂定额适用于同时生产碎石和人工砂，且产砂量比例通常超过总量 15％的加工工艺。砂石加工厂规模由施工组织设计确定，根据施工组织设计规范规定，砂石加工厂的生产能力应按混凝土高峰时段（3～5 个月）月平均骨料所需用量及其他砂石料需用量计算。砂石加工厂（场）每月有效工作可按 500 小时计算。

（5）砂石料单价只需按本章相应定额计算各加工工序单价，然后累计计算成品单价。如施工组织设计确定的砂石加工工艺流程、设备规格型号和定额不一致时不做调整。

（6）骨料成品单价自开采，加工，运输一般计算至搅拌机（站）前骨料堆场（调节料仓）或与搅拌站上料胶带输送机相接为止。

料场覆盖层剥离和无效层处理，按一般土石方工程定额计算费用，列于临时工程中。

（7）本章定额已考虑砂石料开采、加工、运输、堆存等损耗因素，使用定额时不得加计。

（8）机械挖运松散状态下的砂砾料，采用运砂石料定额时，其中人工及装挖机械乘以系数 0.85。

（四）砂石备料工程概算单价实例分析

1. 项目背景

某大坝工程，为堆石混凝土坝，设计采用自采原料加工生产砂石料，料场为灰岩，岩石级别Ⅸ级，试计算砂石料价（已按已知条件及计算内容填入表格）。

2. 工作任务

按省新定额及编规计算砂石料预算单价。

3. 分析与解答

根据设计及调查了解资料计算出 S0001～S0008 单价分析表，按表 3-5-38 计算工程砂石料价为砂 70.24 元/m³、碎石 66.67 元/m³、块石 81.40 元/m³、坝体堆石 71.02 元/m³。

表 3-5-38　　　　　　　　　　　　砂石料综合单价计算表

编号	工程或费用名称	单位	单价/元	清除率/%	弃料率/%	折算系数	综合单价/元
一	砂	m³					70.24
1	原料开采	m³	14.79			1.02	15.13
2	原料运输	m³	11.00			1.02	11.25
二	制砂	m³	36.57			1.00	36.57
1	骨料运输	m³	7.29			1.00	7.29

续表

编号	工程或费用名称	单位	单价/元	清除率/%	弃料率/%	折算系数	综合单价/元
三	碎石	m³					66.67
1	原料开采	m³	14.79			0.94	13.86
2	原料运输	m³	11.00			0.94	10.31
四	制碎石	m³	35.21			1.00	35.21
1	骨料运输	m³	7.29			1.00	7.29
五	块石	m³					81.40
1	块石开采	m³	47.60			1.00	47.60
2	块石运输	m³	33.80			1.00	33.80
六	坝体堆石	m³					71.02
1	毛石运输	m³	33.80			1.00	33.80
2	毛石开采	m³	37.22			1.00	37.22

表 3-5-38.1　　　　　S0001 原料开采工程概算单价表

定额编号：[G08025]

施工方法：原料开采；100 型潜孔钻钻孔深孔爆破；岩石级别 XI～X

编号	名称及规格	单位	数量	单价/元	合价/元
一	直接费				1131.47
(一)	基本直接费				1125.84
1	人工费				14.79
	技工	工日	0.62	160.96	99.80
	普工	工日	1.75	104.62	183.09
2	材料费				14.79
	合金钻头	个	0.12	70.00	8.40
	潜孔钻钻头 100 型	个	0.17	405.00	68.85
	冲击器	套	0.02	2400.00	48.00
	炸药	kg	36.18	6.00	217.08
	电雷管	个	10.24	3.00	30.72
	导电线	m	21.50	0.80	17.20
	导爆管	m	17.70	3.00	53.10
	其他材料费		15.00%	443.35	66.50
3	机械费				14.79
	风钻 手持式	台班	0.27	162.41	43.85
	潜孔钻 100 型	台班	0.36	719.36	258.97
	其他机械费		10.00%	302.82	30.28
(二)	其他直接费		0.50%	1125.84	5.63

续表

编号	名称及规格	单位	数量	单价/元	合计/元
二	间接费		4.00%	1131.47	45.26
三	利润		7.00%	1176.73	82.37
四	材料补差				14.79
（一）	炸药	kg	36.18	6.07	219.61
五	税金			1479.00	
建筑工程单价					1478.71
单价					14.79

表 3 - 5 - 38.2　　　　　**S0002 原料运输工程概算单价表**　　　　定额单位：100m³

定额编号：[G08104]

施工方法：1m³装载机装原料自卸汽车运输；运距不大于 0.5km

编号	名称及规格	单位	数量	单价/元	合价/元
一	直接费				795.81
（一）	基本直接费				791.85
1	人工费				11.00
	普工	工日	1.09	104.62	114.04
2	材料费				11.00
	零星材料费		2.00%	776.32	15.53
3	机械费				11.00
	装载机 1m³	台班	0.33	435.43	143.69
	推土机 88kW	台班	0.16	773.45	123.75
	自卸汽车 8t	台班	0.89	443.64	394.84
（二）	其他直接费		0.50%	791.85	3.96
二	间接费		4.00%	795.81	31.83
三	利润		7.00%	827.64	57.93
四	材料补差				11.00
（一）	柴油	kg	57.99	3.70	214.57
五	税金			1100.00	
建筑工程单价					1100.14
单价					11.00

表 3 - 5 - 38.3　　　　　**S0003 制砂工程概算单价表**　　　　定额单位：100m³

定额编号：[G08154]

施工方法：制碎石和砂；处理能力 100t/h 制砂

编号	名称及规格	单位	数量	单价/元	合价/元
一	直接费				3241.02
（一）	基本直接费				3224.90

续表

编号	名称及规格	单位	数量	单价/元	合计/元
1	人工费				36.57
	技工	工日	2.68	160.96	431.37
	普工	工日	4.76	104.62	497.99
2	材料费				36.57
	水	m³	30.00	0.83	24.90
	其他材料费		2.50%	24.90	0.62
3	机械费				36.57
	装载机 2m³	台班	0.12	601.78	72.21
	推土机 88kW	台班	0.10	773.45	77.35
	重锤式破碎机 DLPCZ1510	台班	0.47	2266.67	1065.33
	圆振动筛 筛面 1548	台班	0.47	256.93	120.76
	给料机（重型槽式）1100×2700（mm）	台班	0.47	262.28	123.27
	堆料机 双臂 生产率300m³/h	台班	0.47	336.43	158.12
	脉冲除尘器 LUMC 55kW	台班	0.47	545.97	256.61
	高效制砂机 80t/h	台班	0.47	381.16	179.15
	胶带输送机 固定式 800×50	组班	0.47	232.18	109.12
	其他机械费		5.00%	2161.92	108.10
（二）	其他直接费		0.50%	3224.90	16.12
二	间接费		4.00%	3241.02	129.64
三	利润		7.00%	3370.66	235.95
四	材料补差				36.57
（一）	柴油	kg	13.73	3.70	50.79
五	税金			3657.00	
	建筑工程单价				3657.40
	单价				36.57

表 3-5-38.4　　　　**S0004 骨料运输工程概算单价表**　　　　定额单位：100m³

定额编号：[G08129]

施工方法：1m³挖掘机装砂石料自卸汽车运输；运距（1km）

编号	名称及规格	单位	数量	单价/元	合价/元
一	直接费				532.49
（一）	基本直接费				529.84
1	人工费				7.29
	普工	工日	0.50	104.62	52.31

编号	名称及规格	单位	数量	单价/元	合计/元
2	材料费				7.29
	零星材料费		1.00%	524.59	5.25
3	机械费				7.29
	挖掘机 1.0m³	台班	0.12	953.50	114.42
	推土机 74kW	台班	0.06	640.66	38.44
	自卸汽车 8t	台班	0.72	443.64	319.42
(二)	其他直接费	元	0.50%	529.84	2.65
二	间接费	元	4.00%	532.49	21.30
三	利润	元	7.00%	553.79	38.77
四	材料补差				7.29
(一)	柴油	kg	36.80	3.70	136.15
五	税金			729.00	
	建筑工程单价				728.71
	单价				7.29

表 3 – 5 – 38.5　　　　　**S0005 制碎石工程概算单价表**　　　　定额单位：100m³

定额编号：［08153］

施工方法：制碎石和砂；处理能力 100t/h 制碎石

编号	名称及规格	单位	数量	单价/元	合价/元
一	直接费				3118.33
(一)	基本直接费				3102.82
1	人工费				35.21
	技工	工日	3.78	160.96	608.43
	普工	工日	3.78	104.62	395.46
2	材料费				35.21
	水	m³	20.00	0.83	16.60
	其他材料费		2.50%	16.60	0.42
3	机械费				35.21
	装载机 2m³	台班	0.12	601.78	72.21
	推土机 88kW	台班	0.10	773.45	77.35
	重锤式破碎机 DLPCZ1510	台班	0.47	2266.67	1065.33
	圆振动筛 3YAg1536	台班	0.47	256.93	120.76
		台班	0.47	262.28	123.27
		台班	0.47	336.43	158.12
	脉冲除尘器 LUMC 55kW	台班	0.47	545.97	256.61

编号	名称及规格	单位	数量	单价/元	合计/元
		组班	0.47	232.18	109.12
	其他机械费		5.00%	1982.77	99.14
(二)	其他直接费		0.50%	3102.82	15.51
二	间接费		4.00%	3118.33	124.73
三	利润		7.00%	3243.06	227.01
四	材料补差				35.21
(一)	柴油	kg	13.73	3.70	50.79
五	税金			3521.00	
建筑工程单价					3520.86
单价					35.21

表 3-5-38.6　　　　　**S0006 块石开采工程概算单价表**　　　　　定额单位：100m³

定额编号：[08005]

施工方法：块石开采；机械开采；机械清渣；岩石级别 Ⅷ～Ⅹ

编号	名称及规格	单位	数量	单价/元	合价/元
一	直接费				3993.28
(一)	基本直接费				3973.41
1	人工费				47.60
	技工	工日	1.88	160.96	302.60
	普工	工日	22.52	104.62	2356.04
2	材料费				47.60
	合金钻头	个	1.60	70.00	112.00
	导爆管雷管	个	30.93	3.00	92.79
	炸药	kg	33.41	6.00	200.46
	导爆管	m	53.56	3.00	160.68
	其他材料费		15.00%	565.93	84.89
3	机械费				47.60
	推土机 88kW	台班	0.52	773.45	402.19
	风钻 手持式	台班	1.24	162.41	201.39
	其他机械费		10.00%	603.58	60.36
(二)	其他直接费		0.50%	3973.41	19.87
二	间接费		4.00%	3993.28	159.73
三	利润		7.00%	4153.01	290.71
四	材料补差				47.60
(一)	炸药	kg	33.41	6.07	202.80

续表

编号	名称及规格	单位	数量	单价/元	合计/元
(二)	柴油	kg	30.69	3.70	113.54
五	税金			4760.00	
建筑工程单价					4760.05
单价					47.60

表 3 - 5 - 38.7　　　　**S0007 块石运输工程概算单价表**　　　　定额单位：100m³

定额编号：[08050]×0.500+[08051]×0.500

施工方法：1m³装载机装毛（块）石自卸汽车运输；运距（1.5km）

编号	名称及规格	单位	数量	单价/元	合价/元
一	直接费				2434.15
(一)	基本直接费				2422.04
1	人工费				33.80
	普工	工日	1.02	104.62	106.71
2	材料费				33.80
	零星材料费		2.00%	1101.22	22.02
	零星材料费		1.00%	1285.94	12.86
3	机械费				33.80
	装载机 1m³	台班	0.31	435.43	134.98
	推土机 88kW	台班	2.12	773.45	1639.71
	自卸汽车 8t	台班	1.14	443.64	505.75
(二)	其他直接费		0.50%	2422.04	12.11
二	间接费		4.00%	2434.15	97.37
三	利润		7.00%	2531.52	177.21
四	材料补差				33.80
(一)	柴油	kg	181.35	3.70	670.99
五	税金			3380.00	
建筑工程单价					3379.72
单价					33.80

表 3 - 5 - 38.8　　　　**S0008 毛石开采工程概算单价表**　　　　定额单位：100m³

定额编号：[G08011]

施工方法：毛石开采；机械开采；机械清渣；岩石级别 Ⅷ～Ⅹ

编号	名称及规格	单位	数量	单价/元	合价/元
一	直接费				3106.13
(一)	基本直接费				3090.68

续表

编号	名称及规格	单位	数量	单价/元	合计/元
1	人工费				37.22
	技工	工日	1.41	160.96	226.95
	普工	工日	16.89	104.62	1767.03
2	材料费				37.22
	合金钻头	个	1.20	70.00	84.00
	导爆管雷管	个	23.20	3.00	69.60
	炸药	kg	25.06	6.00	150.36
	导爆管	m	40.17	3.00	120.51
	其他材料费		15.00%	424.47	63.67
3	机械费				37.22
	推土机 88kW	台班	0.52	773.45	402.19
	风钻 手持式	台班	0.93	162.41	151.04
	其他机械费		10.00%	553.24	55.32
(二)	其他直接费		0.50%	3090.68	15.45
二	间接费		4.00%	3106.13	124.25
三	利润		7.00%	3230.38	226.13
四	材料补差				37.22
(一)	炸药	kg	25.06	6.07	152.11
(二)	柴油	kg	30.69	3.70	113.54
五	税金			3722.00	
	建筑工程单价				3722.16
	单价				37.22

十二、水保生态建设工程

(一) 水保生态建设工程分类

水保生态建设工程是指具有水土保持功能及生态环境建设项目，包括水保整地，草、灌木、乔木播种及林木抚育、树木支撑、扎草绳、遮阳、修剪、绿化平台整修、行道树刷白、涂环、除草、垃圾处理、水生植物种植、成活养活、保存养护、水体护理、生态基人工水草、生态浮床、生态护坡等。

(二) 水保生态建设名词解释

(1) 栽植期养护：指绿化种植工程定额所包含的施工期内的养护。苗木、花卉栽植包括十天以内的养护工作。

(2) 成活期养护：指绿化工程初验前的成活养护。自栽植期养护结束之日起，至绿化工程进行初验之日止，一般为1～3个月。如无规定初验时间，一般可按1个月计算。

(3) 保存期养护：指绿化工程竣工初验后的成活率养护，自初验之日起（不包括初验之日）至竣工验收之日止。

(4) 日常管理期养护：指保存期养护结束后的日常管理养护。

（三）定额选用

根据设计确定的水保工程措施、植物措施，生态种植、护理项目内容选择概（预）算定额相应的定额子目。

（四）注意事项

（1）栽植水生植物（除漂浮水生植物以面积计算外）均按"株"计算。

（2）养护工程：绿化成活、保存养护

1）攀缘植物按生长年数以"株"计算。

2）地被植物以"平方米"计算。

3）水生植物按塘植、盆植分别以丛和盆计算。

4）绿化工程施工措施：水体护理按水域面积以"m²"计算。

5）林木栽植子目均以Ⅰ～Ⅱ类土为计算标准，如为Ⅲ类土，人工乘以系数1.34，Ⅳ类土人工乘以系数1.76。

6）定额中的整地规格及苗木行间距及穴距为水平距离，面积为水平投影面积。实际地面坡度与定额不一致时，可用插入法调整。

7）植苗造林以植苗株数为单位。单位面积的植苗株数可根据植苗行间距进行换算，人工和其他定额不做调整。苗木胸径指由地面处至树干1.2m高处的直径，地径指苗干基部土痕处的直径，丛高指从地面起至梢顶的高度。

8）植（种）草定额中草籽用量仅为参考数，使用时应根据实际情况，按设计需要量计算，人工和其他定额不做调整。定额不包括草籽采集和植物管护等工作内容，草籽按购买考虑。

9）植物栽种损耗已含在定额内。乔木、灌木、插穗、果树、绿篱、攀缘植物损耗率为2%。植物补植按实际补植量参照种植定额计算。

10）栽植水生植物，包括以下工作：

a. 适用于河道、池塘等水域面的水环境整治工程。

b. 适用于正常种植季节的施工，非正常种植季节施工，所发生的额外费用，应另行计算。

c. 水生植物种植对于水体中间的种植均已考虑相关涉水措施费，不再单独计算。

11）水生植物养护，包括以下工作：

a. 适用于河道等水域面的水环境整治工程。

b. 成活养护和保存养护，不适用于工程栽植期养护，栽植时10天以内的养护费用已在工程定额中考虑。

c. 保存养护适用于保存期养护与日常管理期养护。保存养护参考《城市园林绿化养护管理质量要求》的养护标准，分为三个养护等级，定额项目按照二级养护的标准编制。实际养护为一级养护标准时，定额子目基价应乘以系数1.15；实际养护为三级养护标准时，定额子目基价应乘以系数0.85。

d. 成活养护定额按月编制，每月按30天计算，实际养护时间以甲乙双方确定的养护期限按比例计算。成活期界定：指绿化工程初验前的成活养护。自栽植期养护结束之日起，至绿化工程进行初验之日止，一般为1～3个月，不大于3个月。如无规定的初验时间，则可按一个月计算。

e. 保存养护定额按年编制，每年按 365 天计算，实际养护期非一年的，以甲乙双方确定的养护期限按比例换算。保存期界定：指绿化工程竣工初验后的成活率养护，自初验之日起（不包括初验之日）至竣工验收之日止。

f. 日常管理期养护按保存养护相应定额项目乘以系数计算，通常系数为 0.5，如养护有特殊要求，系数可以调整，但不得低于 0.5。

g. 养护定额中，采用自动喷淋系统的养护项目，人工应乘以系数 0.7。

h. 定额包括了养护工作中必需的人工、材料、机械台班耗用量及费用，未包括以下情况，双方协商据实计算的水生植物等特殊养护要求而发生的用水增加费用。

i. 养护期间的场内水平运输费用，已在定额中综合考虑，不再调整。

（五）水保生态建设工程概算单价实例分析

案例一

1. 项目背景

某高速公路水保方案，设计全面整地按拖拉机施工。根据调查了解已知基本资料如下：

（1）人工工资预算单价：技工 160.96 元/工日、普工 104.62 元/工日、机上人工 128.77 元/工日。

（2）材料预算价：有机肥 1500 元/m³。

2. 工作任务

计算全面整地概算单价。

3. 分析与解答

（1）第一步：分析基本资料，由题意得知该工程为水保工程，其他直接费费率取 5.7%，间接费费率取 10%，利润率为 7%，税率 9%。

（2）第二步：查《贵州省水利水电施工机械台班费定额》计算得拖拉机 履带式 37kW 台班费 413.93 元。

（3）第三步：根据拖拉机 履带式 37kW 台班耗油量及台班用量、柴油单价差计算材料价差 90.68 元/100m³。

（4）第四步：按全面整地（机械施工）土类级别 Ⅲ类土，选取［G09027］定额计算单价。

（5）第五步：填表计算得出相应直接费、间接费、利润、材料补差、税金等，汇总即得出该工程项目的工程单价。

概算单价计算见表 3 - 5 - 39，计算结果为 3298.08 元/hm²。

表 3 - 5 - 39　　　　　全面整地概算单价计算表　　　　　定额单位：1hm²

定额编号：［G09027］

施工方法：全面整地（机械施工）；土类级别 Ⅲ；拖拉机；履带式 37kW

编号	名称及规格	单位	数量	单价/元	合计/元
一	直接费				2493.70
（一）	基本直接费				2359.23

续表

编号	名称及规格	单位	数量	单价/元	合计/元
1	人工费				179.95
(1)	普工	工日	1.72	104.62	179.95
2	材料费				1558.39
(1)	有机肥	m³	1.03	1500.00	1545.00
(2)	其他材料费		13.39	1.00	13.39
3	机械费				620.90
(1)	拖拉机 履带式 37kW	台班	1.50	413.93	620.90
(二)	其他直接费	5.70%	2359.23		134.47
1	冬雨季施工增加费	1.00%	2359.23		23.59
2	夜间施工增加费	0.20%	2359.23		4.72
3	小型临时设施费	1.00%	2359.23		23.59
4	安全生产措施费	2.50%	2359.23		58.98
5	其他	1.00%	2359.23		23.59
二	间接费	10.00%	2493.70		249.37
三	利润	7.00%	2743.07		192.01
四	材料价差				90.68
(1)	柴油	kg	39.60	2.29	90.68
五	税金	9.00%	3025.76		272.32
六	合计				3298.08

案例二

1. 项目背景

某高速公路水保方案，设计种植乔木（香樟 $\phi 7 \sim 8cm$）。根据调查了解已知基本资料如下：

（1）人工工资预算单价：技工 160.96 元/工日、普工 104.62 元/工日、机上人工 128.77 元/工日。

（2）材料预算价：水 0.82 元/m³、香樟（$\phi 7 \sim 8cm$）344.92 元/株。

2. 工作任务

计算种植乔木（香樟 $\phi 7 \sim 8cm$）概算单价。

3. 分析与解答

（1）第一步：分析基本资料，由题意得知该工程为水保工程，其他直接费费率取 5.7%，间接费费率取 10%，利润率为 7%，税率 9%。

（2）第二步：香樟（$\phi 7 \sim 8cm$）价格按未计价装置性材料计价（只计税金）选取 ［G09064］定额计算单价。

（3）第三步：填表计算得出相应直接费、间接费、利润、材料补差、税金等，汇总即得出该工程项目的工程单价。

种植乔木（香樟 $\phi7\sim8cm$）概算单价计算见表 3-5-40，计算结果为 393.00 元/株。

表 3-5-40　　　　种植乔木（香樟 $\phi7\sim8cm$）概算单价计算表　　　定额单位：100 株

定额编号：[G09064]

施工方法：挖坑边长×坑深（cm）60×40

编号	名称及规格	单位	数量	单价/元	合计/元
一	直接费				741.92
（一）	基本直接费				701.91
1	人工费				700.95
（1）	技工	工日	0.13	160.96	20.92
（2）	普工	工日	6.50	104.62	680.03
2	材料费				0.95
（1）	水	m³	1.16	0.82	0.95
3	机械费				
（二）	其他直接费		5.70%	701.91	40.01
1	冬雨季施工增加费		1.00%	701.91	7.02
2	夜间施工增加费		0.20%	701.91	1.40
3	小型临时设施费		1.00%	701.91	7.02
4	安全生产措施费		2.50%	701.91	17.55
5	其他		1.00%	701.91	7.02
二	间接费		10.00%	741.92	74.19
三	利润		7.00%	816.11	57.13
四	装置性材料费				35181.84
（1）	香樟（$\phi7\sim8cm$）	株	102.00	344.92	35181.84
五	税金		9.00%	36055.08	3244.96
六	合计				39300.04

十三、其他工程

（一）其他工程分类

其他工程项目主要包括围堰、钢板桩、截流体填筑、公路、铁道、脚手架、隧洞支撑、塑料薄膜、土工织物、土工格栅及防护网等。

（二）定额选用

根据设计确定的构筑物用途、特性及施工方式、条件等选择概（预）算定额相应的定额子目。

（三）注意事项

（1）塑料薄膜铺设、土工布铺设、复合土工膜铺设、土工格栅铺设 4 节定额，仅指这些材料本身的铺设，不包括其上面的保护（覆盖）层和下面的垫层的砌筑。其定额 100m² 指设计有效防渗或基础处理面积。

（2）临时工程材料使用寿命及残值表见表 3-5-41 进行计算。

表 3-5-41　　　　　　　　　临时工程材料使用寿命及残值表

材料名称	使用寿命/年	残值/%	材料名称	使用寿命/年	残值/%
钢板桩	6	5	钢管（脚手架用）	10	10
钢轨	12	10	阀门	10	5
钢丝绳（吊桥用）	10	5	卡扣件（脚手架用）	50	10
钢管（风水管道用）	8	10	导线	10	10

（四）其他工程概算单价实例分析

案例一

1. 项目背景

某大坝工程，为堆石混凝土坝，导流洞进口围堰设计采用黏土编织袋围堰施工。根据调查了解已知基本资料如下：

（1）人工工资预算单价：技工 160.96 元/工日、普工 104.62 元/工日、机上人工 128.77 元/工日。

（2）材料预算价：编织袋（85cm×50cm）1.30 元/个。

2. 工作任务

计算黏土编织袋围堰填筑及拆除概算单价。

3. 分析与解答

（1）第一步：分析基本资料，由题意得知该工程为枢纽工程，其他直接费费率取 8%，间接费费率取 10%，利润率为 7%，税率 9%。

（2）第二步：按黏土编织袋围堰填筑及拆除要求，选取 [G10001] 定额＋ [G10003] 定额计算。

（3）第三步：填表计算得出相应直接费、间接费、利润、税金等，汇总即得出该工程项目的工程单价。

黏土编织袋（填筑及拆除）概算单价计算见表 3-5-42，计算结果为 147.59 元/m³。

表 3-5-42　　　　　黏土编织袋（填筑及拆除）概算单价计算表　　　　　定额单位：100m³

定额编号：[G10001]+[G10003]

施工方法：袋装土石、封包、堆筑；拆除、清理

编号	名称及规格	单位	数量	单价/元	合计/元
一	直接费				11504.11
（一）	基本直接费				10651.96
1	人工费				6319.06
（1）	技工	工日	1.17	160.96	188.32
（2）	普工	工日	58.60	104.62	6130.73
2	材料费				4332.90

续表

编号	名称及规格	单位	数量	单价/元	合计/元
（1）	编织袋（85cm×50cm）	个	3300	1.30	4290.00
（2）	其他材料费		1.00%	4290.00	42.90
（二）	其他直接费		8.00%	10651.96	852.16
1	冬雨季施工增加费		1.00%	10651.96	106.52
2	夜间施工增加费		0.50%	10651.96	53.26
3	小型临时设施费		3.00%	10651.96	319.56
4	安全生产措施费		2.00%	10651.96	213.04
5	其他		1.50%	10651.96	159.78
二	间接费		10.00%	11504.11	1150.41
三	利润		7.00%	12654.52	885.82
四	材料价差				
五	税金		9.00%	13540.34	1218.63
六	合计				14758.97

案例二

1. 项目背景

某大坝工程，为堆石混凝土坝，料场公路高边坡护坡喷护需搭设双排脚手架施工，使用时间半年。根据调查了解已知基本资料如下：

（1）人工工资预算单价：技工 160.96 元/工日、普工 104.62 元/工日、机上人工 128.77 元/工日。

（2）材料预算价：钢管 5.50 元/kg、卡扣件 6.00 元/kg。

2. 工作任务

计算双排脚手架搭设及拆除概算单价。

3. 分析与解答

（1）第一步：分析基本资料，由题意得知该工程为枢纽工程，其他直接费费率取 8%，间接费费率取 10%，利润率为 7%，税率 9%。

（2）第二步：根据表 3-5-41 按钢管 50mm 取值系数 =（1－10%）/10=0.09，工程使用期为 0.5 年，故取值 =0.09×0.5=0.045；卡扣件取值系数 =（1－10%）/50=0.018，故取值 =0.018×0.5=0.009；定额耗量为钢管 50mm =1853.00×0.045＝83.39（kg）；卡扣件 513.00×0.009＝4.63（kg）。

（3）第三步：按搭设双排脚手架的要求，选取 [G10080] 定额计算。

（4）第四步：填表（换钢管 50mm 定额量为 83.39kg、卡扣件定额量为 4.62kg），计算得出相应直接费、间接费、利润、税金等，汇总即得出该工程项目的工程单价。

双排脚手架概算单价计算见表 3-5-43，计算结果为 18.16 元/m²。

表 3 - 5 - 43　　　　　　　双排脚手架概算单价计算表　　　　　定额单位：100m²

定额编号：[G10080]

施工方法：脚手架及脚手板搭设；维护；拆除

编号	名称及规格	单位	数量	单价/元	合计/元
一	直接费				1415.86
(一)	基本直接费				1310.98
1	人工费				751.59
(1)	技工	工日	2.83	160.96	455.52
(2)	普工	工日	2.83	104.62	296.07
2	材料费				559.39
(1)	钢管	kg	83.39	5.50	458.65
(2)	卡扣件	kg	4.63	6.00	27.78
(3)	其他材料费		15.00%	486.43	72.96
(二)	其他直接费		8.00%	1310.98	104.88
1	冬雨季施工增加费		1.00%	1310.98	13.11
2	夜间施工增加费		0.50%	1310.98	6.55
3	小型临时设施费		3.00%	1310.98	39.33
4	安全生产措施费		2.00%	1310.98	26.22
5	其他		1.50%	1310.98	19.66
二	间接费		10.00%	1415.86	141.59
三	利润		7.00%	1557.45	109.02
四	材料价差				
五	税金		9.00%	1666.47	149.98
六	合计				1816.45

十四、设备（管道）及安装工程单价编制

（一）设备（管道）及安装工程的项目划分

设备（管道）及安装工程包括机电设备及安装工程和金属结构设备（管道）及安装工程，分别构成工程部分投资的第二部分和第三部分。

（二）设备安装工程单价分类

设备安装工程定额单价计算方法分为实物量法和安装费率法。

（三）设备安装工程概算单价实例分析

案例一

1. 项目背景

某大坝工程，为堆石混凝土坝，放水洞进水口检修闸门启闭机为 QPG400 - 35 型卷扬启闭机，由重庆×××机械制造厂生产，自重 7t。根据调查了解已知基本资料如下：

（1）人工工资预算单价：技工 160.96 元/工日、普工 104.62 元/工日、机上人工

128.77元/工日。

（2）材料预算价见表3-5-44。

2．工作任务

计算QPG400-35型启闭机的安装概算单价。

3．分析与解答

（1）第一步：分析基本资料，由题意得知该工程为枢纽工程，其他直接费费率取8%，间接费费率取45%，利润率为7%，税率9%。

（2）第二步：统计油料耗量，计算油料价差。

（3）第三步：按启闭机型号及重量，选取［AG11015］定额与［AG11016］定额内插计算。

（4）第四步：填表计算得出相应直接费、间接费、利润、税金等，汇总即得出该工程项目的工程单价。

经计算QPG400-35型启闭机安装工程的单价为18733元/台，详见表3-5-44。

表3-5-44　　QPG400-35（7t）型启闭机安装工程单价计算表　　定额单位：1台

定额编号：［AG11015］×0.6+［AG11016］×0.4

施工方法：卷扬式启闭机；设备自重7t

编号	名称及规格	单位	数量	单价/元	合价/元
一	直接费				11963.22
（一）	基本直接费				11077.05
1	人工费				8416.36
（1）	技工	工日	45.30	160.96	7291.49
（2）	普工	工日	10.75	104.62	1124.87
2	材料费				1371.46
（1）	钢板	kg	25.00	5.50	137.50
（2）	氧气	m³	12.60	6.50	81.90
（3）	乙炔气	m³	5.80	9.00	52.20
（4）	电焊条	kg	4.80	5.50	26.40
（5）	型钢	kg	58.40	4.20	245.28
（6）	钢垫板	kg	25.00	4.50	112.50
（7）	油漆	kg	5.80	11.50	66.70
（8）	棉纱头	kg	3.40	10.50	35.70
（9）	板枋材	m³	0.24	1200.00	288.00
（10）	黄油	kg	4.40	12.00	52.80
（11）	机油	kg	3.40	7.00	23.80
（12）	破布	kg	1.40	10.00	14.00
（13）	汽油	kg	5.80	4.00	23.20
（14）	柴油	kg	8.20	4.00	32.80

续表

编号	名称及规格	单位	数量	单价/元	合计/元
(15)	绝缘线	m	30.00	1.80	54.00
(16)	其他材料费		10.00%	636.78	63.68
(17)	其他材料费		10.00%	610.00	61.00
3	机械费				1289.23
(1)	载重汽车 5t	台班	0.63	348.64	220.34
(2)	汽车起重机 5.0t	台班	0.70	505.09	354.57
(3)	电焊机 交流 25kVA	台班	2.13	103.98	221.89
(4)	汽车起重机 8.0t	台班	0.80	538.79	431.03
(5)	其他机械费		5.00%	563.35	28.17
(6)	其他机械费		5.00%	664.49	33.22
(二)	其他直接费		8.00%	11077.05	886.17
1	冬雨季施工增加费		1.00%	11077.05	110.77
2	夜间施工增加费		0.50%	11077.05	55.39
3	小型临时设施费		3.00%	11077.05	332.31
4	安全生产措施费		2.00%	11077.05	221.54
5	其他		1.50%	11077.05	166.16
二	间接费		45.00%	8416.37	3787.36
三	利润		7.00%	15750.58	1102.54
四	材料价差				333.71
(1)	汽油	kg	28.12	4.63	130.21
(2)	柴油	kg	55.00	3.70	203.50
五	税金		9.00%	17186.83	1546.81
六	合计				18733.64

案例二

1. 项目背景

某大坝工程，设计计算机监控系统经计算设备费 100 万元。

2. 工作任务

计算计算机监控系统安装单价及费用。

3. 分析与解答

(1) 第一步：分析基本资料，由题意得知该工程为枢纽工程，其他直接费费率取 8%，间接费费率 45%，利润率为 7%，税率 9%。

(2) 第二步：按计算机监控系统安装，选取［AG07005］定额计算。

(3) 第三步：填表计算得出相应直接费、间接费、利润、税金等，汇总即得出该工程项目的工程单价。

经计算计算机监控系统安装工程单价 7.78%；安装费 100 万元×7.78%＝7.78（万元）。详见表 3-5-45。

表 3 - 5 - 45　　　　　　　　**计算机监控系统安装工程单价计算表**　　　　　　定额单位：%

定额编号：[AG07005]

施工方法：计算机监控系统安装

编号	名称及规格	单位	数量	单价/元	合价/元
一	直接费				5.18
（一）	基本直接费				4.80
1	人工费				3.30
2	材料费				0.50
3	装置性材料费				0.40
4	机械费				0.60
（二）	其他直接费		8.00%	4.80	0.38
1	冬雨季施工增加费		1.00%	4.80	0.05
2	夜间施工增加费		0.50%	4.80	0.02
3	小型临时设施费		3.00%	4.80	0.14
4	安全生产措施费		2.00%	4.80	0.10
5	其他		1.50%	4.80	0.07
二	间接费		45.00%	3.30	1.49
三	利润		7.00%	6.67	0.47
四	税金		9.00%	7.14	0.64
五	合计				7.78

第三节　分部工程概算编制

一、分部工程概算

分部工程概算是指工程部分中的建筑工程、机电设备及安装工程、金属结构设备（管道）及安装工程、临时工程、独立费用五部分的工程概算。

在编制分部工程概算时，其中：安全监测设施工程、水文及泥沙监测工程、水情自动测报系统工程、信息化标准化设施工程概算采用独立编制的概算成果汇入相应部分概算。

二、分部工程概算项目设置

各分部工程概算的项目划分按一级～三级项目设置：

（1）一级项目，相当于单项工程。是具有独立的设计文件，竣工后可以独立发挥生产能力或效益的工程。编制工程造价时视工程具体情况设置项目，一般应按项目划分的规定，不宜合并。

（2）二级项目，相当于单位工程。

（3）三级项目相当于分部分项工程。

二级、三级项目在编规"工程项目划分表"中仅列示了代表性的工程和项目，在编制概算时可根据工程的特点和设计深度进行增减。

三、建筑工程概算编制

建筑工程概算按枢纽工程和引（调）水及其他工程分类编制，枢纽工程按项目设置为：挡水工程、泄洪工程、取水工程、发电厂（泵站）工程、升压变电站工程、航运工程、鱼道工程、交通工程、管理工程、供电线路工程、其他建筑工程 11 项一级项目；引（调）水及其他工程按项目设置为：渠道工程、管道工程、水处理厂工程、建筑物工程、河道治理工程、交通工程、管理工程、供电线路工程、其他建筑工程 9 项一级项目。其中交通工程以前的 7 项为主体建筑工程，在编制中可分别采用单价法、指标法和百分率法进行编制。

（一）主体建筑工程概算编制

（1）主体建筑工程投资按设计工程量乘以工程单价进行编制。

（2）主体建筑工程项目划分执行水利水电工程项目划分的有关规定。

（3）主体建筑工程量应遵循《水利水电设计工程量计算规定》（SL 328—2005），按项目划分要求，计算到三级项目。

（4）当设计对主体建筑物混凝土施工有温控要求时，应根据温控措施设计，计算温控措施费用，也可以经过分析确定指标后，按建筑物混凝土方量进行计算。

（5）细部结构：当工程设计能够确定细部结构工程的全部工程量时，应按设计工程量乘以工程单价进行计算；当设计无法提出细部结构工程的工程量时，见表 3-5-46 计算细部结构费用。

表 3-5-46　　　　　　　　　　水工建筑工程细部结构指标表

序号	项　目　名　称	单位	综合指标
1	混凝土重力坝、重力拱坝、宽缝重力坝、支墩坝	元/m³（坝体方）	16.2
2	混凝土双曲拱坝		17.2
3	土坝、堆石坝		1.2
4	水闸	元/m³（混凝土）	48.0
5	冲砂闸、泄洪闸		42.0
6	进水口、进水塔		19.0
7	溢洪道		18.1
8	隧洞		15.3
9	竖井、调压井		19.0
10	高压管道		4.0
11	电（泵）站地面厂房		37.0
12	电（泵）站地下厂房		57.0
13	船闸		30.0
14	明渠（衬砌）		8.5
15	暗渠、倒虹吸		17.7
16	渡槽		54.0

注　1. 综合指标包括多孔混凝土排水管、廊道木模制作与安装、伸缩缝工程、接缝灌浆管路、冷却水管路、爬梯、通气管道、排水工程、排水渗井钻孔及反滤料、坝坡踏步、孔洞钢盖板、厂房内上下水工程、防潮层、建筑钢材及其他细部结构工程。

　　2. 综合指标为基本直接费。

（二）交通工程

交通工程投资一般应按设计工程量乘以单价进行计算或按专项设计投资计列。

（三）管理工程

1. 管理用房工程

水利水电工程管理用房工程，分为业务用房、生活用房和室外工程三部分。

（1）业务用房包括生产办公用房、附属用房等。

建筑面积由设计单位按有关规定结合工程规模确定，单位造价指标根据工程所在地类似工程造价指标确定。

（2）生活用房是指在工程现场建设的生活用房，由设计单位按有关规定结合工程规模确定，单位造价指标根据工程所在地类似工程造价指标确定。

（3）室外工程按管理用房工程（不含室外工程）投资的 15%～20% 计算。

2. 安全监测设施工程

安全监测设施工程，指属于永久建筑工程性质的安全监测设施，应按设计资料计算该项费用。

3. 水文及泥沙监测工程、水情自动测报系统工程、信息化标准化设施

按设计工程量乘以单价或扩大单位指标进行编制。

（四）供电线路工程

根据设计的电压等级、线路架设长度及所需配备的变配电设施要求，采用工程所在地区造价指标计算或按专项设计投资计列。

（五）其他建筑工程

（1）照明线路、通信线路等工程投资按设计工程量乘以单价或采用扩大指标编制。

（2）其余各项按设计要求分析计算。

（六）建筑工程概算编制案例

1. 项目背景

某大坝建筑工程概算见表 3-5-47，分别计算大坝及溢洪道细部结构单价及投资，室外工程投资。

表 3-5-47　　　　　　　　某大坝建筑工程概算表

编号	工程或费用名称	单位	数量	单价/元	合计/元
	第一部分　建筑工程				149057983
一	挡水工程				119965127
1	堆石混凝土坝体				91620510
	土方开挖	m³	33870	13.49	456906
	⋮				
	细部结构	m³	219898	23.47	5161006
二	泄洪工程				5599986
1	溢洪道工程				2847629
	C35混凝土溢流头部（R28 二级配）	m³	495	518.49	256653
	⋮				

编号	工程或费用名称	单位	数量	单价/元	合计/元
	细部结构	m³	2847	26.22	74648
五	管理工程				
1	房屋建筑工程				2116000
	辅助生产厂房	m²	100	1200.00	120000
	仓库	m²	100	1000.00	100000
	办公室	m²	400	1800.00	720000
	生活及文化福利建筑	m²	600	1500.00	900000
	室外工程		15%	1840000.00	276000

2. 分析与解答

(1) 第一步：分析基本资料，由题意得知计算堆石混凝土坝体、溢洪道工程细部结构单价计算都是按混凝土取费标准计算，则其他直接费费率为 8%，间接费费率为 13%，利润率为 7%，税率为 9%；房屋建筑工程中室外工程投资的取费基数（房屋建筑工程投资）1840000 元、查编规，取费费率 15%。

(2) 第二步：查水工建筑工程细部结构指标表 3-5-46，堆石混凝土坝体工程 16.2 元/m³（坝体方）、溢洪道工程 18.1 元/m³（混凝土），计算堆石混凝土坝体细部结构单价＝16.20 元×(1+8%)×(1+13%)×(1+7%)×(1+9%)＝23.06（元/m³）；溢洪道工程细部结构单价＝18.1 元×(1+8%)×(1+13%)×(1+7%)×(1+9%)＝25.76（元/m³）；室外工程投资＝1840000 元×15%＝276000（元）。

四、机电设备及安装工程概算编制

机电设备及安装工程投资由设备费和安装工程费两部分组成。

（一）机电设备及安装工程

机电设备及安装工程指构成枢纽工程、引（调）水及其他工程的全部机电设备及安装工程。对于枢纽工程由发电设备及安装工程、泵站设备及安装工程、变电站设备及安装工程、管理设备及安装工程和其他设备及安装工程五个一级项目组成；对于引（调）水及其他工程由泵站设备及安装工程、水闸设备及安装工程、高位水池设备及安装工程、水处理厂设备及安装工程、供电设备及安装工程、管理设备及安装工程和其他设备及安装工程 6 个一级项目组成。

（二）金属结构设备（管道）及安装工程

金属结构设备（管道）及安装工程指构成枢纽工程、引（调）水及其他工程的全部金属结构设备（管道）及安装工程。包括闸门设备及安装工程、启闭机设备及安装工程、拦污设备及安装工程、输水管道安装工程、阀门设备及安装工程、一体化水处理设备及安装工程、其他金属结构设备及安装工程。金属结构设备及安装工程的一级项目应与建筑工程的一级项目相应。

（三）设备费

设备费按设计选型设备的数量和价格进行编制。设备费由设备原价、运杂费、运输保险费、采购及保管费、运杂综合费率、交通工具购置费组成。

1. 设备原价

（1）国产设备：以含增值税进项税额的出厂价为设备原价。

（2）进口设备：以到岸价和进口征收的税金、手续费、商检费及港口费等项费用之和为设备原价。

（3）大型机组分块运至工地后的拼装费用，应包括在设备价格内。

以含增值税进项税额的出厂价或设计单位经分析论证后的询价为设备原价。

2. 运杂费

运杂费指设备由厂家运至工地仓库或堆放点所发生的一切运杂费费用。主要包括运输费、调车费、装卸费、包装绑扎费、变压器充氮费以及其他可能发生的杂费，分主要设备运杂费和其他设备运杂费，均按占设备原价的百分率计算。

（1）主要设备运杂费 3%～4%。

（2）其他设备运杂费 5%～7%。

根据运距及道路情况取值。

3. 运输保险费

运输保险费指设备在（国内）运输过程中的保险费。费用按保险公司有关规定计算。

4. 采购及保管费

采购及保管费按设备原价、运杂费之和的 0.7% 计算。

5. 运杂综合费率

运杂综合费率＝运杂费率＋(1＋运杂费率)×采购及保管费率＋运输保险费率

上述运杂综合费率，适用于计算国产设备运杂费。进口设备国内段运杂费按上述国产设备运杂费率乘以相应国产设备原价占进口设备原价（即进口设备到岸价）的比例系数，即为进口设备国内段运杂费率。

6. 交通工具购置费

工程竣工后，为保证建设项目初期生产管理单位正常运行必须配备车辆和船只。疏浚工程、田间工程以及改扩建、除险加固工程原则上不计列交通工具购置费。

交通设备购置费应由设计单位按有关规定并结合工程规模确定，设备价格根据市场价确定。

列项于"其他设备及安装工程"二级项目。

（四）安装工程费

安装工程费按设计提供的设备清单数量乘以安装工程单价进行计算。

（五）设备与材料的划分规定

1. 设备

凡是经过加工制造，由多种材料和部件按各自用途组成的具有功能、容量及能量传递或转换性能的机器、容器和其他机械、成套装置等均为设备。设备分为标准设备和非标准设备。

制造厂成套供货范围的部件、备品备件、设备体腔内定量填筑物（如透平油、变压器油、六氟化硫气体等）均作为设备。

不论成套供货、现场加工或零星购置的储气罐、储油罐、闸门、盘用仪表、机组本体上的梯子、平台和栏杆等均作为设备，不能因供货来源不同而改变设备性质。

2. 材料

为完成建筑安装工程所需的经过加工的原材料和在工艺生产过程中不起单元工艺生产作用的设备本体外的零件、附件、成品、半成品等均为材料。

电缆、电缆头、电缆和管道用的支吊架、母线、金具、滑触线和架、屏盘的基础型钢、钢轨、石棉板、穿墙隔板、绝缘子、一般用保护网、罩、门、梯子、平台、栏杆和蓄电池木架等，均作为材料。

各类管道和在施工现场制作加工完成的压力钢管、闷头等全部列为材料。

本编规对材料与设备划分的解释顺序如下：

（1）凡本编规中提及的材料与设备划分中的"材料""设备"，以本编规为准。

（2）本编规未提及的材料与设备划分，按《建设工程计价设备材料划分标准》（GB/T 50531—2009）划分。

（六）设备费计算案例

1. 项目背景

某大坝工程，为堆石混凝土坝，放水洞进水口检修闸门启闭机为卷扬启闭机 QPG400-35，由重庆×××机械制造厂生产，原价（厂价）175000 元。

2. 工作任务

计算 QPG400-35 型启闭机的设备价。

3. 分析与解答

根据调查了解重庆×××机械制造厂距某坝区 250km，查编规，按其他设备运杂费率 5%～7%，取 5%（高速路＋国道）计算，则运杂费为 175000 元×5%＝8750（元），运输保险费率按 0.3%计、运输保险费 175000×0.3%＝525（元），采购及保管费为（175000＋8750）×0.7%＝1286（元），设备费＝175000＋8750＋525＋1286＝185561（元）。

（七）金属结构设备（管道）及安装工程概算编制

金属结构设备（管道）及安装工程概算编制计算方法同第二部分机电设备及安装工程。

五、施工临时工程概算编制

（一）导流工程

导流工程同主体建筑工程，按设计工程量乘以工程单价进行计算。

（二）施工交通工程

交通工程投资一般应按设计工程量乘以单价进行计算，也可根据工程所在地区造价指标或有关实际资料，采用扩大单位指标编制。

（三）施工场外供电工程

根据设计电压等级、线路架设长度及所需配备的变配电设施要求，采用工程所在地区造价指标或有关实际资料计算。

（四）料场无用料清除及防护工程

料场无用料清除及防护工程同主体建筑工程，按设计工程量乘以工程单价进行计算。

（五）施工期管理工程

1. 临时房屋建筑工程

（1）施工仓库：建筑工程投资根据设计工程量乘工程单价计算；场地平整、室外工程投资根据设计工程量乘以工程单价计算。

（2）施工单位办公、生活及文化福利建筑：建筑工程投资按一至四部分建安工作量1.0％～1.5％计算；场地平整、室外工程投资根据设计工程量乘以工程单价计算。

（3）建设单位（含设计代表及现场监理等）办公、生活及文化福利建筑：建筑工程投资根据设计工程量乘工程单价计算；场地平整、室外工程投资根据设计工程量乘工程单价计算。

建筑面积由施工组织设计确定，单位造价综合指标应根据工程所在地实际、房屋建筑结构及性质、施工工期等，参考工程所在地建筑造价水平分析确定。

2. 施工期安全监测工程

施工期安全监测工程按专业设计投资计列。

3. 施工期水情测报工程

施工期水情测报工程按专业设计投资计列。

4. 施工期水文及泥沙监测工程

施工期水文及泥沙监测工程按专业设计投资计列。

5. 施工期信息化标准化设施

施工期信息化标准化设施按专业设计投资计列。

（六）特殊工程施工措施

同主体建筑工程按设计工程量乘工程单价计算。

（七）其他施工临时工程

根据工程项目划分第一～第四部分建筑安装工作量（不含其他施工临时工程）按表3-5-48费率计算。

表 3-5-48　　　　　　　　　　其他施工临时工程费率表

序号	工程类型	计算基数	费率/％
1	枢纽工程	第一～第四部分建安工作量之和（不包括其他施工临时工程）	3
2	引（调）水、独立建筑物工程		1.5
3	灌溉、堤防、河（湖）整治		1
4	疏浚、田间工程		0.5

（八）其他施工临时工程计算案例

1. 项目背景

某大坝工程，在其他施工临时工程以前的建安工程投资为17236.41万元，计算其他临时工程投资及工程第一～第四部分建安投资。

2. 分析与解答

查其他施工临时工程费率表，枢纽工程费率为3％，则其他施工临时工程投资为17236.41×3％＝517.09（万元），工程一至四部分建安投资为17236.41＋517.09＝17753.50（万元）。

六、独立费用概算编制

由建设管理费、经济技术咨询服务费、工程建设监理费、联合试运转费、生产准备费、工程科学研究试验费、工程勘测设计费、工程质量检测费和其他组成。

（一）建设管理费

1. 费用组成

费用组成指建设单位在工程项目筹建和建设期间进行管理工作所需的费用。由建设单位开办费、建设单位人员经常费、项目管理费、工程验收费等四项组成。

（1）建设单位开办费。建设单位开办费指新组建的工程建设单位，为开展工作所必须购置的办公及生活设施或办公场地地租用、交通工具等以及其他用于开办工作的费用。

（2）建设单位人员经常费。建设单位人员经常费指建设单位从批准组建之日起至完成该工程建设管理任务之日止，需开支的建设单位人员费用。主要包括不在原单位发工资的工作人员的基本工资、辅助工资、职工福利费、劳动保护费、养老保险费、失业保险费、医疗保险费、住房公积金、工伤及生育保险费等。

（3）项目管理费。项目管理费指建设单位从筹建到竣工期间所发生的各种管理费用。包括：

1）工程建设过程中用于资金筹措、召开董事（股东）会议、视察工程建设所发生的会议和差旅等费用。

2）工程宣传费。

3）土地使用税、房产税、印花税、合同公证费。

4）建设单位人员的教育经费、办公费、差旅交通费、会议费、交通车辆使用费、固定资产使用费、招募生产工人费、技术图书资料费（含软件）、业务招待费、施工现场津贴、零星固定资产购置费低值易耗品摊销费、工具用具使用费、修理费、水电费、采暖费等。

5）其他管理性开支。

（4）工程验收费。工程验收费指工程完工前，由政府和项目法人组织的阶段验收和竣工时所发生的会议费、资料整理费、印刷费等。

对于采用代建制或设计施工总承包的工程，代建管理费和总承包管理费按照其所包含的管理内容在建设管理费中支出。

2. 计算标准

建设管理费以第一～第四部分建安工作量为计算基数，按表 3-5-49 所列费率，按差额定率累进法计算。

表 3-5-49 建 设 管 理 费 费 率 表

第一～第四部分建安工作量/万元	费率/%	第一～第四部分建安工作量/万元	费率/%
≤1000	2.0	10000～50000	1.0
1000～5000	1.5	50000～100000	0.8
5000～10000	1.2	>100000	0.4

（二）经济技术咨询服务费

1. 专题报告编制费

专题报告编制费包括各阶段的防洪影响评价、水资源论证、地质灾害危险性评价、工程场地地震安全性评价、压覆矿评价、社会风险稳定分析及评估报告等专题报告编制及咨询发生的费用。

费用标准：造价按有关规定和实际发生的计列。

2. 招标业务费

建设单位根据《中华人民共和国招标投标法》和地方政府相关招标投标管理规定必须组织招标活动所发生的全部费用。包括建设单位委托招标代理，组织工程勘测设计招标、施工招标、设备采购招标及其他招标，组织招标设计评审等业务及相关环节的费用。

招标业务费指对工程招标、服务招标和货物招标等进行招标代理的服务费用。包括从事编制招标文件（包括编制资格预审文件），审查投标人资格，踏勘现场并答疑，组织开标、评标、定标，以及提供招标前期咨询、协助签订合同等工作费用。

费用标准：设计报告书招标方案和标段投资作为基数，按表 3 - 5 - 50 费率按差额定率累进法分别计算。

表 3 - 5 - 50　　　　　　　　招 标 业 务 费 率 表

计费基数/万元	工程招标费率/%	服务招标/%	货物招标 /%
<100	1.00	1.50	1.50
100～500	0.70	0.80	1.10
500～1000	0.55	0.45	0.80
1000～5000	0.35	0.25	0.50
5000～10000	0.20	0.10	0.25
>10000	0.05	0.05	0.05

3. 造价咨询服务费

造价咨询服务费指建设单位在工程招标阶段、施工阶段委托造价咨询单位对工程造价进行咨询所需的费用。包括编制招标工程量清单、编制施工招标控制价、变更管理及结算审核等。

费用标准：按表 3 - 5 - 51 费率按差额定率累进法计算。在编制工程概算时按"实施阶段造价控制咨询服务"标准计列造价咨询服务费。

表 3 - 5 - 51　　　　　　　　造价咨询服务费率表

第一～第四部分合计/万元	实施阶段造价控制咨询服务/%	结算审核/%		编制（或审核）清单和拦标价/%	编制（或审核）工程预算/根据清单编制拦标价/%	竣工财务决算报告编制/%	工程造价争议咨询/%
		基本费用	追加费用				
计费基数	工程费用部分投资额	送审额	审减（增）额	投资额	投资额	决算金额	争议金额
<500	1.61	0.52	7	0.64	0.34	0.33	3.0
500～1000	1.43	0.44	6	0.57	0.31	0.28	2.5
1000～5000	1.16	0.39	5	0.48	0.25	0.22	2.0

续表

第一~第四部分合计/万元	实施阶段造价控制咨询服务/%	结算审核/%		编制（或审核）清单和拦标价/%	编制（或审核）工程预算/根据清单编制拦标价/%	竣工财务决算报告编制/%	工程造价争议咨询/%
		基本费用	追加费用				
计费基数	工程费用部分投资额	送审额	审减（增）额	投资额	投资额	决算金额	争议金额
5000~10000	0.86	0.23	4	0.28	0.17	0.17	1.5
>10000	0.66	0.19	4	0.22	0.11	0.13	1.0

注 1. 根据委托内容进行计算。
　　2. 建设项目实施阶段全过程造价控制咨询服务，是指工程量清单编制开始至合同工程完工验收前的造价咨询服务，包括制定造价控制实施细则，确定控制目标；审核招标文件、答疑文件及合同条款中相关的造价条款；提供施工进度款的支付审核意见；审核设计变更、现场签证、施工索赔的造价内容；审核设备、材料等造价信息。

4. 审计费

审计费是指建设项目竣工财务决算审计所发生的费用。

费用标准：以第一~第四部分合计乘以 1.1 系数作为计算基数，按表 3-5-52 费率按差额定率累进法分别计算。

表 3-5-52　　　　　　　　　　审　计　费　率　表

第一~第四部分建安工作量/万元	费率/%	第一~第四部分建安工作量/万元	费率/%
<500	0.53	5000~10000	0.26
500~1000	0.46	10000~50000	0.20
1000~5000	0.40	>50000	0.13

5. 其他咨询服务费

其他咨询服务费包括各阶段勘测设计成果咨询、评审或评估费用，项目后评价、工程安全鉴定、验收技术鉴定、安全评价相关咨询、危（大）工程技术评审等发生的费用。

费用标准：以第一~第四部分之和作为计算基数，按表 3-5-53 费率按差额定率累进法计算。

表 3-5-53　　　　　　　　　　其他咨询服务费率表

第一~第四部分合计/万元	费率/%	第一~第四部分合计/万元	费率/%
≤1000	2.0	10000~50000	0.8
1000~5000	1.6	>50000	0.4
5000~10000	1.2		

（三）工程建设监理费

工程建设监理费由工程建设监理费、爆破工程监理费两项组成。

1. 工程建设监理费

工程建设监理费指在工程建设过程中委托监理单位，对工程的质量、进度、安全和投资等方面进行监理所发生的全部费用。

费用标准为

工程建设监理费＝监理费收费基价×工程类型调整系数×工程复杂程度调整系数

工程建设监理费收费基价见表 3-5-54。

表 3-5-54　　　　　　　　　　工程建设监理费收费基价表　　　　　　单位：万元

序号	计费额	收费基价	序号	计费额	收费基价
1	500	16.5	9	60000	991.4
2	1000	30.1	10	80000	1255.8
3	3000	78.1	11	100000	1507.0
4	5000	120.8	12	200000	2712.5
5	8000	181.0	13	400000	4882.6
6	10000	218.6	14	600000	6835.6
7	20000	393.4	15	800000	8658.4
8	40000	708.2	16	1000000	10390.1

注　1. 水电站、水库工程的计费额为第一～第四项建筑安装工程投资合计数。

　　2. 其他工程的计费额为第一～第四部分投资合计数。若设备购置费超过第一～第四部分投资合计数的 40%，
　　　则其计费额为第一～第四部分建筑安装工程投资＋设备费×40%。

　　3. 按插入法计算收费基价。

2. 爆破工程监理费

爆破工程监理费指由具有相应资质要求的安全监理企业，对爆破工作进行监理所发生的全部费用。

费用标准：按炸药用量进行计算，炸药的爆破工程监理费用为 2500～4000 元/t，爆破工作量大的取小值，工作量小的取大值。对于爆破作业工作量小不需单独委托爆破监理工作或当地规定不需爆破工程监理的，该项费用不计列。

（四）联合试运转费

联合试运转费指水利水电工程的发电机组、水泵等安装完毕，在竣工验收前，进行整套设备带负荷联合试运转期间所需的各项费用，主要包括联合试运转期间所消耗的燃料、动力、材料及机械使用费，工具用具购置费，施工单位参加联合试运转人员的工资等。

费用标准：联合试运转费分水电站工程和泵站工程二类。水电站工程以单机容量分类，按装机台数计算；泵站工程按总装机容量计算。

计算公式为

联合试运转费＝费用指标×机组台数（或装机容量）

费用指标见表 3-5-55。

表 3-5-55　　　　　　　　　　联合试运转费用指标表

水电站工程	单机容量/万 kW	≤0.15	≤0.3	≤0.5	≤1	≤2	≤3	≤4	≤5
	费用/（万元/台）	2	3	5	8	10	15	18	22
泵站工程/（元/kW）		60～90							

（五）生产准备费

生产准备费指水利建设项目的生产、管理单位为准备正常的生产运行或管理发生的费用。包括生产及管理单位提前进厂（站）费、生产职工培训费、管理用具购置费、备品备件购置费和工器具及生产家具购置费。

1. 生产及管理单位提前进厂（站）费

生产及管理单位提前进厂（站）费指在工程完工之前，生产、管理单位有一部分工人、技术人员和管理人员提前进场进行生产筹备工作所需的各项费用。内容包括提前进场人员的基本工资、辅助工资、职工福利费、劳动保护费、养老保险费、失业保险费、医疗保险费、住房公积金、工伤及生育保险费、劳动保护费、教育经费、办公费、差旅交通费、会议费、技术图书资料费、零星固定资产购置、低值易耗品摊销费、工具用具使用费、修理费、水电费、采暖费等，以及其他属于生产筹建期间应开支的费用。

费用标准：以第一～第四部分建安工作量为计算基数，枢纽工程取 0.3%，引（调）水及其他工程取 0.2%。除险加固工程、疏浚工程和田间工程原则上不计此项费用。

2. 生产职工培训费

生产职工培训费指工程在竣工验收之前，生产及管理单位为保证生产、管理工作能顺利进行，需对工人、技术人员和管理人员进行培训所发生的费用。

费用标准：以第一～第四部分建安工作量为计算基数，枢纽工程取 0.3%，引（调）水及其他工程取 0.1%。除险加固工程、疏浚工程和田间工程原则上不计此项费用。

3. 管理用具购置费

管理用具购置费指为保证新建项目的正常生产和管理所必须购置的办公和生活用具等费用，内容包括办公室、会议室、资料档案室、阅览室、文娱室、医务室等公用设施需要配置的家具器具。

费用标准：以第一～第四部分建安工作量为计算基数，枢纽工程取 0.3%，引（调）水及其他工程取 0.2%。

4. 备品备件购置费

备品备件购置费指工程在投产运行初期，由于易损件损耗和可能发生的事故，而必须准备的备品备件和专用材料的购置费。不包括设备价格中配备的备品备件。

费用标准：以设备费为计算基数，按占设备费的 0.1% 计算。电站（泵站）同容量、同型号机组超过 1 台时，只计算 1 台的设备费。

5. 工器具及生产家具购置费

工器具及生产家具购置费指按设计规定，为保证初期生产正常运行所必须购置的不属于固定资产标准的生产工具、器具、仪表、生产家具等的购置费。不包括设备价格中已包括的专用工具。

费用标准：以设备费为计算基数，枢纽工程取 0.2%，引（调）水及其他工程取 0.1%。

（六）工程科学研究试验费

工程科学研究试验费指在工程建设过程中，为解决工程建设技术问题，而进行必要的科学研究试验所需的费用，如土石坝、碾压混凝土碾压试验等工作费用。

费用标准：按工程建筑安装工作量为基数，枢纽工程取 0.5％，引（调）水及其他工程取 0.1％。除险加固工程、疏浚工程和田间工程原则上不计此项费用。

（七）工程勘测设计费

工程勘测设计费指工程从项目建议书开始至以后各设计阶段发生的勘测费、设计费和相关试验研究费。不包括建设征地移民补偿、水土保持工程、环境保护工程及专项工程的勘测费、设计费，其费用在相应的工程投资中计列。

1. 前期勘测设计费

前期勘测设计费包括项目建议书、可行性研究阶段发生的勘察费、设计费、除险加固工程安全鉴定费等前期工作费用。一般应按勘测设计合同金额计列，如无合同，按以下标准计列：

前期勘察费＝前期勘察费收费基价×专业调整系数×综合调整系数

前期勘察费收费基价、前期勘察费专业调整系数、综合调整系数详见《编规》内容。

项目建议书、可行性研究等前期阶段发生的设计费，按相应阶段工程勘察费的 35％～50％计取。

除险加固工程安全鉴定费是指对已经运行的水库、水闸等存在安全隐患的水工建筑物，需要进行除险加固而发生的前期勘察、试验、评估、鉴定等工作费用，按实际合同额或参考类似项目确定。

2. 初步设计、招标设计及施工图设计阶段勘测设计费

初步设计、招标设计及施工图设计阶段勘测设计费指工程初步设计、招标设计和施工图设计阶段发生的勘察费、设计费、施工图审查费和为勘察设计服务的科研试验费用。不包括项目建议书、可行性研究两阶段的勘察设计费和工程建设征地移民安置规划设计、专项部分设计各设计阶段发生的勘测设计费。一般应按勘测设计合同金额计列，如无合同，按以下标准计列：

（1）工程勘察费，即

工程勘察费＝勘察费收费基价×专业调整系数×综合调整系数

其中，勘察、设计费收费基价和勘察费专业调整系数详见《编规》内容。

（2）工程设计费，即

工程设计费＝设计费收费基价×专业调整系数×综合调整系数

其中，勘察、设计费收费基价、设计费专业调整系数详见《编规》内容。

（八）工程质量检测费

在工程建设和验收期间，为检验工程质量，除列入"其他直接费"中的由施工企业负责的一般鉴定、检查以及列入"工程建设监理费"中由监理单位负责的检测费用以外，应由建设单位委托具有相应资质的第三方检测机构进行的检测试验费用，包括新结构、新材料的试验费，对构件做破坏性试验及其他全部特殊要求检验试验（含基础工程、金属结构等检测试验）的费用。

费用标准：按工程第一～第四部分建安工作量的百分率计算。根据工程性质、规模、复杂程度以及需检测项目情况，费率取 0.6％～1.0％。当隐蔽工程检测项目较多时，取中高值。

（九）其他

1. 工程保险费

工程保险费指工程建设期间，为使工程能在遭受水灾、火灾等自然灾害和意外事故造成损失后得到经济补偿，对建筑、设备及安装工程进行投保所发生的保险费用。

费用标准：按工程第一～第四部分投资合计的 4.5‰～5.0‰ 计算。

2. 其他税费

其他税费指按国家规定应缴纳的与工程建设有关的税费。

费用标准：按国家及贵州省有关规定计取。

（十）独立费用计算案例

1. 项目背景

某大坝工程，设备费投资 705.03 万元、第一～第四部分建安投资 17736.08 万元。

2. 工作任务

计算本工程独立费用。

3. 分析与解答

查《编规》独立费用计算规定，独立费用概算见表 3-5-56。

表 3-5-56　　　　　　　独立费用概算表

序号	费用名称	计算公式	费率	总价/万元
一	建设管理费	$10000\times[140+(17736.08-10000)\times1.0\%]$		217.36
二	项目经济咨询服务费			779.07
1	专题报告编制费			336.00
2	招标代理业务费			55.33
	（1）工程招标业务费	$10000\times[30.55+(17736.08-10000)\times0.05\%]$		34.42
	（2）服务招标代理费（勘察设计）	$10000\times[6.95+(1828.32-1000)\times0.25\%]$		9.02
	（3）货物招标代理费	$10000\times[5.9+(705.03-500)\times0.80\%]$		7.54
	（4）服务招标代理费（监理）	$10000\times[1.50+(454.73-100)\times0.80\%]$		4.34
3	造价咨询服务费	$(17736.08+705.03)\times10000\times0.66\%$		121.71
4	审计费	$10000\times\{33.95+[(17736.08+705.03)\times1.10-10000]\times0.20\%\}$		54.52
5	其他咨询服务费	$10000\times[144+(17736.08+705.03-10000)\times0.8\%]$		211.53
三	工程建设监理费			454.73
	建设监理费	$10000\times[218.6+(393.4-218.6)/(20000-10000)\times(17736.08-10000)]\times1.2\times1$		430.51
四	爆破工程监理费（炸药量×单价）	96.88×2500		24.22
五	生产准备费			161.74
1	生产及管理单位提前进场（站）费	Σ建安费×0.30%×1.00	0.30%	53.21

续表

序号	费用名称	计算公式	费率	总价/万元
2	生产职工培训费	∑建安费×0.30%×1.00	0.30%	53.21
3	管理工具购置费	∑建安费×0.30%	0.30%	53.21
4	备品备件购置费	(∑设备费－∑含备品备件费的设备费)×0.10%	0.10%	0.71
5	工器具及生产家具购置费	∑设备费×0.20%	0.20%	1.41
六	工程科学研究试验费	∑建安费×0.50%×1.00	0.50%	88.68
七	工程勘测设计费			1828.32
1	前期勘测设计费			591.22
	前期阶段勘测费	$10000×[168.07+(307.32-168.07)/(20000-10000)×(17736.08+705.03-10000)]×1.2×1.15$		394.15
	前期阶段设计费 (0.35~0.5)	$10000×[168.07+(307.32-168.07)/(20000-10000)×(17736.08+705.03-10000)]×1.2×1.15×0.5$		197.07
2	初步设计、招标设计及施工图设计阶段勘测设计费			1237.10
	工程勘察费	$10000×[307.8+(566.8-307.8)/(20000-10000)×(17736.08+705.03-10000)]×1.2×1.00$		605.39
	工程设计费	$10000×[307.8+(566.8-307.8)/(20000-10000)×(17736.08+705.03-10000)]×1.2×1.00$		631.71
八	工程质量检测费 (0.6%~1.0%)	∑建安费×0.60%	0.60%	106.42
九	其他	922055.57+0		92.21
1	工程保险费 (0.45%~0.5%)	(∑建安费+∑设备费)×0.50%	0.50%	92.21
	合计			3722.62

第四节　分年度投资及资金流量

一、分年度投资

分年度投资是根据施工组织设计确定的施工进度和合理工期计算出的工程各年度预计完成的投资额。

1. 建筑工程

（1）建筑工程分年度投资表应根据施工进度的安排，凡有工程量和相应的工程单价的项目，应分年度进行计算；没有工程量和相应的工程单价的项目，可根据施工进度和各年度完成工程量比例，摊入分年度投资表。

（2）建筑工程分年度投资的编制至少应按二级项目中的主要工程项目分别反映各自的建筑工作量。

2. 设备及安装工程

设备及安装工程分年度投资应根据施工组织设计确定的设备安装进度计算各年度预计完成的设备费和安装费。

3. 费用

根据费用的性质和费用发生的时段，按相应年度分别进行计算。

二、资金流量

资金流量是为满足工程项目在建设过程中各时段的资金需求，按工程建设所需资金投入时间计算的各年度使用的资金量。资金流量表的编制以分年度投资表为依据，按建筑安装工程、永久设备购置费和独立费用三种类型分别计算。本资金流量计算办法主要用于初步设计概算。

1. 建筑及安装工程

（1）建筑工程可根据分年度投资表的项目划分，以各年度建筑工作量作为计算资金流量的依据。

（2）资金流量是在原分年度投资的基础上，考虑预付款、预付款的扣回、保留金和保留金的偿还等编制出的分年度资金安排。

（3）预付款一般可划分为工程预付款和工程材料预付款两部分。

1）工程预付款按划分的单个工程项目的建安工作量的 10％～20％计算，工期在 3 年以内的工程全部安排在第一年，工期在 3 年以上的可安排在前两年。工程预付款的扣回从完成建安工作量的 30％起开始，按完成建安工作量的 20％～30％扣回至预付款全部回收完毕为止。

对于需要购置特殊施工机械设备或施工难度较大的项目，工程预付款可取大值，其他项目取中值或小值。

2）工程材料预付款。水利水电工程一般规模较大，所需材料的种类及数量较多，提前备料所需资金较大，因此考虑向施工企业支付一定数量的材料预付款。可按分年度投资中次年完成建安工作量的 20％在本年提前支付，并于次年扣回，以此类推，直至本项目竣工。

（4）保留金。水利水电工程的保留金，按建安工作量的 2.5％计算。在计算概算资金流量时，按分项工程分年度完成建安工作量的 5％扣留至该项工程全部建安工作量的 2.5％时终止（即完成建安工作量的 50％时），并将所扣的保留金 100％计入该项工程终止后一年（如该年已超出总工期，则此项保留金计入工程的最后一年）的资金流量表内。

2. 永久设备购置费

永久设备购置费资金流量计算，划分为主要设备和一般设备两种类型分别计算。

（1）主要设备的资金流量计算。主要设备为水轮发电机组、大型水泵、大型电机、主阀、主变压器、桥机、门机、高压断路器或高压组合电器、金属结构闸门启闭设备等。按设备到货周期确定各年资金流量比例，具体比例见表 3-5-57。

表 3-5-57　　　　　　　　　　　主要设备资金流量比例表

到货周期	第 1 年	第 2 年	第 3 年	第 4 年	第 5 年	第 6 年
1 年	15％	75％※	10％			
2 年	15％	25％	50％※	10％		
3 年	15％	25％	10％	40％※	10％	
4 年	15％	25％	10％	10％	30％※	10％

※　表示数据的年份为设备到货年份。

（2）其他设备。其资金流量按到货前一年预付 15％定金，到货年支付 85％的剩余价款。

3. 独立费用

独立费用资金流量主要是勘测设计费的支付方式应考虑质量保证金的要求，其他项目则均按分年投资表中的资金安排计算。

（1）可行性研究和初步设计阶段的勘测设计费按合理工期分年平均计算。

（2）施工图设计阶段勘测设计费的 95％按合理工期分年平均计算，其余 5％的勘测设计费用作为设计保证金，计入最后一年的资金流量表内。

第五节　总　概　算　编　制

一、预备费

预备费包括基本预备费和价差预备费。贵州省水利水电工程系列概（估）算编制规定不考虑价差预备费。

基本预备费主要为解决在工程施工过程中，设计变更和有关技术标准调整增加的投资以及工程遭受一般自然灾害所造成的损失和为预防自然灾害所采取的措施费用。

计算方法：根据工程规模、施工年限、地质条件和不同设计阶段，按工程项目划分第一～第五部分投资合计（依据分年度投资表）的百分率计算。初步设计概算为 5.0％。

二、建设期融资利息

根据国家财政金融政策规定，工程在建设期内需偿还并应计入工程总投资的融资利息。

计算方法：根据合理建设工期、贷款利率、工程概算第一～第五部分分年投资、基本预备费、价差预备费之和扣出资本金后的现金流量为基数逐年计算。计算公式为

$$S = \sum_{n=1}^{N} \left[\left(\sum_{m=1}^{n} F_m b_m - \frac{1}{2} F_n b_n \right) + \sum_{m=0}^{n-1} S_m \right] i$$

式中　S——建设期融资利息；

　　　N——合理建设工期；

　　　n——施工年度；

　　　m——还息年度；

F_m、F_n——在建设期资金流量表内第 m、第 n 年度的投资；

b_m、b_n——各施工年份融资额占当年投资比例；

　　　i——建设期贷款利率；

　　　S_m——第 m 年度的付息额度。

三、静态总投资

工程第一～第五部分投资与基本预备费之和为工程部分静态投资。编制工程部分总概算表时，在第五部分独立费用之后，应顺序计列以下项目：

（1）第一～第五部分合计。

（2）基本预备费。

（3）工程部分静态投资。工程部分静态投资和专项部分静态投资之和构成静态总投资。

四、总投资

静态总投资与建设期融资利息之和构成总投资。

编制工程概算总表时，在工程投资总计中应顺序计列以下项目：

（1）静态总投资（汇总各部分静态投资）。

（2）建设期融资利息。

（3）总投资。

五、计算案例分析

某水利枢纽工程第一～第五部分的分年度投资见表3-5-58。已知：基本预备费费率为5%，融资利率为8%，各施工年份融资额占当年工程部分静态投资比例的60%。

（1）引（调）水及其他工程第三部分金属结构设备（管道）及安装工程投资如下：①闸门设备费40万元，安装费10万元；②启闭设备费30万元，安装费5万元；③输水管道工程：仪器仪表费10万元，安装费5万元；④阀门设备费25万元，安装费5万元；管道材料费140万元，安装费30万元。

（2）专项部分投资如下：①水库区征地移民安置补助费300万元；②工程区征地移民安置200万元；③水土保持工程费800万元；④环境保护费工程费400万元。

任务一：计算基本预备、工程部分静态投资、建设期融资利息。

任务二：完成总概算表（表3-5-59）。

任务三：专项部分全部为自用资金投资，完成工程概算总表（表3-5-60）。

表3-5-58　　　　　　　　　分年度投资表　　　　　　　　　单位：万元

编号	项　　目	合计	建设工期/投资	
			第1年	第2年
Ⅰ-1	枢纽工程			
1	第一部分　建筑工程	10000.00	4000.00	6000.00
2	第二部分　机电设备及安装工程	600.00	200.00	400.00
3	第三部分　金属结构设备及安装工程	320.00	80.00	240.00
4	第四部分　施工临时工程	450.00	300.00	150.00
5	第五部分　独立费用	600.00	400.00	200.00
6	第一～第五部分合计	11970.00	4980.00	6990.00
7	基本预备费			
8	枢纽工程部分静态投资			
Ⅰ-2	引（调）水及其他工程			
1	第一部分　建筑工程	4000.00	1600.00	2400.00

续表

编号	项 目	合 计	建设工期/投资	
			第1年	第2年
2	第二部分 机电设备及安装工程	400.00	160.00	240.00
3	第三部分 金属结构设备（管道）及安装工程	300.00	100.00	200.00
4	第四部分 施工临时工程	200.00	150.00	50.00
5	第五部分 独立费用	240.00	140.00	100.00
6	第一～第五部分合计	5140.00	2150.00	2990.00
7	基本预备费			
8	引（调）水及其他工程部分静态投资			
	工程部分静态投资			

表 3－5－59 总 概 算 表 单位：万元

序号	工程或费用名称	建筑安装工程费	设备购置费	独立费用	合计	占第一～第五部分投资/%
I—2	枢纽工程					
1	第一部分 建筑工程	10000.00			10000.00	
	主体建筑工程	8000.00			8000.00	
	交通工程	400.00			400.00	
	管理工程	800.00			800.00	
	供电设施工程	300.00			300.00	
	其他建筑工程	500.00			500.00	
2	第二部分 机电设备及安装工程	100.00	500.00		600.00	
	泵站设备及安装工程	20.00	100.00		120.00	
	变电站设备及安装工程	20.00	130.00		150.00	
	管理设备及安装工程	20.00	70.00		90.00	
	其他设备及安装工程	40.00	200.00		240.00	
3	第三部分 金属结构设备及安装工程	60.00	260.00		320.00	
	闸门设备及安装工程	25.00	115.00		140.00	
	启闭设备及安装工程	20.00	70.00		90.00	
	拦污设备及安装工程	10.00	80.00		90.00	
4	第四部分 施工临时工程	450.00			450.00	
	导流工程	150.00			150.00	
	施工交通工程	50.00			50.00	
	施工场外供电工程	20.00			20.00	
	料场无用料清除及防护工程	130.00			130.00	
	施工期管理工程	20.00			20.00	
	施工专项工程	15.00			15.00	

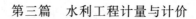

续表

序号	工程或费用名称	建筑安装工程费	设备购置费	独立费用	合计	占第一～第五部分投资/%
	其他施工临时工程	65.00			65.00	
5	第五部分　独立费用			600.00	600.00	
6	第一～第五部分合计					
7	基本预备费					
8	工程部分静态投资					
I—2	引（调）水及其他工程					
1	第一部分　建筑工程	4000.00			4000.00	
	主体建筑工程	2000.00			2000.00	
	交通工程	400.00			400.00	
	管理工程	800.00			800.00	
	供电设施工程	300.00			300.00	
	其他建筑工程	500.00			500.00	
2	第二部分　机电设备及安装工程				400.00	
	泵站设备及安装工程	20.00	100.00		120.00	
	变电站设备及安装工程	25.00	125.00		150.00	
	管理设备及安装工程	20.00	70.00		90.00	
	其他设备及安装工程	5.00	35.00		40.00	
3	第三部分　金属结构设备（管道）及安装工程					
	闸门设备及安装工程					
	启闭设备及安装工程					
	输水管道工程					
4	第四部分　施工临时工程				200.00	
	导流工程	45.00			45.00	
	施工交通工程	20.00			20.00	
	施工场外供电工程	10.00			10.00	
	料场无用料清除及防护工程	80.00			80.00	
	施工期管理工程	10.00			10.00	
	施工专项工程	10.00			10.00	
	其他施工临时工程	25.00			25.00	
5	第五部分　独立费用			240.00	240.00	
6	第一～第五部分合计					
7	基本预备费					
8	引（调）水及其他工程部分静态投资					
	工程部分静态投资					

表 3 - 5 - 60 工 程 概 算 总 表 单位：万元

编号	工程或费用名称	建安工程费	设备购置费	独立费用	合计
I	工程部分投资				
I—1	枢纽工程				
	第一部分 建筑工程				
	第二部分 机电设备及安装工程				
	第三部分 金属结构设备及安装工程				
	第四部分 临时工程				
	第五部分 独立费用				
	第一～第五部分合计				
	基本预备费				
	工程部分静态投资				
I—2	引（调）水及其他工程				
	第一部分 建筑工程				
	第二部分 机电设备及安装工程				
	第三部分 金属结构设备（管道）及安装工程				
	第四部分 临时工程				
	第五部分 独立费用				
	第一～第五部分合计				
	基本预备费				
	工程部分静态投资				
II	专项部分投资				
一	水库区征地移民安置补助费				
二	工程区征地移民安置补助费				
三	水土保持工程费				
四	环境保护工程费				
	专项部分静态投资				
III	工程投资总计（I＋II）				
	静态总投资				
	项目建设期融资利息				
	总投资				

分析与解答：

任务一的计算为

（1）基本预备费。

基本预备费＝枢纽工程部分预备费＋引（调）水及其他工程部分预备费

$$=11970.00 \times 5\% + 5140 \times 5\% = 598.50 + 257.00 = 855.50（万元）$$

（2）工程部分静态投资。

工程部分静态投资＝枢纽工程部分＋引（调）水及其他工程部分

$$=(11970 + 598.5) + (5140 + 257.00) = 12568.50（万元）$$

（3）建设期融资。

1）完成分年度投资表，见表 3-5-61。

表 3-5-61　　　　　　　　　分 年 度 投 资 表　　　　　　　　　单位：万元

编号	项　目	合计	建设工期/投资	
			第 1 年	第 2 年
I—1	枢纽工程			
1	第一部分　建筑工程	10000.00	4000.00	6000.00
2	第二部分　机电设备及安装工程	600.00	200.00	400.00
3	第三部分　金属结构设备及安装工程	320.00	80.00	240.00
4	第四部分　施工临时工程	450.00	300.00	150.00
5	第五部分　独立费用	600.00	400.00	200.00
6	第一~第五部分合计	11970.00	4980.00	6990.00
7	基本预备费	598.50	249.00	349.50
8	枢纽工程部分静态投资	12568.50	5229.00	7339.50
I—2	引（调）水及其他工程			
1	第一部分　建筑工程	4000.00	1600.00	2400.00
2	第二部分　机电设备及安装工程	400.00	160.00	240.00
3	第三部分　金属结构设备（管道）及安装工程	300.00	100.00	200.00
4	第四部分　施工临时工程	200.00	150.00	50.00
5	第五部分　独立费用	240.00	140.00	100.00
6	第一~第五部分合计	5140.00	2150.00	2990.00
7	基本预备费	257.00	107.50	149.50
8	引（调）水及其他工程部分静态投资	5397.00	2257.50	3139.50
	工程部分静态投资	17965.50	7486.50	10479.00

2）第 1 年：7486.5×60％×1/2×8％=179.68（万元）

3）第 2 年：[7486.5×60％+（10479×60％×1/2）+179.68]×8％=625.22（万元）

4）建设期融资利息=179.68+625.22=804.90（万元）

任务二的计算为

完成的总概算表见表 3-5-62。

表 3-5-62　　　　　　　　　总 概 算 表　　　　　　　　　单位：万元

序号	工程或费用名称	建筑安装工程费	设备购置费	独立费用	合计	占第一~第五部分投资/％
I—2	枢纽工程				12568.50	
1	第一部分　建筑工程	10000.00			10000.00	83.54
	主体建筑工程	8000.00			8000.00	
	交通工程	400.00			400.00	

序号	工程或费用名称	建筑安装工程费	设备购置费	独立费用	合计	占第一~第五部分投资/%
	管理工程	800.00			800.00	
	供电设施工程	300.00			300.00	
	其他建筑工程	500.00			500.00	
2	第二部分　机电设备及安装工程	100.00	500.00		600.00	5.01
	泵站设备及安装工程	20.00	100.00		120.00	
	变电站设备及安装工程	20.00	130.00		150.00	
	管理设备及安装工程	20.00	70.00		90.00	
	其他设备及安装工程	40.00	200.00		240.00	
3	第三部分　金属结构设备及安装工程	60.00	260.00		320.00	2.67
	闸门设备及安装工程	25.00	115.00		140.00	
	启闭设备及安装工程	20.00	70.00		90.00	
	拦污设备及安装工程	10.00	80.00		90.00	
4	第四部分　施工临时工程	450.00			450.00	3.76
	导流工程	150.00			150.00	
	施工交通工程	50.00			50.00	
	施工场外供电工程	20.00			20.00	
	料场无用料清除及防护工程	130.00			130.00	
	施工期管理工程	20.00			20.00	
	施工专项工程	15.00			15.00	
	其他施工临时工程	65.00			65.00	
5	第五部分　独立费用			600.00	600.00	5.01
6	第一~第五部分合计				11970.00	
7	基本预备费				598.50	
8	枢纽工程部分静态投资				12568.50	
I—2	引（调）水及其他工程				5397.00	
1	第一部分　建筑工程				<u>4000.00</u>	77.82
	主体建筑工程	2000.00			2000.00	
	交通工程	400.00			400.00	
	管理工程	800.00			800.00	
	供电设施工程	300.00			300.00	
	其他建筑工程	500.00			500.00	
2	第二部分　机电设备及安装工程				<u>400.00</u>	7.78
	泵站设备及安装工程	20.00	100.00		120.00	
	变电站设备及安装工程	25.00	125.00		150.00	

续表

序号	工程或费用名称	建筑安装工程费	设备购置费	独立费用	合计	占第一～第五部分投资/%
	管理设备及安装工程	20.00	70.00		90.00	
	其他设备及安装工程	5.00	35.00		40.00	
3	第三部分　金属结构设备（管道）及安装工程				300.00	5.84
	闸门设备及安装工程	10.00	40.00		50.00	
	启闭设备及安装工程	5.00	30.00		35.00	
	输水管道工程	180.00	35.00		215.00	
4	第四部分　施工临时工程				200.00	3.89
	导流工程	45.00			45.00	
	施工交通工程	20.00			20.00	
	施工场外供电工程	10.00			10.00	
	料场无用料清除及防护工程	80.00			80.00	
	施工期管理工程	10.00			10.00	
	施工专项工程	10.00			10.00	
	其他施工临时工程	25.00			25.00	
5	第五部分　独立费用			240.00	240.00	4.67
6	第一～第五部分合计				5140.00	
7	基本预备费				257.00	
8	引（调）水及其他工程部分静态投资				5397.00	
	工程部分静态投资				17965.50	

任务三的计算为

完成的工程概算总表，见表 3-5-63。

表 3-5-63　　　　　　　工　程　概　算　总　表　　　　　　　单位：万元

编号	工程或费用名称	建安工程费	设备购置费	独立费用	合计
I	工程部分投资				17965.50
I—1	枢纽工程				12568.50
	第一部分　建筑工程	10000.00			10000.00
	第二部分　机电设备及安装工程	100.00	500.00		600.00
	第三部分　金属结构设备及安装工程	60.00	260.00		320.00
	第四部分　临时工程	450.00			450.00
	第五部分　独立费用			600.00	600.00
	第一～第五部分合计				11970.00
	基本预备费				598.50
	枢纽工程部分静态投资				12568.50

续表

编号	工程或费用名称	建安工程费	设备购置费	独立费用	合计
Ⅰ—2	引（调）水及其他工程				5397.00
	第一部分 建筑工程	4000.00			4000.00
	第二部分 机电设备及安装工程	70.00	330.00		400.00
	第三部分 金属结构设备（管道）及安装工程	195.00	105.00		300.00
	第四部分 临时工程	200.00			200.00
	第五部分 独立费用			240.00	240.00
	第一～第五部分合计				5140.00
	基本预备费				257.00
	引（调）水及其他工程部分静态投资				5397.00
Ⅱ	专项部分投资				1700.00
一	水库区征地移民安置补助费				300.00
二	工程区征地移民安置补助费				200.00
三	水土保持工程费				800.00
四	环境保护工程费				400.00
	专项部分静态投资				1700.00
Ⅲ	工程投资总计（Ⅰ＋Ⅱ）				19665.50
	静态总投资				19665.50
	项目建设期融资利息				804.90
	总投资				20470.40

第六节 投资估算编制

投资估算是项目建议书、可行性研究报告的重要组成部分，是国家为选定近期开发项目作出科学决策和批准进行初步设计的重要依据。

水利水电工程项目建议书、可行性研究投资估算与初步设计概算在组成内容、项目划分和费用构成上是基本相同的，但两者设计深度不同，投资估算可根据《水利工程可行性研究报告编制规程》的有关规定，对初步设计概算编制规定中部分内容进行适当简化、合并或调整。

设计阶段和设计深度决定了两者编制方法及计算标准有所不同。

一、编制方法及计算标准

1. 基础单价

基础单价编制与概算相同。

2. 建筑、安装工程单价

投资估算主要建筑、安装工程单价编制与初设概算单价编制相同，一般均采用概算定额，但考虑投资估算工作深度和精度，应乘以表3-5-64中的扩大系数。

表 3-5-64　　　　　　　　　建筑、安装工程扩大系数表

序号	工 程 类 别	扩 大 系 数
一	建筑工程	
1	土方工程	1.10
2	石方工程	1.10
3	砂石备料工程（自采）	1.00
4	模板工程	1.05
5	混凝土工程	1.10
6	钢筋制安工程	1.05
7	钻孔灌浆及锚喷支护工程	1.10
8	生态建设工程	1.10
9	其他工程	1.10
二	机电、金属结构设备安装工程	
1	机电设备安装工程	1.10
2	金属结构设备（管道）安装工程	1.10

3. 分部工程估算编制办法

（1）"第一部分　建筑工程"。此部分分别按主体建筑工程、交通工程、房屋建筑工程和其他建筑工程采用不同的方法进行编制。

主体建筑工程、交通工程、房屋建筑工程与概算相同。其他建筑工程可视工程条件和工程规模按占主体建筑工程投资的 1%～3%计算。

（2）"第二部分　机电设备及安装工程"。其中：

1）水电站、泵站工程机电设备安装，按主要机电设备及安装工程和其他机电设备及安装工程两大项分别进行计算。

a. 主要机电设备及安装工程基本与概算相同。其他机电设备及安装工程可根据装机规格按占主要机电设备的百分率或单位千瓦指标计算。

b. 在编制投资估算时，主要机电设备的安装工程单价为简化计算，也可采用指标形式，按占设备原价的百分率计算，其费率为 10%～15%。

c. 其他机电设备及安装工程，由于可行性研究阶段尚不能提出其设备清单，可按主要机电设备的百分率估列，一般其他机电设备费为主要机电设备费的 20%～30%，其安装费为设备费的 15%～25%。

2）非水电站、泵站工程机电设备安装，按设计提出的设备清单采用与概算相同的方法编制。

（3）"第三部分　金属结构设备（管道）及安装工程"。编制办法与概算文件编制内容相同。

（4）"第四部分　临时工程"。编制办法及计算标准与概算文件编制内容相同。

（5）"第五部分　独立费用"。编制办法及计算标准与概算文件编制内容相同。

4．预备费、建设期融资利息、静态投资、总投资

可行性研究投资估算基本预备费率取 10％～12％；项目建议书阶段基本预备费率取 12％～16％。

二、估算表格及其他

本部分与概算文件编制内容相同，不再赘述。

第六章 水利工程工程量清单编制

第一节 概 述

工程量清单是表现招标工程的建筑工程项目、安装工程项目、措施项目、其他项目的名称和相应数量的明细清单。

目前我国水利工程工程量清单适用《水利工程工程量清单计价规范》（GB 50501—2007），该规范结合水利工程建设的特点，充分考虑了水利工程建设的特殊性，总结了长期以来我国水利工程在招标投标中编制工程量计价清单和施工合同管理中计量支付工作的经验，对规范水利工程工程量清单计价行为，统一水利工程工程量清单的编制和计价方法起到了重要作用。适用于水利枢纽、水力发电、引（调）水、供水、灌溉、河湖整治、堤防等新建、扩建、改建、加固工程的招标投标工程量清单编制和计价活动。

《水利工程工程量清单计价规范》（GB 50501—2007）共分为五章和两个附录，包括总则、术语、工程量清单编制、工程量清单计价、工程量清单及其计价格式、附录 A 水利建筑工程工程量清单项目及计算规则、附录 B 水利安装工程工程量清单项目及计算规则和本规范用词说明等内容。

一、工程量清单编制

工程量清单应由具有编制招标文件能力的招标人，或受其委托具有相应资质的中介机构进行编制。工程量清单是招标文件的重要组成部分。

编制工程量清单的依据主要如下：

（1）拟定的招标文件。

（2）施工现场情况、地勘水文资料、工程特点。

（3）水利工程设计文件及相关资料。

（4）《水利工程工程量清单计价规范》（GB 50501—2007）及国家相关计量规范。

（5）国家或省级、行业建设主管部门颁发的定额和相关规定。

（6）与工程有关的标准、规范、技术资料。

（7）其他相关资料。

水利工程工程量清单由分类分项工程量清单、措施项目清单、其他项目清单和零星工作项目清单组成。

（一）分类分项工程量清单

分类分项工程量清单包括项目编码、项目名称、计量单位和工程数量等。

1. 项目编码

分类分项工程量清单的采用 12 位阿拉伯数字表示（由左至右计位）。其中：第一～第九位为统一编码，其中，第一、第二位为水利工程顺序码，第三、第四位为专业工程顺序码，第五、第六位为分类工程顺序码，第七～第九位为分项工程顺序码，第十～第十二位为清单项目名称顺序码，清单项目名称顺序码由编制人自001起按顺序编码。例：在《水利工程工程量清单计价规范》（GB 50501—2007）中：第一、第二位为水利工程顺序码，编码为50；第三、第四位为专业工程顺序码，建筑工程为5001、安装工程为5002；第五、第六位为分类工程顺序码，500101代表土方开挖工程；第七～第九位为分项工程顺序码，500101001代表土方开挖工程的场地平整项目；第十～第十二位为清单项目名称顺序码，如坝基覆盖屋一般土方开挖为500101002001、溢洪道覆盖层一般土方开挖为500101002002、进水口覆盖层一般土方开挖为500101002003等，依此类推。

2. 项目名称

项目名称应按《水利工程工程量清单计价规范》（GB 50501—2007）附录A和附录B的项目名称及项目主要特征并结合招标工程的实际确定。如出现附录A和附录B中未包括的项目时，编制人可作补充。

3. 计量单位和工程数量

分类分项工程量清单的计量单位应按《水利工程工程量清单计价规范》（GB 50501—2007）附录A和附录B中规定的计量单位确定。

工程数量应根据招标设计图纸按《水利工程工程量清单计价规范》（GB 50501—2007）计算规则计算。工程数量的有效位数应遵守如下规定：以"立方米（m³）""平方米（m²）""米（m）""公斤（kg）""个""项""根""块""组""面""只""相""站""孔""束"为单位的，应取整数；以"吨（t）""千米（km）"为单位的，应保留小数点后2位数字，第3位数字"四舍五入"。

（二）措施项目清单

措施项目是为完成工程项目施工，发生于该工程施工前和施工过程中招标人不要求列示工程量的施工措施项目。措施项目清单主要包括环境保护、文明施工、安全防护措施、小型临时工程、施工企业进退场费、大型施工设备安拆费等，编制人可根据招标工程的规模、涵盖的内容等具体情况作补充。

（三）其他项目清单和零星工作项目清单

1. 其他项目清单

其他项目是为完成工程项目施工，发生于该工程施工过程中招标人要求计列的费用项目。该费用项目由招标人掌握，为暂定项目和可能发生的合同变更而预留的费用。编制人可根据招标工程具体情况做调整补充。

2. 零星工作项目清单

编制人应根据招标工程具体情况，对工程实施过程中可能发生的变更或新增加的零星项目，列出人工（按工种）、材料（按名称和型号规格）、机械（按名称和型号规格）的计量单位，并随工程量清单发至投标人。

二、工程量清单计价

1. 工程量清单计价编制的依据

（1）招标文件的合同条款、技术条款、工程量清单、招标图纸等。

（2）水利水电工程设计概（估）算编制规定。

（3）预算定额或企业定额。

（4）市场人工、材料和施工设备使用价格。

（5）企业自身的管理水平、生产能力。

2．工程量清单计价方法

工程量清单计价应包括按招标文件规定完成工程量清单所列项目的全部费用，包括分类分项工程费、措施项目费和其他项目费。

（1）分类分项工程量清单计价应采用工程单价计价。除另有规定外，对有效工程量以外的超挖、超填工程量，施工附加量，加工、运输损耗量等，所消耗的人工、材料和机械费用，均应摊入相应有效工程量的工程单价之内。

（2）措施项目清单的金额，应根据招标文件的要求以及工程的施工方案，以每一项措施项目为单位，按项计价。

（3）其他项目为完成工程项目施工，发生于该工程施工过程中招标人要求计列的费用项目。其他项目清单由招标人按估算金额确定。

三、工程量清单及其计价格式

1．工程量清单格式

工程量清单应采用统一格式，由招标人填写，主要由以下内容组成：

（1）封面。

（2）填表须知。

（3）总说明。

（4）分类分项工程量清单。

（5）措施项目清单。

（6）其他项目清单。

（7）零星工作项目清单。

（8）其他辅助表格。

1）招标人供应材料价格表；

2）招标人提供施工设备表；

3）招标人提供施工设施表。

2．工程量清单计价格式

工程量清单计价应采用统一格式，工程量清单报价表应由下列内容组成：

（1）封面。

（2）投标总价。

（3）工程项目总价表。

（4）分类分项工程量清单计价表。

（5）措施项目清单计价表。

（6）其他项目清单计价表。

（7）零星工作项目计价表。

（8）工程单价汇总表。

（9）工程单价费（税）率汇总表。

（10）投标人生产电、风、水、砂石基础单价汇总表。

（11）投标人生产混凝土配合比材料费表。

（12）招标人供应材料价格汇总表。

（13）投标人自行采购主要材料预算价格汇总表。

（14）招标人提供施工机械台时（班）费汇总表。

（15）投标人自备施工机械台时（班）费汇总表。

（16）总价项目分类分项工程分解表。

（17）工程单价计算表。装置性材料费应在单价表中的材料费一项列示。

3. 工程量清单报价表的填写

（1）工程量清单报价表的内容应由投标人填写。

（2）投标人不得随意增加、删除或涂改招标人提供的工程量清单中的任何内容。工程量清单计价表格应按《水利工程工程量清单计价规范》（GB 50501—2007）规定的格式编制。针对不同的招标项目，根据具体情况，招标人可增加其他表格，如人工费单价计算表等，工程量清单计价格式应随招标文件发至投标人。

（3）工程量清单报价表中所有要求盖章、签字的地方，必须由规定的单位和人员盖章、签字（其中法定代表人也可由其授权委托的代理人签字、盖章）。

（4）投标总价应按工程项目总价表合计金额填写。

（5）工程项目总价表填写。其中一级项目名称按招标人提供的招标项目工程量清单中的相应名称填写，并按分类分项工程量清单计价表中相应项目合计金额填写，金额应取两位有效小数。

（6）分类分项工程量清单计价表填写。

1）表中的序号、项目编码、项目名称、计量单位、工程数量、主要技术条款编码，按招标人提供的分类分项工程量清单中的相应内容填写。

2）表中列明的所有需要填写的单价和合价，投标人均应填写；未填写的单价和合价，视为此项费用已包含在工程量清单的其他单价和合价中。

3）分类分项工程量清单计价表中的单价应取两位有效小数。

（7）措施项目清单计价表填写。表中的序号、项目名称，按招标人提供的措施项目清单中的相应内容填写，并填写相应措施项目的金额和合计金额。投标人也可根据项目的实际情况只填写措施项目的合计金额。

（8）其他项目清单计价表填写。表中的序号、项目名称、金额，按招标人提供的其他项目清单中的相应内容填写。

（9）零星工作项目计价表填写。表中的序号、人工、材料、机械的名称、型号规格以及计量单位，按招标人提供的零星工作项目清单中的相应内容填写，并填写相应项目单价。

（10）辅助表格填写。辅助表格包括以下内容：

1）工程单价汇总表，按工程单价计算表中的相应内容、价格（费率）填写。

2）工程单价费（税）率汇总表，按工程单价计算表中的相应费（税）率填写。

3）投标人生产电、风、水、砂石基础单价汇总表，按基础单价分析计算成果的相应内容、价格填写，并附相应基础单价的分析计算书。

4）投标人生产混凝土配合比材料费表，按表中工程部位、混凝土和水泥强度等级、级配、水灰比、相应材料用量和单价填写，填写的单价应与工程单价计算表中采用的相应混凝土材料单价一致。

5）招标人供应材料价格汇总表，按招标人供应的材料名称、型号规格、计量单位和供应价填写，并填写经分析计算后的相应材料预算价格，填写的预算价格应与工程单价计算表中采用的相应材料预算价格一致。

6）投标人自行采购主要材料预算价格汇总表，按表中的序号、材料名称、型号规格、计量单位和预算价填写，填写的预算价应与工程单价计算表中采用的相应材料预算价格一致。

7）招标人提供施工机械台时（班）费汇总表，按招标人提供的机械名称、型号规格和招标人收取的台时（班）折旧费填写；投标人填写的台时（班）费用合计金额应与工程单价计算表中相应的施工机械台时（班）费单价一致。

8）投标人自备施工机械台时（班）费汇总表，按表中的序号、机械名称、型号规格、一类费用和二类费用填写，填写的台时（班）费合计金额应与工程单价计算表中相应的施工机械台时（班）费单价一致。

9）工程单价计算表，按表中的施工方法、序号、名称、型号规格、计量单位、数量、单价、合价填写，填写的人工、材料和机械等基础价格，应与基础材料单价汇总表、主要材料预算价格汇总表及施工机械台时（班）费汇总表中的单价相一致；填写的施工管理费、利润和税金等费（税）率应与工程单价费（税）率汇总表中的费（税）率相一致。凡投标金额小于投标总报价万分之五及以下的工程项目，投标人可不编制工程单价计算表。

第二节　水利建筑工程工程量清单项目及计算规则

《水利工程工程量清单计价规范》（GB 50501—2007）中水利建筑工程工程量清单项目包括土方开挖工程，石方开挖工程，土石方填筑工程，疏浚和吹填工程，砌筑工程，锚喷支护工程，钻孔和灌浆工程，基础防渗和地基加固工程，混凝土工程，模板工程，钢筋、钢构件加工及安装工程，预制混凝土工程，原料开采及加工工程和其他建筑工程，共14 节，130 个子目。

1. 土方开挖工程

土方开挖工程的清单项目包括场地平整、一般土方开挖、渠道土方开挖、沟槽土方开挖、坑土方开挖、砂砾石开挖、平洞土方开挖、斜洞土方开挖、竖井土方开挖、其他土方开挖工程。

（1）除场地平整按招标设计图示场地平整面积计量外，其他项目均按招标设计图示轮廓尺寸范围以内的有效自然方体积计量。施工过程中增加的超挖量和施工附加量所发生的费用，应摊入有效工程量的工程单价中。

（2）夹有孤石的土方开挖，大于 $0.7m^3$ 的孤石按石方开挖计量。

（3）土方开挖工程清单项目均包括弃土运输的工作内容，开挖与运输不在同一标段的工程，应分别选取开挖与运输的工作内容计量。

2. 石方开挖工程

石方开挖工程的清单项目包括一般石方开挖、坡面石方开挖、渠道石方开挖、沟槽石方开挖、坑石方开挖、保护层石方开挖、平洞石方开挖、斜洞石方开挖、竖井石方开挖、洞室石方开挖、窑洞石方开挖、预裂爆破、其他石方开挖工程。

(1) 除预裂爆破按招标设计图示尺寸计算的面积计量外，其他项目均按招标设计图示轮廓尺寸计算的有效自然方体积计量。施工过程中增加的超挖量和施工附加量所发生的费用，应摊入有效工程量的工程单价中。

(2) 石方开挖均包括弃渣运输的工作内容，开挖与运输不在同一标段的工程，应分别选取开挖与运输的工作内容计量。

3. 土石方填筑工程

土石方填筑工程清单项目包括一般土方填筑、黏土料填筑、人工掺合料填筑、防渗风化料填筑、反滤料填筑、过渡层料填筑、垫层料填筑、堆石料填筑、石渣料填筑、石料抛投、钢筋笼块石抛投、混凝土块抛投、袋装土方填筑、土工合成材料铺设、水下土石填筑体拆除、其他土石方填筑工程。

(1) 石料抛投、钢筋笼块石抛投、混凝土块抛投，按招标设计文件要求，以抛投体积计量；石料抛投体积按抛投石料的堆方体积计量，钢筋笼块石或混凝土块抛投体积按抛投钢筋笼或混凝土块的规格尺寸计算的体积计量。钢筋笼块石的钢筋笼加工，按招标设计文件要求和钢筋、钢构件加工及安装工程的计量计价规则计算，摊入钢筋笼块石抛投有效工程量的工程单价中。

(2) 袋装土方填筑，按招标设计图示尺寸计算的填筑体有效体积计量。

(3) 土工合成材料铺设，按招标设计图示尺寸计算的有效面积计量。

(4) 水下土石填筑体拆除，按招标设计文件要求，以拆除前后水下地形变化计算的体积计量。

(5) 其他土石方填筑项目按招标设计图示尺寸计算的填筑体有效压实方体积计量。

(6) 施工过程中增加的超填量、施工附加量、填筑体及基础的沉陷损失、填筑操作损耗等所发生的费用，应摊入有效工程量的工程单价中。

4. 疏浚和吹填工程

疏浚和吹填工程清单项目包括船舶疏浚、其他机械疏浚、船舶吹填、其他机械吹填、其他疏浚和吹填工程。

(1) 在江河、水库、港湾、湖泊等处的疏浚工程（包括排泥于水中或陆地），按招标设计图示轮廓尺寸计算的水下有效自然方体积计量。施工过程中疏浚设计断面以外增加的超挖量、施工期自然回淤量、开工展布与收工集合、避险与防干扰措施、排泥管安拆移动以及使用辅助船只等所发生的费用，应摊入有效工程量的工程单价中。辅助工程（如浚前扫床和障碍物清除，排泥区围堰、隔埝、退水口及排水渠等项目）另行计量计价。

(2) 吹填工程按招标设计图示轮廓尺寸计算（扣除吹填区围堰、隔埝等的体积）的有效吹填体积计量。施工过程中吹填土体沉陷量、原地基因上部吹填荷载而产生的沉降量和泥沙流失量、对吹填区平整度要求较高的工程配备的陆上土方机械等所发生的费用，应摊入有效工程量的工程单价中。辅助工程（如浚前扫床和障碍物清除、排泥区围堰、隔埂、退水口及排水渠等项目）另行计量计价。

（3）利用疏浚工程排泥进行吹填的工程，疏浚和吹填价格分界按招标设计文件的规定执行。

5. 砌筑工程

砌筑工程清单项目包括干砌块石、钢筋（铅丝）石笼、浆砌块石、浆砌卵石、浆砌条（料）石、砌砖、干砌混凝土预制块、浆砌混凝土预制块、砌体拆除、砌体砂浆抹面、其他砌筑工程。

（1）砌体拆除按招标设计图示尺寸计算的拆除体积计量，砌体砂浆抹面按招标设计图示尺寸计算的有效抹面面积计量，其他项目按招标设计图示尺寸计算的有效砌筑体积计量。施工过程中的超砌量、施工附加量、砌筑操作损耗等所发生的费用，应摊入有效工程量的工程单价中。

（2）钢筋（铅丝）石笼笼体加工和砌筑体拉结筋，按招标设计图示要求和钢筋、钢构件加工及安装工程的计量计价规则计算，分别摊入钢筋（铅丝）石笼和埋有拉结筋砌筑体的有效工程量的工程单价中。

6. 喷锚支护工程

喷锚支护工程清单项目包括注浆黏结锚杆、水泥卷锚杆、普通树脂锚杆、加强锚杆束、预应力锚杆、其他黏结锚杆、单锚头预应力锚索、双锚头预应力锚索、岩石面喷浆、混凝土面喷浆、岩石面喷混凝土、钢支撑加工、钢支撑安装、钢筋格构架加工、钢筋格构架安装、木支撑安装、其他锚喷支护工程。

（1）锚杆（包括系统锚杆和随机锚杆）按招标设计图示尺寸计算的有效根（或束）数计量。钻孔、锚杆或锚杆束、附件、加工及安装过程中操作损耗等所发生的费用，应摊入有效工程量的工程单价中。

（2）锚索按招标设计图示尺寸计算的有效束数计量。钻孔、锚索、附件、加工及安装过程中操作损耗等所发生的费用，应摊入有效工程量的工程单价中。

（3）喷浆按招标设计图示范围的有效面积计量，喷混凝土按招标设计图示范围的有效实体方体积计量。由于被喷表面超挖等原因引起的超喷量、施喷回弹损耗量、操作损耗等所发生的费用，应摊入有效工程量的工程单价中。

（4）钢支撑加工、钢支撑安装、钢筋格构架加工、钢筋格构架安装，按招标设计图示尺寸计算的钢支撑或钢筋格构架及附件的有效重量（含两榀钢支撑或钢筋格构架间连接钢材、钢筋等的用量）计量。计算钢支撑或钢筋格构架重量时，不扣除孔眼的重量，也不增加电焊条、铆钉、螺栓的重量。一般情况下钢支撑或钢筋格构架不拆除，如需拆除，招标人应另外支付拆除费用。

（5）木支撑安装按耗用木材体积计量。

（6）喷浆和喷混凝土工程中如设有钢筋网，按钢筋、钢构件加工及安装工程的计量计价规则另行计量计价。

7. 钻孔和灌浆工程

钻孔和灌浆工程清单项目包括砂砾石层帷幕灌浆（含钻孔）、土坝（堤）劈裂灌浆

（含钻孔）、岩石层钻孔、混凝土层钻孔、岩石层帷幕灌浆、岩石层固结灌浆、回填灌浆（含钻孔）、检查孔钻孔、检查孔压水试验、检查孔灌浆、接缝灌浆、接触灌浆、排水孔、化学灌浆、其他钻孔和灌浆工程。

（1）砂砾石层帷幕灌浆、土坝坝体劈裂灌浆，按招标设计图示尺寸计算的有效灌浆长度计量。钻孔、检查孔钻孔灌浆、浆液废弃、钻孔灌浆操作损耗等所发生的费用，应摊入砂砾石层帷幕灌浆、土坝坝体劈裂灌浆有效工程量的工程单价中。

（2）岩石层钻孔、混凝土层钻孔，按招标设计图示尺寸计算的有效钻孔进尺，按用途和孔径分别计量。有效钻孔进尺按钻机钻进工作面的位置开始计算。先导孔或观测孔取芯、灌浆孔取芯和扫孔等所发生的费用，应摊入岩石层钻孔、混凝土层钻孔有效工程量的工程单价中。

（3）直接用于灌浆的水泥或掺合料的干耗量按设计净耗灰量计量。

（4）岩石层帷幕灌浆、固结灌浆，按招标设计图示尺寸计算的有效灌浆长度或设计净干耗灰量（水泥或掺合料的注入量）计量。补强灌浆、浆液废弃、灌浆操作损耗等所发生的费用，应摊入岩石层帷幕灌浆、固结灌浆有效工程量的工程单价中。

（5）隧洞回填灌浆按招标设计图示尺寸规定的计量角度，计算设计衬砌外缘弧长与灌浆段长度乘积的有效灌浆面积计量。混凝土层钻孔、预埋灌浆管路、预留灌浆孔的检查和处理、检查孔钻孔和压浆封堵、浆液废弃、灌浆操作损耗等所发生的费用，应摊入有效工程量的工程单价中。

（6）高压钢管回填灌浆按招标设计图示衬砌钢板外缘全周长乘以回填灌浆钢板衬砌段长度计算的有效灌浆面积计量。连接灌浆管、检查孔回填灌浆、浆液废弃、灌浆操作损耗等所发生的费用，应摊入有效工程量的工程单价中。钢板预留灌浆孔封堵不属回填灌浆的工作内容，应计入压力钢管的安装费中。

（7）检查孔钻孔、检查孔压水试验、检查孔灌浆分别按招标设计要求计算的有效钻孔进尺、压水试验的试段数、有效灌浆长度计量。

（8）接缝灌浆、接触灌浆，按招标设计图示尺寸计算的混凝土施工缝（或混凝土坝体与坝基、岸坡岩体的接触缝）有效灌浆面积计量。灌浆管路、灌浆盒及上浆片的制作、埋设、检查和处理，钻混凝土孔、灌浆操作损耗等所发生的费用，应摊入接缝灌浆、接触灌浆有效工程量的工程单价中。

（9）排水孔按招标设计图示尺寸计算的有效钻孔进尺计量。

（10）化学灌浆按招标设计图示化学灌浆区域需要各种化学灌浆材料的有效总质量计量。化学灌浆试验、灌浆过程中操作损耗等所发生的费用，应摊入有效工程量的工程单价中。

（11）其他说明。钻孔和灌浆工程清单项目的工作内容不包括招标文件规定按总价报价的钻孔取芯样的检验试验费和灌浆试验费。

8. 基础防渗和地基加固工程

基础防渗和地基加固工程清单项目包括混凝土地下连续墙、高压喷射注浆连续防渗墙、高压喷射水泥搅拌桩、混凝土灌注桩（泥浆护壁钻孔灌注桩、锤击或振动沉管灌注桩）、钢筋混凝土预制桩、振冲桩加固地基、钢筋混凝土沉井、钢制沉井、其他基础防渗和地基加固工程。

（1）混凝土地下连续墙、高压喷射注浆连续防渗墙，按招标设计图示尺寸计算不同墙厚的有效连续墙体截水面积计量；高压喷射水泥搅拌桩，按招标设计图示尺寸计算的有效成孔长度计量。造（钻）孔、灌注槽孔混凝土（灰浆）、操作损耗等所发生的费用，应摊入有效工程量的工程单价中。混凝土地下连续墙与帷幕灌浆结合的墙体内预埋灌浆管、墙体内观测仪器（观测仪器的埋设、率定、下设桁架等）及钢筋笼下设（指保护预埋灌浆管的钢筋笼的加工、运输、垂直下设及孔口对接等），另行计量计价。

（2）地下连续墙施工的导向槽、施工平台，另行计量计价。

（3）混凝土灌注桩按招标设计图示尺寸计算的钻孔（沉管）灌注桩灌注混凝土的有效体积（不含灌注于桩顶设计高程以上需要挖去的混凝土）计量。检验试验、灌注于桩顶设计高程以上需要挖去的混凝土、钻孔（沉管）灌注混凝土的操作损耗等所发生的费用和周转使用沉管的费用，应摊入有效工程量的工程单价中。钢筋笼按钢筋、钢构件加工及安装工程的计量计价规则另行计量计价。

（4）钢筋混凝土预制桩按招标设计图示桩径、桩长，以有效根数计量。地质复勘，检验试验，预制桩制作（或购置）、运桩、打桩和接桩过程中的操作损耗等所发生的费用，应摊入有效工程量的工程单价中。

（5）振冲桩加固地基按招标设计图示尺寸计算的有效振冲成孔长度计量。振冲试验、振冲桩体密实度和承载力等的检验、填料及在振冲造孔填料振密过程中的操作损耗等所发生的费用，应摊入有效工程量的工程单价中。

（6）沉井按符合招标设计图示尺寸需要形成的水面（或地面）以下有效空间体积计量。地质复勘、检验试验和沉井制作、运输、清基或水中筑岛、沉放、封底、操作损耗等所发生的费用，应摊入有效工程量的工程单价中。

9. 混凝土工程

混凝土工程清单项目包括普通混凝土、碾压混凝土、水下浇筑混凝土、膜袋混凝土、预应力混凝土、二期混凝土、沥青混凝土、止水工程、伸缩缝、混凝土凿除、其他混凝土工程。

（1）普通混凝土按招标设计图示尺寸计算的有效实体方体积计量。体积小于 $0.1m^3$ 的圆角或斜角，钢筋和金属件占用的空间体积小于 $0.1m^2$ 或截面面积小于 $0.1m^3$ 的孔洞、排水管、预埋管和凹槽等的工程量不予扣除。按设计要求对上述孔洞所回填的混凝土也不重复计量。施工过程中由于超挖引起的超填量，冲（凿）毛、拌和、运输和浇筑过程中的操作损耗所发生的费用（不包括以总价承包的混凝土配合比试验费），应摊入有效工程量的工程单价中。

（2）温控混凝土与普通混凝土的工程量计算规则相同，温控措施费应摊入相应温控混凝土的工程单价中。

（3）混凝土冬季施工中对原材料（如砂石料）加温、热水拌和、成品混凝土的保温等措施所发生的冬季施工增加费应包含在相应混凝土的工程单价中。

（4）碾压混凝土按招标设计图示尺寸计算的有效实体方体积计量。施工过程中由于超挖引起的超填量，冲（刷）毛、拌和、运输和碾压过程中的操作损耗所发生的费用（不包

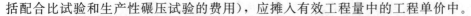

括配合比试验和生产性碾压试验的费用），应摊入有效工程量中的工程单价中。

（5）水下浇筑混凝土按招标设计图示浇筑前后水下地形变化计算的有效体积计量。拌和、运输和浇筑过程中的操作损耗所发生的费用，应摊入有效工程量的工程单价中。

（6）膜袋混凝土、预应力混凝土按招标设计图示尺寸计算的有效实体方体积计量。预应力混凝土中钢筋、锚索、钢管、钢构件、埋件等所占用的空间体积不予扣除。锚索及其附件的加工、运输、安装、张拉、注浆封闭、混凝土浇筑过程中操作损耗等所发生的费用，应摊入有效工程量的工程单价中。

（7）二期混凝土按招标设计图示尺寸计算的有效实体方体积计量。钢筋和埋件等所占用的空间不予扣除。拌和、运输和浇筑过程中的操作损耗所发生的费用，应摊入有效工程量的工程单价中。

（8）沥青混凝土按招标设计防渗心墙及防渗面板的防渗层、整平胶结层和加厚层沥青混凝土图示尺寸计算的有效体积计量；封闭层按招标设计图示尺寸计算的有效面积计量。施工过程中由于超挖引起的超填量及拌和、运输和摊铺碾压过程中的操作损耗所发生的费用（不包括室内试验、现场试验和生产性试验的费用），应摊入有效工程量的工程单价中。

（9）止水工程按招标设计图示尺寸计算的有效长度计量。止水片的搭接长度、加工及安装过程中操作损耗等所发生的费用，应摊入有效工程量的工程单价中。

（10）伸缩缝按招标设计图示尺寸计算的有效面积计量。缝中填料及其在加工、安装过程中操作损耗等所发生的费用，应摊入有效工程量的工程单价中。

（11）混凝土凿除按招标设计图示凿除范围内的实体方体积计量。

（12）混凝土工程中的小型钢构件，如温控需要的冷却水管、预应力混凝土中固定锚索位置的钢管等所发生的费用，应分别摊入相应混凝土有效工程量的工程单价中。

（13）其他说明。混凝土拌和与浇筑分属两个投标人时，价格分界点按招标文件的规定执行。当开挖与混凝土浇筑分属两个投标人时，混凝土工程按开挖实测断面计算工程量，相应由于超挖引起的超填量所发生的费用，不摊入混凝土有效工程量的工程单价中。招标人如要求将模板使用费摊入混凝土工程单价中，各摊入模板使用费的混凝土工程单价应包括模板周转使用摊销费。

10. 模板工程

模板工程清单项目包括普通模板、滑动模板、移置模板、其他模板工程。

（1）立模面积为混凝土与模板的接触面积，坝体纵、横缝键槽模板的立模面积按各立模面在竖直面上的投影面积计算（即与无缝槽的纵、横缝立模面积计算相同）。

（2）模板工程中的普通模板包括平面模板、曲面模板、异型模板、预制混凝土模板等；其他模板包括装饰模板等。

（3）模板按招标设计图示混凝土建筑物（包括碾压混凝土和沥青混凝土）结构体、浇筑分块和跳块顺序要求所需有效立模面积计量。不与混凝土面接触的模板面积不予计量。模板面板和支撑构件的制作、组装、运输、安装、埋设、拆卸及修理过程中操作损耗等所发生的费用，应摊入有效工程量的工程单价中。

（4）不构成混凝土永久结构、作为模板周转使用的预制混凝土模板，应计入吊运、吊装的费用。构成永久结构的预制混凝土模板，按预制混凝土构件计算。

（5）模板制作安装中所用钢筋、小型钢构件，应摊入相应模板有效工程量的工程单价中。

（6）模板工程结算的工程量，按实际完成周转使用的有效立模面积计算。

11. 钢筋、钢构件加工及安装工程

钢筋、钢构件加工及安装工程清单项目包括钢筋加工及安装、钢构件加工及安装。

（1）钢筋加工及安装按招标设计图示计算的有效重量计量。施工架立筋、搭接、焊接、套筒连接、加工及安装过程中操作损耗等所发生的费用，应摊入有效工程量的工程单价中。

（2）钢构件加工及安装，指用钢材（如型材、管材、板材、钢筋等）制成的构件、埋件，按招标设计图示钢构件的有效重量计量。有效重量中不扣减切肢、切边和孔眼的重量，不增加电焊条、铆钉和螺栓的重量。施工架立件、搭接、焊接、套筒连接、加工及安装过程中的操作损耗等所发生的费用，应摊入有效工程量的工程单价中。

12. 预制混凝土工程

预制混凝土工程清单项目包括预制混凝土构件、预制混凝土模板、预制预应力混凝土构件、预应力钢筒混凝土（PCCP）输水管道安装、混凝土预制件吊装、其他预制混凝土工程。

（1）预制混凝土构件、预制混凝土模板、预制预应力混凝土构件按招标设计图示尺寸计算的有效实体方体积计量。预应力钢筒混凝土（PCCP）输水管道安装按招标设计图示尺寸计算的有效安装长度计量。计算有效体积时，不扣除埋设于构件体内的埋件、钢筋、预应力锚索及附件等所占体积。预制混凝土价格包括预制、预制场内吊装、堆存等所发生的全部费用。

（2）混凝土预制件吊装按招标设计要求，以安装预制件的体积计量。

（3）构成永久结构混凝土工程有效实体、不周转使用的预制混凝土模板，按预制混凝土构件计量。

（4）预制混凝土工程中的模板、钢筋、埋件、预应力锚索及附件、加工及安装过程中操作损耗等所发生的费用，应摊入有效工程量的工程单价中。

13. 原料开采及加工工程

原料开采及加工工程清单项目包括黏性土料、天然砂料、天然卵石料、人工砂料、人工碎石料、块（堆）石料、条（料）石料、混凝土半成品料及其他原料开采及加工工程。

（1）黏性土料按设计文件要求的有效成品料体积计量。料场查勘及试验费用，清除植被层与弃料处理费用，开采、运输、加工、堆存过程中的操作损耗等所发生的费用，应摊入有效工程量的工程单价中。

（2）天然砂石料、人工砂石料，按招标设计文件要求的有效成品料重量（体积）计量。料场查勘及试验费用，清除覆盖层与弃料处理费用，开采、运输、加工、堆存过程中的操作损耗等所发生的费用，应摊入有效工程量的工程单价中。

（3）块（堆）石料、条（料）石料按招标设计文件要求的有效成品料体积〔条（料）石料按清料方〕计量。

（4）采挖、堆料区域的边坡、地面和弃料场的整治费用，按设计文件要求计算。

（5）混凝土半成品料按设计文件要求的混凝土拌和系统出机口的混凝土体积计量。

14．其他建筑工程

其他建筑工程清单项目包括其他永久建筑工程、其他临时建筑工程。

（1）其他建筑工程是指上述工程未涵盖的其他建筑工程项目，如厂房装修工程，水土保持、环境保护工程中的林草工程等，按其他建筑工程编码。

（2）其他建筑工程可按项为单位计量。

第三节　水利安装工程工程量清单项目及计算规则

1．机电设备安装工程

机电设备安装工程清单项目包括水轮机设备安装，水泵-水轮机设备安装，大型泵站水泵设备安装，调速器及油压装置设备安装，发电机设备安装，发电机-电动机设备安装，大型泵站电动机设备安装，励磁系统设备安装，主阀设备安装，桥式起重机设备安装，轨道安装，滑触线安装，水力机械辅助设备安装，发电电压设备安装，发电机-电动机静止变频启动装置（SFC）安装，厂用电系统设备安装，照明系统安装，电缆安装及敷设，发电电压母线安装，接地装置安装，主变压器设备安装，高压电气设备安装，一次拉线安装，控制、保护、测量及信号系统设备安装，计算机监控系统设备安装，直流系统设备安装，工业电视系统设备安装，通信系统设备安装，电工实验室设备安装，消防系统设备安装，通风、空调、采暖及其监控设备安装，机修设备安装，电梯设备安装，其他机电设备安装工程。

（1）机电主要设备安装工程项目组成包括水轮机（水泵-水轮机）、大型泵站水泵、调速器及油压装置、发电机（发电机-电动机）、大型泵站电动机、励磁系统、主阀、桥式起重机、主变压器等设备，均由设备本体和附属设备及埋件组成，按招标设计图示的数量计量。

（2）机电其他设备安装工程项目组成内容如下：

1）轨道安装。包括起重设备、变压器设备等所用轨道。按招标设计图示尺寸计算的有效长度计量。

2）滑触线安装。包括各类移动式起重机设备滑触线。按招标设计图示尺寸计算的有效长度计量。

3）水力机械辅助设备安装。包括全厂油、水、气系统的透平油、绝缘油、技术供水、水力测量、消防用水、设备检修排水、渗漏排水、上库及压力钢管充水、低压压气和高压压气等系统设备和管路。按招标设计图示的数量计量。

4）发电电压设备安装。包括发电机中性点设备、发电机定子主引出线至主变压器低压套管间的电气设备、分支线电气设备、断路器、隔离开关、电流互感器、电压互感器、避雷器、电抗器、电气制动开关等，抽水蓄能电站与启动回路器有关的断路器和隔离开关等设备。按招标设计图示的数量计量。

5）发电机-电动机静止变频启动装置（SFC）安装。包括抽水蓄能电站机组和大型泵站机组静止变频起动装置的输入及输出变压器、整流及逆变器、交流电抗器、直流电抗器、过电压保护装置及控制保护设备等。按招标设计图示的数量计量。

6）厂用电系统设备安装。包括厂用电和厂坝区用电系统的厂用变压器、配电变压器、柴油发电机组、高低压开关柜（屏）、配电盘、动力箱、启动器、照明屏等设备。按招标设计图示的数量计量。

7）照明系统安装。包括照明灯具、开关、插座、分电箱、接线盒、线槽板、管线等器具和附件。按招标设计图示的数量计量。

8）电缆安装及敷设。包括35kV及以下高压电缆、动力电缆、控制电缆和光缆及其附件、电缆支架、电缆桥架、电缆管等。按招标设计图示尺寸计算的有效长度计量。

9）发电电压母线安装。包括发电电压主母线、分支母线及发电机中性点母线、套管、绝缘子及金具等。按招标设计图示尺寸计算的有效长度计量。

10）接地装置安装。包括全厂公用和分散设备的接地网的接地极、接地母线、避雷针等。按招标设计图示尺寸计算的有效长度或重量计量。

11）高压电气设备安装。包括高压组合电器（GIS）、SF_6断路器、少油断路器、空气断路器、隔离开关、互感器、避雷器、高频阻波器、耦合电容器、结合滤波器、绝缘子、母线、110kV及以上高压电缆、高压管道母线等设备及配件。按招标设计图示的数量计量。

12）一次拉线安装。包括变电站母线、母线引下线、设备连接线、架空地线、绝缘子和金具。按招标设计图示尺寸计算的有效长度计量。

13）控制、保护、测量及信号系统设备安装。包括发电厂和变电站控制、保护、操作、计量，继电保护信息管理，安全自动装置等的屏、台、柜、箱及其他二次屏（台）等设备。按招标设计图示的数量计量。

14）计算机监控系统设备安装。包括全厂计算机监控系统的主机、工作站、服务器、网络、现地控制单元（LCU）、不间断电源（UPS）、全球卫星定位系统（GPS）等。按招标设计图示的数量计量。

15）直流系统设备安装。包括蓄电池组、充电设备、浮充电设备、直流配电屏（柜）等。按招标设计图示的数量计量。

16）工业电视系统设备安装。包括主控站、分控站、转换站、前端等设备及光缆、视频电缆、控制电缆、电源电缆（线）等设备。按招标设计图示的数量计量。

17）通信系统设备安装。包括载波通信、程控通信、生产调度通信、生产管理通信、卫星通信、光纤通信、信息管理系统等设备及通信线路等。按招标设计图示的数量计量。

18）电工试验室设备安装。包括为电气试验而设置的各种设备、仪器、表计等。按招标设计图示的数量计量。

19）消防系统设备安装。包括火灾报警及其控制系统、水喷雾及气体灭火装置、消防电话广播系统、消防器材及消防管路等设备。按招标设计图示的数量计量。

20）通风、空调、采暖及其监控设备安装。包括全厂制冷（热）机组及水泵、风机、空调器、通风空调监控系统、采暖设备、风管及管路、调节阀和风口等。按招标设计图示的数量计量。

21）机修设备安装。包括为机组、金属结构及其他机械设备的检修所设置的车、刨、

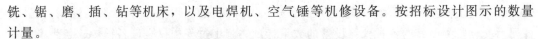

铣、锯、磨、插、钻等机床，以及电焊机、空气锤等机修设备。按招标设计图示的数量计量。

22）电梯设备安装。包括工作电梯、观光电梯等电梯设备及电梯电气设备。按招标设计图示的数量计量。

23）其他机电设备安装。包括小型起重设备、保护网、铁构件、轨道阻进器等。

（3）以长度或质量计算的机电设备装置性材料，如电缆、母线、轨道等，按招标设计图示尺寸计算的有效长度或重量计量。运输、加工及安装过程中的操作损耗所发生的费用，应摊入有效工程量的工程单价中。

（4）机电设备安装工程费。包括设备安装前的开箱检查、清扫、验收、仓储保管、防腐、油漆、安装现场运输，主体设备及随机成套供应的管路与附件安装，现场试验、调试、试运行及移交生产前的维护、保养等工作所发生的费用。

2. 金属结构设备安装工程

金属结构设备安装工程清单项目包括门式起重机设备安装、油压启闭机设备安装、卷扬式启闭机设备安装、升船机设备安装、闸门设备安装、拦污栅设备安装、一期埋件安装、压力钢管安装、其他金属结构设备安装工程。

（1）金属结构设备安装工程项自组成内容如下：

1）启闭机、闸门、拦污栅设备，均由设备本体和附属设备及埋件组成。

2）升船机设备包括各型垂直升船机、斜面升船机、桥式平移及吊杆式升船机等设备本体和附属设备及埋件等。

3）其他金属结构设备包括电动葫芦、清污机、储门库、闸门压重物、浮式系船柱及小型金属结构构件等。

（2）起重机、启闭机、升船机按招标设计图示的数量计量。

（3）以重量为单位计算工程量的金属结构设备或装置性材料，如闸门、拦污栅、埋件、高压钢管等，按招标图示尺寸计算的有效质量计量。运输、加工及安装过程中的操作损耗所发生的费用，应摊入有效工程量的工程单价中。

（4）金属结构设备安装工程费。包括设备及附属设备验收、接货、涂装、仓储保管，焊缝检查及处理，安装现场运输，设备本体和附件及埋件安装、设备安装调试、试运行，质量检查和验收、完工验收前的维护等工作内容所发生的费用。

3. 安全监测设备采购及安装工程

安全监测设备采购及安装工程清单项目包括工程变形监测控制网设备采购及安装，变形监测设备采购及安装，应力、应变及温度监测设备采购及安装，渗流监测设备采购及安装，环境量监测设备采购及安装，水力学监测设备采购及安装，结构振动监测设备采购及安装，结构强振监测设备采购及安装，其他专项监测设备采购及安装，工程安全监测自动化采集系统设备采购及安装，工程安全监测信息管理系统设备采购及安装，特殊监测设备采购及安装，施工期观测、设备维护、资料整理分析。

（1）安全监测工程中的建筑分类工程项目执行水利建筑工程工程量清单项目及计算规则，安全监测设备采购及安装工程包括设备费和安装工程费，在分类分项工程量清单中的单价或合价可分别以设备费、安装费分列表示。

（2）安全监测设备采购及安装工程工程量清单项目的工程量计算规则，按招标设计文件列示安全监测项目的各种仪器设备的数量计量。施工过程中仪表设备损耗、备品备件等所发生的费用，应摊入有效工程量中的工程单价中。

（3）施工期观测、设备维护、资料整理分析按招标文件规定的项目计量。

第四节 措施项目清单、其他项目清单与零星工作项目清单编制

措施项目清单应根据招标工程的具体情况，参照表 3-6-1 中项目列项。出现表中未列项目时，根据招标工程的规模、涵盖的内容等具体情况，编制人可补充。

表 3-6-1 措施项目一览表

序号	项 目 名 称	序号	项 目 名 称
1	环境保护措施	4	小型临时工程
2	文明施工措施	5	施工企业进退场费
3	安全防护措施	6	大型施工设备安拆费

措施项目清单是为保证工程建设质量、工期、进度、环保、安全和社会和谐而必须采取的措施并独立成章设置的项目。由于水利工程涵盖范围广，建设项目类型、作用、规模、工期差别很大，决定了水利工程措施项目的不确定性，同时除工程本身因素之外，还涉及水文、气象、环保、安全等因素。《水利工程工程量清单计价规范》（GB 50501—2007）提供的"措施项目一览表"，仅作为列项的参考，凡属应由施工企业采取的必要措施项目，在"措施项目一览表"中没有的项目，由工程量清单编制人补充。

措施项目清单的金额，应根据招标文件的要求以及工程的施工方案，以每一项措施项目为单位，按项计价，相应数量为"1"。如有具体工程数量并按单价结算的措施项目，应列入分类分项工程量清单项目。

其他项目清单，暂列预留金一项，编制人可根据招标工程具体规定进行补充，一般由招标人按估算金额确定。

零星工作项目清单不进入总报价，编制人应根据招标工程具体情况，对工程实施过程中可能发生的变更或新增加的零星项目，列出人工（按工种）、材料（按名称和规格）、机械（按名称和型号规格）的计量单位，并随工程量清单发至投标人，其单价由投标人确定。

第七章　水利工程投标报价编制

第一节　投标报价的原则

投标报价是投标的关键性工作，报价是否合理不仅直接关系到投标的成败，还关系到中标后的盈亏。

投标报价的编制原则在对招标文件有了比较详细的了解后，就可以开始着手进行报价的编制工作。首先是要确定该工程项目的报价编制原则，选用何种定额及取费费率等问题。如招标文件对定额及取费费率有要求，就按招标文件要求进行编制，如招标文件未做任何要求，则可根据市场竞争情况分析和投标人的预期收益来确定采用的定额及取费费率。

投标报价的编制原则如下：

（1）投标报价由投标人自主确定，但必须严格执行《水利工程工程量清单计价规范》（GB 50501—2007）的强制性规定。投标报价应由投标人或受其委托的工程造价咨询人编制。投标价的准确性和完整性应由投标人负责。

（2）投标人的投标报价不得低于工程成本。《招标投标法》第四十一条规定："中标人的投标应当符合下列条件之一：……（二）能够满足招标文件的实质性要求，并且经评审的投标价格最低，但是投标价格低于成本的除外。"《评标委员会和评标方法暂行规定》（七部委第 12 号令）第二十一条规定："在评标过程中，评标委员会发现投标人的报价明显低于其他投标报价或者在设有标底时明显低于标底，使得其投标报价可能低于其个别成本的，应当要求该投标人作出书面说明并提供相关证明材料。投标人不能合理说明或者不能提供相关证明材料的，自评标委员会认定该投标人以低于成本报价竞标，应当否决其投标。"根据上述法律、规章的规定，特别要求投标人的投标报价不得低于工程成本。

（3）投标报价要以招标文件中设定的发承包双方责任划分作为考虑投标报价费用项目和费用计算的基础，发承包双方的责任划分不同，会导致合同风险不同的分配，从而导致投标人选择不同的报价；要根据工程发承包模式考虑投标报价的费用内容和计算深度。

（4）以施工方案、技术措施等作为投标报价计算的基本条件；以反映企业技术和管理水平的企业定额为计算人工、材料和机具台班消耗量的基本依据；充分利用现场考察调研成果、市场价格信息和行情资料，编制基础报价。

（5）报价计算方法要科学严谨，简明适用。

（6）投标报价不能高于招标控制价。单项设置控制价的不得高于该项的控制价。同时一定要熟悉招标文件中的废标条款以及评分条款，投标单价保证不废标、不丢分。

第二节 投标报价的计算依据

投标报价的编制主要是投标人对承建招标工程所要发生的各种费用的计算。在进行投标计算时，有必要根据招标文件进行工程量的复核和计算，因为水利工程在招投标期间大多是初设图纸或者招标图纸，仅据此要准确编制工程量清单准确性欠缺，这给投标单位提出了更高的管理要求，不仅仅是按已给的清单报价，平时就应注意收集、整理、归纳一些相关资料，以便判断工程量的偏差。作为投标计算的必要条件，应预先确定施工方案和施工进度，此外，投标计算还必须与采用的合同形式相协调。

投标报价的编制依据如下：

（1）招标人提供的招标文件，含合同条款、技术条款、工程量清单、招标图纸及其补充通知、答疑纪要。

（2）投标人对招标项目价格的预期。

（3）施工现场情况、工程特点及投标时拟定的施工组织设计或施工方案。

（4）地方现行材料预算价格（市场价格或工程造价管理机构发布的工程造价信息）、采购地点及供应方式。

（5）《水利工程工程量清单计价规范》（GB 50501—2007）。

（6）企业定额、企业管理水平，或参考国家或省级、行业建设主管部门颁发的定额和相关规定［贵州省水利水电建设工程预算定额及概算定额、贵州省中小型水利水电工程设计概（估）算编制规定］。

（7）与建设项目相关的标准、规范、技术资料。

第三节 投标报价的编制方法

投标报价的编制是按照招标文件给定的计价方法和计价格式进行报价编制和计算。水利工程在招投标阶段按《水利工程工程量清单计价规范》（GB 50501—2007）规定要求投标人按招标工程量清单计价方法进行报价。投标报价的编制方法是以定额法为主、实物量法和其他方法为辅、多种方法并用的综合分析法。

（1）定额法是根据招标文件所确定的施工方法、施工机械规格、型号查现行水利部或省现行水利定额相应子自得出完成单位工程的人工、材料、机械的消耗量与通过市场询价得到的预算价的乘积来计算工程直接费。

（2）实物量法是依据施工图纸和预算定额的项目划分即工程量计算规则，先计算出分部分项工程量，然后套用预算定额（消耗量定额）计算人、材、机等要素的消耗量，再根据各要素的实际价格及各项费率汇总形成工程造价方法。

（3）直接填入法。水利工程招标文件的工程量报价单中包含许多工程项目，但是少数一些项目的总价却构成了合同总价的绝大部分，专业人员应把主要的精力和时间用于这些主要项目的计算，而对总价影响不大的项目可采用一种比较简单的、不进行详细费用计算的方法来估算项目单价，这种方法称为直接填入法。

投标报价应根据招标文件中的工程量清单和有关要求，施工现场情况，以及拟定的施工方案，依据企业定额或预算定额，按市场价格进行编制，各项目清单的报价如下。

一、分类分项工程费

分类分项工程费即完成招标文件规定的分类分项工程所需的费用。分类分项工程费＝（分类分项清单工程量×工程单价），工程单价指完成工程量清单中一个质量合格的规定计量单位项目所需的直接费（包括人工费、材料费、机械使用费和季节、夜间、高原、风沙等原因增加的直接费）、施工管理费、企业利润和税金，并考虑风险因素。分类分项工程量清单的工程单价，应根据 GB 50501—2007 规定的工程单价组成内容，按招标设计文件、图纸、附录 A 和附录 B 中的"主要工作内容"确定，除另有规定外，对有效工程量以外的超挖、超填工程量，施工附加量，加工、运输损耗量等，所消耗的人工、材料和机械费用，均应摊入相应有效工程量的工程单价之内。

1. 编制基础单价

（1）人工预算单价，按工程所在地规定确定或进行计算，填写人工费单价汇总表，并附上计算说明或来源说明。

（2）材料预算价格，如果有招标人提供材料则需填写招标人供应材料价格汇总表，其他投标人自行采购的材料预算价格按市场价格＋运杂费＋运输保险费＋采购及保管费进行计算确定，填写投标人自行采购主要材料预算价格汇总表，在填写之前可做附表进行计算。

（3）施工机械台班费，如果有招标人提供施工机械则需填写招标人提供施工机械台时（班）费汇总表，其他投标人自备施工机械的台时（班）费预算价格根据施工机械台时（班）费定额计算出其一类、二类费用之和，填写投标人自备施工机械台时（班）费汇总表。

（4）施工用电水风价格，根据施工组织设计确定方案按编制规定的计算方法进行计算，填写投标人生产电、风、水、砂石基础单价汇总表、混凝土配合比材料费。

2. 确定费（税）率

工程单价费（税）率，施工管理费、企业利润应根据工程实际情况和本企业管理能力、技术水平、并结合招标文件中材料供应、付款等有关条款确定，并将其费率控制在编制规定数值范围内，税金按国家税法规定计取，填写工程单价费（税）率汇总表。

3. 编制工程单价计算表

工程单价分为建筑工程单价和安装工程单价，其中建筑工程单价计算表见表 3-7-1，安装工程单价计算表见表 3-7-2，其工程单价计算表的格式要完全按招标文件要求填写（有时招标文件提供格式与规范规定的清单计价格式存在区别）。

表 3-7-1　　　　　　　　　　　建筑工程单价计算表

序号	项目名称	计 算 方 法
一	直接费	
1	基本直接费	1.1＋1.2＋1.3＋1.4
1.1	人工费	定额劳动量（工日）×人工预算单价（工日）

序号	项目名称	计 算 方 法
1.2	材料费	定额材料用量×材料预算价格
1.3	施工机械使用费	定额机械使用量（台班）×施工机械台班费（元/台班）
2	其他直接费	（1.1＋1.2＋1.3）×其他直接费费率
二	施工管理费	一×施工管理费费率
三	企业利润	（一＋二）×企业利润率
四	材料补差	
五	税金	（一＋二＋三）×税率
	合计	一＋二＋三＋四＋五

表 3－7－2　　　　　　　　　　　　安装工程单价计算表

序号	项目名称	计 算 方 法
一	直接费	
1	基本直接费	1.1＋1.2＋1.3＋1.4
1.1	人工费	定额劳动量（工日）×人工预算单价（工日单价）
1.2	材料费	定额材料用量×材料预算价格
1.3	施工机械使用费	定额机械使用量（台班）×施工机械台班费（元/台班）
1.4	其他直接费	（1.1＋1.2＋1.3）×其他直接费费率
二	施工管理费	一×施工管理费
三	企业利润	（一＋二）×企业利润率
四	未计价装置性材料费	按规定计算
五	税金	（一＋二＋三＋四）×税率
	合计	一＋二＋三＋四

其工程单价为针对招标文件提供的工程量清单中所有项目的单价，应根据企业定额或预算定额和工程项目拟定的施工方案进行编制。

二、措施项目

措施项目清单的金额，应根据招标文件的要求以及工程的施工方案，以每一项措施项目为单位，按项计价。投标人在计价时不得增删招标人提出的措施项目清单项目，投标人若有疑问必须在招标文件规定的时间内对招标人进行书面澄清。

三、其他项目清单

其他项目为完成工程项目施工，发生于该工程施工过程中招标人要求计列的费用项目。该费用项目由招标人掌握，为暂定项目和可能发生的合同变更而预留的费用。编制人在符合法规的前提下可根据招标工程具体情况调整补充。其他项目清单一般包括暂定金额（或称"预留金"）和暂估价。由招标人按估算金额确定。

四、零星工作项目清单

零星工作项目单编制人应根据招标工程具体情况，对工程实施过程中可能发生的变更或新增加的零星项目，列出人工（按工种）、材料（按名称和型号规格）、机械（按名称和型号规格）的计量单位，不列出具体数量，并随工程量清单发至投标人。零星工作项目清单的单价不仅包含基础单价，还有辅助性消耗的费用。因此，相同工种的人工、相同规格的材料和机械，零星工作项目的单价应高于基础单价但不应违背工作实际和有意过分放大风险程度。

（五）总价项目分类分项工程分解表

总价项目分类分项工程分解表见表3-7-3。

表3-7-3　　　　　　　　　总价项目分类分项工程分解表

序号	项目编码	项目名称	计量单位	工程数量	单价/元	合价/元	主要技术条款编码
1		一级××项目					
1.1		一级××项目					
1.1.1		二级××项目					
	50××××××××××	最末一级项目					
2		一级××项目					
2.1		一级××项目					
2.1.1		二级××项目					
合计							

（六）编制工程项目总价表

根据投标策略调整材料预算价格、费（税）率计算出来的分类分项工程量清单计价表、措施项目清单计价表、其他项目清单计价表、零星工作项目计价表共四部分小计，汇总计算出工程项目总价，再根据项目的上限值或拟定的工程总报价、投标策略调整材料预算价格、费（税）率来达到拟定的工程报价。

（七）编制说明

根据招标文件的工程量清单说明、工程量清单报价说明，编制详细的投标报价编制说明，内容包括报价的编制原则、基础资料、取费标准等。当工程量清单作为单行本时，编制总说明应包含招标工程概况、招标范围、工期、招标人提供条件、质量安全及环境要求，以及其他需要说明的情况。当作为招标商务文件的一部分内容时，可删减说明中与招标商务文件所重复部分的内容。

（八）编制其他表格

根据工程量清单和计价格式，补充编制其他表格（投标总价、封面、工程单价汇总表等相关表格），并按装订顺序进行排序、汇总。

第四节　投标报价的程序

在报价编制之前，首先要认真阅读、理解招标文件，包括商务条款、技术条款、图纸及补遗文件，并对招标文件中有疑问的地方以书面形式向招标单位去函要求澄清。

一、研究招标文件

（一）投标人须知

投标人须知反映了招标人对投标的要求，特别要注意项目的资金来源、投标书的编制和递交要求、投标保证金的金额及递交方式、更改或备选方案、备选方案的拟定要求、评选标准及评标方法等，重点在于防止投标被否决。

（二）合同分析

1. 合同背景分析

投标人有必要了解与自己承包的工程有关的合同背景，了解监理方式，了解合同的法律依据，为报价和合同实施及索赔提供依据。

2. 合同形式分析

针对合同形式主要分析承包方式（如分项承包、施工承包、设计与施工总承包和管理承包等）和计价方式（如单价方式、总价方式等）。

3. 合同条款分析

针对合同条款的分析主要包括：①承包人的任务、工作范围和责任；②工程变更及相应的合同价款调整；③付款方式和时间：应注意合同条款中关于工程预付款、材料预付款的规定，根据这些规定和预计的施工进度计划，计算出占用资金的数额和时间，从而计算出需要支付的利息数额并计入投标报价；④施工工期：合同条款中关于合同工期、竣工日期、部分工程分期交付工期等规定即是投标人制订施工进度计划的依据，也是报价的重要依据；要注意有无延期奖罚的规定，尽可能做到在工期符合要求前提下的报价有竞争力，或在报价合理的前提下工期有竞争力；⑤项目法人责任：投标人所制订的施工进度计划和做出的报价，都是以发包人履行责任为前提的，所以应注意合同条款中关于发包人责任措辞的严密性，以及索赔的相关规定。

（三）技术标准和要求分析

工程技术标准是按工程类型来描述工程技术和工艺内容特点，对设备、材料、施工和安装方法等所规定的技术要求，有的是对工程质量进行检验、试验和验收所规定的方法和要求。它们与工程量清单中各子项工作密不可分，报价人员应在准确理解招标人要求的基础上对有关工程内容进行报价。任何忽视技术标准的报价都是不完整、不可靠的，有时可能导致工程承包重大失误和亏损。

（四）图纸分析

图纸是确定工程范围、内容和技术要求的重要文件，也是投标者确定施工方法等施工计划的主要依据。图纸的详细程度取决于招标人提供的施工图设计所达到的深度和所采用的合同形式。详细的设计图纸可使投标人比较准确地估价，而不够详细的图纸则需要估价人员采用综合估价方法，其结果一般不是很精确。

水利工程项目是基本建设工程项目的重要部分，由于项目的功能要求与自然条件的不同，工程特性有很大差异。了解工程特性与相关的施工特性是熟悉招标文件的首要任务。除一般性的要求外，要特别熟悉招标文件所载明的特殊要求。其中，有工程技术标准方面的（如采用的新材料、新工艺）；有工期与质量要求方面的；也有商务方面的，尤其要十分注意对报价的要求。

对于联合投标或有专业分包内容的，还要组织协作单位或分包单位对投标文件共同进行研究，确定总体施工方案、报价计算原则、基础价格等编制条件。有关单位分工编制所担负项目的报价后，投标人应通盘进行必要的调整。

投标人要求招标人对招标文件进行答疑，其目的是使编制的投标文件内容具有较好的响应性。招标人以补充通知的方式回答其问题，是对招标文件的解释、补充或修正。投标人既要慎重对待提交问题，也要慎重对待补充通知。这是许多投标人经常忽视的，但确实是研究招标文件的一个重要方面。

二、现场调研

招标人在招标文件中一般会明确进行工程现场踏勘的时间和地点。勘查现场常安排在购买招标文件之后，招标人一般会在投标邀请书中载明勘查现场的日期及集中出发的地点。勘查现场一般由项目法人或招标代理机构主持，设计参与解说，全体投标单位参加。投标人通过考察获取编制投标文件所需的资料，如有可能，建议由报价负责人亲自前往。在勘查现场中，如有疑问可直接询问项目法人或设计代表。投标人对一般区域调查时要重点注意以下方面：

（1）自然条件调查。自然条件调查主要包括对气象资料、水文资料、地震、洪水及其他自然灾害情况，地质情况等的调查。

（2）施工条件调查。施工条件调查的内容主要有场内外交通规划、水电通信现状、招标人可提供的场地等。具体包括工程现场的用地范围、地形、地貌、地物、高程，地上或地下障碍物，现场的"三通一平"情况；场内外交通规划、工程现场周边的道路、进出场条件、有无特殊交通限制；工程现场施工临时设施、大型施工机具、材料堆放场地安排的可能性，是否需要二次搬运；工程现场邻近建筑物与招标工程的间距、结构型式、基础埋深等；对于在市区及邻近地区施工的项目还要了解市政给水及污水、雨水排放管线位置、高程、管径、压力、废水、污水处理方式，市政、消防供水管道管径、压力、位置等；当地供电方式、方位、距离、电压等；当地煤气供应能力，管线位置、高程等；工程现场通信线路的连接和铺设；当地政府有关部门对施工现场管理的一般要求、特殊要求及规定，是否允许节假日和夜间施工等。

（3）市场环境调查。市场环境调查主要包括调查生产要素市场的价格，各种构件、半成品及商品混凝土的供应能力和价格，调查采购或租赁施工机械的渠道，了解当地分包人和协作加工的状况，现场附近的生活设施、治安情况，当地政府的税收规定及居民或移民对项目的支持程度。上述市场环境因素对报价编制工作有很大影响，应该认真对待。

三、复核工程量

投标报价计算之前，宜对工程量进行复核。复核主要是投标报价策略的需要。工程量存在漏量的项目，单价可以略微调高些；反之，应该调低些。漏项的内容，在投标报价中不予考虑，待将来索赔中计取。

四、确定单价，计算合价

复核各个分类分项工程的工程量以后，就需要确定每一个分部分项工程的单价，并按照招标文件中工程量表的格式填写报价，一般是按照分类分项工程量内容和项目名称填写单价与合价。一般来说，投标人应建立自己的标准价格数据库，并据此计算工程的投标价格。在应用单价数据库针对某一工程进行投标报价时，需要对选用的单价进行审核评价与调整，使之符合拟投标工程的实际情况，反映市场价格的变化。

五、确定工程分包费

来自分包人的工程分包费用是投标价格的一个重要组成部分，有时总承包人投标价格中的相当部分来自分包工程费。因此，在编制投标价格时 需要有一个合适的价格来衡量分包人的价格，需要熟悉分包工程的范围，对分包人的能力进行评估。

六、确定利润

利润指的是投标人的预期利润，确定利润取值的目标是考虑既可以获得最大的可能利润，又要保证投标价格具有一定的竞争性。投标报价时投标人应根据市场竞争情况确定该工程的利润率。

七、确定风险费

风险费对投标人来说是一个未知数，如果预计的风险没有全部发生，则可能预计的风险费有剩余，这部分剩余加上预期利润就是盈余；如果风险费估计不足，则由利润来补贴。在投标时应该根据该工程规模及工程所在地的实际情况，由有经验的专业人员对可能的风险因素进行逐项分析后确定一个比较合理的费用比率。

八、确定投标价格

将所有的合价汇总后就可以得到工程的总价，但是这样计算的工程总价还不能作为投标价格，因为计算出来的价格有些项目有可能重复也有可能漏算，还有可能某些费用的预估有偏差等，所以必须对计算出来的工程总价做某些必要的调整。调整投标价格应当建立在对工程盈亏分析的基础上，盈亏预测应用多种方法从多角度进行，找出计算中的问题以及分析采取哪些措施降低成本、增加盈利，确定最后投标报价。

九、装订投标报价文件

投标报价文件需根据招标要求填报投标表格，并按照顺序进行装订。

第五节　投标报价的策略

报价策略是指投标人在投标竞争中的系统工作部署及其参与投标竞争的方式和手段。投标人根据招标项目的不同特点、类别、施工条件，并结合自身优势和劣势选取的，选取的策略必须是招标人可以接受，且中标后又能获得更多的利润。

一、投标报价高报

下列情形可以将投标报价高报：

（1）施工条件差的工程。

（2）专业要求高且公司有专长的技术密集型工程。

（3）合同估算价低，自己不愿意做又不方便不投标的工程。

（4）风险较大的特殊工程。

（5）工期要求急的工程。

（6）投标竞争对手少的工程。

（7）支付条件不理想的工程。

二、投标报价低报

下列情形可以将投标报价低报：

（1）施工条件好、工作简单、工程量大的工程。

（2）有策略开作某一地区市场。

（3）在某地区面临工程结束，机械设备等无工地转移时，本公司在待发包工程附近有项目，而本项目又可利用该工程的设备、劳务，或有条件短期突击完成的工程。

（4）投标竞争对手较多的工程。

（5）工期宽松工程。

（6）支付条件好的工程。

三、不平衡报价

一个工程项目总报价基本确认后，可以调整内部各个项目的报价，以保证既不提高总报价，不影响中标，又能在结算时间得到更理想的经济效益。一般考虑在以下几个方面采用不平衡报价：

（1）能够尽早结账收款的项目（如临时工程费、基础工程、土石方工程、桩基等）可适当提高单价。

（2）预计今后工程量后增加的项目，单价适当提高，这样在最终结算时可多盈利；将工程量可能减少的项目单价降低，工程结算时损失不大。

（3）招标图纸不明确，估计修改后工程量要增加的，可以提高单价；而工程内容说明不清楚的，则可适当降低单价，待后期可要求提价。

（4）暂定项目，对这类项目要具体分析。因为这类项目要在开工后再由招标人研究决定是否实施，以及由哪家投标人实施。如果工程不分标，不会由另一家投标人施工，则其中肯定要做的工程单价报高些，不一定做的工程则单价报低些。如果工程分标，该暂定项目也可能由其他投标人施工时，则不宜报高价，以免抬高总报价。

（1）和（2）两种情况要统筹考虑，即对于工程量有错误的早期工程、如果实际工程量可能小于工程量表中的数量，则不能盲目抬高单价，要具体分析后确定。

采用不平衡报价一定要建立在对工程量表中工程量仔细核对分析的基础上，特别是对报低单价的项目，如执行时工程量增多将造成投标人的重大损失；不平衡报价过多或过于明显，可能会引起招标人反对，甚至导致废标。

四、计日工单价的报价

如果是单纯报计日工单价，而且不计入总价中，可以报高些，以便在招标人额外用工或使用施工机械时可多盈利。但如果计日工单价要计入总报价时，则需分析是否报高价，以免抬高总报价。总之，要分析招标、在开工后可能使用的计日工数量，再来确定报价方针。

五、可供选择的项目的报价

有些工程项目的分项工程，招标人可能要求按某一方案报价，再提供几种可供选择方案的比较报价。投标时，应对不同规格情况下的价格进行调查，对于将来有可能被选择使用的规格应适当提高报价；对于技术难度大或其他原因导致的难以实现的规格，可将价格有意抬高一些，以阻挠招标人选用。但是，所谓"可供选择项目"并非投标人任意选择，而是招标人才有权进行选择。因此，虽然适当提高了可供选择项的报价，并不意味着肯定可以取得较高的利润，只是提供了一种可能性，一旦招标今后选用，投标人即可得到额外加价的利益。

六、暂定工程量的报价

暂定工程量的报价方式如下：

（1）招标人规定了暂定工程量的分项内容和暂定总价款，并规定所有投标人都必须在总报价中加入这笔固定金额，但由于分项工程量不准确，允许将来按投标人所报单价和实际完成的工程量付款。投标时应当对暂定工程量的单价适当提高。

（2）招标人列出了暂定工程量的项目的数量，但并没有限制这些工程量的估价总价款，要求投标人既列出单价，也应按暂定项目的数量计算总价，当将来结算付款时可按实际完成的工程量和所报单价支付。这种情况，投标人必须慎重考虑。如果单价定得过高，与其他工程量计价一样，将会抬高总报价，影响投标报价的竞争力；如果单价定得过低，将来这类工程量增大，将会影响收益。一般来说，这类工程量可以采用正常价格。如果投标人估计今后实际工程量肯定会增大，则可适当提高单价。

（3）只有暂定工程的一笔固定总金额，将来这笔金额做什么用，由招标人确定。这种情况对投标竞争没有实际意义，按招标文件要求将规定的暂定款列入总报价即可。

七、多方案报价法

对于一些招标文件，如果发现工程范围不明确，条款不清楚或不公正，或技术规范要求过于苛刻时，则要在充分估计投标风险的基础上，按多方案报价法处理。即按原招标文件报一个价，然后提出，如某条款变动，报价可降低，由此可报出一个较低的价。这样可以降低总价，吸引招标人。

八、增加建议方案

有时招标文件中规定，可以提一个建议方案，即可以修改原设计方案，提出投标人的方案。投标人这时应抓住机会，组织一批有经验的设计和施工工程师，对原招标文件的设计和施工方案仔细研究，提出更合理的方案以吸引招标人，促成自己的方案中标。这种新建议方案可以降低总造价或缩短工期，或使工程运用更合理。但要注意对原招标方案一定也要报价。建议方案不要写得太具体，要保留方案的技术关键，防止招标人将此方案交给其他投标人。同时要强调的是，建议方案一定要比较成熟，有很好的可操作性。

九、分包商报价的采用

总承包商通常应在投标前先取得分包商的报价，并增加总承包商摊入的一定的管理费，而后作为自己投标总价的一个组成部分，一并列入报价单中。应当注意，分包商在投标前可能故意接受总承包商压低其报价的要求，但总承包商中标后，他们常以种种理由要求提高分包价格，这将使总承包商处于十分被动的地位。解决的办法是，总承包商在投标前找 2～3 家分包商分别报价，而后选择其中一家信誉较好、实力较强而报价合理的分包商签订协议，同意该分包商作为本分包工程的唯一合作者，并将分包商的姓名列入投标文件中，但要求该分包商相应地提交投标保函。如果该分包商认为总承包商确实有可能中标，也许愿意接受这一条件。这种把分包商的利益与投标人捆在一起的做法，不但可以防止分包商事后反悔和涨价，还可能迫使分包时报出较合理的价格，以便共同中标。

十、无利润报价

缺乏竞争优势的承包商，在不得已的情况下，只好在报价时根本不考虑利润而去夺标。这种办法一般是处于以下条件时采用：

（1）有可能在中标后，将大部分工程分包给索价更低的一些分包商。

（2）对于分期建设的项目，先以低价获得首期工程，而后赢得机会创造第二期工 程中的竞争优势，并在以后的实施中盈利。

（3）较长时期内，投标人没有在建的工程项目，如果再不中标，就难以维持生存。因此，虽然本工程无利可图，但只要能有一定的管理费维持公司的正常运转，就可设法渡过暂时性的困难。

第四篇

水利工程合同价款管理

第一章　合同价款类型及适用条件

根据《中华人民共和国民法典》第七百八十八条规定："建设工程合同是承包人进行工程建设，发包人支付价款的合同，建设工程合同包括工程勘察、设计、施工合同"，第七百八十九条规定："建设工程合同应当采用书面形式"。

建设工程施工合同是建设工程合同中的重要部分，是控制工程项目质量、进度、投资，进而保证工程建设活动顺利进行的重要法律文件。合同内容包括工程范围、建设工期、中间交工工程的开工和竣工时间、工程质量、合同计价方式、合同金额、技术资料交付时间、材料和设备供应责任、工程款支付和结算、竣工验收、质量保修范围和质量保证期、双方权利义务等条款。

第一节　合同计价方式

建设工程施工合同是有名合同、双务合同、诺成合同、要式合同、有偿合同。水利水电工程施工承包合同的计价方式主要有总价合同、单价合同和成本加酬金合同三种。

一、总价合同

（一）含义

总价合同，是指合同当事人约定以施工图、已标价工程量清单或预算书及有关条件进行合同价格计算、调整和确认的建设工程施工合同，在约定的范围内合同总价不做调整。合同当事人应在专用合同条款中约定总价包含的风险范围和风险费用的计算方法，并约定风险范围以外的合同价格的调整方法。

（二）分类

总价合同又分固定总价合同和变动总价合同。

1. 固定总价合同

固定总价合同的价格不再因为环境的变化、工程量的增加和物价的波动而变化。这类合同中，承包人承担了全部的工作量和价格的风险。因此，承包人在报价时应对一切费用的价格变动因素以及不可预见的因素都做充分的估计，将其包含在合同价格中，且在合同中明确规定合同总价包括的范围。

这种合同价款确定方式通常适用于规模较小且施工图齐全、风险不大、技术简单、工期较短（一般不超过一年）的工程，这类合同价可以使发包人对工程做到大体心中有数，在施工过程中可以更有效地控制资金。但承包方要承担工程单价变动、地质条件变化、不利气候和其他一切客观因素造成亏损的风险，报价中不可避免地要增加一笔较高的不可预见风险费，因此报价较高。

2. 变动总价合同

变动总价合同又称为可调总价合同。它是相对固定的价格，在合同执行过程中，由于法律法规、通货膨胀等原因导致所使用的工、料、机费用增加时，或者由于设计变更、工程量变化和其他工程条件变化所引起的费用变化时可以按合同约定对合同总价进行调整。当采用变动总价合同时，双方应在合同中约定总价款包含的风险范围和风险费用的计算方法，并约定风险范围以外的合同价格调整方法。

变动总价合同的特点如下：

(1) 可以较早确定或者预测成本。

(2) 发包人的风险较小，承包人将承担较多的风险。

(3) 评标时易于迅速确定最低报价的投标人。

(4) 在施工进度上能极大地调动承包人的积极性。

(5) 发包人能更容易、更有把握地对项目进行控制。

(6) 需完整而明确地规定承包人的工作范围。

(7) 必须将设计和施工方面的变化控制在最小的限度内。

采用总价合同时，对发包工程的内容各种条件都应基本清楚、明确，否则发承包双方都有蒙受损失的风险。因此，一般是在施工图设计完成，施工任务和范围明确且发包人的目标、要求和条件都清楚的情况下才采用总价合同。

二、单价合同

(一) 含义

单价合同是指合同当事人约定以工程量清单及其综合单价进行合同价格计算、调整和确认的建设工程施工合同，在约定的范围内合同单价不做调整。最终合同结算价款则是按实际完成的工程量与合同单价计算确定，合同履行过程中无特殊情况，一般不得变更单价。单价合同大多用于工期长、技术复杂、实施过程中发生各种不可预见因素较多的大型复杂的土建工程，以及业主为了缩短项目建设周期，初步设计完成后就进行施工招标的工程。单价合同的工程量清单所列的工程量为估计工程量，而非准确工程量。

这类合同的适用范围比较宽，其风险可以得到合理的分摊，并且能鼓励承包人通过提高工效等手段节约成本，提高利润。这类合同能够成立的关键在于双方对单价和工程量技术方法的确认，在合同履行中需要注意的问题则是双方对实际工程量计量的确认。

(二) 分类

单价合同分为固定单价合同和可调单价合同。

1. 固定单价合同

固定单价合同即在合同期内合同综合单价不做调整。

2. 可调单价合同

可调单价和是指若发生合同约定风险范围外的影响价格的情况，可对合同综合单价进行调整。风险范围外的影响价格的情况发承包双方在合同中约定，通常为市场价格大幅波动、工程量大幅变化政策性调整等。

三、成本加酬金合同

1. 含义

成本加酬金合同是由业主向承包人支付工程项目的实际成本，并按事先约定的某一种方式支付酬金的合同类型。工程最终合同价格按承包商的实际成本加一定比例的酬金计算，而在合同签订时不能确定一个具体的合同价格，只能确定酬金的比例。其中，酬金由管理费、利润及奖金组成。这种承包方式的特点是按工程实际发生的成本（包括人工费、材料费、施工机械使用费、其他直接费和间接费等）加上商定的管理费和利润，来确定工程总造价。

采用这种合同，承包人不承担任何价格变化或工程量变化的风险，这些风险主要由业主承担，对业主的投资控制很不利。承包人往往缺乏控制成本的积极性，甚至还会期望提高成本以提高自己的经济效益。

成本加酬金合同通常用于如下情况：

（1）时间特别紧迫，如抢险救灾工程；来不及进行详细的计划和商谈。

（2）工程特别复杂，工程技术、结构方案不能预先确定，或者尽管可以确定工程技术和结构方案，但是不可能进行竞争性的招标活动并以总价或单价合同的形式确定承包人，如研究开发性质的工程项目。

2. 分类

成本加酬金合同有许多种形式，主要有成本加固定酬金合同、成本加固定比例费用合同、成本加奖金合同、目标成本加奖罚合同。

（1）成本加固定酬金，这种承包方式工程成本实报实销，但酬金是事先商量好的一个固定数目。这种承包方式，酬金不会因成本的变化而改变，它不能鼓励承包商降低成本，但可鼓励承包商为尽快取得酬金缩短工期。

（2）成本加固定比例费用，这种承包方式工程成本直接费加一定比例报酬费，报酬部分的比例在签订合同时由双方确定。这种方式的报酬费用总额随成本的加大而增加，不利于缩短工期和降低成本。这种承包方式很少被采用。

（3）成本加奖金，这种承包方式的做法，通常是由双方事先商定工程成本和酬金的预期水平，然后将实际发生的工程成本与预期水平相比较，如果实际成本恰好等于预期成本，工程造价就是成本加商定酬金；如果实际成本低于预期成本，则增加酬金；如果实际成本高于预期成本，则减少酬金。采用这种承包方式，发包人、承包人双方风险较小，同时也能促使承包人降低成本和缩短工期；缺点是在实践中估算预期成本比较困难，要求承发包双方具有丰富的经验。

（4）目标成本加奖罚，这种承包方式在初步设计结束后，工程迫切开工的情况下，根据粗略估算的工程量和适当的工程单价表编制概算，作为目标成本，随着设计逐步具体化，目标成本可以调整。另外，以目标成本为基础规定一个百分数作为酬金，最后结算时，如果实际成本高于目标成本并超过事先商定的界限（如设定一个界限），则减少酬金，如果实际成本低于目标成本（也设定一个界限），则增加酬金。此外，还可以另加工期奖罚。这种承包方式的优点可促使承包人关心成本和缩短工期，而且由于目标成本是随设计的进展而加以调整才确定下来的。所以，发包人、承包人双方都不会承担多大的风险。缺点是目标成本确定困难，要求发包人、承包人都具有较丰富的经验。

第二节　适　用　条　件

建设工程合同方式和类型的选择，直接影响到建设工程项目合同管理方式，并在很大程度上决定建设工程项目的管理方式，还将直接影响管理成本，建设工程项目业主必须给予足够的重视。

合同价款类型不同，合同双方的责任和义务则不同，各自承担的风险也不尽相同，合同当事人需综合考虑以下因素来选择适合的合同类型。

1. 项目规模和工期的长短

规模小、工期短、工程量变化幅度不会太大的项目，总价合同、单价合同、成本加酬金合同都可选择。规模大、工期长，则项目风险大，不可预见因素多，此类项目不宜采用总价合同。

2. 项目复杂程度

建设规模大且技术复杂的工程项目，承包风险较大，各项费用不易准确估算，因而不宜采用固定总价合同。最好是对有把握的部分采用固定总价合同，估算不准的部分采用单价合同。有时在同一合同中各部分内容采用不同计价方式是合同双方合理分担风险的有效办法。

3. 项目设计深度

工程项目的设计深度是选择合同类型的重要因素。如果已完成工程项目的施工图设计，施工图纸和工程量清单详细明确，则可选择总价合同；如果只是完成工程项目的初步设计，工程量清单不够明确时，则可选择单价合同或成本加酬金合同。

4. 施工工期的紧迫程度

对于一些紧急工程（如灾后恢复工程等），要求尽快开工且工期较紧时，可能仅有施工方案，还没有施工图纸，承包单位不可能报出合理价格，此时选择成本加酬金合同较为合适。

总之，合同价款类型的选择主要依据建设项目的性质和特点、项目规模和工期长短、环境和风险因素、项目的竞争情况、项目的复杂程度、项目施工技术的复杂程度、项目进度要求的紧迫程度、项目的设计深度、难易程度、风险分担等因素。合同类型的选择在编制招标文件时，发包人在工程量清单和相应的技术条款中明确，实际的合同价并非单一的总价或单价合同，水利工程通常是采用以单价为主、总价为辅的混合型合同。采用何种类型的合同不是固定不变的，有时一个项目中的不同工程部位，或不同阶段，可能采用不同价格类型的合同。招标人根据实际情况，全面、反复地权衡利弊，选定有利于项目顺利又方便管理的合同形式。

第二章 计量与支付

工程计量与支付是指根据合同和水利工程有关标准的计算规则、计量单位等规定对各分部分项工程的实体工程量数量进行确认，对价款进行计算和支付的活动，是项目管理的重要环节，也是发承包双方经济利益的焦点核心问题。

第一节 工程计量

一、工程计量原则

工程量计量按照合同约定的工程量计算规则、图纸及变更指示等进行计量。工程量计算规则应以相关的国家标准、行业标准等为依据，由合同当事人在专用合同条款中约定。

二、工程计量范围与依据

1. 工程计量范围

工程计量的范围在图纸、合同条款、技术规范及要求等技术文件中会有明确，工程计量的内容、计算方法和计量单位的相关约定会在合同工程量清单以及对应说明、相关技术规范、合同条款等从各个方面进行不同角度阐述。合同计量工作要遵循上述各项文件约定，综合各类信息进行。

2. 工程计量的依据

水利水电工程的计量与支付，可以依据《水利水电工程标准施工招标文件》（2009 年版）中的相关规定执行。

合同工程计量主要依据工程量清单及说明、合同图纸、工程变更令及其修订的工程量清单、合同条件、技术规范、有关计量的补充协议、质量合格证书等文件。对工程量清单及工程变更所修订的工程量清单的内容；合同文件中规定的各种费用支付项目（如费用索赔、各种预付款、价格调整、违约金等）。在项目实施过程中进行按实际准确计量，确保相关支付按约定及时进行。

三、工程计量的方法

结算工程量应按工程量清单中及合同相关条款约定的方法进行计算。一般情况下，工程量按照现行的水利工程工程量清单计价规范规定的工程量计算规则计算。工程计量可选择按月或按工程形象进度节点进行在合同中予以明确。水利工程项目除专用合同条款另有约定外，单价子目已完成工程量按月计量，总价子目的计量周期按批准的支付分解报告确定。因承包人原因造成的超出合同工程范围施工或返工的工程量，不予计量。通常单价合同和总价合同分别采用不同的计量方法，成本加酬金合同一般参照单价合同的计量规定进行计量。

1. 单价子目的计量

（1）已标价工程量清单中的单价子目工程量为估算工程量。结算工程量是承包人实际完成的，并按照相关条款约定的计量方法进行计量的工程量。

（2）承包人对已完成的工程进行计量，向监理人提交进度付款申请单、已完成工程量报表和有关计量资料。

（3）监理人对承包人提交的工程量报表进行复核，以确定实际完成的工程量。对数量有异议的，可要求承包人按约定进行共同复核和抽样复测。承包人应协助监理人进行复核并按监理人要求提供补充计量资料。承包人未按监理人要求参加复核，监理人复核 或修正的工程量视为承包人实际完成的工程量。

（4）监理人认为有必要时，可通知承包人共同进行联合测量、计量，承包人应遵照执行。

（5）承包人完成工程量清单中每个子目的工程量后，监理人应要求承包人派人员共同对每个子目的历次计量报表进行汇总，以核实最终结算工程量。监理人可要求承包人提供补充计量资料，以确定最后一次进度付款的准确工程量。承包人未按监理人要求派人员参加的，监理人最终核实的工程量视为承包人完成该子目的准确工程量。

（6）监理人应在收到承包人提交的工程量报表后的 7 天内进行复核，监理人未在约定时间内复核的，承包人提交的工程量报表中的工程量视为承包人实际完成的工程量，据此算工程价款。

2. 总价子目的计量

除专用合同条款另有约定外，总价子目的分解和计量按照下述约定进行：

（1）总价子目的计量和支付应以总价为基础，不因物价波动而进行调整。承包人实际完成的工程量，是进行工程目标管理和控制进度支付的依据。

（2）承包人在按工程量清单的要求对总价子目进行分解，并在签订协议书后的 28 天内将各子目的总价支付分解表提交监理人审批。分解表应明确其所属子目和分阶段支付的金额。承包人应按批准的各总价子目支付周期，对已完成的总价子目进行计量，确定分项的应付金额列入进度付款申请单中。

（3）监理人对承包人提交的上述资料进行复核，以确定分阶段实际完成的工程量和工程形象目标。对其有异议的，可要求承包人按合同约定进行共同复核和抽样复测。

（4）除合同约定的变更外，总价子目的工程量是承包人用于结算的最终工程量。

第二节　预付款及工程进度款支付

一、预付款

预付款是在工程正式开工前由发包人按照合同约定向承包人预先支付的款项，承包人用于为合同工程施工购置施工材料、工程设备、施工设备、修建临时设施以及组织施工队伍进场等，分为工程预付款和工程材料预付款。预付款必须专用于合同工程。预付款的额度和预付办法在合同专用合同条款中约定。

1. 工程预付款的支付

工程预付款的支付主要是用于保证施工所需材料和构件的正常储备。因此，工程预付款在合同成立后按照约定付款条件和约定付款额度予以支付。根据《建设工程价款结算暂行办法》相应规定，原则上预付比例不低于合同金额的 10%，不高于合同金额的 30%，对重大工程项目，按年度工程计划逐年预付。

工程预付款额度一般是根据合同工程施工工期、建安工作量、主要材料和构件费用占建安工程费的比例以及材料储备周期等因素经测算确定后在合同中予以约定。

2. 预付款的扣回

发包人支付给承包人的工程预付款，随着工程的逐步实施，在后续工程款支付过程中按照合同约定的方式陆续扣回，通常预付款扣款的主要方法有：

（1）按约定比例扣款法。预付款的扣款方法由发包人和承包人通过在合同中予以明确，一般是在承包人实际完成合同金额累计达到合同总价的一定比例后，发包人从今后每次应付给承包人的工程款中按约定比例扣回工程预付款，发包人应在合同规定的完工工期前将工程预付款的总金额全部扣回。

（2）起扣点计算法。在合同累计完成金额达到签约合同价的一定比例 F_1 开始扣款，直至合同累计完成金额达到签约合同价的一定比例 F_2 时全部扣清。起扣点计算公式为

$$R = \frac{A}{(F_2 - F_1)S}(C - F_1 S)$$

式中 R——每次进度付款中累计扣回金额；

A——工程预付款总金额；

S——签约合同价；

C——合同累计完成金额；

F_1——开始扣款时合同累计完成金额达到的签约合同价的比例；

F_2——全部扣清时合同累计完成金额达到的签约合同价的比例。

3. 预付款的扣回与还清

预付款根据合同约定在后续工程各期进度结算付款中扣回。在颁发合同工程完工证书前，由于不可抗力或其他原因解除合同时，预付款尚未扣清的，尚未扣清的预付款余额应作为承包人的到期应付款。

二、工程进度款支付

（1）承包人应在每个合同约定付款周期末，按监理人批准的格式和合同条款约定的份数，向监理人提交进度付款申请单，所需相应的支持性证明文件一并提交。除合同条款另有约定外，进度付款申请单应包括下列内容：

1）截至本次付款周期末已完成实施工程的价款。

2）根据合同约定应增加和扣减的变更金额。

3）根据合同约定价格调整金额。

4）根据合同约定应增加和扣减的索赔金额。

5）根据合同约定应支付的预付款和扣减的返还预付款。

6）根据合同约定应扣减的质量保证金。

7) 根据合同约定应增加和扣减的其他金额。

(2) 监理人在收到承包人进度付款申请单以及相应的支持性证明文件后的 7 天内完成核查，提出到期应支付给承包人的进度款金额以及相应的支持性材料，经发包人审查同意后，由监理人向承包人出具经发包人签认的进度款支付证书。监理人有权按照合同约定扣发承包人未能按约定履行的任何工作或义务所对应的合同价款。

(3) 发包人应在监理人收到进度付款申请单后的 28 天内，将应付进度款支付给承包人。发包人不按期支付的，则应从逾期第一天起按合同条款的约定支付逾期付款违约金。

(4) 质量保证金从第一次进度款时按照合同约定起扣，达到合同约定保证金总数后停止。

案例一

某河道治理工程，治理长度 5km，工程包括：主河道治理及清淤，主河道治理 3.5km，清淤 1.5km，修建 1 座桥梁等。2020 年 5 月施工单位与建设单位签订施工合同，合同规定：

(1) 合同价为 1500 万元，按月进行支付。

(2) 工程预付款为合同价的 10%，合同签订后一次性支付承包人，工程预付款采用规定的公式扣还，并规定开始扣款的时间为累计完成工程款金额达到合同价格的 15%，当完成 80% 的合同价时扣完。

(3) 考虑到工期短，不进行物价波动引起的价格调整。

(4) 质量保证金扣留比例为 3%，总数达到合同价的 3% 后不在扣留。合同工期为 8 个月，工程费保修期为一年。在合同实施过程中各月完成工程量清单中的项目价款见表 4-2-1。

表 4-2-1 各月完成工程量清单中的项目价款 单位：万元

月份	5	6	7	8	9	10	11	12
完成产值	60	150	285	300	300	255	100	50

任务一：计算工程预付款总金额、起扣月份和扣清月份。

任务二：分别计算 8 月的应扣质量保证金和扣留预付款金额和应支付金额。

分析与作答：

任务一的计算为

(1) 预付款总金额，即
$$1500 \times 10\% = 150 （万元）$$

(2) 起扣月份：开始扣款的时间为累计完成工程款金额达到合同价格的 15%，即
$$1500 \times 15\% = 225 （万元）$$

起扣月份为 7 月；当完成 80% 的合同价时扣完即 $1500 \times 80\% = 1200$（万元），计算前 5 个月完成产值 1125 万元，前 6 个月完成产值 1350 万元，故 10 月全部扣清。

任务二：

(1) 8 月扣留质量保证金金额，即
$$300 \times 3\% = 9 （万元）$$

(2) 7 月累计扣留预付款金额，即

7月累计扣留预付款金额＝150/(80％－15％)/1500×(60＋150＋285－15％×1500)

＝41.54（万元）

(3) 8月累计扣留预付款金额，即

8月累计扣留预付款金额＝150/(80％－15％)/1500×(60＋150＋285＋300－15％×1500)

＝87.69（万元）

(4) 8月扣留预付款金额，即

8月扣留预付款金额＝87.69－41.54＝46.15（万元）

(5) 8月应支付金额，即

8月应支付金额＝300－46.15－9＝244.85（万元）

第三节　竣　工　结　算

一、竣工结算

工程竣工结算文件经发承包双方确认后作为工程结算支付的依据，发包人应当按竣工结算文件及合同约定及时支付竣工结算款。

(1) 承包人应在取得合同工程完工证书后 28 天内，按合同条款约定向监理人提交完工付款申请单，同时提供相关证明材料。

(2) 监理人对完工付款申请单有异议的，有权要求承包人进行修正和提供补充资料。由承包人与监理人协商后，向监理人提交修正后的完工付款申请单。

(3) 监理人在收到承包人提交的完工付款申请单后的 14 天内完成核查，核定发包人到期应支付给承包人的价款送发包人审核并抄送承包人。发包人应在收到后 14 天内审核完毕，由监理人向承包人出具经发包人签认的完工付款证书。监理人未在约定时间内核查，又未提出具体意见的，视为承包人提交的完工付款申请单已经监理人核查同意。发包人未在约定时间内审核又未提出具体意见的，监理人提出发包人到期应支付给承包人的价款视为已经发包人同意。

(4) 发包人应在监理人出具完工付款证书后的 14 天内，按合同约定完成对应款项的支付。发包人不按期支付的，按合同约定承担逾期付款违约金。

(5) 承包人对发包人签认的完工付款证书有异议的，发包人可先出具完工付款申请单中承包人确认部分的临时付款证书。存在异议的部分，按合同约定的争议解决方式进行处理确定后再行支付。

二、最终结清

最终结清一般是指合同约定的缺陷责任期终止后，承包人已按合同规定完成全部剩余工作且质量合格的，发包人与承包人结清全部剩余款项的活动。

1. 最终结清申请单

缺陷责任期终止后，承包人已按合同规定完成全部剩余工作且质量合格的，发包人签发缺陷责任期终止证书，承包人可按合同约定的份数和期限向发包人提交最终结清申请单，并提供相关证明材料，详细说明承包人根据合同规定已经完成的全部工程价款金额以及承包人认为根据合同规定应进一步支付的其他款项。发包人对最终结清申请单内容有异议的，有权要求承包人进行修正和提供补充资料，由承包人向发包人提交修正后的最终结清申请单。

2. 最终支付证书

发包人收到承包人提交的最终结清申请单后的规定时间内予以核实，签发最终支付证书。发包人未在约定时间内核实，也未提出具体意见的，视为发包人认可承包人提交的最终结清申请单。

3. 最终结清付款

发包人应在签发最终结清支付证书后的规定时间内，按照最终结清支付证书列明的金额向承包人支付最终结清款相关费用。承包人按合同约定接受了竣工结算支付证书后，应被认为已无权再提出在合同工程接收证书颁发前所发生的任何索赔。承包人在提交的最终结清申请中，只限于提出工程接收证书颁发后发生的索赔。提出索赔的期限自接受最终支付证书时终止。发包人未按期支付的，承包人可催告发包人在合理的期限内支付，并有权获得延迟支付的利息。

最终结清时，如果承包人被扣留的质量保证金不足以抵减发包人所需的应由承包人承担的相关工程缺陷修复费用的，承包人应承担不足部分的补偿责任。

最终结清付款涉及政府投资资金的，按照国库集中支付等国家相关规定和专用合同条款的约定办理。

承包人对发包人支付的最终结清款有异议的，按照合同约定的争议解决方式处理。

三、工程中止及终止的结算支付

发承包双方经友好协商一致解除合同的，按照协商达成的协议办理结算和支付合同价款。

1. 不可抗力解除合同

由于不可抗力解除合同的，发包人除应向承包人支付合同解除之日前已完成工程但尚未支付的合同价款，还应支付下列金额：

(1) 合同中约定应由发包人承担的费用。

(2) 已实施或部分实施的措施项目应付价款。

(3) 承包人为合同工程合理订购且已交付的材料和工程设备货款。

(4) 承包人撤离现场所需的合理费用，包括员工遣送费和临时工程拆除、施工设备运离现场的费。

(5) 承包人为完成合同工程而预期开支的任何合理费用，且该项费用未包括在本款其他各项支付之内。

发承包双方办理合同解除结算合同价款时，应扣除合同解除之日前发包人应向承包人收回的价款。当发包人应扣除的金额超过了应支付的金额，则承包人应在合同解除后的56天内将其差额退还给发包人。

2. 违约解除合同

(1) 因承包人违约解除合同的，发包人应在合同解除后规定时间内核实合同解除时承包人已完成的全部合同价款以及按施工进度计划已运至现场的材料和工程设备货款。按合

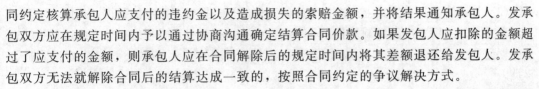

同约定核算承包人应支付的违约金以及造成损失的索赔金额，并将结果通知承包人。发承包双方应在规定时间内予以通过协商沟通确定结算合同价款。如果发包人应扣除的金额超过了应支付的金额，则承包人应在合同解除后的规定时间内将其差额退还给发包人。发承包双方无法就解除合同后的结算达成一致的，按照合同约定的争议解决方式。

（2）因发包人违约解除合同的，发包人应按照合同约定向承包人支付违约金以及给承包人造成损失或损害的索赔金额费用。合同解除的结算金额由发、承包双方协商确定后在规定时间内完成支付。协商不能达成一致的，按照合同约定的争议解决方式。

合同按照约定终止，发包人应在签发最终结清支付证书后的规定时间内，按照最终结清支付证书列明的金额向承包人支付最终结清款。发包人未按期支付的，承包人可催告发包人在合理的期限内支付，并有权获得延迟支付的利息。

承包人在提交的最终结清申请中，只限于提出工程接收证书颁发后发生的索赔，提出索赔的期限自接受最终支付证书时终止。

最终结清时，如果承包人被扣留的质量保证金不足以抵减发包人工程缺陷修复费用的，承包人应承担不足部分。

承包人对发包人支付的最终结清款有异议的，按照合同约定的争议解决方式处理。

第四节 竣 工 决 算

项目竣工决算是指所有项目竣工后，建设单位按照国家有关规定在项目竣工验收阶段编制的竣工财务决算报告。竣工决算是以实物数量和货币指标为计量单位，综合反映竣工建设项目全部建设费用、建设成果和财务状况的总结性文件，是反映建设项目的实际建设成本。因此，其时间是从筹建到竣工验收的全部时间；其范围是整个建设项目，即主体工程、附属工程以及建设项目前期费用和相关的全部费用。通过竣工财务决算，既能够正确反映建设工程的实际造价和投资结果；又可以通过竣工决算与概算、预算的对比分析，考核投资控制的工作成效，为工程建设提供重要的技术经济方面的基础资料，提高未来工程建设的投资效益。

1. 竣工决算编制条件

（1）批准的初步设计所确定的工程内容已完成。

（2）单项工程或建设项目竣工结算已完成。

（3）工程投资和预留费用不超过规定的比例。

（4）涉及法律诉讼、工程质量纠纷的事项已处理完毕。

（5）其他影响工程竣工决算编制的重大问题已解决。

2. 编制阶段

（1）准备阶段：建设项目完成后，项目法人就组织专人进行相关准备工作。这阶段的重点工作是做好各项梳理、核对和清理的基础工作。

（2）报告编制阶段：各项基础资料收集梳理完成后，着手报告的编制工作。首先进行概（预）算与核算口径对应分析的比较分析，其次正确处理待摊费用，最后合理分摊项目建设成本。

（3）汇编阶段：在完成上述准备及编制工作后，根据梳理确定的数据，按照《水利基本建设项目竣工财务决算编制规程》和项目类型选择相应报表进行编报，完成项目竣工财务决算说明书的撰写，汇总形成建设项目竣工财务决算，上报主管部门及验收委员会审批。

第三章 合同价格调整及争议

水利建设工程项目具有建设工期长、投资大、专业性强、现场条件变化多等特点，造成工程合同实施过程中需要按合同相关约定及相关规范据实结算调整，以取得工程合同实际价款。在工程合同执行过程中，发生政策变化或工程变更，合同的发、承包双方需要按照合同约定及规范调整合同价款。

发承包双方在确定合同价款时，应当考虑市场环境和生产要素价格变化对合同价款的影响。

出现合同价款调整事项后，承包人应按合同约定向发包人提交合同价款调整报告并附上相关资料，承包人未按约定提交调整报告的，应视为承包人对该事项无调整价款请求。

发包人应在收到承包人合同价款调整报告及相关资料后应按合同约定对其核实，予以确认的应书面通知承包人。发包人在收到合同价款调整报告后未按合同约定予以确认也未提出协商意见的，应视为承包人提交的合同价款调整报告已被发包人认可。当有疑问时，应向承包人提出协商意见。发包人提出协商意见的，承包人应在收到协商意见后按合同约定对其核实，予以确认的应书面通知发包人。承包人在收到发包人的协商意见后既不按合同约定确认也未按合同约定提出不同意见的，应视为发包人提出的意见已被承包人认可。

发包人与承包人对合同价款调整的意见不能达成一致的，如不对合同履行发生实质影响，双方应继续履行合同义务，直到双方的不同意见按照合同约定的争议解决方式得到处理。

经发、承包双方确认调整的合同价款，与工程进度款或结算款同期支付。

第一节 政策变化类合同价款调整

政策变化类合同价款调整包含物价波动引起合同价款调整和法律变化引起合同价款调整。

一、物价波动引起合同价款调整

水利水电工程一般工期较长，工程合同履行期间，往往会涉及人工、材料、工程设备的市场价格波动，因此工程合同会就因物价变化造成合同价款的调整进行约定，通常采用价格指数和造价信息调整合同价款：

1. 采用价格指数调整合同价款

（1）因人工、材料和设备等价格波动影响合同价格时，根据合同附件投标函中的价格指数和权重表约定的数据，计算差额并调整合同价款公式为

$$\Delta P = P_0 \left[A + \left(B_1 \times \frac{F_{t1}}{F_{01}} + B_2 \times \frac{F_{t2}}{F_{02}} + B_3 \times \frac{F_{t3}}{F_{03}} + \cdots + B_n \times \frac{F_{tn}}{F_{0n}} \right) - 1 \right]$$

式中　　　　　　　ΔP——需调整的合同价格差额；

P_0——承包人应得到的已完成工程量的金额。此项金额不包括价格调整、不计取质量保证金、不含合同预付款、已按现行价格计价的变更项目及其他金额也不予计列；

A——定值权重（即不调部分的权重）；

B_1，B_2，B_3，$\cdots$，B_n——各可调因子的变值权重（即可调部分的权重），为各可调因子在投标函投标总报价中所占的比例；

F_{t1}，F_{t2}，F_{t3}，$\cdots$，F_{tn}——各可调因子的现行价格指数，指合同约定的付款周期最后一天的前42天的各可调因子的价格指数；

F_{01}，F_{02}，F_{03}，$\cdots$，F_{0n}——各可调因子的基本价格指数，指基准日期的各可调因子的价格指数。

（2）式中的各可调因子、定值和变值权重，以及基本价格指数及其来源在合同附件投标函附录价格指数和权重表中约定。价格指数应首先采用有关部门提供的价格指数，缺乏上述价格指数时，可采用有关部门提供的价格代替。

（3）在运用公式计算合同价差时，如得不到现行价格指数的，也无相关价格，可暂用上一次价格指数计算，在后续的调整计算中再以实际价格指数进行计算调整。

（4）按合同约定的变更如导致原定合同约定的各项权重不合理时，由发包人、监理人与承包人进行协商对相应权重进行调整，并在后续计算中适用调整后的权重。

（5）由于承包人原因造成工期延后的，则在原合同约定竣工日期后完成的工程，使用价格调整公式计算合同调整价款时，采用原合同约定竣工日期与实际竣工日期的两个价格指数中较低的一个。

2. 采用造价信息调整价款

（1）在工程合同履行期间，因人工、材料、设备和机械台时价格波动影响合同价款时，人工、机械使用费按照国家或省（自治区、直辖市）水行政主管部门或其授权的工程造价管理机构发布的人工成本信息、机械台班费单价或机械使用费系数进行调整。

（2）需要进行价格调整的材料的单价和采购数量必须经过监理人复核。监理人确认的材料单价及数量，作为计算工程合同价款差额的依据。

二、法律变化引起合同价款调整

因法律变化导致承包人除工程合同约定以外的合同价款的调整，发包人、监理人和承包人应根据法律、国家或省、自治区、直辖市相关部门的规定，据实调整相应合同价款。

工期延误期间的特殊处理：如果由于承包人的原因导致的工期延误，按不利于承包人的原则调整合价款。在工程延误期间国家的法律、法规、规章和政策发生变化引起工程造价变化的，造成合同价款增加的，合同价款不予调整；造成合同价款减少的，合同价款予以调整。

第二节　工程变更类合同价款调整

工程变更引起施工方案改变并使一般项目和（或）其他项目发生变化时，承包人应事先将拟实施的方案以及拟实施方案与原方案对比情况提交发包人确认，根据确认的拟实施

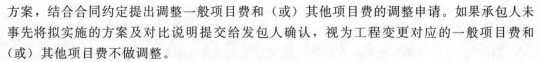

方案，结合合同约定提出调整一般项目费和（或）其他项目费的调整申请。如果承包人未事先将拟实施的方案及对比说明提交给发包人确认，视为工程变更对应的一般项目费和（或）其他项目费不做调整。

当发包人提出的工程变更致使承包人发生的费用或（和）得到的收益不能被包括在其他已支付或应支付的项目中，也未被包含在任何替代的工作或工程中时，承包人有权提出并应得到合理的费用及利润补偿。

一、工程变更范围

在工程合同履行过程中，除合同约定的内容外，有以下情况发生的，应进行工程变更：

（1）取消合同工程约定范围中任何一项工作。

（2）改变或增加合同工程中任何一项工作的技术标准和要求（合同技术条款）。

（3）变更合同工程中的基本参数（如基线、标高、位置或尺寸等）。

（4）调整合同工程中任何一项工作施工方案、施工工艺、顺序和施工时间。

（5）在合同工程约定外增加工作内容。

（6）合同工程的项目工程量增减幅度超过合同约定。

二、工程变更权

发包人和监理人均可以提出变更。变更指示均通过监理人发出，监理人发出变更指示前应征得发包人同意。承包人收到经发包人签认的变更指示后，方可实施变更。未经许可，承包人不得擅自对工程的任何部分进行变更。

涉及设计变更的，应由设计人提供变更后的图纸和说明。如变更超过原设计标准或批准的建设规模时，发包人应及时办理规划、设计变更等审批手续。

三、工程变更项目单价确定

因工程变更引起合同工程已标价工程量清单发生变化时，应按照下列规定调整：

（1）已标价工程量清单中有适用于变更工程项目的，应采用该项目的单价；但当工程变更导致该清单项目的工程数量发生变化，且工程量偏差超过合同约定的幅度时，该项目单价应按照合同约定予以调整。

（2）已标价工程量清单中没有适用但有类似于变更工程项目的，可在合理范围内参照类似项目单价。

（3）已标价工程量清单中没有适用也没有类似变更工程项目的，可按照成本加利润的原则，由承包人根据变更工程资料、计量规则、计价办法和通过市场调查等取得有合法依据的市场价格提出变更工程项目的单价，报发包人、监理人确认后调整。

第三节　其他类合同价款的调整

一、计日工

（1）以计日工的形式进行的任何工作，必须有发包人的指令。承包人在实施过程中，每天应向发包人提交参加该项计日工工作的人员姓名、职业、级别、工作时间和有关的材料、设备清单和耗量及耗时。在每个支付期末或该项工作实施结束后，按合同约定向发包人提交有计日工记录汇总的现场签证。经发包人确认后作为计算计日工调整价款的依据。

（2）计日工项目调整价款应按照确认的计日工现场签证数量结合合同约定的计日工单价计算，如合同中未约定该类计日工单价，则根据发、承包双方参照工程变更的相关约定商定的计日工单价进行计算合同调整价款，并列入进度款支付。

二、现场签证

（1）承包人根据发包人指令完成的合同以外的零星项目、非承包人责任事件等工作的，承包人在收到指令后，应及时根据发包人指令及对应相关资料向发包人提出书面现场签证申请。发包人在收到现场签证申请报告后按合同约定对报告内容进行核实，予以确认或提出修改意见，进行协商后确认。发包人在收到承包人现场签证申请报告后未按合同约定予以确认，也未提出修改意见的，视为发包人认可承包人提交的现场签证申请报告。

（2）对应现场签证工作项，在约定工程合同中有相应的项目单价可以采用的，现场签证申请报告中只需列明所用的人工、材料、工程设备和施工机械台时（班）的数量。如在约定工程合同中无对应项目单价可以采用，现场签证申请报告中需列明完成该签证工作所需的人工、材料设备和施工机械台时（班）的数量及单价。现场签证申请报告报送发包人确认后，作为增加合同价款，与进度款同期支付。

三、索赔

工程索赔是指在工程合同履行过程中，发、承包各方由于对方未履行合同所规定的义务或者出现了应当由对方承担的风险而遭受损失时，向对方提出赔偿诉求的行为。工程索赔也是承包人和发包人保护自身正当权益、弥补工程损失的重要有效的手段。通常情况下，索赔是指承包人在工程合同实施过程中，对非自身原因造成的工程延期、费用增加而要求发包人给予补偿损失的一种权利要求。

1. 索赔的原因

索赔可能由以下一个或几个方面的原因引起：

（1）合同对方违约，不履行或未能正确履行合同义务与责任。

（2）合同错误，如合同条文不全、错误、矛盾等，设计图纸、技术规范等。

（3）合同变更。

（4）工程师指令，如工程师指令承包人加速施工、进行某项工作、更换某些材料、采取某些措施等。

（5）工程环境变化，包括法律、物价和自然条件的变化等。

（6）不可抗力因素，如恶劣气候条件、地震、洪水、战争状态等。

2. 索赔的依据

（1）合同文件，其他双方签字认可的文件（如备忘录、修正案等），经认可的工程实施计划、各种工程图纸、技术规范等。

（2）签约双方的往来信件及经过各方签署后的各种会谈纪要。

（3）工程建设惯例。针对具体的索赔要求（工期或费用），索赔的具体依据也不相同，例如，有关工期的索赔就要依据有关的进度计划、变更指令等。

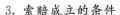

3．索赔成立的条件

承包人工程索赔成立的基本条件包括：

（1）索赔事件已造成了承包人直接经济损失或工期延误。

（2）造成费用增加或工期延误的索赔事件是因非承包人的原因发生的。

（3）承包人已经按照工程施工合同规定的期限和程序提交了索赔意向通知、索赔报告及相关证明材料。

4．索赔方法

（1）索赔意向通知：在工程实施过程中发生索赔事件后，或承包人发现索赔机会，首先要在合同规定的时间内提出索赔意向，向对方表明索赔愿望、要求或者声明保留索赔权利。

（2）索赔资料准备：事件经过、各方责任、索赔根据、索赔费用和工期、各种证据。

（3）索赔文件提交：在索赔意向发出28天内提交详细的索赔文件和有关资料；如干扰事件对工程的影响持续时间长，承包人则应按监理工程师要求的合理间隔提交中间索赔报告，并在事件影响结束后的28天内提交最终的索赔报告。

（4）索赔文件审核：监理工程师审核后，对索赔的初步处理意见交发包人。

（5）发包人审核：发包人对初步处理意见进行审查和批准后监理工程师才可以签发有关证书。

5．索赔计算

（1）费用索赔：即费用项目逐项进行分析、计算索赔金额。

（2）工期索赔：指承包人依据合同对由于因非自身原因导致的工期延误向发包人提出的工期顺延要求，工期索赔经常采用网络图分析法即如果延误的工作为关键工作，则总延误的时间为批准顺延的工期；如果延误的工作为非关键工作，当该工作由于延误超过时差限制而成为关键工作时，可以批准延误时间与时差的差值；若该工作延误后仍为非关键工作，则不存在工期索赔问题。

第四节　合　同　争　议

一、争议的解决方式

发包人和承包人在履行合同中发生争议的，可以友好协商解决或者提请争议评审组评审。合同当事人友好协商解决不成、不愿提请争议评审或者不接受争议评审组意见的可在专用合同条款中约定下列一种方式解决：

（1）向约定的仲裁委员会申请仲裁。

（2）向有管辖权的人民法院提起诉讼。

二、友好解决

在提请争议评审、仲裁或者诉讼前，以及在争议评审、仲裁或诉讼过程中，发包人和承包人均可共同努力友好协商解决争议。

三、争议评审

（1）采用争议评审的，发包人和承包人应在开工日后的28天内或在争议发生后，协商成立争议评审组。争议评审组由有合同管理和工程实践经验的专家组成。

（2）合同双方的争议，应首先由申请人向争议评审组提交一份详细的评审申请报告，并附必要的文件、图纸和证明材料，申请人还应将上述报告的副本同时提交给被申请人和监理人。

（3）被申请人在收到申请人评审申请报告副本后的 28 天内，向争议评审组提交一份答辩报告，并附证明材料。被申请人应将答辩报告的副本同时提交给申请人和监理人。

（4）除专用合同条款另有约定外，争议评审组在收到合同双方报告后的 14 天内，邀请双方代表和有关人员举行调查会，向双方调查争议细节；必要时争议评审组可要求双方进一步提供补充材料。

（5）除专用合同条款另有约定外，在调查会结束后的 14 天内，争议评审组应在不受任何干扰的情况下进行独立、公正的评审，做出书面评审意见，并说明理由。在争议评审期间，争议双方暂按总监理工程师的确定执行。

（6）发包人和承包人接受评审意见的，由监理人根据评审意见拟定执行协议，经争议双方签字后作为合同的补充文件，并遵照执行。

（7）发包人或承包人不接受评审意见，并要求提交仲裁或提起诉讼的，应在收到评审意见后的 14 天内将仲裁或起诉意向书面通知另一方，并抄送监理人，但在仲裁或诉讼结束前应暂按总监理工程师的确定执行。

四、解决工程价款结算争议的规定

1. 视为发包人认可承包人的单方结算价

《最高人民法院关于审理建设工程施工合同纠纷案件适用法律问题的解释》规定，当事人约定，发包人收到竣工结算文件后，在约定期限内不予答复，视为认可竣工结算文件的，按照约定处理。承包人请求按照竣工结算文件结算工程价款的，应予支持。

2. 对工程量有争议的工程款结算

《最高人民法院关于审理建设工程施工合同纠纷案件适用法律问题的解释》规定，当事人对工程量有争议的，按照施工过程中形成的签证等书面文件确认。承包人能够证明发包人同意其施工，但未能提供签证文件证明工程量发生的，可以按照当事人提供的其他证据确认实际发生的工程量。

《最高人民法院关于审理建设工程施工合同纠纷案件适用法律问题的解释（二）》规定，当事人就同一建设工程订立的数份建设工程施工合同均无效，但建设工程质量合格，一方当事人请求参照实际履行的合同结算建设工程价款的，人民法院应予支持。实际履行的合同难以确定，当事人请求参照最后签订的合同结算建设工程价款的，人民法院应予支持。

当事人签订的建设工程施工合同与招标文件、投标文件、中标通知书载明的工程范围、建设工期、工程质量、工程价款不一致，一方当事人请求将招标文件、投标文件、中标通知书作为结算工程价款的依据的，人民法院应予支持。

3. 欠付工程款的利息支付

《保障中小企业款项支付条例》规定，机关、事业单位和大型企业迟延支付中小企业款项的，应当支付逾期利息。双方对逾期利息的利率有约定的，约定利率不得低于合同订

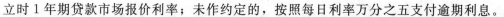

立时1年期贷款市场报价利率；未作约定的，按照每日利率万分之五支付逾期利息。

《最高人民法院关于审理建设工程施工合同纠纷案件适用法律问题的解释》规定，利息从应付工程价款之日计付。当事人对付款时间没有约定或者约定不明的，下列时间视为应付款时间：

（1）建设工程已实际交付的，为交付之日。

（2）建设工程没有交付的，为提交竣工结算文件之日。

（3）建设工程未交付，工程价款也未结算的，为当事人起诉之日。

4. 工程垫资的处理

《保障中小企业款项支付条例》规定，政府投资项目所需资金应当按照国家有关规定确保落实到位，不得由施工单位垫资建设。

《最高人民法院关于审理建设工程施工合同纠纷案件适用法律问题的解释》规定，当事人对垫资和垫资利息有约定，承包人请求按照约定返还垫资及其利息的，应予支持。

当事人对垫资没有约定的，按照工程欠款处理。

参 考 文 献

［1］ 赵平．工程水文与水利计算［M］．北京：中国水利水电出版社，2019．

［2］ 张智涌，李学明．建设工程计量与计价实务·水利工程［M］．郑州：黄河水利出版社，2019．

［3］ 中华人民共和国水利部．水利水电工程设计工程量计算规定：SL 328—2005［S］．北京：中国水利水电出版社，2005．

［4］ 中华人民共和国建设部．水利工程工程量清单计价规范：GB 50501—2017［S］．北京：中国水利水电出版社，2005．

［5］ 刘幼凡．水工建筑物［M］．第 2 版．北京：中国水利水电出版社，2019．

［6］ 全国一级造价工程师执业资格考试用书编写委员会．水利水电工程管理与实务［M］．北京：中国建筑工业出版社，2021．

［7］ 刘家春，杨鹏志，刘车号，等．水泵运行原理与泵站管理［M］．北京：中国水利水电出版社，2009．

［8］ 中华人民共和国水利部．水利水电工程等级划分及洪水标准：SL 252—2017［S］．北京：中国水利水电出版社，2017．

［9］ 中华人民共和国住房和城乡建设部，中华人民共和国国家质量监督检验检疫总局．灌溉与排水工程设计标准：GB 50288—2018［S］．北京：中国计划出版社，2018．

［10］ 中华人民共和国水利部．调水工程设计导则：SL 430—2008［S］．北京：中国水利水电出版社，2008．

［11］ 中华人民共和国水利部．水利水电工程进水口设计规范：SL 285—2020［S］．北京：中国水利水电出版社，2020．

［12］ 中华人民共和国水利部．水工挡土墙设计规范：SL 379—2007［S］．北京：中国水利水电出版社，2017．

［13］ 中华人民共和国水利部．水利水电工程边坡设计规范：SL 386—2007［S］．北京：中国水利水电出版社，2017．

［14］ 中华人民共和国住房和城乡建设部，中华人民共和国国家质量监督检验检疫总局．水土保持工程设计规范：GB 51018—2014［S］．北京：中国计划出版社，2015．

［15］ 二级造价工程师职业资格（山东省）考试培训教材编审委员会．建设工程计量与计价实务·水利工程［M］．北京：中国建材工业出版，2020．

［16］ 云南省水利工程行业协会．建设工程计量与计价实务·水利工程［M］．北京：中国水利水电出版社，2021．